# 实用测量不确定度评定

## （第 6 版）

倪育才　编著

中国质量标准出版传媒有限公司

中国标准出版社

北　京

**图书在版编目(CIP)数据**

实用测量不确定度评定/倪育才编著 . —6 版 .
—北京：中国质量标准出版传媒有限公司，2020.4
(2022.5 重印)
ISBN 978 - 7 - 5026 - 4755 - 1

Ⅰ.①实…　Ⅱ.①倪…　Ⅲ.①测量—不确定度—
基本知识　Ⅳ.①TB9

中国版本图书馆 CIP 数据核字(2020)第 018529 号

## 内 容 提 要

　　本书从介绍有关术语入手，先阐述、辨析了读者易混淆的几个基本概念以及它们之间的关系，如测量误差、测量准确度和测量不确定度等。接着，作者依照测量不确定度评定的步骤，从分析测量不确定度来源直到扩展不确定度的表示，对每一步都做了详细讲解，帮助读者一步步解决测量不确定度评定中遇到的具体问题。另外本书还讲述了检测结果的测量不确定度评定等。本书的一大亮点是 17 个测量不确定度评定的实例，这些实例分析严谨，经得起推敲，对每个实例作者都做了非常实用的评注，有画龙点睛之效果。

　　本书可供校准/检测机构、科研单位及工矿企业从事计量检定/校准、检测、科学实验、精密测试、产品检验及质量管理的人员使用，还可供高等院校有关专业的师生参考。

中国质量标准出版传媒有限公司
中国标准出版社 出版发行

北京市朝阳区和平里西街甲 2 号(100029)
北京市西城区三里河北街 16 号(100045)
网址：www.spc.net.cn
总编室：(010)68533533　发行中心：(010)51780238
读者服务部：(010)68523946
中国标准出版社秦皇岛印刷厂印刷
各地新华书店经销

\*

开本 787×1092　1/16　印张 18.25　字数 429 千字
2020 年 4 月第 6 版　2022 年 5 月第 16 次印刷

\*

定价　76.00　元

# 第 6 版前言

自 2004 年 5 月本书第 1 版出版至今已逾 15 年,期间曾四次修订改版。承蒙广大读者厚爱,对本书提出了不少中肯的意见,并指出本书中若干错误或不妥之处,笔者在此一并表示感谢。

笔者从本世纪初开始就一直在各测量领域的不确定度培训班担任授课老师,有机会接触到大量基层从事测量的科技人员。从 1999 年关于测量不确定度评定的指导性文件 JJF 1059—1999 发布至今已历 20 年,多数人对测量不确定度的基本概念已经有了更深入的了解和提高,但不可否认的是许多从事测量工作多年的科技人员,在进行测量结果的不确定度评定时依然会感到十分困难。其原因当然很多,但笔者认为主要的原因之一是对 JJF 1059 的配套文件 JJF 1001 关注不够,而后者正是前者的基础。JJF 1001 规定了在测量领域和测量不确定度评定中常用的术语及定义,正是这一套有关术语的定义,奠定了测量不确定度评定的基础。

测量的目的是为了得到测量结果,但在许多场合下仅给出测量结果往往还不充分,还必须指出所给出的测量结果的可靠程度,以便使用者判断该测量结果能否用于其特定场合。

可以用于描述测量结果准确程度的术语很多,其中最重要的无疑是"误差"和"测量不确定度"这两个术语。如果对这两个术语的定义及其含义都理解不清的话,要全面地掌握测量结果的不确定度评定是不可能的。这就是本书在一开始就用了大量的篇幅对"误差"和"测量不确定度"以及与之密切相关的其他术语的基本概念进行仔细剖析和讲解的原因。

本书第十二章中给出了不少测量不确定度评定的实例,这些实例都是国际权威组织出版的各种文件中推荐的,故相信其测量方法和评定方法的可信度很高。

本书的初稿是笔者在各种不确定度培训班上的讲稿,后经 15 年的不断补充和完善,成为目前的第 6 版。

最后,笔者在此向本书的责任编辑李素琴女士致谢,感谢其为本书付出的辛勤劳动和与笔者的良好合作。

倪育才

2019 年 11 月

# 第1版前言

　　测量不确定度是对测量结果可能误差的度量,也是定量说明测量结果质量好坏的一个参数,因此它是一个与测量结果相联系的参数。一个完整的测量结果,除了应给出被测量的最佳估计值之外,还应同时给出测量结果的不确定度。在对测量结果进行不确定度评定时,很多已经从事多年测量工作的科技人员经常会提出这样的问题:为什么要用测量不确定度评定来代替过去的误差评定? 并且在初次尝试进行测量不确定度评定时,往往会感到十分困难。究其原因,笔者认为大体上主要有两个方面。其一,关于测量不确定度评定的指导性文件 GUM 和 JJF 1059—1999 只是原则性地规定了应该如何进行测量不确定度的评定,但在评定过程中经常使大家感到困惑的具体问题,例如,如何写出适合于进行测量不确定度评定的数学模型,在将各不确定度分量合成得到合成标准不确定度时应如何处理各输入量之间的相关性,对于非线性数学模型是否需要考虑高阶项,在最后给出扩展不确定度时如何选择包含因子 $k$ 的数值,如何判断被测量的分布,以及是否需要计算自由度等等,都没有给出比较具体的解决办法。其二,大部分初学者对于 GUM 和 JJF 1059—1999 比较重视,而忽略了对它们的配套文件 VIM 和 JJF 1001—1998 的仔细研究。殊不知,后者正是前者的基础。后者规定了在测量领域和测量不确定度评定中所用术语的定义,正是这一套有关术语的定义,奠定了测量不确定度评定的基础。有些术语在过去误差评定时就经常使用,并且其含义也没有什么变化,因此理解和使用这类术语一般不会有很大的问题。有些术语在过去误差评定中是没有的,对于这类术语就应该仔细地去研究它们的定义,以便准确地使用这些术语。另有一些术语在过去也经常使用,但与过去相比,其定义已经变更。也就是说,这些术语的含义已发生变化。对于这类术语则应予以特别注意。许多科技人员至今仍对测量不确定度评定感到困惑和不理解,很大程度上是由于对这些术语的理解不深,有时甚至还错误理解。为了便于读者查阅,本书中凡首次出现已由有关文件给出明确定义的术语时,均采用黑体字,并在第二章中给出其定义和出处。

　　需要特别关注的是对"误差"和"不确定度"这两个术语的理解。要求对测量结果进行不确定度评定来代替过去的误差评定,并不是简单地将"误差"一词改为"不确定度"这么简单的事情,也不是"误差"一词一律不再使用。"误差"和"不确定度"各有各的定义,它们是相互有关但又各不相同的两个量。它们各自应用于不同的场合,一般情况下是不能相互替代的,应该根据这两个术语的定义来判断,该用"误差"的地方就用"误差",该用"不确定度"的地方就用"不确定度"。例如,对于测量仪器,我们常用"示值误差"这一术语,在这里"示值误差"的含义是测量仪器的示值与对应输入量真值之差,它符合 VIM 和 JJF 1001—1998 对"误差"所作的定义,因此用"示值误差"这一说法是正确的。笔者见到过有的文章将其改为"示值不确定度",这就有些不知所云了。

初学者往往觉得测量不确定度评定十分困难,实则不然。从原则上说,过去能熟练地进行误差评定的测量人员,只要对所用术语的定义和不确定度的评定过程有一基本了解,再掌握一些评定中的技巧,则合理地进行不确定度评定就不应该有很大的困难。完成测量不确定度评定的前提最主要的还是对测量方法的全面了解和找出能影响测量结果的所有测量不确定度来源。

本书是笔者根据近年来在各种不确定度学习班上的讲稿经补充而成,其目的正是希望帮助读者正确地了解和掌握测量不确定度评定的基本概念和方法。对于在评定过程中容易产生困惑的问题,或者是需要评定者在几种方法中作出选择的问题,笔者尽可能根据自己的经验,力求给出一些具体的实用性解决办法。

要深入了解测量不确定度评定中的理论问题,需要扎实的数理统计和误差理论方面的知识。有许多理论问题在本书中并未涉及也无法涉及,因为笔者并不是误差理论方面的专家,因此希望对这方面进行深入研究的读者们在本书中是找不到答案的,而是应该去参阅有关的专著。笔者和大多数读者一样,都是从事具体测量工作的科技人员,只是因为测量工作的需要,才开始接触有关测量不确定度评定的问题。相信大多数读者和笔者一样,关心和学习测量不确定度评定的目的是需要解决测量不确定度评定中遇到的具体问题,而不是要对这些问题进行深入的理论上的研究,这也就是本书的书名冠以"实用"两字的原因。

虽然如此,在本书中还是不可避免地会涉及到许多统计数学方面的公式。熟悉高等数学的读者理解这些公式不应该有很大的困难。对于那些实在不熟悉高等数学,或者对其比较生疏的读者,则可以不理会这些复杂的数学公式的推导或证明,最关键的还是要了解这些公式的物理意义,应该在什么样的条件下使用,以及如何使用这些公式。

需要进行测量不确定度评定的场合很多。要进行测量就需要有一个测量的参考标准,国家规定社会公用计量标准,部门最高计量标准和企、事业单位最高计量标准都必须经过有关部门考核合格后方可使用。考核内容涉及测量设备、环境条件、测量人员、管理制度等各个方面,而这些考核的核心就是要力求保证测量结果的可靠和所给不确定度的合理性。因此无论是建立或使用计量标准的人员,还是被授权对计量标准进行考核的人员,都必须熟练掌握测量结果的不确定度评定。

在通过测量对测量仪器或产品的合格与否进行判定时,测量不确定度也是一个不可忽视的问题。生产者在生产过程中对工件或产品的性能指标进行定量测量以判定工件或产品是否合格时,使用者在对工件或产品进行验收测量时,计量部门在对量具或测量仪器进行检定时,质检部门对产品质量进行检验时,以及环保部门对环境进行监测时都必须作出合格或不合格的判定。而要作出正确的结论就必须对测量不确定度有所了解,否则就有可能产生误判。并且其合格判定的标准也将与测量不确定度有关。

ISO/ IEC 17025《检测和校准实验室能力的通用要求》(1999)规定,检测实验室和校准实验室都必须制定测量不确定度评定的程序,并且还应该在具体的检测和校准工作中应用这些程序来进行测量不确定度的评定。中国实验室国家认可委员会(CNAL)在其《测量不确定度政策》中也规定"鉴于测量不确定度在检测、校准和合格评定中的重要性和影响，CNAL遵循下列原则：对测量不确定度评定予以足够的重视，以满足有关各方的需求和期望；始终遵循国际规范的相关要求，与国际相关组织的要求保持一致……"

　　特别要提出的是笔者在过去几年中经常与席德熊、葛楚鑫两位同仁讨论和切磋有关不同领域的测量不确定度评定问题，得益匪浅。书中有些观点是在相互讨论的过程中逐步形成的，笔者在此深表感谢。

　　笔者在工作中也经常向李慎安、刘智敏、肖明耀诸位老师求教，在此一并表示感谢。

倪育才

2004年1月

# 目　　录

# 第一章

# 引　言

## 第一节　为什么要用测量不确定度
## 评定来代替误差评定

很难追溯**误差**的概念起源于何时。但早在 1862 年傅科(Foucault)采用旋转镜法在地球上**测量**光的速度时,给出的**测量结果**为:$c=(298\,000\pm500)\,\mathrm{km/s}$。即在给出测量结果的同时,还给出了测量误差。由此可见,误差的概念至少在 150 多年前就已经出现。当时已经知道,在给出测量结果的同时,还应给出其测量误差。

虽然误差的概念早就已经出现,但在用传统方法对测量结果进行误差评定时,还存在一些问题。简单地说,大体上遇到两个方面的困难:逻辑概念上的问题和评定方法的问题。

测量误差常常简称为误差。JJF 1001—2011《通用计量术语及定义》中,测量误差的定义为"测得的量值减去参考量值",其含义将在第二章中介绍。

此前,测量误差的定义"测量结果减去被测量的真值"(JJF 1001—1998)中,真值定义为"与量的定义一致的**量值**"。也就是说,我们把被测量在观测时所具有的真实大小称为真值,因而这样的真值只是一个理想概念,只有通过完善的测量才有可能得到真值。任何测量都会有缺陷,因而真正完善的测量是不存在的。也就是说,严格意义上的真值是无法得到的,或者说,真值按其本性是不确定的。

根据误差的定义,若要得到误差就必须知道真值。但真值无法得到,因此严格意义上的误差也无法得到。虽然在误差定义的注解中同时还指出:"由于真值不能确定,实际上用的是约定真值"[①],但此时还需考虑约定真值本身的误差。因而可能得到的只是误差的估计值。JJF 1001—1998 中误差的定义中所用的术语"约定真值"现已不再使用,而改用"约定量值"。

此外,在"误差"这一术语的使用上也经常出现概念混乱的情况,即"误差"这一术语的使用经常有不符合其定义的情况。根据误差的定义,误差是一个差值,它是测量结果与真值或约定量值之差。在数轴上它表示为一个点,而并不表示为一个区间或范围。既然它是两个

---

① 　见 JJF 1001—1998,5.16。

量的差值,就应该是一个具有确定符号的量值。当测量结果大于真值时,误差为正值;当测量结果小于真值时,误差为负值。由此可见误差这一术语既不应当,也不可能以"±"号的形式表示。过去人们在使用"误差"这一术语时,有时是符合误差定义的,例如**测量仪器**的**示值误差**,它表示"**测量仪器**的**示值**与对应**输入量**真值之差"。但经常也有误用的情况,例如过去通过误差分析所得到的测量结果的所谓"误差",实际上并不是真正的误差,而是测量结果可能出现的范围,它不符合误差的定义。误差在逻辑概念上的混乱是经典的误差评定遇到的第一个问题。

误差评定遇到的第二个问题是评定方法的不统一。在进行误差评定时,通常要求先找出所有需要考虑的误差来源,然后根据这些误差来源的性质将它们分为**随机误差**和**系统误差**两类。随机误差用多次重复测量结果的标准偏差来表示。如果有一个以上的随机误差分量,则将它们按方和根法(即各分量的平方和之平方根)进行合成,得到测量结果的总随机误差。由于在正态分布情况下,标准偏差所对应区间的**包含概率**仅为 68.27%,而通常都要求给出对应于较高包含概率的区间,故常将标准偏差扩大,用两倍或三倍的标准偏差来表示随机误差。系统误差则用该分量的最大可能误差,即误差限来表示。在有多个系统误差分量的情况下,同样采用方和根法将各系统误差分量进行合成,得到测量结果的总的系统误差。最后将总的随机误差和总的系统误差再次按方和根法合成得到测量结果的总误差。而问题正来自于最后随机误差和系统误差的合成方法上。由于随机误差和系统误差是两个性质不同的量,前者用标准偏差或其倍数表示,在数轴上它表示为一个区间或范围;后者用可能产生的最大误差表示,在数轴上它表示为一个点。由于在数学上无法解决两个不同性质的量之间的合成问题,所以长期以来在随机误差和系统误差的合成方法上一直无法统一。不仅各国之间不一致,即使在同一国家内,不同的测量领域、甚至不同的测量人员所采用的方法往往也不完全相同。

例如,苏联的国家**检定**系统表中就曾分别给出计量标准的总的随机误差和总的系统误差两个技术指标,而并不给出两者合成后的总误差。其意是,两者如何合成的问题由使用者根据具体情况自己考虑。美国的有些国家基准也有以随机误差和系统误差之和作为其总误差,其原因是为了安全可靠。因为无论用何种方法合成,采用算术相加的方法得到的合成结果最大。而过去我国在大部分测量领域中习惯上仍采用方和根法对随机误差和系统误差进行合成。例如,在几何量测量领域,往往以三倍的标准偏差($3\sigma$,过去常称为极限误差)作为随机误差,再采用方和根法与系统误差进行合成,得到测量结果的总误差,有人称之为"综合极限误差"。所谓"综合"是指其中既包括了随机误差也包括了系统误差,而"极限"是指其中的随机误差用 $3\sigma$ 表示。

不仅各国的误差评定方法不同,不同领域或不同的人员对测量误差的处理方法也往往各有不同的见解。这种误差评定方法的不一致,使不同的测量结果之间缺乏可比性,这与当今全球化市场经济的飞速发展是不相适应的。社会、经济、科技的进步和发展都要求改变这一状况。用**测量不确定度**来统一评价测量结果的质量就是在这种背景下产生的。测量不确定度评定和表示方法的统一,是科技交流和国际贸易进一步发展的要求,它使得不同国家所得到的测量结果可以方便地进行相互比较,可以得到相互承认并达成共识,因此各国际组织和各国的计量部门均十分重视测量不确定度评定方法和表示方法的统一。

## 第二节 测量不确定度的发展历史

为能统一地评价测量结果的质量,1963年美国标准局(NBS)的数理统计专家埃森哈特(Eisenhart)在研究"仪器校准系统的**精密度**和**准确度**估计"时就提出了采用测量不确定度的概念,并受到国际上的普遍关注。20世纪70年代NBS在研究和推广测量保证方案(MAP)时对测量不确定度的定量表示又有了新的发展。术语"不确定度"源于英语"uncertainty",原意为不确定、不稳定、疑惑等,是一个定性表示的名词。现用于描述测量结果时,将其含义扩展为定量表示,即定量表示测量结果的不确定程度。此后许多年中虽然"不确定度"这一术语已逐渐在各测量领域被越来越多的人采用,但具体表示方法并不统一。为求得测量不确定度评定和表示方法的国际统一,1980年国际计量局(BIPM)在征求了32个国家的国家计量研究院以及5个国际组织的意见后,发出了推荐采用测量不确定度来评定测量结果的建议书,即INC—1(1980)。该建议书向各国推荐了测量不确定度的表示原则。1981年第70届国际计量委员会(CIPM)讨论通过了该建议书,并发布了一份CIPM建议书,即CI—1981。该建议书所推荐的方法,以INC—1(1980)为基础,并要求在所有CIPM及其各咨询委员会参与的国际**比对**及其他工作中,各参加者在给出测量结果时必须同时给出合成不确定度。

由于测量不确定度及其评定不仅适用于计量领域,它也可以应用于一切与测量有关的其他领域,因此1986年国际计量委员会要求国际计量局、国际电工委员会(IEC)、国际标准化组织(ISO)、国际法制计量组织(OIML)、国际理论和应用物理联合会(IUPAP)、国际理论和应用化学联合会(IUPAC)以及国际临床化学联合会(IFCC)等7个国际组织成立专门的工作组,起草关于测量不确定度评定的指导性文件。经过工作组近7年的讨论,由ISO第四技术顾问组第三工作组(ISO/TAG4/WG3)负责起草,并于1993年以7个国际组织的名义联合发布了《测量不确定度表示指南》(Guide to the Expression of Uncertainty in Measurement,以下简称GUM)和第2版《国际通用计量学基本术语》(International Vocabulary of Basic and General Terms in Metrology,以下简称VIM)。1995年又发布了GUM的修订版。这两个文件为在全世界统一采用测量结果的不确定度评定和表示奠定了基础。

除上述7个国际组织外,国际**实验室认可**合作组织(ILAC)也已表示承认GUM。这就是说,在各国的实验室认可工作中,无论**检测**实验室或**校准**实验室,在进行测量结果的不确定度评定时均应以GUM为基础。上述这些国际组织几乎涉及所有与测量有关的领域,这表明了GUM和VIM这两个文件的权威性。

GUM对所用术语的定义和概念、测量不确定度的评定方法以及**不确定度报告**的表示方式做了明确的统一规定。因此它代表了当前国际上在表示测量结果及其不确定度方面的约定做法。它使不同的国家和地区,以及不同的测量领域在表示测量结果及其不确定度时,具有相同的含义。

1998年我国发布了JJF 1001—1998《通用计量术语及定义》,其中前八章的内容与第2版VIM完全相对应。除此之外,还增加了国际法制计量组织所发布的有关法制计量的术语及定义,并作为其第九章。1999年我国发布了JJF 1059—1999《测量不确定度评定与表

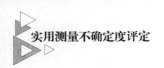

示》，其基本概念以及测量不确定度的评定和表示方法与 GUM 完全一致。这两个文件就成为我国进行测量不确定度评定的基础。

测量不确定度的概念以及不确定度的评定和表示方法的采用，是计量科学的一个新进展。从 1963 年提出测量不确定度的概念，到 1993 年正式发布测量不确定度评定的指导性文件 GUM，整整花费了 30 年时间，可见改用测量不确定度来对测量结果的质量进行评价，并不是一个简单的任务，也不是仅依靠少数几个科学家能做到的，它汇集了世界各国计量学家的经验和智慧。即使看来十分简单的测量不确定度的定义表述本身，也曾几经改动。至于测量不确定度的评定和表示方法，更是经历了不断的完善和改进，最后才形成了 GUM 这样系统而完整的文件。

随着不确定度理论的进一步发展，国际上于 2008 年又发布了 VIM 第三版(2008)和新版的 GUM，即 ISO/IEC Guide98-3:2008(GUM)及其附件1《用蒙特卡洛法传播概率分布》。我国也于 2011 年和 2012 年发布了与这两个文件相对应的新版本，即 JJF 1001—2011《通用计量术语和定义》和 JJF 1059.1—2012《测量不确定度评定与表示》，而 JJF 1059.2—2012《用蒙特卡洛法评定测量不确定度》则作为 JJF 1059.1—2012《测量不确定度评定与表示》的补充件。

# 第三节　测量不确定度评定与表示的应用范围

JJF 1059.1—2012《测量不确定度评定与表示》规定了测量不确定度的评定与表示的通用方法，它适用于各种**准确度等级**的测量领域，因此它并不仅限于计量领域中的检定、校准和检测。其主要应用领域列举如下：

(1) 国家计量基准及各级计量标准的建立与量值比对；

(2) 标准物质的定值和标准参考数据的发布；

(3) 测量方法、检定规程、检定系统表、校准规范等技术文件的编制；

(4) 计量资质认定、计量确认、质量论证以及实验室认可中对测量结果及测量能力的表述；

(5) 测量仪器的校准、检定以及其他计量服务；

(6) 科学研究、工程领域、贸易结算、医疗卫生、安全防护、环境监测、资源保护等领域的测量。

该规范主要涉及有明确定义的，并可用唯一值表征的被测量估计值的不确定度。至于被测量呈现为一系列值的分布或取决于一个或多个参量(例如以时间为参变量)，则对被测量的描述是一组量，应给出其分布情况及其相互关系。

具体地说，测量不确定度评定可以应用于各种不同的场合，例如：

**1. 特定测量结果的不确定度评定**

这是测量不确定度评定最基本的应用。由于测量已经完成，测量结果也已经得到，因此在这种情况下的测量对象、测量仪器、测量方法、测量条件以及测量人员等都是已经确定而不能改变的。如果对同一测量对象，用同样的方法和设备，并由相同的人员重新进行测量，则不仅测量结果可能会稍有不同，其测量不确定度也可能会受测量条件改变的影响而变化。

这时评定得到的测量不确定度是该特定测量结果的不确定度。

**2. 常规测量的不确定度评定**

在实际工作中,有许多测量是常规性的,例如**实物量具**和其他测量仪器的检定和校准,以及质检部门对一些大宗的材料或产品的检验。对于这类测量,测量仪器、测量方法和测量程序是固定不变的。测量对象是类似的,并且满足一定要求。测量人员可以不同,但均是经过培训的合格人员。同时测量过程是在由检定规程、校准规范、国际标准、国家标准或行业标准等技术文件所规定的测量条件下进行的。一般说来,这时的测量不确定度会受测量条件改变的影响,但由于测量条件已被限制在一定的范围内,只要满足这一规定的条件,其测量不确定度就能满足使用要求。对于这类常规的测量工作,进行测量不确定度评定时应假设其环境条件正好处于合格条件的临界状态。这样评定得到的测量不确定度是在规定条件下可能得到的最大不确定度。也就是说,在实际的测量中只要测量条件满足要求,测量不确定度肯定不会大于此值。通常就将此不确定度提供给用户,这样做的好处是不必对每一个测量结果单独评定其不确定度,除非用户对测量不确定度另有更高的要求。这时给出的测量不确定度并不是该实验室在常规条件下所能达到的最小不确定度。

在建立计量标准时,JJF 1033—2016《计量标准考核规范》规定:应在《计量标准技术报告》中给出这一不确定度。

**3. 评定实验室的校准和测量能力**

校准和测量能力(calibration and measurement capability,简称 CMC),在实验室认可领域过去曾称其为最佳测量能力(best measurement capability,简称为 BMC),其定义为:"校准和测量能力是校准实验室在常规条件下能够提供给客户的校准和测量的能力。其应是在常规条件下的校准中可获得的最小的测量不确定度。"

对于由签署 ILAC 互认协议的认可机构认可的校准实验室,其 CMC 公布在其认可范围中;对于签署 CIPM 互认协议的各国家计量院(NMIs),其 CMC 公布在 BIPM 的关键比对数据库(KCDB)中。CMC 作为该实验室的最基本信息之一,是用户用来判断该实验室能否有效地为用户进行仪器校准或检测的依据。

实验室校准和测量能力的表述方法应与日常校准结果的测量不确定度表示方法一致,通常也用**包含因子** $k=2$ 的**扩展不确定度** $U$,或包含概率 $p=95\%$ 的扩展不确定度 $U_{95}$ 表示。

当被测量的值是一个范围时,CMC 通常可用下列一种或多种方式表示:

(1)用在整个测量范围内都适用的一个不确定度值来表示。

(2)用与整个测量范围相对应的一个不确定度范围来表示,此时实验室应有适当的插值计算法以给出对应于区间内每一个值的 CMC。

(3)用一个计算公式表示,由被测量值或其他参数通过公式可以计算出每一个值的 CMC。

(4)如果 CMC 除与被测量值有关外,还与其他参数有关,则 CMC 可以采用矩阵的形式表示。

(5)用图形表示。此时每个数轴应有足够的**分辨力**,使得到的 CMC 至少有 2 位有效数字。

CMC 不允许用开区间表示,例如表示为 CMC: $U<\times.\times$。

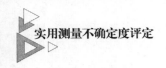

实验室的校准和测量能力是指在接近于日常校准和测量条件下,对典型的被测对象所能提供给用户的校准和测量水平。所谓"接近于日常校准和测量条件"是指其**测量标准**、测量设备、测量方法、环境条件和测量人员都与日常的校准和测量相同,但对测量环境条件等**影响量**可以有更严格的要求,但这些更严格的要求对日常的校准和测量也必须是能达到的。典型的被测对象是指在日常校准中可能遇到的性能最好的被校准对象。

因此,校准和测量能力表示实验室在日常的校准和测量中可能达到的最高水平。但并不表示实验室在常规的校准和测量中均能达到这一水平。在实验室认可工作中,要求对实验室申报的校准和测量能力进行认可。

**4. 测量过程的设计和开发**

在实际工作中,经常会遇到测量过程的设计和开发问题。此时主要的测量设备往往已经确定,而且事先也知道希望达到的测量不确定度,即**目标不确定度**。通过不确定度管理程序,采用逐步逼近法对测量不确定度进行反复评定,可以得到不仅满足所要求的测量不确定度,并且在经济上也是比较合理的测量程序和至少应满足的测量条件。

也可以通过不确定度管理程序来判定所用的测量设备是否能满足要求。

**5. 两个或多个测量结果的比较**

在常规的实验室测量中,为了避免由于疏忽或过失而出现的异常值,往往需要对同一个测量对象进行两次或更多次的重复测量,并根据这些测量结果之间差别的大小,来判别其中是否存在异常值。这就需要对同一测量对象的两个或多个测量结果进行比较,而是否存在异常值的判断标准,将与测量不确定度有关。或者说,应通过测量不确定度的评定来确定判断的标准。

在实验室认可工作中,要求通过**能力验证**来对实验室的测量能力做出评价,而能力验证的内容之一就是进行不同实验室之间的比对。在两个或多个实验室进行比对时,需要判定各实验室得到的测量结果是否处于合理范围内,这时的判断标准除与所采用的参考值有关外,还将与实验室所声称的测量不确定度有关。

**6. 工件或测量仪器的合格判定**

在生产和测量领域,经常需要通过测量来判定工件或产品是否符合技术指标(称为**规范**)的要求。在计量部门,经常要判定所用的测量仪器是否合格,即测量仪器的示值误差是否符合所规定的**最大允许误差**的要求(例如实物量具或其他测量仪器的检定)。在生产领域,经常要检验工件是否符合技术图纸上所标明的**公差**要求。在质检部门,也经常需要判定所用的材料或产品是否合格。在这类合格判定中,其**合格**或**不合格**的判据除与所规定的技术指标有关外,也还与测量不确定度有关。

# 第二章

# 基 本 概 念

　　测量的目的是为了得到测量结果,但在许多场合下仅给出测量结果往往还不充分。任何测量都存在缺陷,所有的测量结果都会或多或少地偏离被测量的真值,因此在给出测量结果的同时,还必须指出所给测量结果的可靠程度。在各种测量领域,人们经常使用一些术语来表示测量结果质量的好坏,例如:测量误差、测量准确度、测量精密度、**测量正确度**和测量不确定度等。在测量不确定度评定中,我们还经常使用许多其他有明确定义的术语,本章将从这些术语的定义出发来解释其含义,并阐明测量不确定度及其评定的基本概念。

　　由于当前的测量不确定度评定正处于从经典方法向不确定度方法演变的进程中,过去使用的某些术语的定义和概念就有必要作相应的变动。VIM 第 3 版(ISO/IEC GUIDE 99:2007)中某些术语及其定义的变化,就反映了这一进程。但由于不确定度评定的经典方法仍在各测量领域大量使用,因此在 VIM 第 3 版的某些术语中不仅引入了新的不确定度方法中的定义和概念,还在其定义的注解中保留了经典方法中的定义和概念。例如术语"测量不确定度",在 2008 版的 GUM 中仍采用 VIM 第 2 版的定义,而与之对应的 JJF 1059.1—2012则采用了 VIM 第 3 版给出的新定义。实际上,VIM 的改版,对于绝大多数的应用领域的不确定度评定并无很大影响。

　　所谓经典方法一般是指被测量最终可用符合其定义的唯一真值来描述。而测量的目的则是要给出尽可能接近于该唯一真值的一个量值。但由于测量过程均会产生误差,并且无法具体得到所给测量结果的误差,而只能估计出该误差出现的范围,并且不严格地称其为"不确定度"。而在不确定度方法中,测量的目的并不是要确定尽可能接近于真值的某个量值,而是认为根据所用到的与测量有关的信息,只能确定被测量的量值区间,因此可以得到的是符合定义要求的一组量值。增加可以得到的信息量,可以减小所确定的被测量的量值区间,也就是说可以减少这一组量值。但由于被测量定义中关于细节量的描述总是有限的,因此即使是最精确的测量也不可能将这一组量值缩小为单一量值。于是由于被测量定义中细节量有限所引入的不确定度,即"**定义的不确定度**",就成为任何测量结果的不确定度的下限。这就是当初 VIM第 2 版"真值"定义的注解中所说的"与给定的特定量定义一致的值不一定只有一个"的涵义。

　　在经典方法中,术语"测量结果"是通过测量赋予被测量的"一个"量值,而在**测量结果的完整表述**中,还应给出其测量不确定度。而在不确定度方法中,认为"测量结果"也不是"一个"量值,而是在其不确定度范围内的各个变动值都是"测量结果"。于是"测量结果"也包含

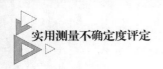

一组量值。既然"测量结果"包含的是一组量值,并且每个量值出现的概率大小是不同的,于是在术语"测量结果"的定义中还规定,在给出"一组"量值的同时,还应给出其他"有用的相关信息",例如概率密度函数(PDF)。

由于在大多数测量领域,经典的不确定度评定方法仍可使用,为使大多数的读者易于理解,本书在阐述某些术语的基本概念时,仍采用经典的方法。对于一些比较重要的术语,则再给出两种方法在概念上的差别。

# 第一节 有关术语的定义

本节给出本书中所采用的有关术语的定义,这些定义都是在各种国内或国际文件中明确给出的。未标明出处的术语均取自于 JJF 1001—2011《通用计量术语及定义》,源于其他文件的术语则给出其出处。

**1. 量 quantity**

现象、物体或物质的特性,其大小可用一个数和一个参照对象表示。

注:

(1) 量可指一般概念的量或特定量,如下表所示。

| 一般概念的量 | | 特定量 |
|---|---|---|
| 长度,$l$ | 半径,$r$ | 圆 A 的半径,$r_A$ 或 $r(A)$ |
| | 波长,$\lambda$ | 钠的 D 谱线的波长,$\lambda$ 或 $\lambda(D;Na)$ |
| 能量,$E$ | 动能,$T$ | 给定系统中质点 $i$ 的动能,$T_i$ |
| | 热量,$Q$ | 水样品 $i$ 的蒸汽的热量,$Q_i$ |
| 电荷,$Q$ | | 质子电荷,$e$ |
| 电阻,$R$ | | 给定电路中电阻器 $i$ 的电阻,$R_i$ |
| 实体 B 的物质的量浓度,$c_B$ | | 酒样品 $i$ 中酒精的物质的量浓度,$c_i(C_2H_5OH)$ |
| 实体 B 的数目浓度,$C_B$ | | 血样品 $i$ 中红血球的数目浓度,$C(E_{rys};B_i)$ |
| 洛氏 C 标尺硬度(150 kg 负荷下),HRC(150 kg) | | 钢样品 $i$ 洛氏 C 标尺硬度,HRC(150 kg) |

(2) 参照对象可以是一个测量单位、测量程序、标准物质或其组合。

(3) 量的符号见国际标准《量和单位》的现行有效版本,用斜体表示。一个给定符号可表示不同的量。

(4) 国际理论和应用物理联合会(IUPAC)/国际临床化学联合会(IFCC)规定实验室医学的特定量格式为"系统—成分;量的类型"。

例:血浆(血液)—钠离子;特定人在特定时间内物质的量的浓度等于 143 mmol/L。

(5) 这里定义的量是标量。然而,各分量是标量的向量或张量也可认为是量。

(6) "量"从概念上一般可分为诸如物理量、化学量、生物量,或分为基本量和导出量。

**2. 量值  quantity value**

**全称量的值（value of quantity），简称值（value）**

用数和参照对象一起表示的量的大小。

例：

（1）给定杆的长度：5.34 m 或 534 cm。

（2）给定物体的质量：0.152 kg 或 152 g。

（3）给定弧的曲率：112 $m^{-1}$。

（4）给定样品的摄氏温度：−5 ℃。

（5）在给定频率上给定电路组件的阻抗（其中 j 是虚数单位）：$(7+3j)\Omega$。

（6）给定玻璃样品的折射率：1.52。

（7）给定样品的洛氏 C 标尺硬度（150 kg 负荷下）：43.5 HRC（150 kg）。

（8）铜材样品中镉的质量分数：3 $\mu g/kg$ 或 $3\times10^{-9}$。

（9）水样品中溶质 $Pb^{2+}$ 的质量摩尔浓度：1.76 mmol/kg。

（10）在给定血浆样品中任意镏亲菌素的物质的量浓度（世界卫生组织国际标准 80/552）：50 国际单位/l。

注：

（1）根据参照对象的类型，量值可表示为：一个数和一个测量单位的乘积［见例（1），（2），（3），（4），（5），（8）和（9）］，量纲为一，测量单位1，通常不表示［见例（6）和（8）］；一个数和一个作为参照对象的测量程序［见例（7）］；一个数和一个标准物质［见例（10）］。

（2）数可以是复数［见例（5）］。

（3）一个量值可用多种方式表示［见例（1），（2）和（8）］。

（4）对向量或张量，每个分量有一个量值。

例：作用在给定质点上的力用笛卡尔坐标分量表示为

$$(F_x;F_y;F_z)=(-31.5;43.2;17.0)N$$

**3. 量的真值  true quantity value, true value of quantity**

**简称真值（true value）**

与量的定义一致的量值。

注：

（1）在描述关于测量的"误差方法"中，认为真值是唯一的，实际上是不可知的。在"不确定度方法"中认为，由于定义本身细节不完善，不存在单一真值，只存在与定义一致的一组真值；然而，从原理上和实际上，这一组值是不可知的。另一些方法免除了所有关于真值的概念，而依靠测量结果计量兼容性的概念去评定测量结果的有效性。

（2）在基本常量的这一特殊情况下，量被认为具有一个单一真值。

（3）当被测量的定义的不确定度与测量不确定度其他分量相比可忽略时，认为被测量具有一个"基本唯一"的真值。这就是 GUM 和相关文件采用的方法，其中"真"字被认为是多余的。

**4. 约定量值  conventional quantity value**

**又称量的约定值（conventional value of quantity），简称约定值（conventional value）**

对于给定目的,由协议赋予某量的量值。

例:

(1) 标准自由落体加速度(以前称标准重力加速度)$g_n = 9.806\ 65\ \mathrm{m \cdot s^{-2}}$。

(2) 约瑟夫逊常量的约定量值 $K_{J\text{-}90} = 483\ 597.9\ \mathrm{GHz\ V^{-1}}$。

(3) 给定质量标准的约定量值 $m = 100.003\ 47\ \mathrm{g}$。

注:

(1) 有时将术语"约定真值"用于此概念,但不提倡这种用法。

(2) 有时约定量值是真值的一个估计值。

(3) 约定量值通常被认为具有适当小(可能为零)的测量不确定度。

## 5. 测量 measurement

通过实验获得并可合理赋予某量一个或多个量值的过程。

注:

(1) 测量不适用于标称特性。

(2) 测量意味着量的比较并包括实体的计数。

(3) 测量的先决条件是对测量结果预期用途相适应的量的描述、测量程序以及根据规定测量程序(包括测量条件)进行操作的经校准的测量系统。

## 6. 被测量 measurand

拟测量的量。

注:

(1) 对被测量的说明要求了解量的种类,以及含有该量的现象、物体或物质状态的描述,包括有关成分及所涉及的化学实体。

(2) 在 VIM 第二版和 IEC 60050-300:2001 中,被测量定义为受到测量的量。

(3) 测量包括测量系统和实施测量的条件,它可能会改变研究中的现象、物体或物质,使被测量的量可能不同于定义的被测量。在这种情况下,需要进行必要的修正。

例:

(1) 用内阻不够大的电压表测量时,电池两端间的电位差会降低,开路电位差可根据电池和电压表的内阻计算得到。

(2) 钢棒在与环境温度 23 ℃平衡时的长度不同于拟测量的规定温度为 20 ℃时的长度,这种情况下必须修正。

(3) 在化学中,"分析物"或者物质或化合物的名称有时被称作"被测量"。这种用法是错误的,因为这些术语并不涉及量。

## 7. 影响量 influence quantity

在直接测量中不影响实际被测的量、但会影响示值与测量结果之间关系的量。

例:

(1) 用安培计直接测量交流电流恒定幅度时的频率。

(2) 在直接测量人体血浆中血红蛋白浓度时,胆红素的物质的量浓度。

(3) 测量某杆长度时测微计的温度(不包括杆本身的温度,因为杆的温度可以进入被测量的定义中)。

（4）测量摩尔分数时,质谱仪离子源的本底压力。

注:

（1）间接测量涉及各直接测量的合成,每项直接测量都可能受到影响量的影响。

（2）在 GUM 中,"影响量"按 VIM 第二版定义,不仅覆盖影响测量系统的量(如本定义),而且包含影响实际被测量的量。另外,在 GUM 中此概念不限于直接测量。

**8. 比对　comparison**

在规定条件下,对相同准确度等级或指定不确定度范围的同种测量仪器复现的量值之间比较的过程。

**9. 校准　calibration**

在规定条件下的一组操作,其第一步是确定由测量标准提供的量值与相应示值之间的关系,第二步则是用此信息确定由示值获得测量结果的关系,这里测量标准提供的量值与相应示值都具有测量不确定度。

注:

（1）校准可以用文字说明、校准函数、校准图、校准曲线或校准表格的形式表示。某些情况下,可以包含示值的具有测量不确定度的修正值或修正因子。

（2）校准不应与测量系统的调整(常被错误称作"自校准")相混淆,也不应与校准的验证相混淆。

（3）通常,只把上述定义中的第一步认为是校准。

**10. 校准图　calibration diagram**

表示示值与对应测量结果关系的图形。

注:

（1）校准图是由示值轴和测量结果轴定义的平面上的一条带,表示了示值与一系列测得值间的关系。它给出了一对多的关系。对给定示值,带的宽度提供了仪器的测量不确定度。

（2）这种关系的其他表示方式包括带有测量不确定度的校准曲线、校准表或一组函数。

（3）此概念适合于当仪器的测量不确定度大于测量标准的测量不确定度时的校准。

**11. 校准曲线　calibration curve**

表示示值与对应测得值间关系的曲线。

注:校准曲线表示一对一的关系,由于它没有关于测量不确定度的信息,因而没有提供测量结果。

**12. 校准等级序列　calibration hierarchy**

从参照对象到最终测量系统之间校准的次序,其中每一等级校准的结果取决于前一等级校准的结果。

注:

（1）沿着校准的次序,测量不确定度必然逐级增加。

（2）校准等级序列由一台或多台测量标准和按测量程序操作的测量系统组成。

（3）本定义中的参照对象可以是通过实际复现的测量单位的定义,或测量程序,或测量标准。

（4）两台测量标准之间的比较,如果用于对其中一台测量标准进行检查以及必要时对

量值进行修正并给出测量不确定度,则可视为一次校准。

**13. 测量结果 measurement result,result of measurement**

与其他有用的相关信息一起赋予被测量的一组量值。

注:

(1)测量结果通常包含这组量值的"相关信息",诸如某些可以比其他方式更能代表被测量的信息。它可以概率密度函数(PDF)的方式表示。

(2)测量结果通常表示为单个测得的量值和一个测量不确定度。对于某些用途,如果认为测量不确定度可忽略不计,则测量结果可表示为单个测得的量值。在许多领域中这是表示测量结果的常用方式。

(3)在传统文献和1993版VIM中,测量结果定义为赋予被测量的值,并按情况解释为平均示值、未修正的结果或已修正的结果。

**14. 测得的量值 (measured quantity value)**

又称量的测得值 measured value of a quantity,简称测得值(measured value)

代表测量结果的量值。

注:

(1)对重复示值的测量,每个示值可提供相应的测得值。用这一组独立的测得值可计算出作为结果的测得值,如平均值或中位值,通常它附有一个已减小了的与其相关联的测量不确定度。

(2)当认为代表被测量的真值范围与测量不确定度相比小得多时,量的测得值可认为是实际唯一真值的估计值,通常是通过重复测量获得的各独立测得值的平均值或中位值。

(3)当认为代表被测量的真值范围与测量不确定度相比不太小时,被测量的测得值通常是一组真值的平均值或中位值的估计值。

(4)在测量不确定度表示指南(GUM)中,对测得的量值使用的术语有"测量结果"和"被测量的值的估计"或"被测量的估计值"。

**15. 测量误差 measurement error,error of measurement**

**简称误差(error)**

测得的量值减去参考量值。

注:

(1)测量误差的概念在以下两种情况下均可使用:

① 当涉及存在单个参考量值,如用测得值的测量不确定度可忽略的测量标准进行校准,或约定量值给定时,测量误差是已知的;

② 假设被测量使用唯一的真值或范围可忽略的一组真值表征时,测量误差是未知的。

(2)测量误差不应与出现的错误或过失相混淆。

**16. 系统测量误差 systematic measurement error,systematic error of measurement**

**简称系统误差(systematic error)**

在重复测量中保持不变或按可预见方式变化的测量误差的分量。

注:

(1)系统测量误差的参考量值是真值,或是测量不确定度可忽略不计的测量标准的测得值,或是约定量值。

（2）系统测量误差及其来源可以是已知的或未知的。对于已知的系统测量误差可采用修正补偿。

（3）系统测量误差等于测量误差减随机测量误差。

**17. 测量偏移** measurement bias

简称**偏移**（**bias**）

系统测量误差的估计值。

**18. 随机测量误差** random measurement error, random error of measurement

简称**随机误差**（**random error**）

在重复测量中按不可预见方式变化的测量误差的分量。

注：

（1）随机测量误差的参考量值是对同一被测量由无穷多次重复测量得到的平均值。

（2）一组重复测量的随机测量误差形成一种分布,该分布可用期望和方差描述,其期望通常可假设为零。

（3）随机误差等于测量误差减系统测量误差。

**19. 修正** correction

对估计的系统误差的补偿。

注：

（1）补偿可取不同形式,诸如加一个修正值或乘一个修正因子,或从修正值表或修正曲线上得到。

（2）修正值是用代数方法与未修正测量结果相加,以补偿其系统误差的值。修正值等于负的系统误差估计值。

（3）修正因子是为补偿误差而与未修正测量结果相乘的数字因子。

（4）由于系统误差不能完全知道,因此这种补偿并不完全。

**20. 测量准确度** measurement accuracy, accuracy of measurement

简称**准确度**（**accuracy**）

被测量的测得值与其真值间的一致程度。

注：

（1）概念"测量准确度"不是一个量,不给出有数字的量值。当测量提供较小的测量误差时就说该测量是较准确的。

（2）术语"测量准确度"不应与"测量正确度""测量精密度"相混淆,尽管它与这两个概念有关。

（3）测量准确度有时被理解为赋予被测量的测得值之间的一致程度。

**21. 测量正确度** measurement trueness, trueness of measurement

简称**正确度**（**trueness**）

无穷多次重复测量所得量值的平均值与一个参考量值间的一致程度。

注：

（1）测量正确度不是一个量,不能用数值表示。

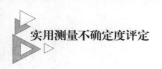 

(2) 测量正确度与系统测量误差有关,与随机测量误差无关。

(3) 术语"测量正确度"不能用"测量准确度"表示。反之亦然。

### 22. 测量精密度　measurement precision

简称**精密度**(precision)

在规定条件下,对同一或类似被测对象重复测量所得示值或测得值间的一致程度。

注:

(1) 测量精密度通常用不精密程度以数字形式表示,如在规定测量条件下的标准偏差、方差或变差系数。

(2) 规定条件可以是重复性测量条件、期间精密度测量条件或复现性测量条件。

(3) 测量精密度用于定义测量重复性、期间测量精密度或测量复现性。

(4) 术语"测量精密度"有时用于指"测量准确度",这是错误的。

### 23. 期间测量精密度测量条件　intermediate precision condition of measurement

简称**期间精密度条件**(intermediate precision condition)

除了相同测量程序、相同地点,以及在一个较长时间内对同一或相类似的被测对象重复测量的一组测量条件外,还可包括涉及改变的其他条件。

注:

(1) 改变可包括新的校准、测量标准器、操作者和测量系统。

(2) 对条件的说明应包括改变和未变的条件以及实际改变到什么程度。

(3) 在化学中,术语"序列间精密度测量条件"有时用于指"期间精密度测量条件"。

### 24. 期间测量精密度　intermediate measurement precision

简称**期间精密度**(intermediate precision)

在一组期间精密度测量条件下的测量精密度。

### 25. 测量重复性　measurement repeatability

简称**重复性**(repeatability)

在一组重复性测量条件下的测量精密度。

### 26. 重复性测量条件　repeatability condition of measurement

简称**重复性条件**(repeatability condition)

相同测量程序、相同操作者、相同测量系统、相同操作条件和相同地点,并在短时间内对同一或相类似被测对象重复测量的一组测量条件。

注:在化学中,术语"序列内精密度测量条件"有时用于指"重复性测量条件"。

### 27. 复现性测量条件　reproducibility condition of measurement

简称**复现性条件**(reproducibility condition)

不同地点、不同操作者、不同测量系统,对同一或相类似被测对象重复测量的一组测量条件。

注:

(1) 不同的测量系统可采用不同的测量程序。

(2) 在给出复现性时应说明改变和未变的条件及实际改变到什么程度。

### 28. 测量复现性　measurement reproducibility

简称**复现性**(reproducibility)

在复现性测量条件下的测量精密度。

**29. 实验标准偏差　experimental standard deviation**

简称**实验标准差**（experimental standard deviation）

对同一被测量进行 $n$ 次测量，表征测量结果分散性的量。用符号 $s$ 表示。

注：

（1）$n$ 次测量中某单个测得值 $x_k$ 的实验标准偏差 $s(x_k)$ 可按贝塞尔公式计算：

$$s(x_k) = \sqrt{\frac{\sum\limits_{i=1}^{n}(x_i - \overline{x})^2}{n-1}}$$

式中：$x_i$——第 $i$ 次测量的测得值；

　　　$n$——测量次数；

　　　$\overline{x}$——$n$ 次测量所得一组测得值的算术平均值。

（2）$n$ 次测量的算术平均值 $\overline{x}$ 的实验标准偏差 $s(\overline{x})$ 为：

$$s(\overline{x}) = \frac{s(x_k)}{\sqrt{n}}$$

**30. 测量不确定度　measurement uncertainty, uncertainty of measurement**

简称**不确定度**（uncertainty）

根据所用到的信息，表征赋予被测量量值分散性的非负参数。

注：

（1）测量不确定度包括由系统影响引起的分量，如与修正量和测量标准所赋量值有关的分量及定义的不确定度。有时对估计的系统影响未作修正，而是当作不确定度分量处理。

（2）此参数可以是诸如称为标准测量不确定度的标准偏差（或其特定倍数），或是说明了包含概率的区间半宽度。

（3）测量不确定度一般由若干分量组成。其中一些分量可根据一系列测量值的统计分布，按测量不确定度的 A 类评定进行评定，并可用标准差表征。而另一些分量则可根据基于经验或其他信息所获得的概率密度函数，按测量不确定度的 B 类评定进行评定，也用标准偏差表征。

（4）通常，对于一组给定的信息，测量不确定度是相应于所赋予被测量的值的。该值的改变将导致相应的不确定度的改变。

（5）本定义是按 2008 版 VIM 给出的，而在 GUM 中的定义是：表征合理地赋予被测量之值的分散性，与测量结果相联系的参数。

**31. 标准不确定度　standard uncertainty**

全称**标准测量不确定度**（standard measurement uncertainty, standard uncertainty of measurement）

以标准偏差表示的测量不确定度。

**32. 测量不确定度的 A 类评定　Type A evaluation of measurement uncertainty**

简称 **A 类评定**（Type A evaluation）

对在规定测量条件下测得的量值用统计分析的方法进行的测量不确定度分量的评定。

注:规定测量条件是指重复性测量条件、期间精密度测量条件或复现性测量条件。

**33. 测量不确定度的 B 类评定　Type B evaluation of measurement uncertainty**

简称 **B 类评定**（**Type B evaluation**）

用不同于测量不确定度 A 类评定的方法对测量不确定度分量进行的评定。

注:评定基于以下信息:
——权威机构发布的量值;
——有证标准物质的量值;
——校准证书;
——仪器的漂移;
——经检定的测量仪器的准确度等级;
——根据人员经验推断的极限值等。

**34. 合成标准不确定度　combined standard uncertainty**

全称**合成标准测量不确定度**（**combined standard measurement uncertainty**）

由在一个测量模型中各输入量的标准测量不确定度获得的输出量的标准测量不确定度。

注:在测量模型①中的输入量相关的情况下,当计算合成标准不确定度时必须考虑协方差。

**35. 相对标准不确定度　relative standard uncertainty**

全称**相对标准测量不确定度**（**relative standard measurement uncertainty**）

标准不确定度除以测得值的绝对值。

**36. 定义的不确定度　definitional uncertainty**

由于被测量定义中细节量有限所引起的测量不确定度分量。

注:
(1) 定义的不确定度是在任何给定被测量的测量中实际可达到的最小测量不确定度。
(2) 所描述细节中的任何改变导致另一个定义的不确定度。

**37. 不确定度报告　uncertainty budget**

对测量不确定度的陈述,包括测量不确定度的分量及其计算和合成。

注:不确定度报告应该包括测量模型、估计值、测量模型中与各个量相关联的测量不确定度、协方差、所用的概率密度分布函数的类型、自由度、测量不确定度的评定类型和包含因子。

**38. 目标不确定度　target uncertainty**

全称**目标测量不确定度**（**target measurement uncertainty**）

根据测量结果的预期用途,规定作为上限的测量不确定度。

**39. 扩展不确定度　expanded uncertainty**

全称**扩展测量不确定度**（**expanded measurement uncertainty**）

合成标准不确定度与一个大于 1 的数字因子的乘积。

_____

① JJF 1001—2011 中此处为"数学模型",查阅英文原版,应是"测量模型"。

注：

（1）该因子取决于测量模型中输出量的概率分布类型及所选取的包含概率。

（2）本定义中的术语"因子"是指包含因子。

**40. 包含区间 coverage interval**

基于可获得的信息确定的包含被测量一组值的区间,被测量值以一定概率落在该区间内。

注：

（1）包含区间不一定以所选的测得值为中心。

（2）不应把包含区间称为置信区间,以避免与统计学概念混淆。

（3）包含区间可由扩展测量不确定度导出。

**41. 包含概率 coverage probability**

在规定的包含区间内包含被测量的一组值的概率。

注：

（1）为避免与统计学概念混淆,不应把包含概率称为置信水平。

（2）在 GUM 中包含概率又称"置信的水平(level of confidence)"。

（3）包含概率替代了曾经使用过的"置信水准"。

**42. 包含因子 coverage factor**

为获得扩展不确定度,对合成标准不确定度所乘的大于 1 的数。

注：包含因子通常用符号 $k$ 表示。

**43. 测量模型 measurement model, model of measurement**

**简称模型（model）**

测量中涉及的所有已知量间的函数关系。

注：

（1）测量模型的通用形式是方程：$h(Y, X_1, \cdots, X_n) = 0$,其中测量模型中的输出量 $Y$ 是被测量,其量值由测量模型中的输入量 $X_1, \cdots, X_n$ 的有关信息推导得到。

（2）在有两个或多个输出量的较复杂情况下,测量模型包含一个以上的方程。

**44. 测量函数 measurement function**

在测量模型中,由输入量的已知量值计算得到的值是输出量的测得值时,输入量与输出量之间量的函数关系。

注：

（1）如果测量模型 $h(Y, X_1, \cdots, X_n) = 0$ 可明确地写成 $Y = f(X_1, \cdots, X_n)$,其中 $Y$ 是测量模型中的输出量,则函数 $f$ 是测量函数。更通俗地说,$f$ 是一个算法符号,算出与输入量 $x_1, \cdots, x_n$ 相应的唯一的输出量值 $y = f(x_1, \cdots, x_n)$。

（2）测量函数也用于计算测得值 $Y$ 的测量不确定度。

**45. 测量模型中的输入量 input quantity in a measurement model**

**简称输入量（input quantity）**

为计算被测量的测得值而必须测量的,或其值可用其他方式获得的量。

例：当被测量是在规定温度下某钢棒的长度时,则实际温度、在实际温度下的长度以及

17

该棒的线热膨胀系数,为测量模型中的输入量。

注:

(1) 测量模型中的输入量往往是某个测量系统的输出量。

(2) 示值、修正值和影响量可以是一个测量模型中的输入量。

**46. 测量模型中的输出量　output quantity in a measurement model**

**简称输出量**(output quantity)

用测量模型中输入量的值计算得到的测得值的量。

**47. 测量结果的计量兼容性　metrological compatibility of measurement results**

**简称计量兼容性**(metrological compatibility)

规定的被测量的一组测量结果的特性,该特性为两个不同测量结果的任何一对测得值之差的绝对值小于该差值的标准不确定度的某个选定倍数。

注:

(1) 当它作为判断两个测量结果是否归诸于同一被测量的判据时,测量结果的计量兼容性代替了传统的"落在误差内"的概念。如果在认为被测量不变的一组测量中,一个测量结果与其他测量结果不兼容,则可能是测量不正确(如其评定的测量不确定度太小),也可能是在测量期间被测量发生了变化。

(2) 测量间的相关性影响测量结果的计量兼容性,若测量完全不相关,则该差值的标准不确定度等于其各自标准不确定度的方和根值[①];当协方差为正时,小于此值;协方差为负时,大于此值。

**48. 测量仪器　measuring instrument**

**计量器具　measuring instrument**

单独或与一个或多个辅助设备组合,用于进行测量的装置。

注:

(1) 一台可单独使用的测量仪器是一个测量系统。

(2) 测量仪器可以是指示式测量仪器,也可以是实物量具。

**49. 测量系统　measuring system**

一套组装的并适用于特定量在规定区间内给出测得值信息的一台或多台测量仪器,通常还包括其他装置,诸如试剂和电源。

注:一个测量系统可以仅包括一台测量仪器。

**50. 实物量具　material measure**

具有所赋量值,使用时以固定形态复现或提供一个或多个量值的测量仪器。

例:

标准砝码;

容积量器(提供单个或多个量值,带或不带量的标尺);

标准电阻器;

---

① JJF 1001—2011 中此处为"均方根值",这是不正确的,因为这里根本没有"均"的概念。实际上该差值的标准不确定度等于其各自标准不确定度的平方和之平方根。英文原版用的是"root mean square sum",也是错误的。

线纹尺；

量块；

标准信号发生器；

有证标准物质。

注：

（1）实物量具的示值是其所赋的量值。

（2）实物量具可以是测量标准。

### 51．示值　indication

由测量仪器或测量系统给出的量值。

注：

（1）示值可用可视形式或声响形式表示，也可传输到其他装置。示值通常由模拟输出显示器上指示的位置、数字输出所显示或打印的数字、编码输出的码形图、实物量具的赋值给出。

（2）示值与相应的被测量值不必是同类量的值。

### 52．示值区间　indication interval

极限示值界限内的一组量值。

注：

（1）示值区间可以用标在显示装置上的单位表示，例如：99 V～201 V。

（2）在某些领域中，本术语也称"示值范围（range of indication）"。

### 53．标称量值　nominal quantity value

简称标称值（nominal value）

测量仪器或测量系统特征量的经化整的值或近似值，以便为适当使用提供指导。

例：

（1）标在标准电阻器上的标称量值：100 Ω；

（2）标在单刻度量杯上的量程：1000 mL；

（3）盐酸溶液 HCl 的物质的量浓度：0.1 mol/L；

（4）恒温箱的温度为－20 ℃。

注："标称量值"和"标称值"不要与"标称特性值"相混淆。

### 54．标称示值区间　nominal indication interval

简称标称区间（nominal interval）

当测量仪器或测量系统调节到特定位置时获得并用于指明该位置的、化整或近似的极限示值所界定的一组量值。

注：

（1）标称示值区间通常以它的最小和最大量值表示，例如：100 V～200 V。

（2）在某些领域，此术语也称"标称范围（nominal range）"。

（3）在我国，此术语也称为"量程（span）"。

### 55．分辨力　resolution

引起相应示值产生可察觉到变化的被测量的最小变化。

注：分辨力可能与诸如噪声（内部或外部的）或摩擦有关，也可能与被测量的值有关。

**56. 显示装置的分辨力　resolution of a displaying device**

能有效辨别的显示示值间的最小差值。

**57. 鉴别阈　discrimination threshold**

引起相应示值不可检测到变化的被测量值的最大变化。

注：鉴别阈可能与诸如噪声（内部或外部的）或摩擦有关，也可能与被测量的值及其变化是如何施加的有关。

**58. 死区　dead band**

当被测量值双向变化时，相应示值不产生可检测到变化的最大区间。

注：死区可能与变化速率有关。

**59. 检出限　detection limit, limit of detection**

由给定测量程序获得的测得值，其声称的物质成分不存在的误判概率为 $\beta$，声称物质成分存在的误判概率为 $\alpha$。

注：

(1) 国际理论和应用化学联合会（IUPAC）推荐 $\alpha$ 和 $\beta$ 的默认值为 0.05。

(2) 有时使用缩写词 LOD。

(3) 不要用术语"灵敏度"表示"检出限"。

**60. 测量仪器的稳定性　stability of a measurement instrument**

**简称稳定性（stability）**

测量仪器保持其计量特性随时间恒定的能力。

注：稳定性可用几种方式量化。

例：

(1) 用计量特性变化到某个规定的量所经过的时间间隔表示；

(2) 用特性在规定时间间隔内发生的变化表示。

**61. 仪器偏移　instrument bias**

重复测量示值的平均值减去参考量值。

**62. 仪器漂移　instrument drift**

由于测量仪器计量特性的变化引起的示值在一段时间内的连续或增量变化。

注：仪器漂移既与被测量的变化无关，也与任何认识到的影响量的变化无关。

**63. 影响量引起的变差　variation due to an influence quantity**

当影响量依次呈现两个不同的量值时，给定被测量的示值差或实物量具提供的量值差。

注：对实物量具，影响量引起的变差是影响量呈现两个不同值时其提供量值间的差值。

**64. 仪器的测量不确定度　instrumental measurement uncertainty**

由所用的测量仪器或测量系统引起的测量不确定度的分量。

注：

(1) 除原级测量标准采用其他方法外，仪器的不确定度通过对测量仪器或测量系统校准得到。

（2）仪器的不确定度通常按 B 类测量不确定度评定。

（3）对仪器的测量不确定度的有关信息可在仪器说明书中给出。

**65. 零的测量不确定度　null measurement uncertainty**

测得值为零时的测量不确定度。

注：

（1）零的测量不确定度与零位或接近零的示值有关，它包含被测量小到不知是否能检测的区间或仅由噪声引起的测量仪器的示值区间。

（2）零的测量不确定度的概念也适用于当对样品与空白进行测量并获得差值时。

**66. 准确度等级　accuracy class**

在规定工作条件下，符合规定的计量要求，使测量误差或仪器不确定度保持在规定极限内的测量仪器或测量系统的级别或等别[①]。

注：

（1）准确度等级通常用约定采用的数字或符号表示。

（2）准确度等级也适用于实物量具。

**67. 最大允许测量误差　maximum permissible measurement errors**

简称**最大允许误差（maximum permissible errors）**，又称误差限（**limit of error**）

对给定的测量、测量仪器或测量系统，由规范或规程所允许的，相对于已知参考量值的测量误差的极限值。

注：

（1）通常，术语"最大允许误差"或"误差限"是用在有两个极端值的场合。

（2）不应该用术语"容差"表示"最大允许误差"。

**68. 引用误差　fiducially error**

测量仪器或测量系统的误差除以仪器的特定值。

注：该特定值一般称为引用值，例如，可以是测量仪器的量程或标称范围的上限。

**69. 示值误差　error of indication**

测量仪器示值与对应输入量的参考量值之差。

**70. 测量标准　measurement standard，etalon**

具有确定的量值和相关联的不确定度，实现给定量定义的参照对象。

例：

（1）具有标准测量不确定度为 3 μg 的 1 kg 质量测量标准；

（2）具有标准测量不确定度为 1 μΩ 的 100 Ω 测量标准电阻器；

（3）具有相对标准测量不确定度为 $2\times10^{-15}$ 的铯频率标准；

---

① 在 JJF 1001—2011 原文中，术语"准确度等级"的定义是"在规定工作条件下，符合规定的计量要求，使测量误差或仪器不确定度保持在规定极限内的测量仪器或测量系统的等别或级别"。该定义中前面的"测量误差或仪器不确定度"与后面的"等别或级别"的顺序不对。与测量误差对应的应是"级别"，与不确定度对应的应是"等别"。

（4）量值为 7.072,其标准测量不确定度为 0.006 的氢标准电极;

（5）每种溶液具有测量不确定度的有证量值的一组人体血清中的可的松参考溶液;

（6）对 10 种不同蛋白质中每种的质量浓度提供具有测量不确定度的量值的有证标准物质。

注：

（1）在我国,测量标准按其用途分为计量基准和计量标准。

（2）给定量的定义可通过测量系统、实物量具或有证标准物质复现。

（3）测量标准经常作为参照对象用于其他同类量确定量值及其测量不确定度。通过其他测量标准、测量仪器或测量系统对其进行校准,确立其计量溯源性。

（4）这里所用的"实现"是按一般意义说的。"实现"有三种方式:一是根据定义,物理实现测量单位,这是严格意义上的实现;二是基于物理现象建立可高度复现的测量标准,它不是根据定义实现的测量单位,所以称"复现",如使用稳频激光器建立米的测量标准,利用约瑟夫森效应建立伏特测量标准或利用霍尔效应建立欧姆测量标准;三是采用实物量具作为测量标准,如 1 kg 的质量测量标准。

（5）测量标准的标准测量不确定度是用该测量标准获得的测量结果的合成标准不确定度的一个分量。通常,该分量比合成标准不确定度的其他分量小。

（6）量值及其测量不确定度必须在测量标准使用的当时确定。

（7）几个同类量或不同类量可由一个装置实现,该装置通常也称测量标准。

（8）术语"测量标准"有时用于表示其他计量工具,例如"软件测量标准"(见 ISO 5436-2)。

## 71. 原级测量标准　primary measurement standard

### 简称原级标准(primary standard)

使用原级参考测量程序或约定选用的一种人造物品建立的测量标准。

例：

（1）物质的量浓度的原级测量标准由将已知物质的量的化学成分溶解到已知体积的溶液中制备而成。

（2）压力的原级测量标准基于对力和面积的分别测量。

（3）同位素物质的量比率测量的原级测量标准通过混合已知物质的量的规定的同位素制备而成。

（4）水的三相点瓶作为热力学温度的原级测量标准。

（5）国际千克原器是一个约定选用的人造物品。

## 72. 参考量值　reference quantity value

### 简称参考值(reference value)

用作与同类量的值进行比较的基础的量值。

注：

（1）参考量值可以是被测量的真值,这种情况下它是未知的;也可以是约定量值,这种情况下它是已知的。

（2）带有测量不确定度的参考量值通常由以下参照对象提供：

a）一种物质，如有证标准物质；

b）一个装置，如稳态激光器；

c）一个参考测量程序；

d）与测量标准的比较。

**73. 测量仪器的合格评定  conformity assessment of a measuring instrument**

为确定单台仪器、一个仪器批次或一个产品系列是否符合该仪器型式的全部法定要求而对测量仪器进行的试验和评价。

注：

合格评定不仅关注计量要求，而且还可能关注下列要求：

——安全性；

——电磁兼容性；

——软件一致性；

——使用的方便性；

——标记等。

**74. 测量仪器的检定  verification of a measuring instrument**

**计量器具的检定  verification of a measuring instrument**

简称**计量检定**（metrological verification）或**检定**（verification）

查明和确认测量仪器符合法定要求的活动，它包括检查、加标记和/或出具检定证书。

注：在 VIM 中，将"提供客观证据证明测量仪器满足规定的要求"定义为验证（verification）。

**75. 检测  testing**

对给定产品，按照规定程序确定某一种或多种特性、进行处理或提供服务所组成的技术操作。

**76. 实验室认可  laboratory accreditation**

对校准和检测实验室有能力进行特定类型校准和检测所做的一种正式承认。

**77. 能力验证  proficiency testing**

利用实验室间比对确定实验室的检定、校准和检测的能力。

**78. 期间核查  intermediate checks**

根据规定程序，为了确定计量标准、标准物质或其他测量仪器是否保持其原有状态而进行的操作。

**79. 不确定度评定的黑箱模型  black box model for uncertainty estimation**

用于不确定度评定的方法或模型。在该模型中，由测量所得到的输出量之值与输入量（激励源）具有相同的单位，而不是通过测量与被测量有函数关系的其他量而得到的。

注：

（1）采用黑箱模型时，影响量已被换算到被测量的单位，并且灵敏系数等于 1，于是各不确定度分量可直接合成。

(2) 在许多情况下,一个复杂的测量方法可以看作一个简单的具有激励源输入的黑箱,测量结果由该黑箱输出。当打开黑箱时,它可以转化为若干个次级小黑箱和(或)若干个透明箱。

(3) 即使为了作相应的修正而有必要进行补充测量以确定影响量的数值,其不确定度评定的方法仍然是黑箱方法。

[ISO/TS 14253-2:1999]

**80. 不确定度评定的透明箱模型　transparent box model for uncertainty estimation**

用于不确定度评定的方法或模型。在该模型中被测量之值是通过与被测量有函数关系的其他量的测量而得到。

[ISO/TS 14253-2:1999]

**81. [测量或校准的]不确定度概算　uncertainty budget (for a measurement or calibration)**

对不确定度分量评定的总结性陈述,这些分量对测量结果的不确定度有贡献。

注:

(1) 只有当测量过程(包括测量对象、被测量、测量方法和测量条件)确定时,测量结果的不确定度才是明确的。

(2) "概算"一词的意思为根据测量程序、测量条件和若干假设,对不确定度分量、它们的合成标准不确定度以及扩展不确定度的数值进行分配。

[ISO/TS 14253-2:1999]

**82. 公差($T$)　tolerance**

上公差限和下公差限之差。

注:

(1) 公差是一个没有符号的量。

(2) 公差可以是双侧的或单侧的(最大允许值仅在一侧,另一个极限值为零),但标称值不一定在公差区内。

[ISO 14253-1:1998]

**83. 公差区　tolerance zone**

**公差范围　tolerance interval**

特征量在公差限之间的一切变动值,包括公差限本身。

[ISO 14253-1:1998]

**84. 公差限　tolerance limits**

**极限值　limiting values**

特征量的给定允许值的上界和(或)下界的规定值。

[ISO 14253-1:1998]

**85. 规范　specification**

工件特征量的公差,或测量设备特征量的最大允许误差 MPE。

注:规范应涉及或包括图样、样板或其他有关文件,并指明用以检查合格与否的方法和

判据。

[ISO 14253-1:1998]

**86. 规范区  specification zone**

**规范范围  specification interval**

工件特征量或测量设备特征量在规范限之间的一切变动值,包括规范限本身。

[ISO 14253-1:1998]

**87. 规范限  specification limits**

工件特征量的公差限或测量设备特征量的最大容许误差。

[ISO 14253-1:1998]

**88. 上规范限(USL)  upper specification limit**

给定的下列规定值:

——工件特征量公差限的允许值上界;或

——测量设备特征量允许误差的允许值上界。

[ISO 14253-1:1998]

**89. 下规范限(LSL)  lower specification limit**

给定的下列规定值:

——工件特征量公差限的允许值下界;或

——测量设备特征量容许误差的允许值下界。

[ISO 14253-1:1998]

**90. 测量结果的完整表述($y'$)  result of measurement, complete statement**

包括扩展不确定度$U$的测量结果。

注:测量结果的完整表述由公式$y' = y \pm U$表示。

[ISO 14253-1:1998]

**91. 合格(符合)  conformance, conformity**

满足规定的要求。

[ISO 14253-1:1998]

**92. 合格区  conformance zone**

被扩展不确定度$U$缩小的规范区,见图2-1。

注:在上规范限和(或)下规范限处,规范区被扩展不确定度缩小。

[ISO 14253-1:1998]

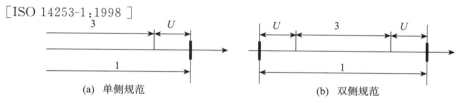

(a) 单侧规范        (b) 双侧规范

1—规范区;3—合格区

图 2-1  合格区

**93. 不合格（不符合） non-conformance, non-conformity**

未满足规定的要求。

［ISO 14253-1:1998］

**94. 不合格区 non-conformance zone**

被扩展不确定度 $U$ 扩大的规范区外的区域，见图 2-2。

注：在上规范限和（或）下规范限处，规范区被扩展不确定度扩大。

［ISO 14253-1:1998］

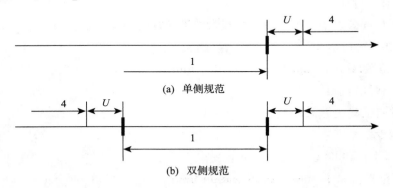

(a) 单侧规范

(b) 双侧规范

1—规范区；4—不合格区

**图 2-2 不合格区**

**95. 不确定区 uncertainty range**

规范限附近的区域，考虑到测量不确定度后，在该区域内无法判断合格或不合格。见图 2-3。

注：

（1）不确定区位于单侧规范限或双侧规范限两侧，其宽度为 $2U$。

（2）在测量结果的上界和下界处，测量不确定度的大小可以不同。

［ISO 14253-1:1998］

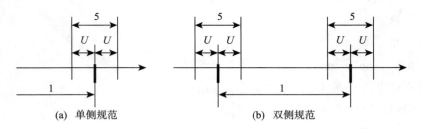

(a) 单侧规范          (b) 双侧规范

1—规范区；5—不确定区

**图 2-3 不确定区**

**96. 包含区间长度 length of a coverage interval**

在包含区间内，最大值减去最小值。

［JJF 1059.2—2012］

**97. 概率对称包含区间** **probabilistically symmetric coverage interval**

某个量的包含区间,其中该量小于区间内最小值的概率等于该量大于区间内最大值的概率。

［JJF 1059.2—2012］

**98. 最短包含区间** **shortest coverage interval**

在具有相同包含概率的一个量的所有包含区间中,长度为最短。

［JJF 1059.2—2012］

# 第二节 测量误差、测量准确度、测量精密度、测量正确度和测量不确定度

在各种测量领域,人们经常使用一些术语,例如测量误差、测量准确度、测量精密度、测量正确度和测量不确定度等来表示测量结果质量的好坏。本节将从上述术语的定义出发,给出关于这些术语的基本概念,并指出它们之间的差别,以利于正确地使用这些术语。

## 一、测量结果

JJF 1001—2011 给出术语"测量结果"的定义是:

与其他有用的相关信息一起赋予被测量的一组量值。

注:

(1) 测量结果通常包含这组量值的"相关信息",诸如某些可以比其他方式更能代表被测量的信息。它可以概率密度函数(PDF)的方式表示。

(2) 测量结果通常表示为单个测得的量值和一个测量不确定度。对某些用途,如果认为测量不确定度可忽略不计,则测量结果可表示为单个测得的量值。在许多领域中这是表示测量结果的常用方式。

(3) 在传统文献和 1993 版 VIM 中,测量结果定义为赋予被测量的值,并按情况解释为平均示值、未修正的结果或已修正的结果。

在 VIM 第 2 版中,术语"测量结果"的定义为"由测量所得到的赋予被测量的值"。可见,新的定义赋予了术语"测量结果"更多的内涵。

根据定义,测量结果除包含赋予被测量的"一组"量值外,通常还包含这组量值的"相关信息",例如扩展不确定度、包含因子、包含概率、有效自由度以及概率密度函数(PDF)等。

注(2)指出"测量结果通常表示为单个测得的量值和一个测量不确定度",实际上这就是GUM 所规定的表示方式。而"对于某些用途,如果认为测量不确定度可以忽略不计,则测量结果可表示为单个测得的量值",则更是许多领域中表示测量结果的常用方式。

在传统文献和 1993 版 VIM 中,术语"测量结果"的定义为"由测量所得到的赋予被测量的值",并按情况解释为平均示值、未修正测量结果或已修正测量结果。并且在其定义的注解中还指出:在测量结果的完整表述中应包括测量不确定度,必要时还应给出影响量的取值范围。

由此可见,在一般应用中新定义与 1993 版 VIM 所给的定义实质上并无很大差别。根据新定义,测量结果包含赋予被测量的一组量值。而根据 1993 版给出的定义,测量结果的

完整表述中应包括测量不确定度,也可以将其解释为在所赋予被测量的单个量值附近,在其不确定度范围内的一组量值。

具体用来代表测量结果的量值,在 JJF 1001—2011 中称为**"测得的量值"**,简称"测得值"。

对重复示值的测量,每个示值可提供相应的测得值。用这一组独立的测得值可以计算出作为测量结果的测得值,如平均值或中位值,通常它附有一个已减小了的与其关联的测量不确定度。

当认为代表被测量的真值范围与测量不确定度相比小得多时,量的测得值可认为是实际唯一真值的估计值,通常是通过重复测量获得的各独立测得值的平均值或中位值。当认为代表被测量的真值范围与测量不确定度相比不太小时,被测量的测得值通常是一组真值的平均值或中位值的估计值。实际上这就是 GUM 中所采用的概念。

在 GUM 中,对测得的量值使用的术语有"测量结果"和"被测量的值的估计"或"被测量的估计值"。

通常称为的"观测值",则是指从一次观测中由实物量具或其他测量仪器的显示装置中所得到的单一值。一般地说,它并不是测量结果。测量结果是指对观测值经过恰当的处理(如按一定的规则确定并剔除观测值中的离群值)、**修正**(指必须加上由各种原因引起的必要的修正值或乘以必要的修正因子)或经过必要的计算而得到的最后提供给用户的量值。因此观测值是测量中得到的原始数据,是测量过程的一个中间环节。对于间接测量而言,测得值或观测值往往具有和被测量不同的量纲。而测量结果则是整个测量的最后结果。

在不会引起混淆的情况下有时也将观测值习惯上称为测量结果。

## 二、测量误差

### 1. 测量误差的定义

JJF 1001—2011 中术语"测量误差"的定义是:

测得的量值减去参考量值。

注:

(1)测量误差的概念在以下两种情况下均可使用:

① 当涉及存在单个参考量值,如用测得值的测量不确定度可忽略的测量标准进行校准,或约定量值给定时,测量误差是已知的;

② 假设被测量使用唯一的真值或范围可忽略的一组真值表征时,测量误差是未知的。

(2)测量误差不应与出现的错误或过失相混淆。

根据误差的定义,测量误差是测得的量值与**参考量值**之差。定义中的参考量值可以是真值,也可以是测得的约定量值或是给定的约定量值。当被测量的**约定量值**给定时,或涉及存在单个参考量值时,测量误差是已知的。当被测量使用唯一的真值或范围可忽略的一组真值表征时,测量误差是未知的。

在 1993 版 VIM 中给出的测量误差的定义是"测量结果减去被测量的真值"。一个量的真值,是在被观测时本身所具有的真实大小,只有完善的测量才能得到真值。任何测量都存在缺陷,完善的测量是不存在的,因此真值是一个理想化的概念。既然真值无法确切地知道,因此误差也无法准确地知道。故在实际工作中,误差只能用于已知约定真值的情况,但此时还必须考虑约定真值本身的误差。也就是说当时的解释是,真正的误差是得不到的,能得到的都是误差的近似值或估计值。

根据新的定义,误差是测得的量值与参考量值之差。测得的量值即是我们通常所称的测量结果[①],而定义中的参考量值既可以是真值,也可以是测量不确定度可忽略不计的测得值或是给定的约定量值[②]。当采用真值作为参考量值时,误差是未知的。而当采用测量不确定度可忽略的测得值或是采用给定的约定量值作为参考量值时,误差是已知的,不必再像过去那样必须称其为误差的近似值或估计值。

产生误差的原因是测量过程的缺陷,而测量过程的缺陷可能是由各种各样的原因引起的,因此测量结果的误差往往是由多种因素的综合所引起的。

误差与测量结果有关,而测量结果只有通过测量才能得到,因此误差也只能通过测量得到。或者说,仅仅通过分析评定的方法是无法得到误差的。对于同一个被测量,当在**重复性条件**下进行多次测量时,可能得到不同的测量结果,因此这些不同测量结果的误差是不同的。

由定义还可知误差是两个量值之差,因此误差表示的是一个差值,而不是区间。当测量结果大于参考量值时误差为正值,当测量结果小于参考量值时误差为负值。因此误差既不可能、也不应当以"±"号的形式出现。

测量误差常称为绝对误差,这是为区别于相对误差而言的。相对误差定义为测量误差除以被测量的参考量值,实际上只能用测量误差除以被测量的约定量值。而在具体工作中则通常用测量结果来代替约定量值得到相对误差。绝对误差的量纲与被测量的量纲相同,而相对误差是无量纲量,或者说其量纲为1[③]。

**2. 误差的分类**

误差按其性质,可以分为系统误差和随机误差两类。

(1) 系统误差

系统误差的定义为:在重复测量中保持不变或按可预见方式变化的测量误差的分量。

注:

(1) 系统测量误差的参考量值是真值,或是测量不确定度可忽略不计的测量标准的测得值,或是约定量值。

(2) 系统测量误差及其来源可以是已知或未知的。对于已知的系统测量误差可采用修正补偿。

(3) 系统测量误差等于测量误差减随机测量误差。

1993 版 VIM 中给出的系统误差的定义是"在重复性条件下,对同一被测量进行无限多次测量所得结果的平均值与被测量的真值之差"。新老两个定义的含义实际上没有任何实质上的改变。

系统误差新的定义中,在重复测量过程中参考量值是保持不变的,而测得的量值是随机

---

① 在术语"测得的量值"(JJF 1001—2011,5.2)定义的注中指出:在测量不确定度表示指南(GUM)中,对测得的量值使用的术语有"测量结果"和"被测量的值的估计"或"被测量的估计值"。为符合大多数读者的习惯,本书中仍经常使用术语"测量结果"来表示应该使用的术语"测得的量值"。

② 此处的"约定量值"就是 1993 版 VIM 中的"约定真值",但因认为其中的"真"字不妥,故改为"约定量值"。

③ 绝对误差也可能是一个无量纲量,因为被测量本身可能是一个无量纲量。

变化的,只有其无限多次重复测量的平均值是不变的(或是按可预见方式变化的)。因此系统误差实际上就是无限多次测量所得结果的平均值与参考量值之差。

由定义可知,由于系统误差仅与无限多次测量结果的平均值有关,而与在重复性条件下得到的不同测量结果无关。因此,在重复性条件下得到的不同测量结果应该具有相同的系统误差。

由于系统误差和无限多次测量结果的平均值有关,而在实际测量中无法进行无限多次测量,而只能用有限次测量结果的平均值代替,因而可能得到的只是系统误差的估计值,并具有一定的不确定度。由于系统误差等于负的修正值,因此系统误差的不确定度就是修正值的不确定度。

不宜按过去的说法将系统误差分成已定系统误差和未定系统误差,也不宜说未定系统误差按随机误差处理。未定系统误差其实是不存在的,过去所说的未定系统误差从本质上说并不是误差,而是不确定度,更严格地说,是由系统效应引入的不确定度分量。

系统误差一般来源于影响量,它对测量结果的影响已经被识别并可以定量地进行估算。这种影响称之为"系统效应"。若该效应比较显著,也就是说如果系统误差比较大,则可在测量结果上加上修正值或乘以修正因子而予以补偿,得到修正后的测量结果。

(2) 随机误差

随机误差的定义为:在重复测量中按不可预见方式变化的测量误差的分量。

注:

(1) 随机测量误差的参考量值是对同一被测量由无穷多次重复测量得到的平均值。

(2) 一组重复测量的随机测量误差形成一种分布,该分布可用期望和方差描述,其期望通常可假设为零。

(3) 随机误差等于测量误差减系统测量误差。

1993 版 VIM 中给出的随机误差的定义是"测量结果与在重复性条件下,对同一被测量进行无限多次测量所得结果的平均值之差"。与系统误差的情况相同,新老两个随机误差定义的含义实际上也没有任何实质上的改变。

由于误差包括系统误差和随机误差两部分,系统误差为按可预见方式变化的误差分量,而随机误差为按不可预见方式变化的测量误差分量。若将在重复性条件下的无限多次测量结果的平均值简单地称为总体均值,由于系统误差等于总体均值和参考量值的差,故随机误差必然等于测量结果和总体均值的差。

在无限多次测量结果的平均值中,已经不含有随机误差分量,故其只存在系统误差。由于测量不可能进行无限多次,因而在实际测量结果中随机误差和系统误差分量都存在。在重复性条件下得到的不同测量结果具有不同的随机误差,但有相同的系统误差。

1993 年以前,随机误差被定义为在同一量的多次测量过程中,以不可预知方式变化的测量误差分量。虽然该定义表面上看起来与目前的新定义几乎相同,但其本质是不同的。当时随机误差是用多次重复测量结果的**实验标准差**表示,因此各重复测量结果拥有一个共同的随机误差。

1993 年后,随机误差是按其本质来定义的。但由于该定义中涉及无限多次测量所得结果的平均值,因此与系统误差一样,能确定的同样只是随机误差的估计值。随机误差一般来源于影响量的随机变化,故称之为"随机效应"。正是这种随机效应导致了多次重复测量结果间的分散性。

就单个测量结果而言,随机误差的符号和绝对值是不可预知的,但就相同条件下多次测量结果而言,其总体上仍存在一定的规律性,称为统计规律性。随机误差的统计规律性主要表现在下述三方面:

① 对称性

指绝对值相等而符号相反的误差,出现的次数大致相等。也就是说,测得值以其算术平均值为中心对称地分布。

② 有界性

指测得值的随机误差的绝对值不会超过一定的界限。也就是说,不会出现绝对值很大的随机误差。

③ 单峰性

所有的测得值以其算术平均值为中心相对集中地分布,绝对值小的误差出现的机会大于绝对值大的误差出现的机会。

由于随机变量的数学期望等于对该随机变量进行无限多次测量的平均值,因此也可以说,随机误差是指测量误差中数学期望为零的误差分量,而系统误差则是指测量误差中数学期望不为零的误差分量。

根据定义,误差、系统误差和随机误差均表示两个量值之差,因此随机误差和系统误差也都应该具有确定的符号,同样也不应当以"±"号的形式出现。由于随机误差和系统误差都是对应于无限多次测量的理想概念,而实际上无法进行无限多次测量,只能用有限次测量的结果作为无限多次测量结果的估计值,因此可以确定的只是随机误差和系统误差的估计值。

**3. 误差、随机误差和系统误差之间的关系**

由误差、随机误差和系统误差的定义可知

$$误差=测量结果-参考量值$$
$$=(测量结果-总体均值)+(总体均值-参考量值)$$
$$=随机误差+系统误差$$

或

$$测量结果=参考量值+误差=参考量值+随机误差+系统误差$$

图 2-4 给出测量结果的随机误差、系统误差和误差之间关系的示意图。无限多次测量

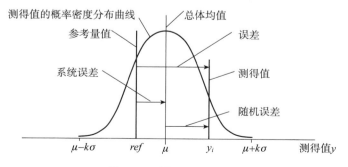

图 2-4 测量误差示意图

结果的平均值也称为总体均值。图中的曲线为被测量的概率密度分布曲线,该曲线下方与横轴之间所包含部分的面积表示测得值在该区间内出现的概率,因此纵坐标表示概率密度。注意图中表示随机误差、系统误差和误差的箭头方向,向右表示其值为正,反之则为负值。由图 2-4 可知,误差等于随机误差和系统误差的代数和。既然误差是一个差值,因此任何误差的合成,不论随机误差或系统误差,都应该采用代数相加的方法。这一结论与 1993 年前常用的误差合成方法不一致。过去在对随机误差进行合成时,通常都采用方和根法。两者的区别在于随机误差定义的改变。1993 年之前,随机误差用多次重复测量结果的实验标准差表示,因此当时随机误差用一个"区间"来表示。1993 年国际上对"随机误差"这一术语的定义作了原则性修改后,随机误差表示测量结果与无限多次测量所得结果的平均值(即总体均值)之差,因此随机误差已不再表示一个"区间",而是表示测量结果与总体均值之差,并且测量结果是参考量值、系统误差和随机误差三者的代数和。

由于误差、随机误差和系统误差都是两个量值之差,因此不论它们是否能确切地知道,任何误差的合成都应该采用代数相加的方法,而不能采用过去常用的方和根法合成。

过去人们常常会误用"误差"这一术语。例如,通过经典的误差分析方法给出的结果往往是被测量值不能确定的范围,而不是真正的误差值。按定义,误差与测量结果有关,即不同的测量结果有不同的误差。合理赋予被测量的每一个值各有其自己的误差,并不存在一个共同的误差。

在 VIM 第 2 版中,误差的参考量值是真值。应该指出,真值并不一定总是在总体均值附近。如图 2-5 所示的情况也是可能出现的,即真值可能远离总体均值。这种情况表明该测量存在一个较大的未知系统误差。对于系统误差来说,如果已经知道其大小,就应该对其进行修正。如果不知道就是没有,过去所谓的未定系统误差实际上是由系统效应引入的不确定度。实际上真值究竟在何处,这是永远无法知道的。

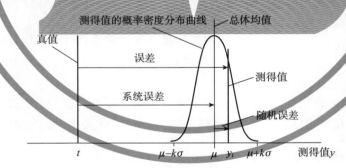

图 2-5　真值远离总体均值

有些人将误差分为四类:系统误差、随机误差、**漂移**和粗差。但主要还是前面两类。漂移是由不受控的影响量的系统影响所引起的,常常表现为时间效应或磨损效应。因此漂移可以用单位时间内的变化或使用一定次数后的变化来表示。从实质上来说,漂移是一种随时间或随使用次数而改变的系统误差。

测得值中还可能存在粗差(也常称为异常值或离群值)。粗差是由测量过程中不可重复的突发事件所引起的。电子噪声或机械噪声可以引起粗差。产生粗差的另一个经常出现的原因是操作人员在读数和书写方面的疏忽以及错误地使用测量设备。粗差不属于误差的范畴，因此必须将粗差和其他几种误差相区分，粗差是不可能再进一步描述的。粗差既不可能被定量地描述，也不能成为测量不确定度的一个分量。由于粗差的存在，使测得值中可能存在异常值。在计算测量结果和进行测量不确定度评定之前，必须剔除测得值中的异常值。在测量过程中，如果发现某个测量条件不符合要求，或者出现了可能影响到测量结果的突发事件，可以立即将该数据从原始记录中剔除，并记录下剔除原因。在计算测量结果和进行不确定度评定时，异常值的剔除应通过对数据作适当的检验，并按一定的规则进行。具体的检验方法见本书第十一章。

无论随机误差或系统误差，所有的误差从本质上来说均是系统性的。如果发现某一误差是非系统性的，则主要是因为产生误差的原因没有找到，或是对误差的分辨能力不够所致。因此，可以说随机误差是由不受控的随机影响量所引起的。由随机效应引入的不确定度可以用标准偏差以及分布类型来表示。多次重复测量结果的平均值常常作为估计系统误差的基础。

图 2-6 给出了几种不同类型误差的图解。图中，直线 1 表示参考量值，它是不随时间而变化的，因此是一条与时间坐标平行的直线，当采用真值作为参考量值时，其位置是不可能确切知道的。曲线 2 和 3 表示在两个不同的时间 $t_1$ 和 $t_2$ 进行测量所得到的分散性，即被测量的概率密度分布曲线。由于漂移的存在，在两个不同的时间得到的多次测量结果的平均值是不同的。斜线 4 表示测量系统的漂移，即无限多次测量结果的平均值随时间的变化。曲线 5 和 6 分别表示在时间 $t_1$ 和 $t_2$ 进行无限多次测量所得结果的平均值（即它们的数学期望）。于是根据系统误差的定义，它们与参考量值 1 的差 7 和 8 就分别表示在两个不同时间 $t_1$ 和 $t_2$ 进行测量时的系统误差。9 和 10 分别表示在时间 $t_1$ 和 $t_2$ 具体进行测量时得到的某个测量结果。它们分别与无限多次测量结果的平均值 5 和 6 之差即为随机误差（图中 11 和 12）。两条虚线之间所夹的区域为**不确定区**，是测量结果可能出现的范围。出现在不确定区之外的测量结果 13 和 14（图中用"＊"表示）是在计算中应予以剔除的粗差。

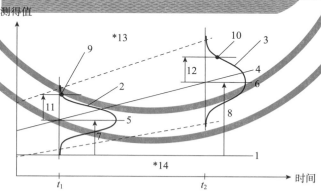

图 2-6　测量结果的误差类型图解

## 三、测量准确度

测量结果的准确度常常称为"测量准确度"，简称"准确度"，其定义为：
被测量的测得值与其真值间的一致程度。

注：

(1) 概念"测量准确度"不是一个量，不给出有数字的量值。当测量提供较小的测量误差时就说该测量是较准确的。

(2) 术语"测量准确度"不应与"测量正确度""测量精密度"相混淆，尽管它与这两个概念有关。

(3) 测量准确度有时被理解为赋予被测量的测得值之间的一致程度。

由于无法知道真值的确切大小，因此准确度被定义为测量结果与被测量的真值之间的接近程度，于是准确度就成为一个定性的概念。既然准确度是一个定性的概念，就不应该将其定量化。所谓"定性"，意味着可以说：准确度高低、准确度为 0.25 级、准确度为 3 等及准确度符合××标准等。也就是说，准确度只是指出符合某一等别或级别的技术指标要求，或符合某技术规范的要求。不应该用具体的量值来表示准确度，例如，尽量不使用下述各种表示方式：准确度为 0.25%、16 mg、≤16 mg 及≤±16 mg 等，即准确度后不要和具体数值连用。

既然准确度是一个定性的概念，因此准确度不是一个量。它是不能作为一个量来进行运算的。

## 四、测量精密度

术语"测量精密度"的定义为：

在规定条件下，对同一或类似被测对象重复测量所得示值或测得值间的一致程度。

注：

(1) 测量精密度通常用不精密程度以数字形式表示，如在规定测量条件下的标准偏差、方差或变差系数。

(2) 规定条件可以是重复性测量条件、期间精密度测量条件或复现性测量条件。

(3) 测量精密度用于定义测量重复性、期间测量精密度或测量复现性。

(4) 术语"测量精密度"有时用于指"测量准确度"，这是错误的。

测量精密度通常以在规定条件下，对同一或类似被测对象多次重复测量结果的标准偏差来表示。由于标准偏差越大，表示测量越不精密，因此说测量精密度通常用不精密程度以数字形式表示。

对于不同的规定条件，可以得到不同的精密度。规定条件可以是重复性测量条件、**期间精密度测量条件**或**复现性测量条件**，得到的精密度分别称为**测量重复性**、**期间测量精密度**或**测量复现性**。

"重复性测量条件"是指"相同测量程序、相同操作者、相同测量系统、相同操作条件和相同地点并在短时间内对同一或相类似被测对象重复测量的一组测量条件"。

"期间精密度测量条件"是指"除了相同测量程序、相同地点以及在一个较长时间内对同一或相类似的被测对象重复测量的一组测量条件外，还可包括涉及改变的其他条件"。所谓改变的条件可包括新的校准、新的测量标准器、新的操作者和新的**测量系统**。并且对测量条件的说明应包括改变和未变的条件，以及实际改变到什么程度。

"复现性测量条件"是指"不同地点、不同操作者、不同测量系统对同一或相类似被测对象重复测量的一组测量条件"。在进行复现性测量时，对于不同的测量系统可采用不同的测量程序。在给出复现性时也应说明改变和未变的条件,以及实际改变到什么程度。

因此"测量精密度"这一术语是用来定义"测量重复性""期间测量精密度"和"测量复现性"这三个术语的。在重复性测量条件下得到的精密度,称为重复性精密度,简称重复性;在复现性测量条件下得到的精密度,称为复现性精密度,简称复现性;在期间精密度测量条件下得到的精密度,称为期间测量精密度。

## 五、测量正确度

术语"测量正确度"的定义为:

无穷多次重复测量所得量值的平均值与一个参考量值间的一致程度。

注:

(1) 测量正确度不是一个量,不能用数值表示。

(2) 测量正确度与系统测量误差有关,与随机测量误差无关。

(3) 术语"测量正确度"不能用"测量准确度"表示,反之亦然。

测量正确度是一个定性的概念,因而不能用一个数值来表示。它与系统误差有关,而与随机误差无关。当系统误差小时,就说明其测量正确度高。

## 六、测量不确定度

测量不确定度的定义为:

根据所用到的信息,表征赋予被测量量值分散性的非负参数。

注:

(1) 测量不确定度包括由系统影响引起的分量,如与修正量和测量标准所赋量值有关的分量及定义的不确定度。有时对估计的系统影响未作修正,而是当作不确定度分量处理。

(2) 此参数可以是诸如称为标准测量不确定度的标准偏差(或其特定倍数),或是说明了包含概率的区间半宽度。

(3) 测量不确定度一般由若干分量组成。其中一些分量可根据一系列测量值的统计分布,按测量不确定度的 A 类评定进行评定,并可用标准差表征。而另一些分量则可根据基于经验或其他信息所获得的概率密度函数,按测量不确定度的 B 类评定进行评定,也用标准偏差表征。

(4) 通常,对于一组给定的信息,测量不确定度是相应于所赋予被测量的值的。该值的改变将导致相应的不确定度的改变。

(5) 本定义是按 2008 版 VIM 给出的,而在 GUM 中的定义是:表征合理地赋予被测量之值的分散性,与测量结果相联系的参数。

根据定义,测量不确定度表征赋予被测量量值的分散性,因此不确定度表示一个区间,即赋予被测量之量值可能分布的区间。而测量误差是一个差值,这是测量不确定度和测量误差的最根本的区别。在数轴上,误差表示为一个"点",而不确定度则表示为一个"区间"。

其次,要注意定义中"赋予被测量量值"这一说法的含义。在 VIM 的英文原版中,术语"测量不确定度"的定义为"non-negative parameter characterizing the dispersion of the quantity values being attributed to a measurand, based on the information used"。由此可见,定义中的"被测量量值"应该解释为"赋予被测量的量值"。也就是说,不能将"被测量量值"理解为"真值",因为"真值的分散性"的说法无法理解。由于 JJF 1001—1998 中给出"测量结果"的定义为:"由测量所得到的赋予被测量的值",将两者进行比较可以发现这里的"被测量量值"似乎应该可以理解为"测量结果",但它与我们通过测量所得到的"测量结果"仍有差别。在对被测量进行测量时,最后给出一个测量结果[1],它是被测量的最佳估计值(可能是单次测量的结果,也可能是多次重复测量结果的平均值)。而这里"被测量量值"应理解为许多个测量结果[2],其中不仅包括通过测量可以得到的测量结果(即测得值),还应包括在实际测量中无法得到但又是可能出现的测量结果(不是测得值)。例如,用一台检定合格的电压表测量某一电压,若对于该测量点电压表的最大允许误差为 $\pm 1$ V,用该电压表进行了多次重复测量,则这些重复测量结果的平均值就是测量结果,还可以由它们得到测量结果的分散性。但"被测量量值"的分散性就不同了,它除了包括测量结果的分散性外,还应包括在受控范围内改变测量条件(例如温度等)所可能得到的测量结果,当电压表的示值误差在最大允许误差范围内变化时所可能得到的测量结果,以及所有其他系统效应对测量结果的影响。由于后者不可能在"测量结果的分散性"中出现,因此"被测量量值的分散性"应比"测量结果的分散性"大,也包含更多的内容。这就是在定义的注1中所说的测量不确定度应包括那些由系统影响所引起的不确定度分量,而系统影响引入的不确定度分量在测量结果的分散性中并没有反映出来。

定义还指出测量不确定度是由测量者合理赋予测量结果的,因此测量不确定度将或多或少与评定者有关,例如与评定者的经验、知识范围和认识水平等有关。因此测量不确定度评定将或多或少带有一些主观色彩。不确定度评定中无疑会用到各种各样的信息,如果用到的信息不同,可能会给出不同的不确定度。因此不确定度评定必须合理,即是指应该考虑对测量中的各种系统影响是否进行了修正,并估计它们对测量不确定度的影响。特别是测量应处于统计控制状态下,即处于随机控制过程中。也就是说测量应在重复性条件、期间精密度条件或复现性条件下进行。

为了表征这种分散性,测量不确定度可以用标准偏差,或标准偏差的特定倍数,或说明了包含概率的区间半宽度三种方式来表示。

当测量不确定度用标准偏差 $\sigma$ 表示时,称为**标准不确定度**,统一规定用小写拉丁字母"$u$"表示,这是测量不确定度的第一种表示方式。但由于标准偏差所对应的包含概率通常还不够高,在正态分布情况下仅为 $68.27\%$,因此还规定测量不确定度也可以用第二种方式来表示,即可以用标准偏差的特定倍数 $k\sigma$ 来表示,这种不确定度称为扩展不确定度,统一规定用大写拉丁字母"$U$"表示。这里 $k$ 称为包含因子,无疑 $k$ 应大于1。扩展不确定度 $U$ 表示具有较大包含概率的区间的半宽度,它与标准不确定度之间的关系为

$$U = k\sigma = ku \tag{2-1}$$

在实际使用中,往往希望知道测量结果的**包含区间**,因此还规定测量不确定度也可以用第三种表示方式,即用说明了包含概率的区间半宽度来表示。实际上它也是一种扩展不确定度,当规定的包含概率为 $p$ 时,扩展不确定度可以用符号 $U_p$ 表示。这时的包含因子也写成 $k_p$ 的形式,它与**合成标准不确定度** $u_c(y)$ 相乘后,得到对应于包含概率为 $p$ 的扩展不确定

---

[1] 这里的"测量结果"应该是常规意义的"测量结果",按照 JJF 1001—2011 应该是"测得的量值"。
[2] 注意,在定义的英文原文中用的是复数"values",而不是"value"。

度 $U_p = k_p u_c(y)$。

在不确定度评定中,有关各种不确定度的符号均是统一规定的,为避免误解,一般不要自行随便更改。

测量不确定度的第二种和第三种表示方式给出的实际上都是扩展不确定度。当已知包含因子 $k$ 时,扩展不确定度 $U$ 是从其中包含多少个($k$ 个,$k$ 即为包含因子)标准不确定度 $u$ 的角度出发所描述的扩展不确定度。而当已知 $p$ 时,扩展不确定度 $U_p$ 则是从该区间所对应的包含概率 $p$ 的角度出发来描述的扩展不确定度。对于前者,已知 $k$ 而不知道 $p$,后者则正好相反,已知 $p$ 而不知道 $k$。两者各自分别从不同的角度出发来描述扩展不确定度,因此包含因子 $k$ 与包含概率 $p$ 之间应该存在某种函数关系,但它们之间的关系与被测量的概率密度函数有关。也就是说,只有在知道被测量分布的情况下,才可以由 $k$ 确定 $p$,或由 $p$ 确定 $k$。而在测量不确定度评定中,经常会遇到已知包含概率 $p$ 而需要确定包含因子 $k$ 的情况,这就是为什么在测量不确定度评定中经常需要考虑各输入量以及被测量分布的原因。而在误差概念中则不讨论分布问题。

当包含概率 $p$ 为 0.99 和 0.95 时,扩展不确定度 $U_p$ 可分别简单地以 $U_{99}$ 和 $U_{95}$ 表示。

误差可以用绝对误差和相对误差两种形式来表示,不确定度也同样可以有绝对不确定度和相对不确定度两种形式。绝对形式表示的不确定度与被测量有相同的量纲。相对形式表示的不确定度,其量纲为 1,或称为无量纲。绝对不确定度常简称为不确定度,而相对不确定度则往往在其不确定度符号"$U$"或"$u$"上加上脚标"$_{rel}$"或"$_r$"以示区别。被测量 $x$ 的标准不确定度 $u(x)$ 和**相对标准不确定度** $u_{rel}(x)$ 之间的关系为

$$u_{rel}(x) = \frac{u(x)}{x} \tag{2-2}$$

扩展不确定度也同样可以有绝对和相对两种形式,绝对扩展不确定度 $U(x)$ 和相对扩展不确定度 $U_{rel}(x)$ 之间也有同样的关系

$$U_{rel}(x) = \frac{U(x)}{x} \tag{2-3}$$

式(2-2)和式(2-3)中的 $x$ 应取其真值。由于真值无法知道,实际上用的是约定量值。而在实际工作中一般常以该量的最佳估计值,即测量结果来代替。

由式(2-2)和(2-3)可知,若随机变量 $x$ 的期望值有可能为零或十分接近于零,此时不能采用相对误差或相对不确定度的表示形式。

由于测量结果会受许多因素的影响,因此通常不确定度由多个分量组成。对每一个分量都要评定其标准不确定度。评定方法分为 A、B 两类。**测量不确定度的 A 类评定**是指用对观测列进行统计分析的方法进行的评定,其标准不确定度用标准偏差(实际上用的是其估计值即实验标准差)表征;而**测量不确定度的 B 类评定**则是指用不同于对观测列进行统计分析的方法进行的评定。因此可以说所有与 A 类评定不同的其他评定方法均称为 B 类评定,它可以由根据经验或其他信息所获得的概率密度函数估算其不确定度,也以估计的标准偏差表征。所有各不确定度分量的合成称为合成标准不确定度,规定以符号 $u_c$ 表示,它是测量结果的标准偏差的估计值。

由于无论 A 类评定或 B 类评定,它们的标准不确定度均以标准偏差表示,因此两种评定方法得到的不确定度实质上并无区别,只是评定方法不同而已。在对各不确定度分

量进行合成得到合成标准不确定度时,两者的合成方法也无区别。因此在进行不确定度评定时,过分认真地讨论每一个不确定度分量究竟属于 A 类评定或是 B 类评定是没有必要的。

不少人习惯上将由 A 类评定和 B 类评定得到的不确定度分别简单地称为 A 类不确定度和 B 类不确定度。这一说法经常使人误解,认为不确定度分为 A 类不确定度和 B 类不确定度两类。其实对不确定度本身并不分类,每一个分量的标准不确定度都要用标准偏差表示,而所谓的 A 类和 B 类仅是为了叙述方便起见而对其按评定方法进行的分类,而不是对不确定度本身的分类。

在 VIM 第 2 版的定义中指出,测量不确定度是与测量结果相联系的参数,意指测量不确定度是一个与测量结果"在一起"的参数,在测量结果的完整表述中应该包括测量不确定度。这表明,测量不确定度这个参数在原则上是用来说明测量结果的,而不是用来说明测量仪器的。用来描述测量仪器提供的量值准确与否的术语是仪器的"示值误差"和"最大允许误差"。

在 VIM 第 3 版发布以前,在不少场合就已经常能见到"**仪器的不确定度**"或"计量标准的不确定度"这种说法。当时我们将"仪器的不确定度"或"计量标准的不确定度"理解为它们所提供的标准量值的不确定度。"测量仪器"或"计量标准"所提供的标准量值是上级部门进行校准或检定时得到的测量结果,因此它应该有不确定度。

当用测量仪器或计量标准对一测量对象进行测量时,测量结果的不确定度可能来自许多方面。其中有一部分分量来自测量仪器或计量标准,因此也可以将测量仪器或计量标准的不确定度理解为在测量结果的不确定度中,由测量仪器或计量标准所引入的那部分不确定度分量。因此更确切地说,应该是"测量仪器所引入的不确定度",而不是"测量仪器的不确定度"。

对于经过校准而已给出其示值误差的测量仪器,有时也简单地将该示值误差的不确定度叫作测量仪器的不确定度。实际上它们还是测量结果的不确定度,因为示值误差就是对该仪器进行校准时的测量结果。

VIM 第 3 版已将"仪器的不确定度"作为一专门的术语,其定义为:

由所用的测量仪器或测量系统引起的测量不确定度的分量。

注:

(1) 除原级测量标准采用其他方法外,仪器的不确定度通过对测量仪器或测量系统校准得到。

(2) 仪器的不确定度通常按 B 类测量不确定度评定。

(3) 对仪器的测量不确定度的有关信息可在仪器说明书中给出。

在测量不确定度的发展历史中,曾将不确定度理解为"表征被测量真值所处范围的一个参数"和"由测量结果给出的被测量估计值的可能误差的度量"。这两个在历史上曾经使用过的定义从概念上来说与现有定义并不矛盾,但由于在定义中分别使用了"真值"和"误差"这两个理想化的概念,使得该定义变得实际上难以操作而没有正式采用。

## 第三节 测量误差和测量不确定度的主要区别

由于过去在"误差"一词使用上的混乱,因此准确地区分测量误差和测量不确定度的概念是十分重要的。测量误差与测量不确定度的主要区别如下:

(1)测量误差和测量不确定度两者最根本的区别在于定义上的差别。误差表示测量结果相对于参考量值的偏离量,因此它是一个确定的差值,在数轴上表示为一个点。而测量不确定度表示被测量之值的分散性,它以分布区间的半宽度表示,因此在数轴上它表示一个区间。

(2)按其出现于测量结果中的规律,误差通常分为随机误差和系统误差两类。随机误差表示测量结果与无限多次测量结果的平均值(也称为总体均值)之差,而系统误差则是无限多次测量结果的平均值与参考量值之差,因此它们都是对应于无限多次测量的理想概念。由于实际上只能进行有限次测量,因此只能用有限次测量结果的平均值,即样本均值作为无限多次测量结果平均值的估计值。也就是说,在实际工作中我们只能得到随机误差和系统误差的估计值。而不确定度则是根据标准不确定度的评定方法不同分成 A 类评定和 B 类评定两类,它们与"随机误差"和"系统误差"的分类之间不存在简单的对应关系。"随机"和"系统"表示两种不同的性质,而"A 类"和"B 类"表示两种不同的评定方法。目前,国际上一致认为,为避免误解和混淆,不再使用"随机不确定度"和"系统不确定度"这两个术语(这两个术语在采用不确定度概念的初期,曾被许多人经常使用,并且至今还有不少人在不正确地使用)。在进行测量不确定度评定时,一般不必区分各不确定度分量的性质。若必须要区分时,也应表述为"由随机效应引入的不确定度分量"或"由系统效应引入的不确定度分量"。

(3)当用真值作为参考量值时误差是未知的,系统误差和随机误差又与无限多次测量的平均值有关,因此它们都是理想化的概念。实际上只能得到它们的估计值,因而误差的可操作性较差。而不确定度则可以根据实验、资料、经验等信息进行评定,从而是可以定量操作的。

(4)根据误差的定义,误差表示两个量的差值。当测量结果大于参考量值时误差为正值,当测量结果小于参考量值时误差为负值。因此误差既不应当也不可能以"±"号的形式出现。而根据定义,不确定度以包含区间的半宽度表示,且恒为正值,故在不确定度之前也不能冠以"±"号。即使不确定度是由方差经开方后得到,也仅取其正值。

(5)误差和不确定度的合成方法不同。误差是一个确定的量值,因此对各误差分量进行合成时,采用代数相加的方法。而不确定度表示一个区间,因此当对应于各不确定度分量的输入量估计值彼此不相关时,用方和根法进行合成(也称为几何相加),否则应考虑加入相关项。

(6)已知系统误差的估计值时,可以对测量结果进行修正,得到已修正的测量结果。修正值即为负的系统误差。但不能用不确定度对测量结果进行修正。对已修正测量结果进行不确定度评定时,应考虑修正不完善引入的不确定度分量,即应考虑修正值的不确定度。

(7) 测量结果的不确定度表示在重复性条件、期间精密度条件或复现性条件下被测量之值的分散性,因此测量不确定度仅与测量方法有关,而与具体测得值的大小无关。此处所述的测量方法应包括测量原理、测量仪器、测量环境条件、测量程序、测量人员以及数据处理方法等。而根据定义,测量结果的误差仅与测量结果以及参考量值有关,而与测量方法无关。

例如,用钢板尺测量某一物体的长度,得到测量结果为 14.5 mm。如果为测量得更为准确而改用卡尺进行测量,并假设得到的测量结果仍为 14.5 mm。不少人可能会认为由于卡尺的测量准确度较高,而测量误差更小一些。但实际上由于两者的测量结果相同,参考量值也相同,因此它们的测量误差是相同的。两者的测量不确定度则是不同的,因为如果分别用两种方法进行多次重复测量的话,两者的测量结果的分散性无疑是不同的。

(8) 测量结果的误差和测量结果的不确定度两者在数值上没有确定的关系。

虽然测量误差和测量不确定度都可用来描述测量结果,测量误差是描述测量结果对参考量值的偏离,而测量不确定度则描述被测量之值的分散性,但两者在数值上并无确定的关系。测量结果可能非常接近于参考量值,此时其误差很小,但由于对不确定度来源认识不足,评定得到的不确定度可能很大。也可能测量误差实际上较大,但由于分析估计不足,评定得到的不确定度可能很小,例如当存在还未发现的较大系统误差时。

(9) 误差是通过实验测量得到的,而不确定度是通过分析评定得到的。

由于误差等于测量结果减去被测量的参考量值,而测量结果只有通过测量才能得到,因此误差是由测量得到的,而不可能由分析评定得到。不确定度则可以通过分析评定得到,当然有时还得辅以必要的实验测量。

(10) 误差和不确定度是两个不同的概念,测量得到的误差肯定会有不确定度。反之也是一样,评定得到的不确定度可能存在误差。

例如,在测量仪器的检定或校准中,主要的目的是给出测量仪器的示值误差。换句话说,示值误差就是检定或校准的测量结果,这时不确定度评定的目的就是要估算出所测得的示值误差的不确定度。

反之,评定得到的不确定度也会存在误差,当知道不确定度的约定量值时,就可以得到不确定度的误差。文件 GUM 给出了评定测量不确定度的约定方法,任何领域的测量不确定度评定都应按 GUM 给出的方法进行。但在某些情况下也可以采用本领域内约定的简化或近似方法来评定测量不确定度。例如,文件 ISO/TS 14253-2 给出了几何量测量领域评定测量不确定度的简化方法。两种方法得到的不确定度之差,就是用简化方法评定得到的测量不确定度的误差。

(11) 对观测列进行统计分析得到的实验标准差表示该观测列中任一个被测量估计值的标准不确定度,而并不表示被测量估计值的随机误差。

(12) 自由度是表示测量不确定度评定可靠程度的指标,它与评定得到的不确定度的相对标准不确定度有关。而误差则没有自由度的概念。

(13) 当了解被测量的分布时,可以根据包含概率求出包含区间,而包含区间的半宽度则可以用来表示不确定度,而误差则不存在包含概率的概念。

表 2-1 摘要给出了测量误差与测量不确定度的主要区别。

表 2-1 测量误差与测量不确定度的主要区别

| 序号 | 内容 | 测量误差 | 测量不确定度 |
|---|---|---|---|
| 1 | 定义 | 表明测量结果偏离参考量值,是一个确定的值。在数轴上表示为一个点 | 表明赋予被测量量值的分散性,是一个区间。用标准偏差、标准偏差的特定倍数,或说明了包含概率的区间的半宽度来表示。在数轴上表示为一个区间 |
| 2 | 分类 | 按在测量结果中出现的规律,分为随机误差和系统误差,它们都是无限多次测量的理想概念 | 按是否用统计方法求得,分为 A 类评定和 B 类评定。它们都以标准不确定度表示。<br>在评定测量不确定度时,一般不必区分其性质。若需要区分时,应表述为"由随机效应引入的测量不确定度分量"和"由系统效应引入的测量不确定度分量" |
| 3 | 可操作性 | 当用真值作为参考量值时,误差是未知的。并且随机误差和系统误差均与无限多次测量结果的平均值有关 | 测量不确定度可以由人们根据实验、资料、经验等信息进行评定,从而可以定量确定测量不确定度的值 |
| 4 | 数值符号 | 非正即负(或零),不能用正负(±)号表示 | 是一个无符号的参数,恒取正值。当由方差求得时,取其正平方根 |
| 5 | 合成方法 | 各误差分量的代数和 | 当各分量彼此不相关时用方和根法合成,否则应考虑加入相关项 |
| 6 | 结果修正 | 已知系统误差的估计值时,可以对测量结果进行修正,得到已修正的测量结果。修正值等于负的系统误差 | 由于测量不确定度表示一个区间,因此无法用测量不确定度对测量结果进行修正。对已修正测量结果进行不确定度评定时,应考虑修正不完善引入的不确定度分量 |
| 7 | 结果说明 | 误差是客观存在的,不以人的认识程度而转移。误差属于给定的测量结果,相同的测量结果具有相同的误差,而与得到该测量结果的测量仪器和测量方法无关 | 测量不确定度与人们对被测量、影响量以及测量过程的认识有关。在相同的条件下进行测量时,合理赋予被测量的任何值,均具有相同的测量不确定度。即测量不确定度仅与测量方法有关 |
| 8 | 实验标准差 | 来源于给定的测量结果,它不表示被测量估计值的随机误差 | 来源于合理赋予的被测量之量值,表示同一观测列中,任一个估计值的标准不确定度 |
| 9 | 自由度 | 不存在 | 可作为不确定度评定可靠程度的指标。它是与评定得到的不确定度的相对标准不确定度有关的参数 |
| 10 | 包含概率 | 不存在 | 当了解分布时,可按包含概率给出包含区间 |

## 第四节 测量仪器的误差、准确度和不确定度

### 一、测量仪器的误差

测量仪器的性能可以用示值误差和最大允许误差(MPE)来表示。

测量仪器的示值误差定义为"测量仪器示值与对应输入量的参考量值之差"。同型号的不同仪器,它们的示值误差一般是不同的。示值误差必须通过检定或校准才能得到,正因为如此,才需要对每一台仪器进行检定或校准。同时,即使是同一台仪器,对应于测量范围内不同测量点的示值误差也可能是各不相同的。

已知测量仪器的示值误差后,就能对测量结果进行修正,负的示值误差就是该仪器的修正值。修正后测量结果的不确定度就与修正值的不确定度有关,也就是说,与检定或校准所得到的示值误差的不确定度有关。

测量仪器的最大允许误差定义为"对给定的测量、测量仪器或测量系统,由规范或规程所允许的相对于已知参考量值的测量误差的极限值"。与示值误差不同,测量仪器的最大允许误差是由各种技术性文件,例如国际标准、国家标准、校准规范、检定规程或仪器说明书等规定的,它是指在规定的参考条件下,由规程、规范等技术文件所规定的该型号仪器允许误差的极限值,也称为测量仪器的误差限。最大允许误差通常用于有两个极端值的场合,当它是对称双侧误差限时,最大允许误差前应冠以"±"。不应该用"允差"来表示最大允许误差。

最大允许误差不是通过检定或校准得到的,它是对该型号仪器所规定的示值误差的允许范围,是一台合格的仪器所可能存在的最大误差,而不是一台仪器实际存在的误差,因此它不能作为修正值使用。

测量仪器的最大允许误差不是测量不确定度,它给出仪器示值误差的合格区间,但它可以作为评定测量不确定度的依据。当直接采用仪器的示值作为测量结果时(即不加修正值使用),由测量仪器所引入的不确定度分量可根据该型号仪器的最大允许误差按 B 类评定方法得到。

测量仪器的最大允许误差可从仪器说明书或其他有关技术文件中得到,其数值通常带有"±"号。一般可用绝对误差、相对误差、**引用误差**或它们的组合形式表示。

下面以测量范围为 0~100 V 的电压表为例,给出最大允许误差的各种表示方法。

(1)用绝对误差表示:最大允许误差为±1 V。

表示该电压表在测量范围内的任意点,其最大允许误差均为±1 V。

(2)用相对误差表示:最大允许误差为±1%。

表示该电压表在测量范围内的任意点,其最大允许误差均为±1%。即对于 1 V,10 V 和 100 V 测量点,其最大允许误差分别为±0.01 V, ±0.1 V 和±1 V。

(3)用引用误差表示:最大允许误差为±1%FS。

FS 是英语"Full Scale"的缩写,通常指该仪器的量程或最大值。对于本例,FS 就等于 100 V,故表示该电压表在测量范围内的任意点,其最大允许误差均为±1 V。

(4)用组合形式表示时,可以是绝对误差和相对误差的组合,也可以是引用误差和相对误差的组合。

①用绝对误差和相对误差的组合形式表示:最大允许误差为±(1V+1%V)。

即对于 1 V,10 V 和 100 V 测量点,其最大允许误差分别为±1.01 V,±1.1 V 和±2 V。

②用引用误差和相对误差的组合形式表示:最大允许误差为±(1%FS+1%V)。

即对于 1 V,10 V 和 100 V 测量点,其最大允许误差分别为±1.01 V,±1.1 V 和±2 V。

## 二、测量仪器的准确度和准确度等级

测量仪器的准确度是指测量仪器给出接近于真值的响应能力。与测量结果的准确度一样,它也是一个定性的概念,因此测量仪器的准确度也不应该用具体的数值来定量表示。

既然测量仪器的准确度是一个定性的概念,因此它不是一个量,也不能作为一个量来进行运算。

目前,大部分测量仪器的说明书或技术规范中都有准确度这一技术指标,但习惯上往往是定量给出的,并且一般还带有"±"号。这实际上指的是测量仪器的最大允许误差,而不是真正意义上的准确度。可以说这种表示方法不符合"测量仪器准确度"这一术语的定义,因而也是不规范的,但由于生产部门长期习惯使用而一直沿用至今。

术语"准确度等级"的定义为:"在规定工作条件下,符合规定的计量要求,使测量误差或仪器不确定度保持在规定极限内的测量仪器或测量系统的级别或等别"。准确度等级通常用约定采用的数字或符号表示。准确度等级的概念也适用于实物量具。

## 三、测量仪器的不确定度

不确定度是一个与测量结果相联系的参数,也就是说只有测量结果才有不确定度。因此从原则上说测量仪器没有不确定度,因此曾建议尽量不要用"仪器的不确定度"这种说法,在 VIM 第 2 版中也没有给出术语"仪器的不确定度"的定义。

用仪器得到的测量结果具有不确定度,该不确定度虽然和仪器有关,同时还与测量程序有关,也与该仪器的校准过程有关。同一台仪器,送到不同的技术机构进行校准,得到的不确定度是不同的。因此测量不确定度不是测量仪器本身的固有特性。描述测量仪器特性的主要参数是示值误差和最大允许误差。但"仪器的不确定度"这一术语使用起来毕竟比较方便,因此 VIM 第 3 版中将其作为可以使用的术语而给出了如下的定义:

由所用的测量仪器或测量系统引起的测量不确定度的分量。

注:

(1) 除原级测量标准采用其他方法外,仪器的不确定度通过对测量仪器或测量系统校准得到。

(2) 仪器的不确定度通常按 B 类测量不确定度评定。

(3) 对仪器的测量不确定度的有关信息可在仪器说明书中给出。

根据定义,"仪器的不确定度"实际上是指测量结果中由测量仪器所引入的不确定度分量,故严格地说应该是"仪器所引入的不确定度"而不是"仪器的不确定度"。

也可将"仪器的不确定度"理解为测量仪器所提供的标准量值的不确定度。由于该标准量值是上级部门进行检定或校准时所得到的测量结果,因此它应该有不确定度。

虽然已经给出了术语"仪器的不确定度"的定义,但不要天真地认为仪器真有不确定度了。给出这一术语的定义只是为了叙述方便。如果不允许使用这一术语,就只能表述为"在测量结果的不确定度中,由测量仪器所引入的不确定度分量是多少",给出"仪器的不确定度"这一术语的定义后,就可以简单地说"仪器的不确定度是多少"。

在标准考核中还经常使用"计量标准的不确定度"这一术语。计量标准的情况较复杂,计量标准可以简单到就是一台测量仪器或实物量具,也可能是一系列测量仪器的复杂组合。因此可以将"计量标准的不确定度"理解为计量标准所提供的标准量值的不确定度。当用计量标准装置对被测对象进行检定或校准时,计量标准装置所引入的不确定度仅是测量结果的不确定度分量之一,因此也可以将"计量标准的不确定度"理解为在测量结果的不确定度中,由计量标准所引入的不确定度分量。

表 2-2 和表 2-3 分别摘要给出测量结果和测量仪器的误差、准确度和不确定度之比较,以及测量仪器的"等"和"级"的比较。

**表 2-2　测量结果和测量仪器的误差、准确度和不确定度之比较**

| | 测量结果 | 测量仪器 |
|---|---|---|
| 误差 | 定义:测得的量值减去参考量值。<br>测量结果的误差与参考量值有关,也与测量结果有关。<br>参考量值可以是真值,也可以是约定量值。当用真值作为参考量值时,误差是未知的。当用约定量值作为参考量值时,误差是已知的。<br>是一个有确定符号的量,不能用"±"号表示。<br>测量结果的误差等于系统误差和随机误差的代数和 | 测量仪器的误差常称为示值误差。示值误差的定义:测量仪器示值与对应输入量的参考量值之差。<br>示值误差与参考量值有关,参考量值的不确定度是示值误差的一个不确定度来源。<br>示值误差是对于某一特定仪器和某一特定的示值而言,同型号不同仪器的示值误差一般是不同的,同一台仪器对应于不同测量点的示值误差也可能不同。<br>最大允许误差的定义:对给定的测量、测量仪器或测量系统,由规范或规程所允许的,相对于已知参考量值的测量误差的极限值。<br>最大允许误差是对某型号仪器人为规定的误差限,即表示一个区间。它不是测量仪器实际存在的误差,是所规定的示值误差的最大允许值。当用仪器进行测量,并直接将仪器示值作为测量结果时,由仪器所引入的不确定度分量可由它导出 |
| 准确度 | 定义:被测量的测得值与其真值之间的一致程度。<br>概念"测量准确度"不是一个量,不给出有数字的量值。当测量提供较小的测量误差时就说该测量是较准确的 | 测量仪器给出接近于真值的响应能力,是一个定性的概念。通常用准确度等级来描述。<br>"准确度等级"的定义:在规定工作条件下,符合规定的计量要求,使测量误差或仪器不确定度保持在规定极限内的测量仪器或测量系统的级别或等别。<br>准确度等级通常用约定采用的数字或符号表示。<br>测量仪器的"等"和"级"的差别,见表 2-3。<br>目前不少仪器说明书上定量给出的带有"±"的准确度,实际上是指最大允许误差 |
| 不确定度 | 定义:根据所用到的信息,表征赋予被测量量值分散性的非负参数。<br>表示一个区间,恒为正值。用标准不确定度或扩展不确定度表示 | "仪器的测量不确定度"的定义:由所用的测量仪器或测量系统引起的测量不确定度的分量。<br>如果仪器经过校准,则仪器示值误差的不确定度就是仪器的不确定度。也可以将仪器的不确定度理解为测量仪器所提供的标准量值的不确定度 |

表 2-3　测量仪器的"等"和"级"的比较

| 项目 | 按"等"使用<br>（也称为加修正值使用） | 按"级"使用<br>（也称为不加修正值使用） |
| --- | --- | --- |
| 划分 | 以不确定度的大小划分 | 以最大允许误差大小划分 |
| 使用方法 | 仪器得到的读数加上修正值以后才是测量结果 | 仪器得到的读数直接就是测量结果 |
| 不确定度来源 | 由修正值的不确定度确定,通常由仪器的校准证书得到 | 由仪器的有关技术文件规定的最大允许误差通过假定分布后得到 |
| 不确定度计算 | 由校准证书中给出的扩展不确定度除以证书中标明的包含因子 $k$ 得到 | 由最大允许误差除以假定分布所对应的 $k$ 值得到。通常假定为矩形分布,此时 $k=\sqrt{3}$ |
| 不确定度损失 | 由于采用修正值,系统误差得到补偿,故量值传递过程中的不确定度损失较小 | 量值传递过程中的不确定度损失较大 |
| 用途 | 常用于量值传递链的中高端 | 常用于量值传递链的末端 |

# 第五节　关于误差和不确定度的小结

（1）误差和不确定度是两个完全不同而相互有联系的概念,它们相互之间并不排斥。不确定度不是对误差的否定,相反,它是误差理论的进一步发展。

（2）用测量不确定度评定代替过去的误差评定,绝不是简单地将"误差"改成"不确定度"就可以了。也不表示"误差"一词不能再使用。误差和不确定度的定义和概念是不同的,因此不能混淆和误用。应该根据误差和不确定度的定义和它们之间的区别来加以判断。应该用误差的地方就用误差,应该用不确定度的地方就用不确定度。

（3）误差仅与测量结果及参考量值有关。对于同一个被测量,不管测量仪器、测量方法、测量条件如何,相同测量结果的误差总是相同的。而在重复性条件下进行多次重复测量,得到的测量结果一般是不同的,因此它们的测量误差也不同。

（4）测量不确定度和测量仪器、测量方法、测量条件、测量程序以及数据处理方法有关,而与在重复性条件下得到的具体测量结果的数值大小无关。在重复性条件下进行测量时,不同测量结果的不确定度是相同的,但它们的误差则肯定不同。

（5）若已知测量误差,就可以对测量结果进行修正,得到已修正的测量结果。而不确定度是不能用来对测量结果进行修正的。在评定已修正测量结果的不确定度时,必须考虑修正值的不确定度。

（6）误差是一个确定的量值,因此误差合成时应采用代数相加的方法。不确定度表示被测量之值的分布区间,当各不确定度分量互不相关或相互独立时,各不确定度分量的合成

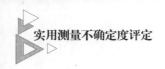

采用几何相加的方法,即常用的方和根法。

(7) 不确定度是与测量结果相联系的,而不是用来说明测量仪器的。或者说,不确定度这一参数不是测量仪器的固有特性,表征测量仪器性能的术语是示值误差或最大允许误差,它们与用仪器得到的测量结果的不确定度有关。VIM 第 3 版中的术语"仪器的不确定度"指的是在测量结果的不确定度中由测量仪器所引入的不确定度分量,并不表示仪器真的有不确定度。"仪器的不确定度"的大小取决于该仪器的校准过程。

(8) 计量标准装置的情况与测量仪器相类似。在标准考核中常用的术语"计量标准装置的不确定度"应该理解为计量标准装置所提供的标准量值的不确定度,或理解为在测量结果的不确定度中,由计量标准装置(包括装置中的所有测量仪器、配套设备以及测量方法)所引入的不确定度分量。因此实际上也应该是"计量标准装置所引入的不确定度"。

(9) 测量仪器有两种使用方式:加修正值使用和不加修正值使用。若测量仪器经过校准而已知其示值误差,则可以加修正值使用。在这种情况下,测量仪器的不确定度就是修正值的不确定度。若测量仪器经检定合格,则通常不加修正值使用。此时其最大允许误差就可作为评定该仪器在测量结果中所引入的不确定度分量的依据。在已知分布的情况下,通过 B 类评定,可以由最大允许误差得到该分量的标准不确定度。

(10) 过去人们经常会误用"误差"一词,即通过经典的误差分析得到的往往是被测量值不能确定的范围,它表示一个区间,而不是真正的误差值。真正的误差值应该与测量结果有关。

## 第六节　指示式测量仪器和实物量具的误差、修正值及仪器偏移

在测量中,经常要用到测量仪器(measuring instrument)和实物量具(material measure)这两个术语。测量仪器定义为:"单独或与一个或多个辅助设备组合,用于进行测量的装置"。在该定义的注中还指出:"测量仪器可以是指示式测量仪器,也可以是实物量具"。其中,指示式测量仪器(indicating measuring instrument)定义为:"提供带有被测量量值信息的输出信号的测量仪器"。而实物量具的定义为:"具有所赋量值,使用时以固定形态复现或提供一个或多个量值的测量仪器"。

由上述诸术语的定义可知,实物量具实际上也是一种测量仪器。但实物量具与指示式测量仪器相比还有其特殊性,实物量具本身能提供一个或多个标准量值,而指示式测量仪器本身并不直接提供标准量值。指示式测量仪器的示值,即其所赋的量值需要用实物量具来进行校准。为叙述方便起见,在本节中将实物量具从测量仪器中分离出来,也就是说,以下本节中所说的"测量仪器"仅指"指示式测量仪器"。

经常用来描述测量仪器或实物量具所提供量值准确程度的主要术语是误差、修正值或修正因子以及仪器偏移(instrument bias)。

测量仪器的误差,也称为示值误差(error of indication),其定义为:"测量仪器示值与对应输入量的参考量值之差"。

修正值的定义是:"用代数方法与未修正测量结果相加,以补偿其系统误差的值"。有些

场合,习惯上也可能采用修正因子来代替修正值。修正因子的定义是:"为补偿系统误差而与未修正测量结果相乘的数字因子"。

显然,示值误差和修正值的大小相等,但符号相反。

JJF 1001—2011 给出了两个含有"偏移"二字的术语:用于描述测量结果的"测量偏移"和用于描述测量仪器的"仪器偏移"。测量偏移,简称偏移,其定义为:"测量系统误差的估计值"。仪器偏移的定义为:"重复测量示值的平均值减去参考量值"。

由于重复测量示值的平均值中随机误差已被减小,所以测量偏移和仪器偏移的含义均是系统误差的估计值。于是偏移和修正值也是大小相等,但符号相反。

此外,过去还曾使用过"偏差"这一术语。JJF 1001—1998 对"偏差"的定义是"一个值减去其参考值"。由于该术语是列入在 JJF 1001 第八章测量结果内的,因此显然给出的是测量结果的偏差,而不是测量仪器的偏差。但过去经常不正确地将其也用于测量仪器。定义中的"一个值"显然指的是测量结果,因此当时的"偏差"实际上就应该是"误差"。由于"偏差"这一术语现今已被取消而未列入 JJF 1001—2011,故不应再使用"偏差"这一术语。

# 第七节　检定和校准

计量器具的检定和校准是测量中两个十分重要的概念,表面上看起来两者似乎差别不大,具体操作过程似乎也相差无几。但如果仔细研究一下,就会发现两者在许多方面都存在着很大的差别。

## 一、定义

术语"测量仪器的检定"简称"检定",其定义为"查明和确认测量仪器符合法定要求的活动,它包括检查、加标记和/或出具检定证书"。定义中的法定要求包括计量要求、技术要求和行政管理要求等方面。计量要求主要是指确定计量器具的示值误差以及其他计量特性,例如准确度等级、**稳定性**、重复性、漂移、分辨力、分度值等。技术要求是指为了满足计量要求所必须具备的性能,例如结构、安装方面的要求、读数的可见性等。行政管理要求是指是否符合各种法令、法规的要求,例如标识、铭牌、证书及有效期、检定记录等。

而术语"校准"的定义是"在规定条件下的一组操作,其第一步是确定由测量标准提供的量值与相应示值之间的关系,第二步则是用此信息确定由示值获得测量结果的关系,这里测量标准提供的量值与相应示值都具有测量不确定度"。其含义是用一个参考标准对测量仪器的特性赋值并确定其示值误差。而被校准测量仪器的量值就通过该参考标准溯源到国家基准或国际基准。校准的目的仅是确定示值误差,以确保被校准测量仪器的量值准确并进行量值溯源。有时也可以对测量仪器的主要影响量进行校准。

由此可见,校准所包含的内容要比检定少得多。它仅包含计量要求中与量值准确性有关的计量特性的要求。

## 二、法制性

我国《计量法》第九条规定："县级以上人民政府计量行政部门对社会公用计量标准器具,部门和企业、事业单位使用的最高计量标准器具,以及用于贸易结算、安全防护、医疗卫生、环境监测方面的列入强制检定目录的工作计量器具,实行强制检定。⋯⋯对前款规定以外的其他计量标准器具和工作计量器具,使用单位应当自行定期检定或者送其他计量检定机构检定。"

由此可见计量检定是由《计量法》规定的,它包括强制检定和非强制检定两类。它们都必须依法管理,因而都具有法制性,是属于法制计量管理范畴的一种执法行为。检定对应于量值传递。至于校准,我们过去常说它不具有法制性,是企业自愿进行的一种量值溯源,因为现行的计量法中没有提到过校准。但近年来我国的情况发生了很大的变化,有许多项目的检定规程已经被取消而转为校准规范。例如,在 JJF 1033—2016《计量标准考核规范》中就规定,对于计量标准装置中的计量标准器,若该项目有计量检定规程,只承认检定证书;若无计量检定规程,则校准证书也承认。所以应该说校准的法制性不如检定那么强。

## 三、依据

检定的依据是检定规程。《计量法》第十条规定"计量检定必须执行计量检定规程"。计量检定规程是指对计量器具的计量性能、检定项目、检定条件、检定方法、检定周期以及检定数据处理等所作的技术规定。

校准的依据是校准规范,也可以参照检定规程执行,也可以经校准方和用户双方商定自行确定校准的方法。

例如,游标卡尺检定规程规定,对于测量范围为 150 mm 的卡尺,受检点必须在测量范围内均匀分布且不少于 3 点。若用户要求仅检定 100 mm 测量点,因该卡尺只在 100 mm 测量点附近使用。对于检定,这是不允许的,因为规程规定必须测量均匀分布的三个点,而检定必须依据检定规程进行。若用户要求进行校准,并最后出具校准证书,则是可以的,因为校准方法可以双方自行商定。

## 四、结论

通过检定必须给出合格与否的结论。检定合格的发给检定证书,不合格的发给检定结果通知书。

校准结果通常是出具校准证书或校准报告,在证书或报告中一般不需要给出合格与否的结论。但也可以指出计量器具的某一性能是否符合预期的(例如检定规程)要求。

## 五、有效期

检定证书上要求给出有效期,它表示在正常使用条件下,在该有效期内计量器具具有某种预期的性能。

校准证书一般不给出有效期(也可以建议一个有效期)。校准原则上只给出在校准时计量器具的性能,并不给出其计量性能今后预期的变化。

如果校准的对象是需要进行计量标准考核的计量标准器或主要配套设备,则根据 JJF 1033—2016《计量标准考核规范》的规定,在没有计量检定规程的情况下也可以依据国家计量校准规范或有效的校准方法进行校准。但此时应给出合理的复校时间间隔。

## 六、测量不确定度评定

在对检定结果或校准结果进行测量不确定度评定时,两者也稍有差别。

对于检定,最后要给出检定证书的有效期。也就是说,在正常使用条件下,只要在有效期内,证书所给的结论就有效。因此在对检定的结果进行测量不确定度评定时,必须考虑一个不确定度分量,即被检定对象所提供的量值在其证书有效期内预期可能产生的变化对测量结果的影响。

对于校准,通常只给出计量器具在校准时的性能,而并不给出今后预期的变化,即校准证书中不给出有效期,此时校准方在进行校准结果的测量不确定度评定时,不必考虑被校准对象的性能今后可能产生的变化。该变化应由用户自己考虑。而在有些情况下由于国家法令、法规的规定或由于用户的要求,校准证书上也给出有效期。此时校准方在给出校准结果的不确定度时就应该考虑被校准对象的性能今后可能产生的变化。

从另一方面来说,在对任何一个测量结果进行不确定度评定时,若测量中所用的参考标准的量值是由检定证书或由给出有效期的校准证书所提供,则就可以直接使用检定证书上所给出的不确定度作为在测量中由参考标准所引入的不确定度分量。若测量中所用的参考标准的量值是由不给出有效期的校准证书提供的,则在对测量结果进行不确定度评定时,除了需要考虑校准证书上所给出的标准量值的不确定度外,还应额外考虑一个不确定度分量:自最近一次校准以来参考标准所提供的标准量值的可能漂移。该漂移的大小可以根据经验或参考标准的历史校准记录来评估。

检定和校准之间的主要区别见表 2-4。

**表 2-4  检定和校准的主要区别**

| | 检　定 | 校　准 |
|---|---|---|
| 定义 | 查明和确认计量器具是否符合法定要求的程序,它包括检查、加标记和(或)出具检定证书 | 在规定条件下,为确定测量仪器或测量系统所指示的量值,或实物量具或参考物质所代表的量值,与对应的由标准所复现的量值之间关系的一组操作 |
| 法制性 | 检定具有法制性,是一种属于法制计量管理范畴的执法行为 | 不具有法制性。是一种自愿的行为 |
| 目的 | 判定计量器具是否符合计量要求,技术要求和法制管理的要求。对应于量值传递 | 确定计量器具的示值误差,确保计量器具给出准确的量值。对应于量值溯源 |
| 依据 | 检定必须依据检定规程 | 可以依据校准规范,也可参照检定规程执行,也可以双方自行协商校准方法 |

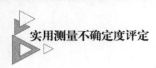 **实用测量不确定度评定**

| | 检 定 | 校 准 |
|---|---|---|
| 结论 | 必须判定计量器具是否合格 | 不判定计量器具是否合格。必要时可以给出计量器具的某一计量性能是否符合某种预期的要求 |
| 检定周期 | 根据规程给出检定周期。在正常使用的情况下,在证书有效期内所给出的量值有效 | 一般不给出校准周期(也可以给出建议的校准周期)。校准结果只表明在校准时,计量器具所复现的量值 |
| 不确定度评定 | 应考虑被检定对象在检定证书有效期内可能产生的漂移,并将其作为一个不确定度分量 | 如果不给出建议的有效期,则不考虑被校准对象今后可能产生的漂移。这一影响由用户自己考虑 |

# 第三章

## 统计学基本知识

### 第一节 事件和随机事件

在统计学中,任何一个观测到的现象或试验结果,均称为一个事件。例如在硬币抛掷实验中,出现正面和反面为两种不同的事件。明天下雨或不下雨也是两种不同的事件。在重复性条件下得到的每一个不同的测量结果都称为一个事件。

事件可以分为必然事件、不可能事件和随机事件三类:

(1) 必然事件。在一定条件下必然会发生的事件,例如某物体质量的测量结果为正值,以及苹果熟了一定下落等,均是必然事件。

(2) 不可能事件。在一定条件下不可能出现的事件,例如某物体质量的测量结果为负值,以及苹果熟了远离地球而飞走等,均是不可能事件。

(3) 随机事件。在一定条件下可能出现也可能不出现的事件,例如某物体质量的测量结果在 1.335 kg 和 1.336 kg 之间,或某个地区下月 5 日是否下雨,以及硬币抛掷实验中出现正面朝上的事件等,均是随机事件。随机事件的特点是我们在事前无法预知它所出现的结果,其所出现的结果呈现出一种偶然性。

必然事件或不可能事件的出现有其内在的规律性,即有明确的因果关系,这比较容易理解,根据该规律性可以判断事件必然发生或不可能发生。随机事件的共同特点是:在一定的条件下,一种事物可能出现这种结果,也可能出现另一种结果,呈现出一种偶然性。对于随机事件,我们无法事前判断试验或观测的结果,因此表面上看来随机事件的出现似乎并无规律性可言。虽然就每一次试验或观测来看,其结果的确无法预知,但如果进行大量的重复实验,就会发现随机事件的出现存在着其内在的规律性,即统计规律性。

任何随机事件从本质上来说均有其必然性。例如硬币抛掷实验,如果我们能控制硬币上抛的初速度,同时能控制硬币上抛时的翻转角速度,并且下落到地面时与地面发生完全非弹性碰撞,则就可以控制硬币下落后出现的正、反面。问题在于无论任何人都无法做到这一点。因此可以说随机事件是由于人们对事件出现的规律性不了解,或虽然了解但无法控制

或没有设法去控制事件出现的条件而引起的。

任何测量结果都存在误差,误差可以分为随机误差和系统误差两类。与随机事件相同,任何随机误差从本质上来说都是系统性的。例如,在早期当人们还不了解物体存在热胀冷缩现象时,就会发现在不同的时间测量同一物体的长度,会得到不同的测量结果,也就是说测量结果中存在较大的随机误差。但一旦人们了解了物体热胀冷缩的规律,在每次测量长度时,还同时测量被测物体的温度,并通过其线膨胀系数对测量结果进行修正,于是原来随机误差中的一部分就成为系统误差而被修正。由于修正值的不完善,总会有部分随机误差未被消除而残留,但与未修正的测量结果相比,其随机误差已大大减小。测量技术的不断进步实际上就是不断在原来的随机误差中发现新的系统误差并进行修正,使随机误差随之不断减小的过程。

# 第二节　随机事件出现的频率和概率

虽然随机事件的发生与否带有其偶然性,但其实它也有规律性。这可以通过大量重复试验观察到,故也常称为统计规律性。不同的随机事件发生的可能性大小一般是不同的。

## 一、随机事件出现的频率

随机事件出现的频率定义为在有限次试验中,随机事件出现的百分比,因此这里的所谓"频率"实际上是"频度"的意思。

例如:在一个 $N$ 次的重复试验中,若随机事件 $A$ 出现了 $n_A$ 次,则根据定义可得随机事件 $A$ 出现的频率 $f_A$ 为

$$f_A = \frac{n_A}{N}$$

实验还发现,在每个重复试验中同一事件出现的频率会有波动,带有偶然性。但多次的重复试验表明,频率经常稳定在一个固定的数值附近。并且随着试验次数的增加,这种趋势越来越明显。这一现象十分重要,通常称为频率具有稳定性。

频率的稳定性说明一个随机事件出现的可能性有一定的大小。频率稳定在一个较大的数值时,表明相应事件出现的可能性大;频率稳定在一个较小的数值时,表明相应事件出现的可能性小。而频率在其周围波动的那个固定的数值就是该事件出现的可能性大小的度量。这个数值就称为相应事件出现的概率。

## 二、随机事件出现的概率

随机事件出现的概率定义为:在一定条件下,随机事件可能发生,也可能不发生,这种可能性的大小称为概率。随机事件 $A$ 出现的概率 $p_A$ 为

$$p_A = \lim_{N \to \infty} f_A = \lim_{N \to \infty} \frac{n_A}{N} \tag{3-1}$$

也就是说,概率 $p$ 是频率 $f$ 的极限值。

对于必然事件,概率 $p=1$。

对于不可能事件,概率 $p=0$。

对于随机事件,则 $0<p<1$。

式(3-1)提供了近似计算概率的方法,但这需要进行大量的测量。在许多情况下,往往并不需要进行大量的测量,只要对事件进行分析,根据问题本身所具有的对称性,就可以得到事件出现的概率。例如在硬币抛掷实验中,由于硬币的形状和质量分布是对称而均匀的,因此抛掷后出现"正面向上"与"反面向上"的概率必然相等。而每次抛掷的结果只有"正面向上"和"反面向上"两种可能性。由此可以得到出现"正面向上"或"反面向上"的概率各为 $50\%$。

从表 3-1 给出的历史上著名的硬币抛掷实验结果,可以看出当实验次数增加时,频率 $f_A$ 将趋近于概率 $p_A$。

表 3-1 硬币抛掷实验的结果

| 抛掷次数 | 出现 $A$ 面的次数 | $f_A$ |
|---|---|---|
| 4 040 | 2 048 | 0.506 9 |
| 12 000 | 6 019 | 0.501 6 |
| 24 000 | 12 012 | 0.500 5 |

## 第三节 随机变量及其概率密度函数

如果在一定条件下对某个量进行测量,则一般说来每次得到的测量结果都是不同的,因此该量的取值,或者说在某一区间内的取值就是一个随机变量。在测量不确定度评定中,我们所研究的被测量和影响量都是随机变量。因为无论是谁都无法预知下一次的测量结果是多少。

### 一、随机变量的概率密度函数

要完整地了解一个随机变量,必须知道它出现在某一区间内(或取某一值)的概率,也就是说应该了解随机变量的概率密度分布。随机变量在各可能值附近出现的概率与可能值之间的函数关系称为随机变量的概率密度函数。概率密度函数曲线的纵坐标为概率密度,横坐标为该随机变量的取值。曲线下方与 $x$ 轴之间所夹部分的面积即是被测量出现在该区间内的概率。如图 3-1 所示,图中阴影部分,即概率密度函数 $f(x)$ 在区间 $[\alpha,\beta]$ 间所包含的面积即是被测量出现在区间 $[\alpha,\beta]$ 内的概率。故有:

$$p(\alpha \leqslant x \leqslant \beta) = \int_\alpha^\beta f(x)\,\mathrm{d}x$$

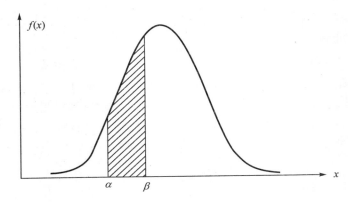

**图 3-1   随机变量的概率密度分布曲线**

概率密度函数具有下列性质:

(1) 概率密度函数是一非负函数,即 $f(x) \geqslant 0$;

(2) 概率密度函数在区间 $(-\infty, +\infty)$ 内的积分等于 1,即

$$\int_{-\infty}^{+\infty} f(x) \mathrm{d}x = 1$$

上述两个性质的几何意义为全部概率密度分布曲线均在 $x$ 轴上方,且分布曲线下方的全部面积等于 1。

对于不同的被测量,其概率密度函数可能是不同的。在测量不确定度评定中经常提到的分布有两点分布、反正弦分布、矩形分布、三角分布、梯形分布、正态分布以及投影分布等。

## 二、连续型随机变量和离散型随机变量

随机变量按其取值的特征分为连续型随机变量和离散型随机变量两类。

### 1. 离散型随机变量

若随机变量的取值可以离散地排列,即只能取有限个或可数个值,并以各种确定的概率取这些不同的值,则称为离散型随机变量。

例如在产品质量检验中,若每次抽查 100 件产品,则其中的次品数 $n$ 就是一个离散型的随机变量。它只可能取整数值 $0, 1, 2, \cdots, 100$,共有 101 个可能值。

### 2. 连续型随机变量

若随机变量可以在某一区间内任意取值,并可以充满该区间,而且其值在任意一个小区间中的概率也是确定的,这样的随机变量称为连续型随机变量。

例如地球上每年的小麦产量,每台电视机的耐用时间等均是连续型随机变量。

# 第四节   随机变量的特征值

已知概率密度函数就可以完全确定一个随机变量。虽然从原则上说,概率密度函数可

以通过大量的重复性实验得到,但实际上往往既没有必要,也没有可能进行大量的实验。在许多情况下只要知道该随机变量的若干特征值(也称为随机变量的数字特征)就可以了。在测量不确定度评定中经常要用到的随机变量特征值是数学期望、方差、标准偏差、协方差和相关系数等。

## 一、随机变量的数学期望

### 1. 随机变量的数学期望

随机变量的数学期望表示对该随机变量进行无限多次测量所得结果的平均值,简称为期望,也称为总体均值。数学期望的重要性在于实际上它就是我们通过测量想要得到的测量结果。对于对称分布来说(大部分的被测量都满足对称分布),数学期望即是随机变量概率密度函数的中心位置。某随机变量 $X$ 的数学期望通常用 $E(X)$ 或 $\mu$ 来表示。在本书中,在不会引起混淆的情况下一般用符号 $\mu$ 表示,若必须指出是某一随机变量 $X$ 的数学期望时,则采用符号 $E(X)$ 或 $\mu_x$。

对于离散型随机变量,若对某量 $X$ 进行 $n$ 次测量,得到一组测量结果 $x_1, x_2, \cdots, x_n$。则根据定义,数学期望 $\mu$ 可表示为

$$\mu = \lim_{n \to \infty} \frac{\sum_{k=1}^{n} x_k}{n} \qquad (3\text{-}2)$$

并不是任何随机变量均存在数学期望,存在数学期望的条件是式(3-2)必须收敛,即当随机变量取无穷多个值时应存在该极限值。

对于连续型随机变量,若概率密度函数为 $f(x)$,则其数学期望可表示为

$$\mu = \int_{-\infty}^{+\infty} x f(x) \mathrm{d}x \qquad (3\text{-}3)$$

同样,这时要求上述积分是收敛的,否则该随机变量不存在数学期望。

### 2. 数学期望的性质

数学期望具有如下简单性质:

(1) 常数的数学期望等于该常数。

$$E(c) = c$$

常数 $c$ 可以看作为这样的一个随机变量,它只能取一个值 $c$,显然它取 $c$ 值的概率等于 1。由数学期望的定义直接可以得到 $E(c) = c$。

(2) 随机变量与常数之和的数学期望,等于随机变量的数学期望与该常数之和。

$$E(x + c) = E(x) + c$$

**证** 由数学期望的定义,可得

$$E(x + c) = \lim_{n \to \infty} \frac{\sum_{k=1}^{n} (x_k + c)}{n}$$

$$= \lim_{n \to \infty} \frac{\sum_{k=1}^{n} x_k + nc}{n}$$

$$= \lim_{n \to \infty} \frac{\sum\limits_{k=1}^{n} x_k}{n} + c$$

$$= E(x) + c$$

（3）常数与随机变量之乘积的数学期望，等于该常数与随机变量的数学期望之乘积。

$$E(cx) = cE(x)$$

**证** 由数学期望的定义，可得

$$E(cx) = \lim_{n \to \infty} \frac{\sum\limits_{k=1}^{n} cx_k}{n}$$

$$= \lim_{n \to \infty} \frac{c\sum\limits_{k=1}^{n} x_k}{n}$$

$$= c \lim_{n \to \infty} \frac{\sum\limits_{k=1}^{n} x_k}{n}$$

$$= cE(x)$$

（4）两个随机变量之和的数学期望，等于它们的数学期望之和，而与两随机变量之间独立与否无关。

$$E(x+y) = E(x) + E(y)$$

**证** 由数学期望的定义，可得

$$E(x+y) = \lim_{n \to \infty} \frac{\sum\limits_{k=1}^{n} (x_k + y_k)}{n}$$

$$= \lim_{n \to \infty} \frac{\sum\limits_{k=1}^{n} x_k + \sum\limits_{k=1}^{n} y_k}{n}$$

$$= \lim_{n \to \infty} \frac{\sum\limits_{k=1}^{n} x_k}{n} + \lim_{n \to \infty} \frac{\sum\limits_{k=1}^{n} y_k}{n}$$

$$= E(x) + E(y)$$

该性质也可以推广到有限多个随机变量的情况，即有限个随机变量之和的数学期望，等于它们的数学期望之和，即

$$E(x_1 + x_2 + \cdots + x_n) = E(x_1) + E(x_2) + \cdots + E(x_n)$$

（5）两个独立随机变量之乘积的数学期望，等于它们的数学期望之乘积。

$$E(xy) = E(y)E(y)$$

证明从略。

此性质同样可以推广到有限多个随机变量的情况，有限个独立随机变量之积的数学期望，等于它们的数学期望之积，即

$$E(x_1 \cdot x_2 \cdot \cdots \cdot x_n) = E(x_1) \cdot E(x_2) \cdot \cdots \cdot E(x_n)$$

### 二、随机变量的方差

**1. 随机变量的方差**

仅用数学期望还不足以充分地描述一个随机变量的特性。例如用两种不同的方法对同一个被测量进行测量,分别得到两组测量结果,也就是说有两个随机变量。如图 3-2 中曲线 $a$ 和 $b$ 所示,它们的数学期望 $\mu$ 可能是相同的,但是表示测量结果质量好坏的各测得值相对于数学期望的分散程度却是不一样的,显然曲线 $b$ 相对于数学期望的分散程度较大。随机变量的方差就是表示测量结果相对于数学期望 $\mu$ 的平均离散程度,或者说表示随机变量的可能值与其数学期望之间的分散程度。

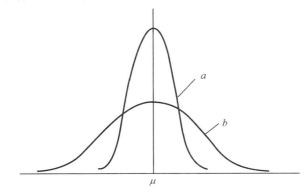

**图 3-2　两个数学期望值相同但分散程度不同的随机变量**

对于离散型随机变量,第 $k$ 个测量结果 $x_k$ 相对于数学期望 $\mu$ 的偏离为 $x_k-\mu$。由于 $\mu$ 是无限多次测量结果的平均值,当 $x_k$ 处于平均值不同侧时 $x_k-\mu$ 的符号相反。在对称分布的情况下,由于无限多次测量结果的平均离散为零(正负相消),即

$$\lim_{n\to\infty}\frac{\sum_{k=1}^{n}(x_k-\mu)}{n}=0$$

因此将方差定义为偏离值 $(x_k-\mu)$ 平方的平均值,即方差 $V(x)$ 为

$$V(x)=\lim_{n\to\infty}\frac{\sum_{k=1}^{n}(x_k-\mu)^2}{n} \tag{3-4}$$

对于连续型随机变量,其方差为

$$V(x)=\int_{-\infty}^{+\infty}(x-\mu)^2 f(x)\mathrm{d}x \tag{3-5}$$

由于 $V(x)$ 的平方根称为标准偏差,因此将 $V(x)$ 称为"方差",意为标准偏差的平方。上式中测量次数应为无限大,故 $V(x)$ 也称为总体方差。

**2. 方差的运算性质**

方差的运算具有如下简单性质:

(1)随机变量的方差等于该随机变量平方的数学期望与该随机变量数学期望的平方之差。

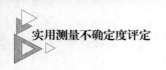

$$V(x) = E(x^2) - E^2(x)$$

**证** 由方差的定义可得

$$V(x) = \lim_{n \to \infty} \frac{\sum_{k=1}^{n} [x_k - E(x)]^2}{n}$$

$$= E[x - E(x)]^2$$

$$= E[x^2 - 2xE(x) + E^2(x)]$$

$$= E(x^2) - E[2xE(x)] + E^2(x)$$

$$= E(x^2) - 2E(x)E(x) + E^2(x)$$

$$= E(x^2) - E^2(x)$$

（2）常数的方差为零。

$$V(c) = 0$$

**证** 常数 $c$ 可以看作一个特殊的随机变量，它的可能值只有一个 $c$。于是得

$$V(c) = E(c^2) - E^2(c) = c^2 - c^2 = 0$$

（3）随机变量与常数之和的方差，等于随机变量的方差。

$$V(x+c) = V(x)$$

**证** 由方差的定义可知

$$V(x+c) = E[(x+c) - E(x+c)]^2$$

$$= E[x + c - E(x) - c]^2$$

$$= E[x - E(x)]^2$$

$$= V(x)$$

（4）随机变量与常数之乘积的方差，等于随机变量的方差与该常数的平方之乘积。

$$V(cx) = c^2 V(x)$$

**证** 由方差的定义可得

$$V(cx) = E[cx - E(cx)]^2$$

$$= E[cx - cE(x)]^2$$

$$= E\{c^2[x - E(x)]^2\}$$

$$= c^2 E[x - E(x)]^2$$

$$= c^2 V(x)$$

（5）两独立随机变量之和的方差等于它们各自的方差之和。

$$V(x+y) = V(x) + V(y)$$

**证** 由方差的定义得

$$V(x+y) = E\{x + y - E(x+y)\}^2$$

$$= E\{[x - E(x)] + [y - E(y)]\}^2 \tag{3-6}$$

$$= E\{[x - E(x)]^2 + [y - E(y)]^2 + 2[x - E(x)][y - E(y)]\}$$

$$= E[x - E(x)]^2 + E[y - E(y)]^2 + 2E\{[x - E(x)][y - E(y)]\}$$

$$=V(x)+V(y)+2E\{[x-E(x)][y-E(y)]\}$$

由于 $x,y$ 独立,则

$$E\{[x-E(x)][y-E(y)]\}$$
$$=E[xy+E(x)E(y)-xE(y)-yE(x)]$$
$$=E(x)E(y)+E(x)E(y)-E(x)E(y)-E(x)E(y)$$
$$=0$$

故得

$$V(x+y)=V(x)+V(y)$$

这一性质称为方差的可加性。它也可以推广到有限多个随机变量的情况,即有限个独立随机变量之和的方差,等于它们的方差之和。

$$V(x_1+x_2+\cdots+x_n)=V(x_1)+V(x_2)+\cdots+V(x_n)$$

(6)两任意随机变量之和的方差等于它们各自的方差以及它们的协方差两倍之和。

$$V(x+y)=V(x)+V(y)+2\sigma(x,y)$$

**证** 协方差 $\sigma(x,y)$ 的定义为

$$\sigma(x,y)=\lim_{n\to\infty}\frac{\sum_{k=1}^{n}[x_k-E(x)][y_k-E(y)]}{n}$$
$$=E\{[x_k-E(x)][y_k-E(y)]\}$$

根据式(3-6),可得

$$V(x+y)=V(x)+V(y)+2E\{[x-E(x)][y-E(y)]\}$$
$$=V(x)+V(y)+2\sigma(x,y)$$

将此性质推广到有限多个随机变量的情况时,可得

$$V(x_1+x_2+\cdots+x_n)=V(x_1)+V(x_2)+\cdots+V(x_n)+2\sum_{i=1}^{n-1}\sum_{j=i+1}^{n}\sigma(x_i,x_j)$$

方差的这一性质极为重要,可以说它是整个测量不确定度评定的基础。

(7)两独立随机变量乘积的方差为

$$V(xy)=V(x)V(y)+V(x)E^2(y)+V(y)E^2(x)$$

**证** 由方差的性质(1)可得

$$V(xy)=E(x^2y^2)-E^2(xy)$$
$$=E(x^2y^2)-E^2(x)E^2(y)$$

由于随机变量 $x,y$ 独立,故随机变量 $x^2,y^2$ 也相互独立,于是

$$E(x^2y^2)=E(x^2)E(y^2)$$

同时因

$$E(x^2)=V(x)+E^2(x)$$
$$E(y^2)=V(y)+E^2(y)$$

于是 $\quad V(xy)=E(x^2y^2)-E^2(x)E^2(y)$
$$=E(x^2)E(y^2)-E^2(x)E^2(y)$$
$$=[V(x)+E^2(x)][V(y)+E^2(y)]-E^2(x)E^2(y)$$

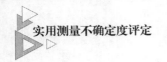

$$= V(x)V(y) + E^2(x)V(y) + E^2(y)V(x) + E^2(x)E^2(y) - E^2(x)E^2(y)$$

$$= E^2(y)V(x) + E^2(x)V(y) + V(x)V(y)$$

## 三、随机变量的标准偏差

标准偏差常常简称为标准差。由于方差的量纲与被测量不同,为被测量量纲的平方。因此常用方差 $V(x)$ 的正平方根 $\sigma(x)$ 来表示其平均离散性,称为标准偏差,也称为分布的标准偏差或单次测量的标准偏差。标准偏差 $\sigma(x)$ 所对应的测量次数也应为无限大,故也称为总体标准差。

对于离散型随机变量,标准偏差 $\sigma(x)$ 为

$$\sigma(x) = \sqrt{V(x)} = \sqrt{\lim_{n\to\infty} \frac{\sum_{k=1}^{n}(x_k - \mu)^2}{n}} \tag{3-7}$$

而连续型随机变量的标准偏差则为

$$\sigma(x) = \sqrt{V(x)} = \sqrt{\int_{-\infty}^{+\infty}(x-\mu)^2 f(x)\mathrm{d}x} \tag{3-8}$$

## 四、用于估计随机变量特征值的估计量

上述随机变量特征值都是对应于无限多次测量结果的,而在实际工作中只可能进行有限次测量,因此通常只能根据有限次测量的结果,即根据样本的一些参数指标来估计总体的特征值:如总体平均值 $\mu$,总体方差 $\sigma^2$ 等。而用来作为估计依据的样本参数指标,如样本平均值 $\bar{x}$,样本方差 $s^2$ 等估计量则称为样本统计量。而被估计的总体特征值则称为总体参数。

样本统计量本身也是一个随机变量,它有许多可能值。从一个具体的样本只能得到该估计量的一个可能值。当样本改变时,所得到的样本统计量的值也会改变,因而不能期望样本统计量的取值正好等于它所估计的总体参数。但一个好的样本统计量至少平均地看来应该等于它所估计的总体参数。也就是说,我们所选择的样本统计量的数学期望应该等于被估计的总体参数。符合这一要求的样本统计量称为无偏估计量。样本平均值 $\bar{x}$ 就是总体均值 $\mu$ 的无偏估计量。

对于方差,情况就不同了。若 $E(x)$ 表示随机变量 $x$ 的数学期望,则方差的数学期望为

$$E\left[\frac{1}{n}\sum_{k=1}^{n}(x_k - \bar{x})^2\right]$$

$$= E\left[\frac{1}{n}\sum_{k=1}^{n}\left[(x_k - \mu) - (\bar{x} - \mu)\right]^2\right]$$

$$= E\left[\frac{1}{n}\sum_{k=1}^{n}(x_k - \mu)^2 - \frac{2}{n}\sum_{k=1}^{n}(x_k - \mu)(\bar{x} - \mu) + \frac{1}{n}\sum_{k=1}^{n}(\bar{x} - \mu)^2\right]$$

$$= E\left[\frac{1}{n}\sum_{k=1}^{n}(x_k - \mu)^2 - \frac{1}{n}(\bar{x} - \mu)^2\right]$$

$$= \frac{1}{n}E\left[\sum_{k=1}^{n}(x_k - \mu)^2\right] - \frac{1}{n}\sum_{k=1}^{n}E\left[(\bar{x} - \mu)^2\right]$$

$$= \frac{1}{n} \cdot n \cdot V(x) - V(\bar{x})$$

$$= \frac{n-1}{n} \cdot \sigma^2 \neq \sigma^2$$

于是
$$E\left[\frac{1}{n-1}\sum_{k=1}^{n}(x_k - \bar{x})^2\right] = \frac{n}{n-1}E\left[\frac{1}{n}\sum_{k=1}^{n}(x_k - \bar{x})^2\right]$$

$$= \frac{n}{n-1} \cdot \frac{n-1}{n}\sigma^2$$

$$= \sigma^2$$

即 $\dfrac{\sum\limits_{k=1}^{n}(x_k - \bar{x})^2}{n}$ 不是总体方差 $\sigma^2(x) = \lim\limits_{n\to\infty}\dfrac{\sum\limits_{k=1}^{n}(x_k - \mu)^2}{n}$ 的无偏估计量,而方差 $s^2(x) = \dfrac{\sum\limits_{k=1}^{n}(x_k - \bar{x})^2}{n-1}$ 才是总体方差 $\sigma^2$ 的无偏估计量。

样本方差 $s^2(x) = \dfrac{\sum\limits_{k=1}^{n}(x_k - \bar{x})^2}{n-1}$ 的平方根 $s(x)$ 称为实验标准差,它是标准偏差 $\sigma(x)$ 的样本估计量,但不是无偏估计量。因此实验标准差 $s(x)$ 可表示为

$$s(x) = \sqrt{\frac{\sum\limits_{k=1}^{n}(x_k - \bar{x})^2}{n-1}} \tag{3-9}$$

将式(3-9)分子中的平方项展开,可得

$$s(x) = \sqrt{\frac{\sum\limits_{k=1}^{n}(x_k - \bar{x})^2}{n-1}}$$

$$= \sqrt{\frac{\sum\limits_{k=1}^{n}x_k^2 - 2\sum\limits_{k=1}^{n}x_k\bar{x} + \sum\limits_{k=1}^{n}(\bar{x})^2}{n-1}}$$

$$= \sqrt{\frac{\sum\limits_{k=1}^{n}x_k^2 - 2n(\bar{x})^2 + n(\bar{x})^2}{n-1}}$$

于是可以得到实验标准差的另一种表示形式:

$$s(x) = \sqrt{\frac{\sum\limits_{k=1}^{n}x_k^2 - n(\bar{x})^2}{n-1}} \tag{3-10}$$

式(3-9)或式(3-10)通常称为贝塞尔公式。

表 3-2 给出随机变量的总体特征值(对应于无限多次测量)和样本统计量(对应于有限次测量)的表示式。

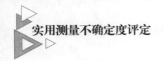 

表 3-2　随机变量（离散型）的总体特征值和样本统计量

| 总体特征值（无限次测量） | 样本统计量（有限次测量） |
|---|---|
| 数学期望（总体均值）$\mu$ <br><br> $$\mu = \lim_{n \to \infty} \frac{\sum\limits_{k=1}^{n} x_k}{n}$$ | 样本均值 $\bar{x}$ <br><br> $$\bar{x} = \frac{\sum\limits_{k=1}^{n} x_k}{n}$$ |
| 方差（总体方差）$V(x)$ <br><br> $$V(x) = \lim_{n \to \infty} \frac{\sum\limits_{k=1}^{n} (x_k - \mu)^2}{n}$$ | 样本方差 $s^2(x)$ <br><br> $$s^2(x) = \frac{\sum\limits_{k=1}^{n} (x_k - \bar{x})^2}{n-1}$$ |
| 标准偏差（总体标准差）$\sigma(x)$ <br><br> $$\sigma(x) = \sqrt{V(x)} = \sqrt{\lim_{n \to \infty} \frac{\sum\limits_{k=1}^{n} (x_k - \mu)^2}{n}}$$ | 实验标准差（样本标准差）$s(x_k)$ <br><br> $$s(x_k) = \sqrt{\frac{\sum\limits_{k=1}^{n} (x_k - \bar{x})^2}{n-1}}$$ |

## 五、协方差和相关系数

**1. 协方差 $\sigma(x, y)$**

表示两随机变量 $x$ 和 $y$ 之间关联程度的量，称为协方差，用 $\sigma(x, y)$ 表示。协方差定义为

$$\sigma(x, y) = \lim_{n \to \infty} \frac{\sum\limits_{k=1}^{n} (x_k - \mu_x)(y_k - \mu_y)}{n}$$

式中，$\mu_x$，$\mu_y$ 分别是随机变量 $x$，$y$ 的数学期望，而协方差 $\sigma(x, y)$ 则是随机变量 $(x - \mu_x)$ 和 $(y - \mu_y)$ 之积的数学期望。将上式与方差表示式（3-4）相比较，就可以发现当随机变量 $x$ 等于 $y$ 时，协方差就成为方差，即

$$\sigma(x, x) = V(x)$$

当随机变量 $x$ 和 $y$ 的变化方向趋于相同时，则 $x_k - \mu_x$ 和 $y_k - \mu_y$ 统计地说趋于同号，此时 $\sigma(x, y) > 0$。

当随机变量 $x$ 和 $y$ 的变化方向趋于相反时，则 $x_k - \mu_x$ 和 $y_k - \mu_y$ 统计地说趋于异号，此时 $\sigma(x, y) < 0$。

当随机变量 $x$ 和 $y$ 的变化相互独立无关时，$\sigma(x, y) = 0$。

因此协方差函数 $\sigma(x, y)$ 可以表示两随机变量 $x, y$ 之间的相关性。

**2. 相关系数 $\rho(x, y)$**

协方差函数 $\sigma(x, y)$ 虽然可以表示两随机变量 $x$ 和 $y$ 之间的相关性，但由于其量纲为两随机变量的乘积，因此通常用相关系数表示更为方便。相关系数 $\rho(x, y)$ 定义为

$$\rho(x, y) = \frac{\sigma(x, y)}{\sigma(x)\sigma(y)}$$

相关系数 $\rho(x, y)$ 为一纯数，可以证明其取值范围在 $[-1, +1]$ 区间内。

协方差 $\sigma(x,y)$ 和相关系数 $\rho(x,y)$ 的样本估计量 $s(x,y)$ 和 $r(x,y)$ 分别为

$$s(x,y) = \frac{\sum\limits_{k=1}^{n}(x_k - \bar{x})(y_k - \bar{y})}{n-1} \qquad (3\text{-}11)$$

$$r(x,y) = \frac{s(x,y)}{s(x)s(y)} \qquad (3\text{-}12)$$

而 $n$ 次测量结果的平均值 $\bar{x}$ 和 $\bar{y}$ 之间的协方差 $s(\bar{x},\bar{y})$ 和相关系数 $r(\bar{x},\bar{y})$ 则为

$$s(\bar{x},\bar{y}) = \frac{\sum\limits_{k=1}^{n}(x_k - \bar{x})(y_k - \bar{y})}{n(n-1)} \qquad (3\text{-}13)$$

$$r(\bar{x},\bar{y}) = \frac{s(\bar{x},\bar{y})}{s(\bar{x})s(\bar{y})} \qquad (3\text{-}14)$$

如果有必要的话,在测量不确定度评定中可以利用式(3-11)和式(3-12)或式(3-13)和式(3-14)通过实验测量或数值计算来得到相关系数。

与方差的情况相同,为使样本协方差 $s(x,y)$ 是总体协方差 $\sigma(x,y)$ 的无偏估计量,式(3-11)中的分母也由 $n$ 改为 $n-1$。

表 3-3 给出协方差函数 $\sigma(x,y)$ 和相关系数 $\rho(x,y)$ 的样本统计量。

表 3-3  协方差和相关系数的样本统计量

| 总体特征值(无限次测量) | 样本统计量(有限次测量) |
|---|---|
| 协方差 $\sigma(x,y)$<br><br>$\sigma(x,y) = \lim\limits_{n\to\infty} \dfrac{\sum\limits_{k=1}^{n}(x_k - \mu_x)(y_k - \mu_y)}{n}$ | 协方差 $s(x,y)$<br><br>$s(x,y) = \dfrac{\sum\limits_{k=1}^{n}(x_k - \bar{x})(y_k - \bar{y})}{n-1}$ |
| 相关系数 $\rho(x,y)$<br><br>$\rho(x,y) = \dfrac{\sigma(x,y)}{\sigma(x)\sigma(y)}$ | 相关系数 $r(x,y)$<br><br>$r(x,y) = \dfrac{s(x,y)}{s(x)s(y)}$ |

# 第四章

## 方差合成定理和测量不确定度评定步骤

### 第一节　方差合成定理

在第三章方差的性质中已经证明,若一个随机变量是两个或多个独立随机变量之和,则该随机变量的方差等于各分量的方差之和。即,若随机变量 $y$ 和各输入量 $x_i(i=1,2,\cdots,n)$ 之间满足关系式 $y=x_1+x_2+\cdots+x_n$,且各输入量 $x_i$ 之间相互独立,则

$$V(y)=V(x_1)+V(x_2)+\cdots+V(x_n)$$

根据标准不确定度的定义,方差即是标准不确定度的平方,故得

$$u^2(y)=u^2(x_1)+u^2(x_2)+\cdots+u^2(x_n) \tag{4-1}$$

考虑到各影响量 $X_i$ 的量纲可能不同,他们与被测量 $y$ 的量纲也可能不一样,故被测量 $y$ 应满足更一般的关系式:

$$y=c_1x_1+c_2x_2+\cdots+c_nx_n$$

根据方差的性质:随机变量与常数之乘积的方差,等于随机变量的方差与该常数的平方之乘积。于是式(4-1)成为

$$
\begin{aligned}
u_c^2(y) &= u^2(c_1x_1)+u^2(c_2x_2)+\cdots+u^2(c_nx_n) \\
&= c_1^2u^2(x_1)+c_2^2u^2(x_2)+\cdots+c_n^2u^2(x_n) \\
&= u_1^2(y)+u_2^2(y)+\cdots+u_n^2(y)
\end{aligned}
$$

式中, $u_i(y)=|c_i|u(x_i)$ 称为不确定度分量。

这就是方差合成定理,它是测量不确定度评定的基础。根据方差合成定理,对各相互独立的不确定度分量进行合成时,满足方差相加的原则,而与各分量的来源、性质以及分布无关。

测量结果 $y$ 的标准不确定度 $u(y)$ 通常由若干个不确定度分量合成得到,故称为合成标准不确定度,用符号 $u_c(y)$ 表示,脚标"c"系合成之意。在对测量结果进行不确定度评定时,除了对基础计量学研究、基本物理常数测量以及复现国际单位制单位的国际比对等少数领域仅要求给出测量结果的标准不确定度 $u_c(y)$ 外,一般均要求给出测量结果的扩展不确定度 $U(y)$。

由于 $U(y)=ku_c(y)$,因此:

(1) 要得到被测量的扩展不确定度 $U(y)$,就必须先求出其合成标准不确定度 $u_c(y)$。同

时还要对被测量 $y$ 的分布进行估计,并根据分布及所要求的包含概率 $p$ 来确定包含因子 $k$。

（2）要得到合成标准不确定度 $u_c(y)$,必须先求出合成方差 $u_c^2(y)$。

（3）根据方差合成定理,要得到合成方差 $u_c^2(y)$,就必须先求出各分量的方差 $u_i^2(y)$。同时还必须考虑各分量之间是否存在相关性,以及**测量模型**是否为非线性模型,否则在合成方差中应分别考虑是否要加入协方差项或高阶项。

（4）求出各分量的方差 $u_i^2(y)$ 的前提是必须先求出各个分量的标准不确定度 $u_i(y)$,以及所对应的灵敏系数 $c_i$。

（5）由于 $u_i(y) = |c_i| u(x_i)$,$c_i$ 为对应于各输入量 $x_i$ 的灵敏系数,即由输入量的标准不确定度 $u(x_i)$ 换算到不确定度分量 $u_i(y)$ 的换算系数。因此要知道各分量的标准不确定度 $u_i(y)$,就必须先求出各输入量估计值 $x_i$ 的标准不确定度 $u(x_i)$,以及所对应的灵敏系数 $c_i$。

（6）为求出各输入量的标准不确定度 $u(x_i)$ 和灵敏系数 $c_i$,必须先找出所有有影响的测量不确定度来源和写出合适的测量模型。

根据上述推理,于是可以得到图 4-1 所示的测量不确定度评定流程图。

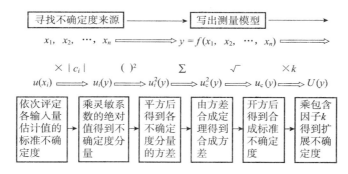

**图 4-1 测量不确定度评定流程图**

# 第二节 测量不确定度评定步骤

当被测量确定后,测量结果的不确定度仅仅和测量方法有关,因此在进行不确定度评定之前必须首先确定被测量和测量方法。此处的测量方法包括测量原理、测量仪器、测量条件、测量程序以及数据处理程序等。测量方法确定后,测量不确定度评定步骤如下:

**1. 找出所有影响测量结果的影响量**

进行测量不确定度评定的第一步是找出所有对测量结果有影响的影响量,即所有的测量不确定度来源。原则上,测量不确定度来源既不能遗漏,也不要重复计算,特别是对于比较大的不确定度分量。

测量过程中的随机效应和系统效应均会导致测量不确定度,数据处理中的修约也会导致不确定度。这些从产生不确定度原因上所作的分类,与根据评定方法上所作的 A,B 分类之间不存在任何联系。

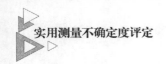

对于那些尚未认识到的系统效应,显然是不可能在不确定度评定中予以考虑的,但它们可能导致测量结果的误差。

**2. 建立满足测量不确定度评定所需的测量模型**

建立测量模型也称为测量模型化。其目的是要建立满足测量所要求准确度的测量模型,即被测量 $Y$ 和所有各影响量 $X_i$ 之间的具体函数关系,其一般形式可写为

$$Y = f(X_1, X_2, \cdots, X_n)$$

影响量 $X_i$ 也称为输入量,被测量 $Y$ 也称为**输出量**。

从原则上说,测量模型应该就是用以计算测量结果的计算公式。但由于许多情况下的计算公式都经过了一定程度的近似和简化,有些因素对测量结果的影响可能很小,因此在计算测量结果的公式中可能被忽略,但对于测量不确定度来说可能是必须考虑的。测量过程中还会存在许多随机效应,由于随机误差的数学期望为零,故它们也可能不出现在计算公式中,因此测量模型和计算公式经常是有差别的。

要求所有对测量不确定度有影响的输入量都应包含在测量模型中。在测量不确定度评定中,所考虑的各不确定度分量,要与测量模型中的输入量一一对应。这样,在测量模型建立以后,测量不确定度评定就可以完全根据测量模型进行。

测量模型并不是一成不变的。对于同样的被测量和同样的测量方法,当所要求的测量准确度不同时,需要考虑的不确定度分量数目可能不一样,此时测量模型也可能会有差别。有时选择不同的输入量,也可能会得到不同形式的测量模型。

**3. 确定各输入量的估计值以及对应于各输入量估计值 $x_i$ 的标准不确定度 $u(x_i)$**

测量结果是由各输入量的最佳估计值代入计算公式或测量模型后得到的,因此输入量最佳估计值的不确定度显然会对测量结果的不确定度有影响。输入量最佳估计值的确定大体上分成两类:通过实验测量得到,或由诸如检定证书、校准证书、材料手册、文献资料以及实践经验等其他各种信息来源得到。对于这两种不同的情况,可以采用不同的方法评定其标准不确定度。标准不确定度的评定方法可以分为 A 类评定和 B 类评定两类。

不确定度的 A 类评定是指通过对一组观测列进行统计分析,并以实验标准差表征其标准不确定度的方法;而所有不同于 A 类评定的其他方法均称为 B 类评定,它们是基于经验或其他信息的假定概率分布估算的,也用标准差表征。

当测量程序不同,获得输入量估计值 $x_i$ 的方法不同,则输入量估计值的标准不确定度 $u(x_i)$ 也可能不同。

**4. 确定对应于各输入量的不确定度分量 $u_i(y)$**

不确定度分量仍用标准不确定度表示。若输入量估计值 $x_i$ 的标准不确定度为 $u(x_i)$,则对应于该输入量的不确定度分量 $u_i(y)$ 为

$$u_i(y) = |c_i| \, u(x_i) = \left| \frac{\partial f}{\partial x_i} \right| \cdot u(x_i) \tag{4-2}$$

式中,$c_i$ 称为灵敏系数,它可由测量模型对输入量 $x_i$ 求偏导数而得到。当测量模型十分复杂而不便于求偏导数时,灵敏系数 $c_i$ 可以由测量模型通过数值计算得到。当无法找到可靠的数学表达式时,灵敏系数 $c_i$ 也可以由实验测量得到。在数值上它等于当输入量 $x_i$ 变化一个单位量时,被测量 $y$ 的变化量。因此这一步实际上是进行单位换算,由输入量单位通过灵

敏系数换算到输出量的单位。

当测量模型为非线性模型时,灵敏系数 $c_i$ 的表示式中将包含输入量。从原则上说,此时灵敏系数 $c_i$ 表示式中的输入量应取其数学期望。在某些情况下当灵敏系数 $c_i$ 表示式中的输入量取其数学期望时,有可能得到灵敏系数 $c_i$ 的值为零,此时由式(4-2)可以得到该不确定度分量 $u_i(y)$ 为零。在这种情况下应考虑在合成方差中是否应加入高阶项。

**5. 列出不确定度分量汇总表**

不确定度分量汇总表也称为**不确定度概算**。从原则上说,列出测量不确定度分量汇总表并非测量不确定度评定必不可少的步骤,并且对汇总表的内容也无具体要求。但经验表明,列出不确定度分量汇总表有利于对不确定度评定进行分析、检查、比较和交流。尤其是那些对测量准确度要求较高和不确定度分量较多的测量,更具有一目了然的效果。可以立即看出哪些不确定度分量对测量结果起主要作用。如果合成后得到的扩展不确定度不满足要求,即评定得到的测量不确定度大于所要求的目标不确定度,则应该专注于改进那些起主要作用的分量。如果评定得到的测量不确定度远小于所要求的目标不确定度,则该测量方法在技术上是可行的,但从经济的角度而言可能并不是最合理的。如果有必要,这时可以适当地放宽对环境条件或测量设备的要求,以降低测量的成本。在由合成标准不确定度得到扩展不确定度时,包含因子 $k$ 的数值与被测量 $Y$ 的分布有关,不确定度分量汇总表也将有助于对被测量的分布进行判断。

测量人员也可以利用该汇总表,在进行测量时对那些起主要作用的输入量应予以特别关注,因为一旦这些输入量稍有失控就可能对测量结果的不确定度产生很大的影响。

**6. 将各不确定度分量 $u_i(y)$ 合成得到合成标准不确定度 $u_c(y)$**

根据方差合成定理,当测量模型为线性模型,并且各输入量 $x_i$ 彼此间不相关时,合成标准不确定度 $u_c(y)$ 为

$$u_c(y) = \sqrt{\sum_{i=1}^{n} u_i^2(y)} \tag{4-3}$$

式(4-3)实际上是将测量模型按泰勒级数展开后,对等式两边求方差得到的。对于线性测量模型,由于泰勒级数中二阶及二阶以上的偏导数项均等于零,于是得式(4-3)。当测量模型为非线性模型时,原则上式(4-3)已不再成立,而应考虑其高阶项。但若非线性不很明显,通常因高阶项远小于一阶项而式(4-3)仍可以近似成立。但若非线性较强时,则必须考虑高阶项。

当各输入量之间存在相关性时,则还应考虑它们之间的协方差,即在合成标准不确定度的表示式中应加入与相关性有关的协方差项。

**7. 确定被测量 $Y$ 可能值分布的包含因子**

根据被测量 $Y$ 分布情况的不同,所要求的包含概率 $p$,以及对测量不确定度评定具体要求的不同,分别采用不同的方法来确定包含因子 $k$。因此在得到各分量的标准不确定度后,应该先对被测量 $Y$ 的分布进行估计。

当可以估计被测量 $Y$ 接近正态分布时,原则上需计算各分量的自由度和对应于被测量 $Y$ 的有效自由度 $\nu_{eff}$。并由有效自由度 $\nu_{eff}$ 和所要求的包含概率 $p$ 查 $t$ 分布表得到 $k_p$ 值,此时给出的扩展不确定度用 $U_p$ 表示。

在被测量 $Y$ 接近正态分布的情况下,如果能确认有效自由度 $\nu_{eff}$ 不太小,例如 20 以上,也可以不计算自由度而直接取包含因子 $k=2$,这一近似所引入的误差不超过 4.5%。此时给出的扩展不确定度用 $U$ 表示。

当可以估计被测量 $Y$ 接近于某种非正态分布时,包含因子的数值应该根据被测量的分布和所要求的包含概率 $p$ 直接求出,且用 $k_p$ 表示,此时给出的扩展不确定度用 $U_p$ 表示。

当无法判断被测量 $Y$ 接近于何种分布或相关的技术文件有规定时,一般直接取 $k=2$,此时扩展不确定度用 $U$ 表示。

对于检测结果的不确定度评定,一般不必对被测量 $Y$ 的分布进行判定,可直接取包含因子 $k=2$,相应地,扩展不确定度用 $U$ 表示。

**8. 确定扩展不确定度 $U$ 或 $U_p$**

当包含因子 $k$ 的数值是直接取定时(通常情况下均取 $k=2$),扩展不确定度用 $U=ku_c$ 表示。当包含因子 $k$ 由被测量的分布以及所规定的包含概率 $p$ 得到时,扩展不确定度用 $U_p=k_p u_c$ 表示。

**9. 给出测量不确定度报告**

简要给出测量结果及其不确定度,及如何由合成标准不确定度得到扩展不确定度。报告应给出尽可能多的信息,避免用户对所给不确定度产生错误的理解,以致错误地使用所给的测量结果。报告中测量结果及其不确定度的表达方式应符合 JJF 1059.1—2012 的规定,同时应注意测量结果及其不确定度的有效数字位数。按规定,最终给出的不确定度,其有效数字只允许 1 位或 2 位。但在各不确定度分量的评定及计算过程中应多保留几位,以避免多次修约而引入附加的误差。

# 第五章

# 测量不确定度来源和测量模型

## 第一节 测量不确定度来源

测量中,可能导致测量不确定度的因素很多,它们大体上来源于下述几个方面:

**1. 被测量的定义不完整**

被测量定义的不完整是由于被测量定义中的细节量有限所致,由此会引入一个不确定度分量,即"定义的不确定度"。当所描述细节有任何改变,将导致另一个定义的不确定度。

定义的不确定度是任何给定被测量的测量中实际可达到的最小不确定度。

例如:定义被测量是一钢板的宽度。当要求测量准确度较高时,该定义就显得不完整。因为钢板的宽度明显受温度和测量位置的影响,而测量时钢板的温度和测量位置并没有在定义中明确说明。若在定义中较详细地规定了具体的测量位置和测量温度,并在此条件下进行测量,则就可以减小由于定义不完整所引入的不确定度。

**2. 复现被测量的测量方法不理想**

例如:在量块的比较测量中,要求测量量块测量面中心点的长度。但在实际测量中,测量点的位置一般是用肉眼确定的。由于量块测量面的平面度和两测量面之间的平行度,测量点对中心点的偏离会引入测量不确定度分量。

**3. 取样的代表性不够,即被测样本不能完全代表所定义的被测量**

例如:测量某种材料的密度,但由于材料的不均匀性,采用不同的样品可能得到不同的测量结果。由于所选择材料的样品不能完全代表定义的被测量,从而引入测量不确定度。也就是说,在测量不确定度的评定中,应考虑由于不同样品之间密度的差别所引入的不确定度分量。

**4. 对测量过程受环境影响的认识不恰如其分或对环境参数的测量与控制不完善**

例如:在钢板宽度测量中,钢板温度测量的不确定度以及用以对钢板宽度进行温度修正的线膨胀系数数值的误差也是测量不确定度的来源。

**5. 对模拟式仪表的读数存在人为的偏移**

在较好的情况下,模拟式仪表的示值可以估读到最小分度值的十分之一,在条件较差时,可能只能估读到最小分度值的二分之一或更低。由于观测者的读数习惯和位置的不同,

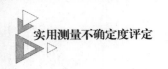

也会引入与观测者有关的不确定度分量。

**6. 测量仪器的计量性能**（如灵敏度、鉴别力阈、分辨力、死区及稳定性等）**的局限性**

例如：若测量仪器的分辨力为 $\delta x$，则由测量仪器所得到的读数将会受到仪器有限分辨力的影响，从而引入标准不确定度为 $0.289\delta x$ 的不确定度分量。

**7. 测量标准或标准物质的不确定度**

通常的测量是将被测量与测量标准或标准物质所提供的标准量值进行比较而实现的，因此测量标准或标准物质所提供标准量值的不确定度将直接影响测量结果。

**8. 引用的数据或其他参数的不确定度**

物理学常数，以及某些材料的特性参数，例如密度、线膨胀系数等均可由各种手册得到，这些数值的不确定度同样是测量不确定度的来源之一。

**9. 测量方法和测量程序的近似和假设**

例如：用于计算测量结果的计算公式的近似程度等所引入的不确定度。

**10. 在相同条件下被测量在重复观测中的变化**

由于各种随机效应的影响，无论在实验中如何精确地控制实验条件，所得到的测量结果总会存在一定的分散性，即重复性条件下的各个测量结果不可能完全相同。除非测量仪器的分辨力太低，这几乎是所有测量不确定度评定中都会存在的一种不确定度来源。

上述测量不确定度来源有可能相关。

测量中可能导致不确定度的来源很多，一般说来其主要原因是测量设备、测量人员、测量方法和被测对象的不完善引起的。上面只是列出了测量不确定度可能来源的几个方面，供读者作为分析和寻找测量不确定度来源时参考。它们既不是寻找不确定度来源的全部依据，也不表示每一个测量不确定度评定必须同时存在上述几方面的不确定度分量。

对于那些尚未认识到的系统误差效应，显然在测量不确定度评定中是无法考虑的，但它们可能导致测量结果的误差。对于那些已经分辨出的系统误差，需对测量结果加以修正，此时应考虑修正值的不确定度。

如果修正值的不确定度较小，且对合成标准不确定度的贡献可以忽略不计，在这种情况下可以不考虑修正值的不确定度。如果修正值本身与合成标准不确定度相比也很小时，修正值可以不加到测量结果中。

# 第二节　建立测量模型

## 一、测量模型化

建立测量模型也称为测量模型化，目的是要建立满足测量不确定度评定所要求的测量模型，即被测量 $Y$ 和所有各影响量 $X_i(i=1,2,\cdots,n)$ 间的具体函数关系，其一般形式可写为

$$h(Y, X_1, X_2, \cdots, X_n) = 0$$

式中，$Y$ 称为被测量或输出量，而 $X_i$ 则称为影响量或输入量。在有两个或多个输出量的较复杂情况下，测量模型将包含一个以上的方程。

如果测量模型可以明确地写成

$$Y = f(X_1, X_2, \cdots, X_n)$$

的形式,则函数 $f$ 就称为**测量函数**。

若被测量 $Y$ 的估计值为 $y$,输入量 $X_i$ 的估计值为 $x_i$,则有

$$y = f(x_1, x_2, \cdots, x_n)$$

## 二、对测量模型的要求

在 GUM 原文中,有如下一段话:"Express mathematically the relationship between the measurand $Y$ and the input quantities $X_i$ on which $Y$ depends:$Y = f(X_1, X_2, \cdots, X_n)$. The function $f$ should contain every quantity,including all corrections and correction factors,that can contribute a significant component of uncertainty to the result of the measurement."其意为:在进行测量不确定度评定时,要给出被测量 $Y$ 和各输入量 $X_i$ 之间函数关系的数学表示式。并且该函数中应包含所有对测量结果的不确定度有显著影响的影响量,包括所有的修正值和修正因子。

测量模型应包含全部对测量结果的不确定度有显著影响的影响量,包括修正值以及修正因子。原则上它既能用来计算测量结果,又能用来全面地评定测量结果的不确定度。由于在许多情况下,用来计算测量结果的公式是一个近似式,因此一般不要把测量模型简单地理解为就是计算测量结果的公式,也不要理解为就是测量的基本原理公式。在许多情况下它们经常是有区别的。

原则上,似乎所有对测量结果有影响的输入量都应该在计算公式中出现,但实际情况却不然。有些由随机效应引入的输入量虽然对测量结果有影响,但由于信息量的缺乏,在具体测量时无法定量地计算出它们对测量结果影响的大小和方向。这相当于所对应的修正值的数学期望为零(因为随机误差就是数学期望为零的误差),但这些修正值的不确定度仍必须考虑,这一类输入量将不可能出现在测量结果的计算公式中。也有些输入量由于对测量结果的影响很小而被忽略,故在测量结果的计算公式中也不出现,但它们对测量结果不确定度的影响却可能是必须考虑的。如果仅从计算公式出发来进行不确定度评定,则上述这些不确定度分量就可能被遗漏。

在某些特殊情况下如果所有其他因素对不确定度的影响都可以忽略不计时,测量模型也可能与计算公式相同。

在不确定度评定中,建立一个合适的测量模型是测量不确定度评定合理与否的关键所在。建立测量模型应和寻找各影响测量不确定度的来源同步反复进行。一个好的测量模型应该能满足下述条件:

(1)测量模型应包含对测量不确定度有显著影响的全部输入量,即不遗漏任何对测量结果有显著影响的不确定度分量;

(2)不重复计算任何一项对测量结果的不确定度有显著影响的不确定度分量;

(3)当选取的输入量不同时,有时测量模型可以写成不同的形式,各输入量之间的相关性也可能不同。此时一般应选择合适的输入量,以避免处理较麻烦的相关性。

一般先根据测量原理设法从理论上导出初步的测量模型。然后再将初步模型中未能包括的并且对测量不确定度有显著影响的输入量——补充,使测量模型逐步完善。

如果所给出的测量结果是经过修正后的结果,则应考虑由于修正值的不可靠所引入的不确定度分量,即修正值的不确定度。

不确定度评定中所考虑的不确定度分量要与测量模型中的输入量相一致。根据对各输入量所掌握的信息量的不同,测量模型可以采用两种方法得到:**透明箱模型**和**黑箱模型**。

### 三、根据测量原理用透明箱模型导出测量模型

当对测量原理了解得比较透彻时,测量模型可以从测量的基本原理直接得到。以长度测量中常见的量块比较测量为例来进行说明,其测量原理见图 5-1。

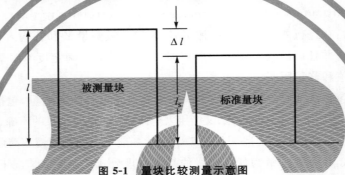

**图 5-1　量块比较测量示意图**

如图 5-1 所示,用比较仪进行量块长度的比较测量时,若由比较仪测得的标准量块和被测量块之间的长度差为 $\Delta l$,则被测量块长度 $l$ 的计算公式为

$$l = l_s + \Delta l \tag{5-1}$$

根据规定,检定证书或校准证书上给出的量块长度应是对应于量块在参考温度 20 ℃ 下的长度,因此,严格地说,式(5-1)仅在参考温度 20 ℃ 下成立。在一般情况下,测量时量块温度不可能正好等于参考温度 20 ℃,因此式(5-1)应更准确地表示为

$$l(1 + \alpha\theta) = l_s(1 + \alpha_s\theta_s) + \Delta l \tag{5-2}$$

式中:$\theta$——测量状态下被测量块的温度与参考温度 20 ℃ 之差;

$\quad\theta_s$——测量状态下标准量块的温度与参考温度 20 ℃ 之差;

$\quad\alpha$——被测量块的线膨胀系数;

$\quad\alpha_s$——标准量块的线膨胀系数。

式(5-2)也可以写成

$$l = \frac{l_s(1 + \alpha_s\theta_s) + \Delta l}{1 + \alpha\theta} \tag{5-3}$$

由于标准量块和被测量块具有相同的标称长度,故 $\Delta l \ll l_s$。同时考虑到 $\alpha\theta \ll 1$ 和 $\alpha_s\theta_s \ll 1$,于是将上式展开,并忽略二阶小量后可得

$$\begin{aligned}
l &= f(l_s, \Delta l, \alpha, \alpha_s, \theta, \theta_s) \\
&\approx (l_s + l_s\alpha_s\theta_s + \Delta l)(1 - \alpha\theta) \\
&\approx l_s + \Delta l + l_s\alpha_s\theta_s - l_s\alpha\theta
\end{aligned} \tag{5-4}$$

设 $\delta\theta=\theta-\theta_s$ 和 $\delta\alpha=\alpha-\alpha_s$,则可得

$$l=f'(l_s,\Delta l,\alpha_s,\delta\alpha,\theta,\delta\theta)$$
$$=l_s+\Delta l-l_s\delta\alpha\theta-l_s\alpha_s\delta\theta \tag{5-5}$$

式(5-4)或式(5-5)都可以作为测量模型,两者的差别仅在于所选择的输入量不同。但一般常用式(5-5)。当采用式(5-4)作为测量模型时,由于输入量 $\alpha$ 和 $\alpha_s$ 以及 $\theta$ 和 $\theta_s$ 之间存在较强的相关性,因此在对各不确定度分量进行合成时必须考虑相关项。而在式(5-5)中输入量 $\alpha_s$ 和 $\delta\alpha_s$ 以及 $\theta$ 和 $\delta\theta$ 之间的相关性很小而可以不予考虑。

在本实例中,测量模型是由理论公式推导出的解析形式的表达式。这时,每一个输入量对被测量的影响方式一清二楚,并且其影响的大小可以根据数学表达式定量地进行计算。这种测量模型称之为透明箱模型。对于透明箱模型,各输入量对测量结果及其不确定度的影响是完全已知的。

## 四、包含黑箱模型的测量模型

透明箱模型是一种比较理想的情况,而在很多的情况下,有许多输入量对测量结果的影响是无法用解析形式的数学表达式表示的。这时只能根据经验去估计输入量对测量结果的影响,而无法详细了解输入量是如何影响测量结果的。

在上面的量块比较测量的实例中,如果经过仔细分析,也还能发现有些不确定度来源没有包括到测量模型之中。例如在量块的检定或校准中,规定要求给出量块的中心长度。而在实际测量时,由于通常用肉眼进行观测,因此测量点往往或多或少会偏离中心点。对于实际的量块而言,由于两个相对的测量面存在平行度,以及每个测量面本身的平面度,当测量点偏离中心点时可能会得到不同的测量结果,也就是说会引入不确定度。严格地说,要准确估计这一偏离对测量结果的影响,并采用透明箱模型的方式写入测量模型是十分困难的。此时可以采用增加一个修正项的方式将其补充到测量模型中,即可以采用黑箱模型的方式。

将测量点偏离量块中心对测量结果的影响,以黑箱模型的方式写入测量模型后,式(5-5)成为

$$l=l_s+\Delta l-l_s\delta\alpha\theta-l_s\alpha_s\delta\theta+\delta l_v \tag{5-6}$$

式中,$\delta l_v$ 为测量点偏离量块中心对测量结果的影响。虽然该量的大小无法具体进行计算,但有经验的操作者可以根据实践经验估计出这一影响的极限值。根据这一极限值可以采用 B 类评定的方法得到 $\delta l_v$ 的标准不确定度 $u(\delta l_v)$。由于测量点偏离量块中心引入的是随机效应,它可能使测量结果偏大,也可能偏小,并且两者出现的可能性相等,因此 $\delta l_v$ 的数学期望为零,即 $E(\delta l_v)=0$,故仍可以利用式(5-6)来计算被测量块的长度。

如果有一个以上,例如 $m$ 个不确定度分量必须采用黑箱模型,则式(5-6)成为

$$l=l_s+\Delta l-l_s\delta\alpha\theta-l_s\alpha_s\delta\theta+\delta l_1+\delta l_2+\cdots+\delta l_m \tag{5-7}$$

或写成一般形式:

$$y=f(x_1,x_2,\cdots,x_n)+\delta y_1+\delta y_2+\cdots+\delta y_m \tag{5-8}$$

在某些情况下,可能完全无法导出其透明箱模型,此时测量模型成为完全的黑箱模型:

$$y=x+\delta y_1+\delta y_2+\cdots+\delta y_m \tag{5-9}$$

式中,$x$ 为测量结果,而其余各项为各测量不确定度来源对测量结果的影响。

这种测量模型形式上十分类似于过去的误差评定,但在评定方法上还是有差别的。在过去的误差评定中,对于其中的随机误差和系统误差分量,分别采用标准偏差的倍数(2倍或3倍)和可能产生的最大误差限来表示。而现在所有的不确定度分量均必须用标准偏差表示,并用方差来进行合成。在得到合成标准不确定度后再乘以包含因子$k$而得到扩展不确定度。

**【例 5-1】** 量块长度的干涉测量。

当用干涉仪直接测量量块长度时,被测量块长度$l$的计算公式为

$$l=\frac{(K+F)\lambda}{2n}-L\alpha(t_\mathrm{g}-20)+\Delta l_\mathrm{s}+\Delta l_\Phi \tag{5-10}$$

式中:$K$——干涉级次整数部分;

$\quad F$——干涉级次小数部分;

$\quad \lambda$——光的真空波长;

$\quad n$——空气折射率;

$\quad L$——被测量块标称长度;

$\quad \alpha$——量块线膨胀系数;

$\quad t_\mathrm{g}$——被测量块温度;

$\quad \Delta l_\mathrm{s}$——干涉仪进光隙缝修正;

$\quad \Delta l_\Phi$——光线在量块和平晶表面反射时的相移修正。

式(5-10)中,等式右边第一项为干涉测量的基本公式,即被测长度等于空气波长之半与干涉级次的乘积。第二项为当被测量块温度偏离参考温度20 ℃时的温度修正。第三项为由于干涉仪的进光隙缝宽度导致部分光线倾斜入射的修正。第四项为由于量块和平晶材料不同而导致光在其表面反射时相移不同的修正。

但如果仔细考虑就能发现,还有若干影响测量不确定度的来源无法用解析形式表示出来。于是只能采用黑箱模型将它们加入到测量模型中。此时测量模型成为

$$l=\frac{(K+F)\lambda}{2n}-L\alpha(t_\mathrm{g}-20)+\Delta l_\mathrm{s}+\Delta l_\Phi+\delta l_\Omega+\delta l_\mathrm{A}+\delta l_\mathrm{w}+\delta l_\mathrm{G} \tag{5-11}$$

式中:$\delta l_\Omega$——干涉仪准直光管安装时的角度误差所引起的光线倾斜的影响;

$\quad \delta l_\mathrm{A}$——干涉仪光学系统的不完善所引起的波前畸变对测量结果的影响;

$\quad \delta l_\mathrm{w}$——量块和平晶间研合层厚度变化对测量结果的影响;

$\quad \delta l_\mathrm{G}$——量块长度变动量对测量结果的影响。

与计算公式(5-10)相比,式(5-11)的测量模型中多了最后四项。这些项的数学期望均为零,即

$$E(\delta l_\Omega)=E(\delta l_\mathrm{A})=E(\delta l_\mathrm{w})=E(\delta l_\mathrm{G})=0$$

因此在计算测量结果时并不起作用。但在进行不确定度评定时,必须考虑这些输入量的不确定度$u(\delta l)$。

虽然这些修正项的大小无法具体进行计算,但有经验的测量人员能估计出这些修正值的可能变化范围,从而可以采用 B 类评定方法得到它们的标准偏差,即标准不确定度。

上述测量模型是 20 世纪末国际计量局组织的量块国际比对中规定统一采用的模型。

## 五、测量模型的通式

测量模型往往是初学者在进行测量不确定度评定时首先遇到的问题,经常会感到无从

下手。现在我们从另一个角度对测量模型作进一步的说明。

在第二章介绍误差的基本概念时,曾得到这样的结论:

测量结果＝参考量值＋误差＝参考量值＋系统误差＋随机误差

由于修正值和系统误差的大小相等而符号相反,于是上式可改写成

参考量值＝测量结果－系统误差－随机误差

＝测量结果＋系统误差的修正值＋随机误差的修正值

量块干涉测量给出的测量模型式(5-11)为

$$l = \frac{(K+F)\lambda}{2n} - L\alpha(t_\text{g} - 20) + \Delta l_\text{s} + \Delta l_\Phi + \delta l_\Omega + \delta l_\text{A} + \delta l_\text{W} + \delta l_\text{G}$$

两者相比较,式(5-11)左边的被测量 $l$ 对应于"参考量值",等式右边的第一项对应于"测量结果",即计算测量结果的公式,等式右边的第二、三、四项是由于系统误差引入的修正值,而最后四项则为由于随机误差引入的修正值。

式(5-7)给出量块比较测量的测量模型为

$$l = l_\text{s} + \Delta l - l_\text{s}\delta\alpha\theta - l_\text{s}\alpha_\text{s}\delta\theta + \delta l_1 + \delta l_2 + \cdots + \delta l_\text{m}$$

式中等式右边第一项和第二项为测量结果,第三项和第四项为由系统误差引入的修正值(在实际测量中由于这两项对测量结果的影响很小,故在计算测量结果时可以忽略不计),而其余各项为由随机误差引入的修正值。

由此可见,上式中的测量结果以及系统误差引入的修正值对应于测量模型中的透明箱模型,而随机误差引入的修正值对应于测量模型中的黑箱模型。实际上,系统误差是数学期望不等于零的误差,而随机误差是数学期望等于零的误差。

于是可以得到测量模型的通式:被测量等于测量结果的计算公式加上由系统误差所引入的修正值(即数学期望不等于零的修正值),再加上由随机误差所引入的修正值(即数学期望等于零的修正值)。

测量结果的计算公式属于透明箱模型。随机误差所引入的修正值属于黑箱模型。而系统误差引入的修正值若能给出解析形式,则属于透明箱模型,否则也可以采用黑箱模型,此时其期望值及其可能的变化区间可以根据经验或辅助的实验测量估计。

有时候,对于某些输入量,虽然有可能得到解析形式的透明箱模型,但其函数形式可能过于复杂,如果对该不确定度分量要求不高,为使测量模型简化,此时也可以采用黑箱模型根据经验对该不确定度分量的大小进行估计。

## 六、另一种类型的黑箱模型

【例 5-2】 用原子吸收光谱法测定陶瓷中镉的溶出量。

在被测陶瓷容器中加入体积分数 4% 的醋酸溶液,并基本充满容器。在 $(22\pm2)$ ℃ 的条件下,在黑暗中放置 24 h。如果必要,将浸出液稀释。用原子吸收光谱法测量镉浸出液的质量浓度。测量前原子吸收光谱仪用标准溶液通过校正曲线进行标定。

定义镉的溶出量 $r$ 为单位表面积(浸泡面积)在一定时间间隔(24 h)内溶出镉的质量。因此镉溶出量的计算公式为

$$r = \frac{\rho_0 V_\text{L}}{a_\text{v}} \cdot d \tag{5-12}$$

式中:$\rho_0$——醋酸浸取液中镉的质量浓度,mg·L$^{-1}$;

    $V_L$——醋酸浸取液的体积,L;

    $a_v$——陶瓷容器被醋酸溶液浸没的表面积,dm$^2$;

    $d$——醋酸浸出液的稀释系数。

但实际上金属镉在醋酸溶液中的溶出量与温度、浸泡时间和醋酸浓度有关,故在测量不确定度评定中必须考虑这三个附加因素的影响,因此在测量模型式(5-13)中加入了三个小黑箱,于是测量模型成为

$$r = \frac{\rho_0 V_L}{a_v} \cdot d \cdot f_{acid} \cdot f_{time} \cdot f_{temp} \tag{5-13}$$

与量块干涉测量的模型式(5-11)不同的是这里的黑箱不是以修正项的形式出现,而是相乘的修正因子。这是由于这些影响量对测量结果影响的大小基本上与被测量 $r$ 的大小成正比,而不像量块实例中的那样是一个与被测量大小基本无关的量。在化学分析领域中,测量结果的不确定度习惯上都用相对不确定度来表示。当用相对不确定度来表示时,不确定度的数值是一个基本不变的量;而若仍采用绝对不确定度来表示,则其大小将与被测量大小有关。

这些修正因子的数学期望均等于1,即

$$E(f_{acid}) = E(f_{time}) = E(f_{temp}) = 1$$

因此加人这些作为修正因子的黑箱后,不会对用测量模型得到的计算结果有任何影响。有经验的测量人员能估计出这些修正因子的可能取值范围,从而通过 B 类评定得到它们的相对标准不确定度。如有必要和可能,也可以通过辅助的实验测量,估算出这些修正因子的取值范围。

**【例 5-3】** 开阔场的辐射发射测量。

待测装置的辐射发射的计算公式为

$$E_m = E_r \cdot A_f \cdot C_l \tag{5-14}$$

式中:$E_r$——测量用接收机读数;

    $A_f$——天线校准因子;

    $C_l$——电缆衰减修正因子。

考虑到其他各种影响测量不确定度的输入量后,其测量模型成为

$$E_m = E_r \cdot A_f \cdot C_l \cdot R_x \cdot A_d \cdot A_h \cdot A_p \cdot A_i \cdot D_v \cdot S_i \cdot M_m \tag{5-15}$$

式中:$R_x$——接收机校准示值修正因子;

    $A_d$——天线方向性修正因子;

    $A_h$——天线高度变化修正因子;

    $A_p$——天线中心相位变化修正因子;

    $A_i$——频率插值修正因子;

    $D_v$——测量距离修正因子;

    $S_i$——场地不完善修正因子;

    $M_m$——接收机与天线失配修正因子。

与计算公式(5-14)相比,测量模型式(5-15)中多了上述 8 个修正因子,这些修正因子的数学期望均为 1,即

$$E(R_x) = E(A_d) = E(A_h) = E(A_p) = E(A_i) = E(D_v) = E(S_i) = E(M_m) = 1$$

这样我们得到测量模型的另一种通式:被测量等于测量结果的计算公式乘以所有由系统误差所引入的修正因子(即数学期望不等于1的修正因子),再乘以所有由随机误差所引入的修正因子(即数学期望等于1的修正因子)。测量结果的计算公式属于透明箱模型。随机误差所引入的修正值属于黑箱模型。而系统误差引入的修正值则既能采用透明箱模型,也能采用黑箱模型。

综上所述,在采用黑箱时,有两种不同的建立测量模型的方式:加修正项和乘修正因子。具体采用何种方法应该根据测量原理来确定,而不是随意选用的。在大部分情况下,可以通过下述方法进行判断:如果对于该被测量,过去一般习惯采用绝对不确定度(或绝对误差)来表示,则通常应采用加修正项的方式;如果该被测量过去一般习惯采用相对不确定度(或相对误差)来表示,则通常应采用乘修正因子的方式。

绝对不确定度和相对不确定度的区别之一是前者与被测量有相同的量纲,而后者的量纲为1,或称为无量纲。但不能以不确定度是否为无量纲量来判断其是相对不确定度或绝对不确定度,因为有些被测量本身就是无量纲量,例如,在化学分析中经常要测量某种物质在样品中的质量分数,此时被测量本身就是用百分比来表示的无量纲量。

# 第六章

# 输入量估计值的标准不确定度$u(x_i)$和不确定度分量$u_i(y)$

被测量 $Y$ 的不确定度取决于各输入量估计值 $x_i$ 的不确定度,为此应首先评定各输入量估计值的标准不确定度 $u(x_i)$,其评定方法可以分为 A 类评定和 B 类评定两类。

要得到测量结果,首先要确定测量模型中各输入量 $x_i$ 的最佳估计值。确定最佳估计值的方法一般有两类:通过实验测量得到其最佳估计值,或由其他各种信息来源得到其最佳估计值。对于前者有可能采用 A 类评定的方法得到输入量的标准不确定度,而对于后者,则只能采用非统计的 B 类评定方法。

不确定度的 A 类评定是指"对在规定测量条件下测得的量值用统计分析的方法进行的测量不确定度分量的评定"。根据测量不确定度的定义,标准不确定度以标准偏差表征。实际工作中则以实验标准差 $s$ 作为其估计值。而不确定度的 B 类评定是指"用不同于测量不确定度 A 类评定的方法对测量不确定度分量进行的评定"。也就是说,所有与 A 类评定不同的其他方法均属于不确定度的 B 类评定,它们的标准不确定度是基于经验或其他信息的假定概率分布估算的,也用标准差表征。

## 第一节 输入量估计值标准不确定度的 A 类评定

### 一、基本方法——贝塞尔法

若在重复性条件下对被测量 $X$ 作 $n$ 次独立重复测量,得到的测量结果为 $x_k(k=1,2,\cdots,n)$。则 $X$ 的最佳估计值可以用 $n$ 次独立测量结果的平均值来表示

$$\bar{x} = \frac{\sum\limits_{k=1}^{n} x_k}{n} \tag{6-1}$$

根据定义,用标准偏差表示的不确定度称为标准不确定度。于是单次测量结果的标准不确定度,即上述测量列中任何一个观测值 $x_k$ 的标准不确定度 $u(x_k)$ 可用贝塞尔公式表示

$$u(x_k) = s(x_k) = \sqrt{\frac{\sum\limits_{k=1}^{n}(x_k - \overline{x})^2}{n-1}} \qquad (6\text{-}2)$$

若在实际测量中,采用该 $n$ 次测量结果的平均值作为测量结果的最佳估计值,此时平均值 $\overline{x}$ 的实验标准差 $s(\overline{x})$ 可由单次测量的实验标准差 $s(x_k)$ 得到

$$s(\overline{x}) = \frac{s(x_k)}{\sqrt{n}} = \sqrt{\frac{\sum\limits_{k=1}^{n}(x_k - \overline{x})^2}{n(n-1)}} \qquad (6\text{-}3)$$

式(6-3)的证明如下:

$$\overline{x} = \frac{x_1 + x_2 + \cdots + x_n}{n}$$

对等式两边取方差,得

$$
\begin{aligned}
V(\overline{x}) &= V\left(\frac{x_1 + x_2 + \cdots + x_n}{n}\right) \\
&= \frac{1}{n^2}V(x_1 + x_2 + \cdots + x_n) \\
&= \frac{V(x_1) + V(x_2) + \cdots + V(x_n)}{n^2} \\
&= \frac{nV(x_k)}{n^2} \\
&= \frac{V(x_k)}{n}
\end{aligned}
$$

于是得
$$u^2(\overline{x}) = \frac{u^2(x_k)}{n}$$

或
$$u(\overline{x}) = \frac{u(x_k)}{\sqrt{n}}$$

显然,$n$ 次测量结果的平均值 $\overline{x}$ 比任何一个单次测量结果 $x_k$ 更可靠,因此平均值 $\overline{x}$ 的实验标准差 $s(\overline{x})$ 比单次测量结果的实验标准差 $s(x_k)$ 小。

贝塞尔公式计算得到的是实验标准差 $s$,它是标准偏差 $\sigma$ 的估计值。当测量次数 $n$ 较小时,计算得到的实验标准差除了随机误差会增大外,还存在较大的系统误差(详见本书第三章第四节的四)。因此使用贝塞尔公式时要求 $n$ 应比较大。例如,在 JJF 1033—2016《计量标准考核规范》中就规定在进行计量标准的重复性测量时,要求测量次数 $n \geqslant 10$。

贝塞尔公式看似简单,但在实际的测量不确定度评定中却经常被错误地使用。经常有人想当然地将式(6-2)误认为是 $n$ 次测量平均值的标准不确定度,这样评定得到的标准不确定度偏大。但若在规范化的常规测量中采用式(6-3)来计算标准不确定度,这在原则上是允许的,但必须确保今后在同类测量中所给的测量结果必须是 $n$ 次测量的平均值。由于在这类常规测量中很少有重复测量 10 次或更多的情况,这使评定得到的测量不确定度偏小。由于需要评定的是输入量估计值的标准不确定度,因此首先要明确输入量估计值是如何得到的。若输入量估计值是单次测量的结果,则在不确定度评定中应采用单次测量的实验标准差 $s(x_k)$,若输入量估计值是两次测量结果的平均值,则在不确定度评定中应采用两次测量

平均值的实验标准差,并依此类推。

若测量仪器比较稳定,则过去通过 $n$ 次重复测量得到的单次测量实验标准差 $s(x_k)$ 可以保持相当长的时间不变,并可以在以后一段时间内的规范化的同类测量中直接采用该数据。此时,若所给测量结果是 $N$ 次重复测量的平均值,则该平均值的实验标准差为

$$s(\overline{x}) = \frac{s(x_k)}{\sqrt{N}} = \sqrt{\frac{\sum\limits_{k=1}^{n}(x_k - \overline{x})^2}{N(n-1)}} \tag{6-4}$$

式中,$n$ 是用以给出单次测量实验标准差 $s(x_k)$ 时的测量次数(一般要求 $n \geqslant 10$),而 $N$ 则为给出测量结果时所做的测量次数,即所给测量结果是 $N$ 次测量结果的平均值($N$ 可以比较小,通常它是由有关技术文件规定的)。

贝塞尔法是最常用的方法。在采用贝塞尔公式时,测量次数 $n$ 不能太小,否则所得到的标准不确定度 $u(x_k)=s(x_k)$ 除了本身会存在较大的不确定度外,还存在与测量次数 $n$ 有关的系统误差,$n$ 越小,其系统误差就越大。测量次数 $n$ 究竟应该多大,应视测量的具体情况而定。当 A 类评定的不确定度分量在测量结果的合成标准不确定度中起主要作用时,$n$ 不宜太小,最好不小于 10。反之,当 A 类评定的不确定度分量对合成标准不确定度的贡献较小时,$n$ 稍小一些也不会有很大的影响。

当需要得到较准确的实验标准差,但又无法在重复性的条件下增加测量次数时,若测量仪器的性能比较稳定,可以采用合并样本标准差的方法来得到单次测量结果的标准不确定度。

## 二、合并样本标准差 $s_p(x_k)$

在规范化的常规测量中,若在重复性条件下对被测量 $X$ 作 $n$ 次独立观测,并且有 $m$ 组这样的测量结果,由于各组之间的测量条件可能会稍有不同,因此不能直接用贝塞尔公式对总共 $m \times n$ 次测量计算实验标准差,而必须计算其合并样本标准差 $s_p(x_k)$,合并样本标准差 $s_p(x_k)$ 可表示为

$$s_p(x_k) = \sqrt{\frac{\sum\limits_{j=1}^{m}\sum\limits_{k=1}^{n}(x_{jk} - \overline{x_j})^2}{m(n-1)}} \tag{6-5}$$

式中,$x_{jk}$ 是第 $j$ 组的第 $k$ 次测量结果,$\overline{x_j}$ 为第 $j$ 组的 $n$ 个测量结果的平均值。

合并样本标准差也称为组合实验标准差。其二次方 $s_p^2(x_k)$,称为合并样本方差或组合方差。

若已经分别计算出 $m$ 组测量结果的实验标准差 $s_j(x_k)$,且每组包含的测量次数相同,则合并样本标准差 $s_p(x_k)$ 为

$$s_p(x_k) = \sqrt{\frac{\sum\limits_{j=1}^{m}s_j^2(x_k)}{m}} \tag{6-6}$$

即合并样本标准差 $s_p(x_k)$ 并不是各组的实验标准差 $s_j(x_k)$ 的平均值,而应该采用方差的平均,即合并样本方差 $s_p^2(x_k)$ 等于各组样本方差 $s_j^2(x_k)$ 的平均值。

若各组所包含的测量次数不完全相同,则应采用方差的加权平均,权重为 $(n_j-1)$。此时的合并样本标准差 $s_p(x_k)$ 为

$$s_p(x_k) = \sqrt{\frac{\sum\limits_{j=1}^{m}(n_j-1)s_j^2(x_k)}{\sum\limits_{j=1}^{m}(n_j-1)}} \tag{6-7}$$

式中,$n_j$ 为第 $j$ 组的测量次数。

由式(6-5)、式(6-6)或式(6-7)计算得到的合并样本标准差仍是单次测量结果的实验标准差,若最后给出的测量结果是若干次测量结果的平均值,例如 $N$ 次,则该平均值的实验标准差为

$$s(\bar{x}) = \frac{s_p(x_k)}{\sqrt{N}} \tag{6-8}$$

当不便于在重复性条件下进行很多次测量时,或对于同时有许多个($m$ 个)类似的被测量需要测量,并且它们的测量不确定度均相近时,可以考虑采用合并样本标准差。例如当用激光比长仪校准线纹尺时,光电显微镜的对线误差就是不确定度的来源之一。对线误差所引入的不确定度分量除与光电显微镜的性能有关外还与被校准尺的刻线质量有关。在对该不确定度分量进行评定时,可以对被校准尺的同一毫米间隔在短时间内连续测量 10 次,用贝塞尔公式计算单次测量的标准不确定度。但由于被校准尺有许多个被检的毫米间隔,例如 200 mm 玻璃尺就有 100 个毫米间隔可以采用,此时可采用合并样本标准差来计算,即由每一个毫米间隔就可以得到一组测量数据。此时,由于 $m$ 高达 100,即使只测量两次,即 $n=2$,也可以得到较为可靠的标准不确定度。

在一些常规的日常检定或校准中,采用合并样本标准差也经常会有十分好的效果,现以 10 kg 砝码的校准为例来进行说明。

10 kg 砝码的校准一般采用比较测量的方法,将作为参考标准的 10 kg 砝码和被校准的 10 kg 砝码先后放在秤上进行比较,测量出两砝码的质量差。若校准规范规定每个被校准砝码重复测量 3 次,此时直接采用式(6-3)计算 3 次测量平均值的实验标准差无疑是不可靠的。常见的解决办法是对某一 10 kg 砝码进行 10 次以上的重复测量,并用式(6-2)计算单次测量的实验标准差。而更简便的办法是无需多做任何测量,只要找出近期校准过的所有 10 kg 砝码的原始记录(注意,必须是相同标称值的砝码),每个砝码都有一组三次重复测量的数据,此时就可以采用式(6-5)来计算其合并样本标准差 $s_p(x_k)$。若近期共校准过 15 个 10 kg 砝码,这相当于对一个砝码进行了 15 组测量,每组 3 次。这样做不仅节省了实验测量的时间,同时所得到实验标准差也比较可靠。得到合并样本标准差 $s_p(x_k)$ 后,再利用式(6-8),就可以计算三次测量平均值的标准不确定度。

## 三、极差法

实验标准差也可以用其他方法得到,例如极差法。

在重复性条件或复现性条件下,对被测量 $X$ 作 $n$ 次独立观测,$n$ 个测量结果中的最大值和最小值之差 $R$ 称为极差。在可以估计被测量 $X$ 接近正态分布的前提下,单次测量结果

$x_k$ 的实验标准差 $s(x_k)$ 可按下式近似地评定：

$$u(x_k)=s(x_k)=\frac{R}{C} \tag{6-9}$$

式中极差系数 $C$ 由表 6-1 给出，其值与测量次数 $n$ 有关。

表 6-1　极差系数 $C$

| $n$ | 2 | 3 | 4 | 5 | 6 | 7 | 8 | 9 | 10 | 15 | 20 |
|---|---|---|---|---|---|---|---|---|---|---|---|
| $C$ | 1.13 | 1.69 | 2.06 | 2.33 | 2.53 | 2.70 | 2.85 | 2.97 | 3.08 | 3.47 | 3.73 |

国家计量技术规范 JJF 1059.1—2012 的 4.3.2.3 中指出："一般在测量次数较少时，可采用极差法获得 $s(x_k)$"。这表明在测量次数较少时，由极差法得到的标准偏差较贝塞尔法更为可靠。当被测量满足正态分布时，对用两种方法得到的标准偏差的相对标准不确定度进行计算，也可以证明当测量次数不大于 9 时，极差法将优于贝塞尔法。因此，通常使用极差法的测量次数以 4～9 为宜。在测量次数较小时贝塞尔法不如极差法可靠的主要原因是贝塞尔法给出的实验标准差 $s$ 并不是标准偏差 $\sigma$ 的无偏估计，即在测量次数较少时用贝塞尔法得到的实验标准差还存在较大的系统误差。

当测量次数较大时，极差法得到的标准偏差不如贝塞尔法准确，显然这是由于极差法所采用的信息量较少的原因（仅采用了一个极大值和一个极小值）。此时采用极差法的优点仅是其计算简单。

虽然当测量次数较少时，就得到的标准偏差而言，极差法将比贝塞尔法更为可靠。但这并不表示在测量不确定度评定中，极差法就优于贝塞尔法（即使在测量次数较少的情况下）。

关于极差法和贝塞尔法之间的比较问题，将在第九章中作进一步的详细讨论。

## 四、最小二乘法

当被测量 $X$ 的估计值是由实验数据通过最小二乘法拟合的直线或曲线得到时，则任意预期的估计值，或拟合曲线参数的标准不确定度均可以利用已知的统计程序计算得到。

一般说来，若寻求两个物理量 $X$ 和 $Y$ 之间的关系问题，且估计 $x$ 和 $y$ 之间有线性关系 $y=a+bx$。对 $x$ 和 $y$，独立测得 $n$ 组数据，其结果为 $(x_1,y_1),(x_2,y_2),\cdots,(x_n,y_n)$，且 $n>2$。同时假定 $x$ 的测量不确定度远小于 $y$ 的测量不确定度，即 $x$ 的测量不确定度 $u(x)$ 可以忽略不计，则可利用最小二乘法得到参数 $a,b$（拟合直线方程的截距和斜率）以及它们的标准不确定度 $u(a)$ 和 $u(b)$。

由于测得的 $y_i$ 存在误差，因而通常 $y_i \neq a+bx_i$，于是 $y=a+bx$ 的误差方程可以写为

$$v_1=y_1-(a+bx_1)$$
$$v_2=y_2-(a+bx_2)$$
$$\vdots$$
$$v_n=y_n-(a+bx_n)$$

将上列各等式两边平方后相加，可得残差 $v_i$ 的平方和为

$$\sum_{i=1}^{n} v_i^2 = \sum_{i=1}^{n} \left[ y_i - (a + bx_i) \right]^2$$

为使 $\sum\limits_{i=1}^{n} v_i^2$ 达到最小值,必须使上式对 $a$ 和 $b$ 的偏导数同时为零。于是由 $\dfrac{\partial \sum\limits_{i=1}^{n} v_i^2}{\partial a} = 0$ 和

$\dfrac{\partial \sum\limits_{i=1}^{n} v_i^2}{\partial b} = 0$ 可得

$$\frac{\partial \sum\limits_{i=1}^{n} \left[ y_i - (a + bx_i) \right]^2}{\partial a} = -2 \sum_{i=1}^{n} (y_i - a - bx_i) = 2na + 2nb\bar{x} - 2n\bar{y} = 0$$

和 $$\frac{\partial \sum\limits_{i=1}^{n} \left[ y_i - (a + bx_i) \right]^2}{\partial b} = -2 \sum_{i=1}^{n} \left[ (y_i - a - bx_i) x_i \right]$$

$$= 2na\bar{x} + 2b \sum_{i=1}^{n} x_i^2 - 2 \sum_{i=1}^{n} x_i y_i = 0$$

故得联立方程:

$$\begin{cases} na + nb\bar{x} - n\bar{y} = 0 \\ na\bar{x} + b \sum\limits_{i=1}^{n} x_i^2 - \sum\limits_{i=1}^{n} x_i y_i = 0 \end{cases}$$

求解后得 $$a = \bar{y} - b\bar{x} \tag{6-10}$$

以及 $$n\bar{y}\bar{x} - nb\bar{x}\bar{x} + b \sum_{i=1}^{n} x_i^2 - \sum_{i=1}^{n} x_i y_i = 0$$

于是 $$b = \frac{\sum\limits_{i=1}^{n} x_i y_i - n\bar{x}\bar{y}}{\sum\limits_{i=1}^{n} x_i^2 - n\bar{x}\bar{x}}$$

假设

$$S_{xy} = \sum_{i=1}^{n} (x_i - \bar{x})(y_i - \bar{y}) = \sum_{i=1}^{n} (x_i y_i - x_i \bar{y} - y_i \bar{x} + \bar{x}\,\bar{y}) = \sum_{i=1}^{n} x_i y_i - n\bar{x}\bar{y}$$

$$S_{xx} = \sum_{i=1}^{n} (x_i - \bar{x})^2 = \sum_{i=1}^{n} (x_i^2 - 2x_i \bar{x} + \bar{x}\,\bar{x}) = \sum_{i=1}^{n} x_i^2 - n(\bar{x})^2$$

最后得 $$b = \frac{S_{xy}}{S_{xx}} \tag{6-11}$$

将 $a, b$ 之值代回误差方程,可求得残差 $v_i$ 和残差的平方和 $\sum\limits_{i=1}^{n} v_i^2$。于是 $y$ 的实验标准差 $s(y)$ 为

$$s(y) = \sqrt{\frac{\sum\limits_{i=1}^{n} v_i^2}{n-2}} \tag{6-12}$$

通过计算参数 $a$ 和 $b$ 的方差,可以得到它们的标准不确定度为

$$u(a) = s(a) = s \cdot \sqrt{\frac{\sum_{i=1}^{n} x_i^2}{n S_{xx}}}$$

$$u(b) = s(b) = \frac{s}{\sqrt{S_{xx}}}$$

而参数 $a$ 和 $b$ 之值是由同一组测量结果计算得到的,因此两者之间理应存在一定的相关性。由于

$$\bar{y} = a + b\bar{x}$$

对等式两边求方差后可得

$$\frac{s^2}{n} = V(a + b\bar{x})$$
$$= V(a) + V(b\bar{x}) + 2\sigma(a, b\bar{x})$$
$$= s^2(a) + (\bar{x})^2 s^2(b) + 2r(a,b)s(a)\bar{x}s(b)$$
$$= s^2 \cdot \frac{\sum_{i=1}^{n} x_i^2}{n S_{xx}} + (\bar{x})^2 \frac{s^2}{S_{xx}} + 2r(a,b)x\frac{s^2}{S_{xx}}\sqrt{\frac{\sum_{i=1}^{n} x_i^2}{n}}$$

于是 $a$ 和 $b$ 之间的相关系数为

$$r(a,b) = \frac{\frac{1}{n} - \frac{\sum_{i=1}^{n} x_i^2}{n S_{xx}} - \frac{(\bar{x})^2}{S_{xx}}}{\frac{2\bar{x}}{S_{xx}}\sqrt{\frac{\sum_{i=1}^{n} x_i^2}{n}}} = \frac{S_{xx} - \sum_{i=1}^{n} x_i^2 - n(\bar{x})^2}{2\bar{x}\sqrt{n\sum_{i=1}^{n} x_i^2}}$$

$$= \frac{-n\bar{x}}{\sqrt{n\sum_{i=1}^{n} x_i^2}}$$

### 1. 在 Y 轴上拟合值 $y_0$ 的标准不确定度

当对 $X$ 进行测量,测得值为 $x_0$,并通过参数 $a,b$ 得到拟合值 $y_0$ 时,可以计算出 $y_0$ 的标准不确定度 $u(y_0)$。

测得值 $x_0$ 与拟合值 $y_0$ 之间满足关系

$$y_0 = a + bx_0$$

其方差 $V(y_0)$ 为

$$V(y_0) = V(a) + x_0^2 V(b) + 2x_0 r(a,b)s(a)s(b)$$

于是,其标准不确定度 $u(y_0)$ 为

$$u(y_0) = \sqrt{V(y_0)} = \sqrt{s^2(a) + x_0^2 s^2(b) + 2x_0 r(a,b)s(a)s(b)}$$

由于

$$2x_0 r(a,b)s(a)s(b) = 2x_0 \frac{-n\bar{x}}{\sqrt{n\sum_{i=1}^{n} x_i^2}} \cdot s \cdot \sqrt{\frac{\sum_{i=1}^{n} x_i^2}{n S_{xx}}} \frac{s}{\sqrt{S_{xx}}}$$

$$= -\frac{2s^2 x_0 \bar{x}}{S_{xx}}$$

于是

$$u(y_0) = \sqrt{\frac{s^2 \sum_{i=1}^{n} x_i^2}{nS_{xx}} + \frac{s^2 x_0^2}{S_{xx}} - \frac{2s^2 x_0 \bar{x}}{S_{xx}}}$$

$$= s\sqrt{\frac{S_{xx} + n(\bar{x})^2}{nS_{xx}} + \frac{x_0^2}{S_{xx}} - \frac{2x_0 \bar{x}}{S_{xx}}}$$

将上式化简，最后得

$$u(y_0) = s\sqrt{\frac{1}{n} + \frac{(x_0 - \bar{x})^2}{S_{xx}}} \tag{6-13}$$

**2. 在 $X$ 轴上拟合值 $x_0$ 的标准不确定度**

当对 $Y$ 重复测量 $p$ 次，得到 $y$ 的平均值 $y_0$，并通过参数 $a$，$b$ 得到拟合值 $x_0$ 时，同样可以求出 $x_0$ 的标准不确定度 $u(x_0)$。

$$u(x_0) = \frac{s}{b}\sqrt{\frac{1}{p} + \frac{1}{n} + \frac{(x_0 - \bar{x})^2}{S_{xx}}} \tag{6-14}$$

其推导从略。

由式(6-14)可知，通过最小二乘法得到校准曲线，并在校准曲线上得到拟合值 $x_0$ 的不确定度除与参数 $n$ 和 $p$ 有关外，还与差值 $x_0 - \bar{x}$ 有关。当拟合点 $x_0$ 与 $\bar{x}$ 越接近时，测量不确定度越小。反过来，这可以作为当初拟合校准曲线时选择测量点的依据，即所选各测量点 $X$ 坐标的平均值 $\bar{x}$ 应尽可能接近将来要测量的拟合点 $x_0$。

最小二乘法经常用于对测量仪器作校准曲线。例如，化学分析中测量溶液浓度时，要对所用的原子吸收光谱仪作校准曲线。在测量材料的硬度时，也需要用标准硬度块对硬度机进行校准，并通过校准曲线得到被测材料的硬度。

# 第二节　输入量估计值标准不确定度的 B 类评定

A 类评定的标准不确定度仅来自对具体测量结果的统计评定，而获得 B 类评定标准不确定度的信息来源则很多，一般有：

（1）以前的观测数据；

（2）对有关技术资料和测量仪器特性的了解和经验；

（3）生产部门提供的技术说明文件；

（4）校准证书、检定证书或其他文件提供的数据，准确度的等别或级别，误差限等；

（5）手册或某些资料给出的参考数据及其不确定度；

（6）规定实验方法的国家标准或类似文件中给出的重复性限 $r$ 或复现性限 $R$。

对于 B 类评定的不确定度，给出其标准不确定度的主要信息来源为各种标准和规程等技术性文件对产品和材料性能的规定以及生产部门提供的技术文件，有时还来源于测量人员对有关技术资料和测量仪器特性的了解和经验。因此在测量不确定度的 B 类评定中，往往会在一定程度上带有某种主观的因素，如何恰当并合理地给出 B 类评定的标准不确定度

是不确定度评定的关键问题之一。

B类评定不确定度分量的信息来源大体上可以分为由检定证书或校准证书得到以及由其他各种资料得到两类。

## 一、信息来源于检定证书或校准证书

检定证书或校准证书通常均给出测量结果的扩展不确定度。其表示方法大体上有两种。

**1. 给出被测量 $x$ 的扩展不确定度 $U(x)$ 和包含因子 $k$**

根据扩展不确定度和标准不确定度之间的关系,可以直接得到被测量 $x$ 的标准不确定度

$$u(x) = \frac{U(x)}{k}$$

**【例 6-1】** 校准证书给出标称值为 1 kg 的砝码质量 $m = 1\,000.000\,32$ g,并说明按包含因子 $k = 2$ 给出的扩展不确定度 $U = 0.16$ mg,于是其标准不确定度为

$$u(m) = \frac{U}{k} = \frac{0.16 \text{ mg}}{2} = 0.08 \text{ mg}$$

**【例 6-2】** 校准证书给出标称长度为 100 mm 量块的扩展不确定度为 $U_{99}(l) = 100$ nm,包含因子 $k = 2.8$,于是其标准不确定度为

$$u(l) = \frac{U_{99}(l)}{k} = \frac{100 \text{ nm}}{2.8} = 36 \text{ nm}$$

**2. 给出被测量 $x$ 的扩展不确定度 $U_p(x)$ 及其对应的包含概率 $p$**

此时,包含因子 $k_p$ 与被测量 $x$ 的分布有关。在证书已指出被测量的分布的情况下,则按该分布对应的 $k_p$ 值(参见第八章和第九章)计算。在证书未指出被测量的分布的情况下,许多人就按正态分布处理了。必须指出,这一作法可能会引入一定的风险。由于在各种不同分布中正态分布的包含因子 $k_p$ 最大,因此得到的标准不确定度最小。虽然当测量不确定度分量较多时,被测量接近于正态分布的可能性是相当大的。并且该不确定度分量不一定是合成标准不确定度中的主要分量,因此在大多数情况下选择正态分布的问题不大。但在比较重要的场合,并且该分量又是合成标准不确定度中的主要分量时,建议对其分布采用保守性的选择,即选择包含因子 $k_p$ 值较小的分布。正态分布情况下对应于不同包含概率 $p$ 的包含因子 $k_p$,见表 6-2。

表 6-2　正态分布情况下包含概率 $p$ 与包含因子 $k_p$ 之间的关系

| $p(\%)$ | 50 | 68.27 | 90 | 95 | 95.45 | 99 | 99.73 |
|---------|------|-------|-------|-------|-------|-------|-------|
| $k_p$ | 0.675 | 1 | 1.645 | 1.960 | 2 | 2.576 | 3 |

**【例 6-3】** 在测量某一长度 $l$ 时,估计其长度以 90% 的概率落于 10.06 mm 和 10.16 mm 之间,并给出最后结果为 $l = (10.11 \pm 0.05)$ mm。在证书未给出被测量分布的情况下,可假设其为正态分布,并由表 6-2 得到 $k_{90} = 1.645$,于是其标准不确定度为

$$u(l) = \frac{U_{90}(l)}{k_{90}} = \frac{0.05 \text{ mm}}{1.645} = 0.03 \text{ mm}$$

**【例 6-4】** 数字电压表的校准证书给出 100 V DC 测量点的示值误差为 $E=0.10$ V,其扩展不确定度 $U_{95}(E)=50$ mV,且指出被测量以矩形分布估计。由于矩形分布的 $k_{95}=1.65$(参见第八章),于是其标准不确定度为

$$u(E)=\frac{U_{95}(E)}{k_{95}}=\frac{50 \text{ mV}}{1.65}=30 \text{ mV}$$

### 二、信息来源于其他各种资料或手册等

在这种情况下通常得到的信息是被测量分布的极限范围,也就是说可以知道输入量 $x$ 的可能值分布区间的半宽 $a$,即允许误差限的绝对值。由于 $a$ 可以看作为对应于包含概率 $p=100\%$ 的包含区间的半宽度,故实际上它就是该输入量的扩展不确定度。于是输入量 $x$ 的标准不确定度可表示为

$$u(x)=\frac{a}{k}$$

包含因子 $k$ 的数值与输入量 $x$ 的分布有关。因此为得到标准不确定度 $u(x)$,必须先对输入量 $x$ 的分布进行估计。分布确定后,就可以由对应于该分布的概率密度函数计算得到包含因子。对应于各种常见分布的包含因子 $k$ 的数值见表 6-3。其中梯形分布的包含因子与梯形的上、下底之比值(角参数)$\beta$ 有关。

表 6-3　常见分布的包含因子 $k$ 值

| 分布类型 | $k$ |
|---|---|
| 两点分布 | 1 |
| 反正弦分布 | $\sqrt{2}$ |
| 矩形分布 | $\sqrt{3}$ |
| 梯形分布 $\beta=0.71$ | 2 |
| 梯形分布 | $\sqrt{6/(1+\beta^2)}$ |
| 三角分布 | $\sqrt{6}$ |
| 正态分布 | 3 |

# 第三节　输入量分布情况的估计

### 一、各种情况下的概率密度分布

对于各种不同的具体情况,输入量的概率密度分布情况的估计可以参阅国家计量技术规范 JJF 1059.1—2012。下面给出在不同情况下输入量的概率密度分布类型。

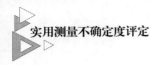 

**1. 正态分布**（高斯分布）

符合下列条件之一者，一般可以近似地估计为正态分布（见图 6-1）：

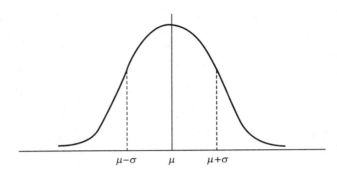

图 6-1 正态分布

（1）在重复性或复现性条件下多次重复测量的算术平均值的分布；

（2）若某输入量本身是由许多相互独立的分量组成，且它们之间的大小比较接近时；

（3）若某输入量本身是由两个相互独立的界限值接近的三角分布，或由四个或四个以上的相互独立的界限值接近的矩形分布组成时；

（4）若某输入量本身是由许多相互独立的分量组成，且其中量值最大并起决定性作用的分量，即其占优势分量接近正态分布时；

（5）若组成某输入量的所有分量均满足正态分布时。

**【例 6-5】** 通过测量空气的气压、温度、湿度并用经验公式计算空气折射率 $n$。空气折射率的不确定度来源于公式本身的误差，空气成分相对于标准空气的偏离，以及气压、温度、湿度、空气中二氧化碳含量等因素。若已知测量条件下空气折射率的最大变化范围为 $\pm 2 \times 10^{-7}$，且由于前四个分量的大小相近，故可以认为空气折射率在该区间内近似满足正态分布，于是其标准不确定度为

$$u(n) = \frac{2 \times 10^{-7}}{3} = 6.67 \times 10^{-8}$$

**2. 矩形分布**

矩形分布也称为均匀分布（见图 6-2）。

符合下列条件之一者，一般可以近似地估计为矩形分布：

（1）数据修约导致的不确定度；

（2）数字式测量仪器的分辨力导致的不确定度；

（3）测量仪器的滞后或摩擦效应导致的不确定度；

（4）按级使用的数字式仪表及测量仪器的最大允许误差导致的不确定度；

（5）用上、下界给出的材料的线膨胀系数；

（6）测量仪器的度盘或齿轮的回差引起的不确定度；

（7）平衡指示器调零不准导致的不确定度；

（8）如果对影响量的分布情况没有任何信息时，则较合理的估计是将其近似看作为矩形分布。（此时也可以对该分布作比较保守的估计，例如若仅已知不是三角分布，则可假设

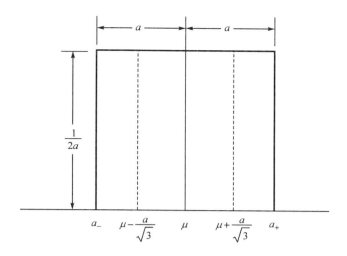

图 6-2　矩形(均匀)分布

为矩形分布或反正弦分布,若仅已知不是矩形分布则假设为反正弦分布。因反正弦分布的 $k$ 最小,此时得到的 $u$ 最大,故反正弦分布是最保守的假设。)

【例 6-6】 量块国际标准规定,钢质量块线膨胀系数 $\alpha$ 应在 $(11.5\pm1)\times10^{-6}\ \mathrm{K}^{-1}$ 范围内,若无其他关于量块线膨胀系数的信息,则可假定量块的线膨胀系数在 $(11.5\pm1)\times10^{-6}\ \mathrm{K}^{-1}$ 区间内满足矩形分布。由分布区间的半宽 $a=1\times10^{-6}\ \mathrm{K}^{-1}$,可得其标准不确定度为

$$u(\alpha)=\frac{a}{k}=\frac{1\times10^{-6}\ \mathrm{K}^{-1}}{\sqrt{3}}=0.577\times10^{-6}\ \mathrm{K}^{-1}$$

【例 6-7】 数字显示式测量仪器,如其分辨力为 $\delta x$,则其分辨力可能导致的最大误差的绝对值为: $a=\dfrac{\delta x}{2}$,估计其为矩形分布,故由分辨力引入的标准不确定度为

$$u(x)=\frac{a}{\sqrt{3}}=0.289\delta x$$

【例 6-8】 若引用已修约的值,且修约间隔为 $\delta x$,则由修约导致的最大误差的绝对值为 $a=\dfrac{\delta x}{2}$,估计其为矩形分布,故由修约引入的标准不确定度为

$$u(x)=\frac{a}{\sqrt{3}}=0.289\delta x$$

**3. 三角分布**

符合下列条件之一者,一般可以近似地估计为三角分布(见图 6-3):

(1)相同修约间隔给出的两独立量之和或差,由修约导致的不确定度;

(2)因分辨力引起的两次测量结果之和或差的不确定度;

(3)用替代法检定标准电子元件或测量衰减时,调零不准导致的不确定度;

(4)两相同宽度矩形分布的合成。

上述第四种情况实际上是前面三种情况的总结,大部分常见的三角分布都是由两个相同宽度的矩形分布合成得到的(相加或相减)。

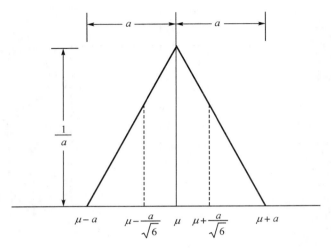

图 6-3  三角分布

【例 6-9】  用比较法测量量块长度时,若标准量块和被测量块的线膨胀系数均在 $(11.5\pm1)\times10^{-6}$ $K^{-1}$ 范围内满足矩形分布,并在区间外不出现,则两量块的线膨胀系数差 $\Delta\alpha$ 应在 $\pm2\times10^{-6}$ $K^{-1}$ 区间内满足三角分布,此时其标准不确定度为

$$u(\Delta\alpha)=\frac{2\times10^{-6}\ K^{-1}}{\sqrt{6}}=0.816\times10^{-6}\ K^{-1}$$

**4. 反正弦分布**

反正弦分布常称为 U 形分布(见图 6-4)。符合下列条件之一者,一般可以近似地估计为反正弦分布:

(1) 度盘偏心引起的测角不确定度;

(2) 正弦振动引起的位移不确定度;

(3) 无线电测量中,由于阻抗失配引起的不确定度;

(4) 随时间正弦变化的温度不确定度。

【例 6-10】  射频和微波功率测量中,由阻抗不匹配引起的测量不确定度是典型的反正弦分布。当频率较高并且阻抗不匹配时,来自信号源的高频信号进入负载时会有部分功率被反射。若源和负载的反射系数分别为 $\Gamma_s$ 和 $\Gamma_L$,则失配对测量结果的影响最大为 $2\Gamma_s\times\Gamma_L$。例如,用功率计测量信号发生器的功率时,若信号发生器和功率计的反射系数分别为 0.2 和 0.091,则由失配引起的标准不确定度为

$$u(m)=\frac{2\times0.2\times0.091}{\sqrt{2}}=0.026$$

【例 6-11】  在安装了中央空调的实验室内,若空气温度在 $(20\pm0.5)$℃ 范围内正弦变化,则在随机地选取测量时间的条件下测得的空气温度满足反正弦分布,于是空气温度 $t$ 的不确定度 $u(t)$ 为

$$u(t)=\frac{0.5\ ℃}{\sqrt{2}}=0.035\ ℃$$

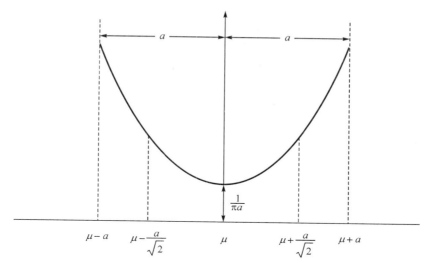

图 6-4　反正弦分布

**5. 投影分布**

（1）当 $X_i$ 受 $1-\cos\alpha$（角 $\alpha$ 服从矩形分布）影响时，$x_i$ 的概率分布；

（2）安装或调整测量仪器的水平或垂直状态时，调整误差导致的不确定度。

**6. 无法估计的分布**

大多数测量仪器对同一被测量进行多次重复测量，其单次测量示值的分布一般不是正态分布，并且往往偏离甚远。如轴尖支承式仪表示值的分布，介于正态分布和均匀分布之间。数字电压表的示值分布呈双峰状态。磁电系仪表的示值分布与正态分布相差甚远。

必须注意，对分布的估计并不是一成不变的，需要根据具体情况灵活运用。例如测量仪器示值误差在最大允许误差范围内的分布一般估计为矩形分布，这是在对其分布没有任何信息时采用的分布。但若已经对大量同类仪器的示值误差进行过测量，并发现大部分仪器的示值误差均较小，即小示值误差出现的概率远大于大示值误差出现的概率，则此时也许将其估计为三角分布更为合理。

## 二、不同分布包含因子 $k$ 值的计算

若输入量 $X$ 的数学期望为 $\mu$，$a$ 为 $x$ 值分布区间的半宽，则 $x$ 在区间 $[\mu-a,\mu+a]$ 内出现的概率为 $100\%$，即 $x$ 之值全部落于此区间内而在区间外不出现。此时包含因子 $k$ 的数值与 $x$ 的分布有关。而若已知分布的概率密度函数，则可以通过积分直接得到其方差和标准偏差，从而可以得到对应于该分布的包含因子 $k$。

**1. 反正弦分布**

对于数学期望为 $\mu$，分布区间半宽为 $a$ 的反正弦分布（见图 6-4），其概率密度函数为

$$y = f(x) = \begin{cases} \dfrac{1}{\pi\sqrt{a^2-(x-\mu)^2}} & |x-\mu| < a \\ 0 & |x-\mu| \geqslant a \end{cases}$$

于是其方差为

$$u^2(x) = V(x) = \int_{\mu-a}^{\mu+a} \frac{(x-\mu)^2}{\pi\sqrt{a^2-(x-\mu)^2}}\mathrm{d}x = \frac{a^2}{2}$$

于是

$$k = \frac{U}{u(x)} = \frac{a}{\sqrt{\dfrac{a^2}{2}}} = \sqrt{2}$$

**2. 矩形分布**

对于数学期望为 $\mu$，分布区间半宽为 $a$ 的矩形分布（见图 6-2），其概率密度函数为

$$y = f(x) = \begin{cases} 0 & |x-\mu| > a \\ \dfrac{1}{2a} & |x-\mu| \leqslant a \end{cases}$$

于是其方差为

$$u^2(x) = V(x) = \int_{-\infty}^{+\infty} (x-\mu)^2 f(x)\mathrm{d}x = \frac{1}{2a}\int_{\mu-a}^{\mu+a} (x-\mu)^2 \mathrm{d}(x-\mu) = \frac{a^2}{3}$$

于是

$$k = \frac{U}{u(x)} = \frac{a}{\sqrt{\dfrac{a^2}{3}}} = \sqrt{3}$$

**3. 三角分布**

对于分布区间半宽为 $a$ 的三角分布（见图 6-3），其概率密度函数为

$$y = f(x) = \begin{cases} \dfrac{a-|x-\mu|}{a^2} & |x-\mu| \leqslant a \\ 0 & |x-\mu| > a \end{cases}$$

其方差为

$$u^2(x) = \int_{-\infty}^{+\infty} (x-\mu)^2 f(x)\mathrm{d}x$$

$$= \frac{2}{a^2}\int_{\mu}^{\mu+a} (x-\mu)^2 (a-x+\mu)\mathrm{d}x$$

$$= \frac{2}{a^2}\int_{0}^{a} x^2(a-x)\mathrm{d}x = \frac{a^2}{6}$$

于是

$$k = \frac{U}{u(x)} = \frac{a}{\sqrt{\dfrac{a^2}{6}}} = \sqrt{6}$$

**4. 梯形分布**

对于梯形分布，若其上底和下底之比（角参数）为 $\beta = b/a$，$b$ 和 $a$ 分别为上底和下底之半宽（见图 6-5）。若设梯形的高为 $h$，则由于梯形的面积 $S$ 应为 1，即

$$S = h(a+b) = 1$$

故梯形的高 $h$ 为

$$h = \frac{1}{a+b} = \frac{1}{a(1+\beta)}$$

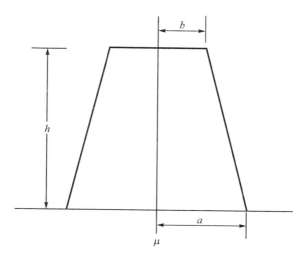

图 6-5 梯形分布

于是其概率密度函数可以表示为

$$f(x)=\frac{1}{a(1+\beta)}\begin{cases}1 & |x-\mu|<\beta a\\[2mm]\dfrac{1}{1-\beta}\left(1-\dfrac{|x-\mu|}{a}\right) & \beta a\leqslant|x-\mu|\leqslant a\\[2mm]0 & |x-\mu|>a\end{cases}$$

其方差为

$$u^2(x)=\int_{-\infty}^{+\infty}(x-\mu)^2f(x)\mathrm{d}x=2\int_{\mu}^{\mu+a}(x-\mu)^2f(x)\mathrm{d}x$$

$$=2\int_0^{\beta\cdot a}\frac{x^2}{a(1+\beta)}\mathrm{d}x+2\int_{\beta\cdot a}^{a}\frac{x^2}{a(1+\beta)(1-\beta)}\left(1-\frac{x}{a}\right)\mathrm{d}x$$

$$=\frac{2}{a(1+\beta)}\int_0^{\beta\cdot a}x^2\mathrm{d}x+\frac{2}{a(1-\beta^2)}\int_{\beta\cdot a}^{a}x^2\left(1-\frac{x}{a}\right)\mathrm{d}x$$

$$=\frac{2}{3a(1+\beta)}\int_0^{\beta\cdot a}\mathrm{d}x^3+\frac{2}{3a(1-\beta^2)}\int_{\beta\cdot a}^{a}\mathrm{d}x^3-\frac{2}{4a^2(1-\beta^2)}\int_{\beta\cdot a}^{a}\mathrm{d}x^4$$

$$=\frac{a^2(1+\beta^2)}{6}$$

于是

$$k=\frac{U}{u(x)}=\frac{a}{\sqrt{\dfrac{a^2(1+\beta^2)}{6}}}=\sqrt{\frac{6}{1+\beta^2}}$$

　　梯形分布通常是由宽度不同的两个矩形分布合成得到的,其包含因子 $k$ 与角参数 $\beta$ 值有关, $k=\sqrt{6/(1+\beta^2)}$。当 $\beta=1$ 时,梯形的上、下底相等,梯形分布成为矩形分布;当 $\beta=0$ 时,梯形的上底为零,于是梯形分布成为三角分布。

　　对于其他各种分布,只要能写出其概率密度函数的解析形式,就可以用类似方法求解得到包含因子 $k$ 的值。

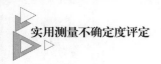 

**5. 关于两点分布**

服从两点分布的随机变量仅取两个可能值。在 JJF 1059—1999 中的附录 B 中介绍了两点分布,并举例"按级使用量块时,中心长度偏差导致的概率分布",这并不符合实际情况。JJF 1059.1—2012 改为"按级使用量块时(除 00 级以外),中心长度偏差的概率分布可假设为两点分布"。将 00 级排除在外无疑是正确的,00 级是最高级别的量块应满足矩形分布。但若认为除 00 级以外的其余各级量块满足两点分布仍是不正确的,由图 6-6 给出的概率密度分布,以及计算得到的 $k=1.31$,实际上均与两点分布($k=1$)相去甚远。根据笔者多年量块检定的经验,或检查一下量块检定的历史记录就会发现,例如一套 1 级量块,其大多数量块的长度偏差值均能符合 0 级的要求,只有较少数量块的偏差值不符合 0 级,但符合 1 级的要求。虽然在量块生产中一般不分级别,相同标称值的量块成批地加工,最后分别从中选出符合不同级别的量块,分别按级出售。但实际情况是量块并不单块地,而是成套地出售。为了配套的需要而经常不得不将高级别量块当作低级别量块出售。国内外各量块生产商均是如此。况且量块的中心长度偏差并不是决定量块级别的唯一指标。其他如长度变动量,平面性偏差,以及研合性等均会影响量块的级别。

退一步说,即使一套 1 级量块中不存在符合 0 级要求的量块,其中心长度偏差也不满足两点分布。以标称长度 50 mm 量块为例,0 级和 1 级的最大允许偏差分别为 200 nm 和 400 nm,正好相差一倍。对其他级别和其他标称长度的量块也大体上符合这一规律,级别每降低 1 级,其最大允许偏差大体上增加一倍。于是严格地说,按级使用量块时,其中心长度偏差导致的概率分布应满足如图 6-6 所示的分布。

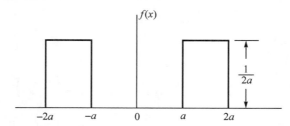

**图 6-6 按级使用量块中心长度偏差的概率分布**

其概率密度函数为

$$y = f(x) = \begin{cases} 0 & |x| \leqslant a \\ 0.5a^{-1} & a < |x| \leqslant 2a \\ 0 & |x| > 2a \end{cases}$$

其方差为

$$V(y) = u^2(y) = \int_{-\infty}^{\infty} x^2 f(x) \mathrm{d}x = \int_{-2a}^{-a} 0.5a^{-1} x^2 \mathrm{d}x + \int_{a}^{2a} 0.5a^{-1} x^2 \mathrm{d}x = \frac{1}{3a} \int_{a}^{2a} \mathrm{d}x^3 = \frac{7a^2}{3}$$

于是对应于该分布的包含因子 $k$ 为

$$k = \frac{2a}{u(y)} = \frac{2a}{\sqrt{2.33}a} = 1.31$$

由此可见,与两点分布的 $k=1$ 也相差甚远。

对于量块而言,经验表明通常小偏差量块出现的概率要大于大偏差出现的概率,因此其概率密度函数应呈凸形,故其包含因子 $k>\sqrt{3}$。因此笔者认为将其估计为矩形分布是比较安全,也是比较合理的。

两点分布的情况在实际测量中无疑极为少见,笔者至今为止还未发现过满足两点分布的实例,因此相信对大部分读者来说,一般可以不考虑两点分布。

**6. 包含因子数值的选择**

关于包含因子的选择,大体上可以遵从下述原则:

(1)如果能确定被测量的分布,则选取该分布所对应的包含因子。

(2)如果对分布情况没有任何信息时,较合理的估计是将其近似看作为矩形分布,此时包含因子 $k=\sqrt{3}$。或对该分布作保守性的估计,例如估计为反正弦分布,即 $k=\sqrt{2}$。在几种经常出现的已知分布中,反正弦分布的 $k$ 值最小。

(3)若已知分布呈凸形,即出现于平均值附近的概率大于出现在两端的概率时,包含因子 $\sqrt{3}<k<3$。

(4)若已知分布呈凹形,即出现于平均值附近的概率小于出现在两端的概率时,包含因子 $1<k<\sqrt{3}$。

(5)正态分布的包含因子最大,其包含因子 $k=3$。

(6)测量不确定度评定的一项基本原则是最好要恰如其分地评定每一项不确定度分量,但如果由于信息量的缺乏而无法做到这一点时,则应该采取比较保守的假设。

# 第四节 关于测量不确定度的 A 类评定和 B 类评定

## 一、两种评定方法的主要差别

测量不确定度按其评定方法分为 A 类评定和 B 类评定两类。就评定方法而言,两种方法的主要差别是:

(1)A 类评定首先要求由实验测量得到被测量的观测列,并根据需要由观测列计算被测量估计值的标准不确定度,可能是单次测量结果的标准偏差,也可能是若干次重复测量结果平均值的标准偏差。而 B 类评定则是通过其他已有的信息进行评估的,故不存在重复观测列。

(2)对于 A 类评定一般先根据观测列计算出方差,然后开方后得到实验标准差。而 B 类评定一般根据极限值和被测量分布的信息直接估计出标准偏差,或由检定证书或校准证书提供的扩展不确定度导出标准不确定度。

(3)A 类评定的自由度可以由测量次数、需要同时测量的被测量的个数以及其他约束条件的个数计算出。而 B 类评定的自由度是无法直接计算的,只能根据对 B 类评定标准不确定度准确程度的估计而得到。

(4)就两种评定方法得到的测量不确定度而言,由于无论采用 A 类评定或 B 类评定,最后均用标准偏差来表示标准不确定度,并且在得到合成标准不确定度时,两者的合成方法完全相同,因此由两种评定方法得到的标准不确定度并无本质上差别。所谓 A 类和 B 类并不是对不确定度本身进行分类,而仅是对不确定度评定方法进行分类。

## 二、使用两种评定方法的注意事项

关于 A 类和 B 类两种不同类型的不确定度评定方法,应注意下述几点:

(1) 不确定度依其评定方法可以分为 A 类评定和 B 类评定两类,它们与随机误差和系统误差不存在简单的对应关系。随机误差和系统误差表示两种不同性质的误差,A 类和 B 类评定表示两种不同的评定方法。不要简单地把两者对应起来,并且实际上也无法对应。

(2) 测量过程往往既存在随机影响,也存在系统影响,实际工作中有时很难将两者加以区分。在不同的情况下,随机影响可能变为系统影响。或者从一个角度看是随机影响,从另一个角度看又是系统影响。例如工厂生产的量块,其中心长度偏差的符号和大小是随机的,但用户按级使用量块时,其影响大小却是系统性的。因此国际上一致认为,为避免混淆和误解,不得使用"随机不确定度"和"系统不确定度"的说法。如需区分不确定度的性质,应该说"由随机效应导致的不确定度分量"或"由系统效应导致的不确定度分量"。

(3) 不确定度按其评定方法分为 A 类评定和 B 类评定,仅是为了讨论方便,并不表明两类评定存在任何本质上的差别。由两类评定得到的标准不确定度均具有概率意义,都同样用标准偏差来表示,因此在具体计算合成标准不确定度时,两者的合成方法是相同的。A 类评定不确定度和 B 类评定不确定度除了表明它们的获得方法不同外,两者之间并无实质上的差别。因此在测量不确定度评定中不必过分强调某一分量是属于不确定度的 A 类评定还是属于 B 类评定。

(4) A 类评定不确定度和 B 类评定不确定度在一定条件下是可以相互转化的。例如,当引用他人的某一测量结果时,可能该测量结果当初是由统计方法得到的,应属于 A 类评定不确定度,但一经引用后就可能成为 B 类评定不确定度。

(5) 并不是每一次测量都一定同时有 A 类评定不确定度分量和 B 类评定不确定度分量。根据实际情况,可以只有 A 类评定不确定度分量,也可以只有 B 类评定不确定度分量,当然也可以两者兼而有之。

(6) 有些不确定度分量,根据评定方法的不同,既可以用 A 类评定来处理,也可以用 B 类评定来处理。

例如,若检定规程规定某仪器的示值稳定性应不大于 $\pm 0.03\ \mu m$,在考虑由该仪器的示值不稳定所引入的不确定度分量时就可能有两种办法。可在短时间内连续重复测量若干次,然后用统计方法(例如贝塞尔法)计算实验标准差,即可以用 A 类评定的方法得到该分量的标准不确定度。但我们也可以用另一种方法来进行评定,将检定规程所规定的 $\pm 0.03\ \mu m$ 看作为仪器所允许的最大示值变化,若假定在该范围内等概率分布,则可以得到由示值稳定性导致的标准不确定度为: $\dfrac{0.03\ \mu m}{\sqrt{3}} = 0.017\ \mu m$,显然这是 B 类评定。在这种情况下,在合成标准不确定度 $u_c(y)$ 中只能包含其中的一个。两者之中应该选取哪一个,应具体问题具体分析,但一般可以选取两者中较大者。

（7）在重复性条件下通过测量列并用 A 类评定得到的不确定度，通常比其他评定方法更为客观，并具有统计学上的严格性，但要求有充分多的测量次数，并且这些重复观测值应相互独立。

（8）实际进行测量不确定度评定时，应该首先列出所有影响测量不确定度的输入量，然后再依次一一判断并确定各输入量的标准不确定度的评定方法。不要刻意去寻找 A 类评定不确定度分量，因为有时可能根本不存在 A 类评定的不确定度分量。

笔者看到过不少不确定度评定的实例，它们在对所有的不确定度分量评定后，最后总要习惯性地将多次测量结果的发散作为一项 A 类评定分量而进入 $u_c(y)$。这种做法是值得推敲的。因为如果某种效应导致的不确定度已作为一个分量进入 $u_c(y)$ 时，它就不应该再被包含在其他的分量中，特别是当该分量是主要分量时。

因此在进行不确定度分量的 A 类评定时，必须仔细地考虑应在何种重复性条件下进行测量，稍有不慎就可能出现遗漏或重复计算某些测量不确定度分量的情况。不遗漏，也不重复计算每一个有影响的不确定度分量是进行测量不确定度评定的主要原则之一。只要某一个不确定度来源在 B 类评定中已经考虑过，在原则上它就不应该再包含在 A 类评定中。同样，只要某一个不确定度来源在 B 类评定中未曾考虑，在原则上它就应该包含在 A 类评定中。

# 第五节　灵敏系数 $c_i$ 和不确定度分量 $u_i(y)$

根据各输入量的标准不确定度 $u(x_i)$，以及由测量模型或实际测量得到的灵敏系数 $c_i$，就可以得到对应于各输入量的标准不确定度分量 $u_i(y)$。

$$u_i(y) = |c_i| u(x_i)$$

灵敏系数 $c_i$ 可由测量模型对输入量 $x_i$ 求偏导数而得到，

$$c_i = \frac{\partial y}{\partial x_i}$$

灵敏系数 $c_i$ 描述对应于该输入量 $x_i$ 的不确定度分量 $u_i(y)$ 是如何随输入量的标准不确定度 $u(x_i)$ 而改变的。或者说它描述被测量的估计值 $y$ 是如何随输入量估计值 $x_i$ 而改变的。

当测量模型比较复杂而不便于通过偏导数得到灵敏系数时，灵敏系数 $c_i$ 也可以由测量模型通过数值计算得到。在数值上它等于输入量 $x_i$ 变化一个单位量时，被测量 $y$ 的变化量。

当无法得到灵敏系数的可靠数学表达式时，灵敏系数 $c_i$ 也可以由实验测量得到。在通过实验测量灵敏系数 $c_i$ 时，应在保持其余各输入量不变的条件下将所考虑的输入量 $x_i$ 改变一个小量，并同时测量被测量 $y$ 的变化，后者与前者的比值即为灵敏系数 $c_i$。输入量 $x_i$ 改变量的大小，应根据具体情况适当选择。原则上是越小越好，这样可以避免可能的非线性带来的影响。但若改变量过小，则测得的灵敏系数 $c_i$ 的不确定度会增大。

当采用数值计算方法或通过实验测量得到灵敏系数时，可以采用下述方法。若输入量

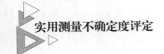

$x_i$ 的估计值为 $x_{i0}$，其不确定度为 $u(x_{i0})$，则分别在 $x_{i2}=x_{i0}+u(x_{i0})$ 和 $x_{i1}=x_{i0}-u(x_{i0})$ 的条件下分别通过计算或通过实验测量得到 $y_2$ 和 $y_1$，于是其灵敏系数 $c_i$ 为

$$c_i = \frac{y_2-y_1}{x_{i2}-x_{i1}}$$

当被测量是通过对其他量的测量而计算得到时，输入量的标准不确定度 $u(x_i)$ 和对应于各输入量的标准不确定度分量 $u_i(y)$ 可能具有不同的量纲，此时灵敏系数的量纲不为 1。在简单的直接测量情况下两者的量纲相同，且灵敏系数等于 1，此时输入量的标准不确定度 $u(x_i)$ 等于对应于各输入量的标准不确定度分量 $u_i(y)$。

黑箱模型的灵敏系数等于 1。

当测量模型为非线性模型时，通过对测量模型求偏导数而得到的灵敏系数 $c_i$ 的表示式中将包含输入量，此时，灵敏系数 $c_i$ 表示式中的输入量原则上应取其数学期望。非线性模型灵敏系数 $c_i$ 表示式中的输入量取值问题在第七章关于非线性模型的合成标准不确定度中还将进一步讨论。

# 合成标准不确定度

得到各不确定度分量 $u_i(y)$ 后，需要将各分量合成以得到被测量 $Y$ 的合成标准不确定度 $u_c(y)$。下标 c 是英文"combined"的第一个字母，表示合成之意。合成前必须确保所有的不确定度分量均用标准不确定度表示，如果存在用其他形式表示的分量，则须将其换算为标准不确定度。合成时需要考虑各输入量之间是否存在相关性，以及测量模型是否存在显著的非线性。如果存在相关性，则合成时需考虑是否要加入相关项。若测量模型为非线性模型，则合成时需考虑是否要加入高阶项。

## 第一节　线性测量模型的合成标准不确定度

### 一、标准形式的线性测量模型

对于线性测量模型，其函数的一般形式为

$$y = f(x_1, x_2, \cdots, x_n)$$
$$= y_0 + c_1 x_1 + c_2 x_2 + \cdots + c_n x_n \tag{7-1}$$

此时测量模型中仅包含各输入量的一阶项。根据方差合成定理，在各输入量相互独立或各输入量之间的相关性可以忽略的情况下，被测量 $Y$ 的合成方差 $u_c^2(y)$ 可表示为

$$u_c^2(y) = \sum_{i=1}^{n} \sum_{j=1}^{n} \frac{\partial f}{\partial x_i} \frac{\partial f}{\partial x_j} u(x_i, x_j)$$
$$= \sum_{i=1}^{n} \left( \frac{\partial f}{\partial x_i} \right)^2 u^2(x_i) \tag{7-2}$$

若采用灵敏系数的符号来表示，则成为

$$u_c^2(y) = \sum_{i=1}^{n} c_i^2 u^2(x_i) = \sum_{i=1}^{n} u_i^2(y) \tag{7-3}$$

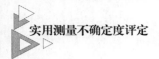

## 二、另一种形式的线性测量模型

线性测量模型的另一种形式为

$$y = f(x_1, x_2, \cdots, x_n)$$
$$= c x_1^{p_1} x_2^{p_2} \cdots x_n^{p_n} \tag{7-4}$$

式中的系数 $c$ 并非灵敏系数,而是比例常数,且指数 $p_i$ 可以为正数或负数。在这类测量模型中被测量可以用各影响量的幂的乘积来表示,也就是说测量模型中仅包含各输入量之间的积和商。

若对测量模型式(7-4)作对数变换,并令 $z = \ln y$ 和 $w_i = \ln x_i$,则式(7-4)就转化成线性函数:

$$z = \ln c + p_1 w_1 + p_2 w_2 + \cdots + p_n w_n$$

若 $p_i$ 的不确定度 $u(p_i)$ 可以忽略不计,且各输入量 $x_i$ 之间相互独立或不相关,则在 $y \neq 0$ 和 $x_i \neq 0$ 的条件下由式(7-2)可得 $y$ 的相对合成方差为

$$\left[ \frac{u_c(y)}{y} \right]^2 = \frac{\sum\limits_{i=1}^{n} \left( \dfrac{\partial f}{\partial x_i} \right)^2 u^2(x_i)}{y^2} = \frac{\sum\limits_{i=1}^{n} \left( \dfrac{p_i y}{x_i} \right)^2 u^2(x_i)}{y^2} = \sum\limits_{i=1}^{n} \left[ \frac{p_i u(x_i)}{x_i} \right]^2 \tag{7-5}$$

由于相对标准不确定度 $u_{crel}(y) = \dfrac{u_c(y)}{y}$ 和 $u_{crel}(x_i) = \dfrac{u_c(x_i)}{x_i}$,于是式(7-5)成为

$$u_{crel}^2(y) = \sum\limits_{i=1}^{n} p_i^2 u_{rel}^2(x_i) = \sum\limits_{i=1}^{n} u_{i\,rel}^2(y) \tag{7-6}$$

比较式(7-6)和式(7-3),可以发现在此情况下合成标准不确定度在表示形式上仍与标准的线性模型相同,仅是式(7-3)中的所有不确定度应全部改用相对不确定度来表示。但此时要求 $y \neq 0$ 和 $x_i \neq 0$。

【例 7-1】 通过测量立方体的长 $l$,宽 $b$ 和高 $h$,计算立方体体积。

测量模型:

$$V = f(l, b, h) = lbh$$

按式(7-6),可得

$$\left[ \frac{u(V)}{V} \right]^2 = \left[ \frac{u(l)}{l} \right]^2 + \left[ \frac{u(b)}{b} \right]^2 + \left[ \frac{u(h)}{h} \right]^2$$

或写成

$$u_{crel}^2(V) = u_{rel}^2(l) + u_{rel}^2(b) + u_{rel}^2(h)$$

【例 7-2】 通过测量圆柱体的半径 $r$ 和高 $h$,计算圆柱体体积。

测量模型:

$$V = f(r, h) = \pi r^2 h$$

圆周率 $\pi$ 的不确定度可以忽略不计,此时按式(7-6),可得

$$\left[ \frac{u_c(V)}{V} \right]^2 = 2^2 \left[ \frac{u(r)}{r} \right]^2 + \left[ \frac{u(h)}{h} \right]^2$$

或写成

$$u_{crel}^2(V) = 2^2 u_{rel}^2(r) + u_{rel}^2(h)$$

## 第二节　各输入量之间存在相关性时的合成标准不确定度

### 一、一般形式

当各输入量之间存在不可忽略的相关性时,合成标准不确定度成为

$$u_c^2(y) = \sum_{i=1}^{n} \sum_{j=1}^{n} \frac{\partial f}{\partial x_i} \frac{\partial f}{\partial x_j} u(x_i, x_j)$$

$$= \sum_{i=1}^{n} \left[ \frac{\partial f}{\partial x_i} \right]^2 u^2(x_i) + 2 \sum_{i=1}^{n-1} \sum_{j=i+1}^{n} \frac{\partial f}{\partial x_i} \frac{\partial f}{\partial x_j} u(x_i, x_j) \qquad (7\text{-}7)$$

式中,$u(x_i, x_j)$ 为输入量 $x_i$ 和 $x_j$ 之间的协方差。式(7-7)也可以用 $x_i$ 和 $x_j$ 之间的相关系数 $r(x_i, x_j)$ 来表示,由于相关系数的定义为

$$r(x_i, x_j) = \frac{u(x_i, x_j)}{u(x_i)u(x_j)}$$

故式(7-7)成为

$$u_c^2(y) = \sum_{i=1}^{n} \left[ \frac{\partial f}{\partial x_i} \right]^2 u^2(x_i) + 2 \sum_{i=1}^{n-1} \sum_{j=i+1}^{n} \frac{\partial f}{\partial x_i} \frac{\partial f}{\partial x_j} u(x_i) u(x_j) r(x_i, x_j) \qquad (7\text{-}8)$$

式(7-8)是计算合成标准不确定度的通用公式,称为不确定度传播律。若采用灵敏系数的符号来表示,则成为

$$u_c^2(y) = \sum_{i=1}^{n} c_i^2 u^2(x_i) + 2 \sum_{i=1}^{n-1} \sum_{j=i+1}^{n} c_i c_j u(x_i) u(x_j) r(x_i, x_j)$$

$$= \sum_{i=1}^{n} u_i^2(y) + 2 \sum_{i=1}^{n-1} \sum_{j=i+1}^{n} u_i(y) u_j(y) r(x_i, x_j)$$

由此可见,当各输入量之间存在相关性时,从原则上说必须已知各输入量之间的相关系数 $r$ 后才能计算合成标准不确定度。

### 二、测量不确定度评定中相关性的处理

为简单起见,假定测量模型为

$$y = c_1 x_1 + c_2 x_2 + c_3 x_3$$

即仅考虑三个不确定度分量,并且它们之间均无明显的相关性,于是由式(7-3)得

$$u_c^2 = c_1^2 u^2(x_1) + c_2^2 u^2(x_2) + c_3^2 u^2(x_3)$$

或简单地写成

$$u_c^2 = u_1^2 + u_2^2 + u_3^2 \qquad (7\text{-}9)$$

若输入量 $x_1$ 和 $x_2$ 之间存在相关性,则式(7-9)成为

$$u_c^2 = u_1^2 + u_2^2 + u_3^2 + 2u_1 u_2 r_{12}$$

若全部三个输入量 $x_1, x_2$ 和 $x_3$ 之间均存在相关性,则式(7-9)成为

$$u_c^2 = u_1^2 + u_2^2 + u_3^2 + 2u_1 u_2 r_{12} + 2u_2 u_3 r_{23} + 2u_1 u_3 r_{13}$$

这就是说,只要在所有各输入量中存在一对相关的输入量,在合成方差 $u_c^2$ 的表示式中就要增加一个相关项。相关项的大小等于对应于该两输入量的不确定度分量之乘积的两倍与相关系数之积。

若考虑仅有两个输入量 $x_1$ 和 $x_2$ 的情况,则:

(1) 若 $x_1$ 和 $x_2$ 之间相互独立或不相关,即相关系数 $r_{12}=0$,此时合成标准不确定度等于两不确定度分量之方和根,即 $u_c = \sqrt{u_1^2 + u_2^2}$。

(2) 若 $x_1$ 和 $x_2$ 之间的相关系数 $r_{12}=1$,即输入量 $x_1$ 和 $x_2$ 完全正相关,此时合成标准不确定度等于两不确定度分量之和,即 $u_c = u_1 + u_2$。

(3) 若 $x_1$ 和 $x_2$ 之间的相关系数 $r_{12}=-1$,即输入量 $x_1$ 和 $x_2$ 完全负相关,此时合成标准不确定度等于两不确定度分量之差的绝对值,即 $u_c = |u_1 - u_2|$。

(4) 对于一般情况 $-1 < |r_{12}| < 1$,即输入量 $x_1$ 和 $x_2$ 之间部分相关,此时

$$u_c^2 = u_1^2 + u_2^2 + 2u_1 u_2 r_{12}$$

从原则上说必须要知道相关系数 $r_{12}$ 后才能求出合成标准不确定度 $u_c$。

相关系数除了可以从理论上进行分析和估计外,也可以从实验测量得到。通过实验同时测量输入量 $x$ 和 $y$ 之值,共测量 $n$ 组,则可由下式计算得到输入量 $x$ 和 $y$ 之间的相关系数或协方差。

$$r(x,y) = \frac{s(x,y)}{s(x)s(y)} \tag{7-10}$$

$$s(x,y) = \frac{\sum_{k=1}^{n}(x_k - \bar{x})(y_k - \bar{y})}{n-1} \tag{7-11}$$

而输入量 $x$ 和 $y$ 的 $n$ 组测量结果的平均值 $\bar{x}$ 和 $\bar{y}$ 之间的相关系数和协方差为

$$r(\bar{x},\bar{y}) = \frac{s(\bar{x},\bar{y})}{s(\bar{x})s(\bar{y})} = r(x,y) \tag{7-12}$$

$$s(\bar{x},\bar{y}) = \frac{\sum_{k=1}^{n}(x_k - \bar{x})(y_k - \bar{y})}{n(n-1)} \tag{7-13}$$

由于相关系数的实验测量比较麻烦,同时还需耗费大量的时间和增加不确定度评定的成本。因此在进行测量不确定度评定中除非确有必要,一般应尽可能避免由实验测量相关系数。相关性的处理通常有下述几种方法。

(1) 采用合适的测量方法和测量程序,尽可能避免输入量之间的相关性。

例如用数显卡尺测量长方形的长 $a$ 和宽 $b$,计算长方形的面积 $S$。

若仅考虑卡尺的示值误差所引入的测量不确定度分量,则测量模型可以写为

$$S = ab$$

长方形面积 $S$ 的测量不确定度主要由卡尺的示值误差引入,故当用同一把卡尺测量长方形的长和宽时,即使测量点可能稍有不同,两者的测量结果仍可能是相关的,故必须处理相关性。

若改用两把不同的卡尺分别测量长方形的长和宽时,由于两把卡尺的示值误差之间一般是不相关的,由此可以避免处理相关性。

（2）如果可以选择测量不确定度评定中所采用的输入量,则应尽量选用不相关的输入量。

例如量块长度的比较测量。

若采用式（5-4）作为测量模型：

$$l = l_s + \Delta l + l_s \alpha_s \theta_s - l_s \alpha \theta$$

则由于两量块的温度与标准参考温度 20 ℃之差 $\theta$ 和 $\theta_s$ 之间,以及两量块的线膨胀系数 $\alpha$ 和 $\alpha_s$ 之间一般存在较强的相关性,因此在计算合成标准不确定度时,必要处理 $\theta$ 和 $\theta_s$ 以及 $\alpha$ 和 $\alpha_s$ 之间的相关性。

但如果通过关系式 $\delta\theta = \theta - \theta_s$ 和 $\delta\alpha = \alpha - \alpha_s$,将测量模型改写为式（5-5）的形式：

$$l = l_s + \Delta l - l_s \delta\alpha\theta - l_s \alpha_s \delta\theta$$

此时原来的输入量 $\theta, \theta_s$ 和 $\alpha, \alpha_s$ 变为 $\theta, \delta\theta$ 和 $\alpha_s, \delta\alpha$。由于被测量块的温度与标准参考温度 20 ℃之差 $\theta$ 与两量块的温度差 $\delta\theta$ 之间,以及标准量块的线膨胀系数 $\alpha_s$ 与两量块的线膨胀系数差 $\delta\alpha$ 之间的相关性很小而可以忽略,此时就可以不考虑相关性。这就是为什么在第五章中要将式（5-4）改写成式（5-5）的原因。

（3）如果已知两个输入量之间存在相关性,但相关性较弱,即相关系数 $r$ 的绝对值较小,则可以忽略其相关性。

（4）如果相关的两个输入量本身在合成标准不确定度中不起主要作用,则可以忽略它们之间的相关性。

（5）如果两输入量之间的相关性较强而使得相关项变得不可忽略,则可以假定它们之间的相关系数为 1。即先直接将各相关的不确定度分量直接相加,然后再与其他不相关的不确定度分量通过方和根法进行合成。

假定相关系数为 1 时得到的合成标准不确定度会稍大,对于大部分情况这样做是允许的。只要最后得到的扩展不确定度符合要求,合理地高估测量不确定度并无明显的害处。

（6）如果相关系数为负值,则可考虑忽略其相关性,只要最后得到的扩展不确定度满足要求。

（7）仅在所有上述方法全部都不适用的情况下,最后才考虑由实验测量并通过式（7-10）和式（7-11）或式（7-12）和式（7-13）计算相关系数。

# 第三节　非线性测量模型的合成标准不确定度

## 一、一般表示式

若测量模型 $y = f(x_1, x_2, \cdots, x_n)$ 为非线性模型,将其在各输入量的数学期望 $x_{10}, x_{20}, \cdots, x_{n0}$ 处用泰勒级数展开,得

$$y = f(x_{10}, x_{20}, \cdots, x_{n0}) + \sum_{i=1}^{n} \frac{\partial f}{\partial x_i} \delta x_i + \frac{1}{2} \sum_{i=1}^{n-1} \sum_{j=i+1}^{n} \left\{ \frac{\partial^2 f}{\partial x_i^2} \delta x_i^2 + 2 \frac{\partial^2 f}{\partial x_i \partial x_j} \delta x_i \delta x_j + \frac{\partial^2 f}{\partial x_j^2} \delta x_j^2 \right\} +$$

$$\frac{1}{2 \times 3} \sum_{i=1}^{n-1} \sum_{j=i+1}^{n} \left\{ \frac{\partial^3 f}{\partial x_i^3} \delta x_i^3 + 3 \frac{\partial^3 f}{\partial x_i^2 \partial x_j} \delta x_i^2 \delta x_j + 3 \frac{\partial^3 f}{\partial x_i \partial x_j^2} \delta x_i \delta x_j^2 + \frac{\partial^3 f}{\partial x_j^3} \delta x_j^3 \right\} + \cdots \qquad (7\text{-}14)$$

当测量模型为线性模型时，由于各输入量 $x_i$ 的二阶及二阶以上偏导数均为零，于是式(7-14)成为

$$y = f(x_{10}, x_{20}, \cdots, x_{n0}) + \sum_{i=1}^{n} \frac{\partial f}{\partial x_i} \delta x_i$$

求等式两边的方差，可得：

$$u_c^2(y) = \sum_{i=1}^{n} \left( \frac{\partial f}{\partial x_i} \right)^2 u^2(x_i)$$

对于非线性测量模型，由于泰勒级数展开式中的高阶项不全为零，当每个输入量 $X_i$ 都对其平均值 $\bar{x}_i$ 对称分布并考虑下一个高阶项后，对式(7-14)两边求方差，此时 $y$ 的方差表示式为

$$u_c^2(y) = \sum_{i=1}^{n} \left( \frac{\partial f}{\partial x_i} \right)^2 u^2(x_i) + \sum_{i=1}^{n} \sum_{j=1}^{n} \left[ \frac{1}{2} \left( \frac{\partial^2 f}{\partial x_i \partial x_j} \right)^2 + \frac{\partial f}{\partial x_i} \frac{\partial^3 f}{\partial x_i \partial x_j^2} \right] u^2(x_i) u^2(x_j)$$

$$(7\text{-}15)$$

## 二、高阶项的处理

由上述合成方差的表示式可见，对于非线性测量模型，高阶项的处理是比较复杂的，因此在绝大多数的情况下应尽可能避免处理高阶项。在实际工作中，高阶项的处理大体可以遵循下述几个原则：

(1) 在不确定度评定中，是否一定要处理高阶项，关键是要判断式(7-15)中的高阶项与第一项相比是否小到足够可以忽略。在通常的非线性模型的情况下，当非线性不太强时，高阶项一般均比一阶项小很多，此时可以将高阶项忽略，直接按线性模型的方法处理。否则就应该处理高阶项。

(2) 在有些情况下，可能存在某些输入量 $x_i$ 的灵敏系数 $c_i = \dfrac{\partial y}{\partial x_i}$ 甚小或甚至等于零的情况。此时一阶项的大小将与高阶项相近，或远小于高阶项（甚至一阶项可能为零），于是高阶项就变得不可忽略而必须处理高阶项。

(3) 有时也可以将高阶项近似作为一阶项处理。例如若由于灵敏系数表示式中的输入量的数学期望为零，而导致灵敏系数为零。此时由于一阶项为零而原则上应考虑下一个高阶项。一种近似方法是不取其数学期望为零，而代之以在测量中可能出现的最大值。这样增大了一阶项，而同时忽略其高阶项。由国际计量局组织的量块国际比对中，曾规定统一采用这一近似方法来评定测量不确定度。

## 第四节　测量模型中若干种比较简单非线性项的方差表示式

实际上，对于比较简单的非线性项，要处理式(7-15)中的高阶项也并不十分困难。下面给出若干种比较简单的非线性项在考虑了式(7-15)中的高阶项后的方差表示式。

**1. $y = \cdots + x^2 + \cdots$**

由式(7-15)可得非线性项 $x^2$ 的方差表示式为

$$u^2(x^2) = 4x^2 u^2(x) + 2u^4(x) \tag{7-16}$$

（1）在大多数情况下，随机变量 $x$ 的数学期望的绝对值均远大于其标准不确定度 $u(x)$，即满足 $|x| \gg u(x)$ 时，此时式(7-16)中等式右边第二项远小于第一项，故高阶项可以忽略。于是

$$u^2(x^2) = 4x^2 u^2(x)$$

（2）当 $x$ 的数学期望的绝对值与其标准不确定度 $u(x)$ 大小相近时，即满足 $|x| \approx u(x)$ 时，则有可能两项均不能忽略，此时

$$u^2(x^2) = 4x^2 u^2(x) + 2u^4(x)$$

即除一阶项外，二阶项也是必须考虑的。

（3）当 $x$ 的数学期望的绝对值远小于其标准不确定度 $u(x)$ 或甚至 $x$ 的数学期望为零时，即满足 $|x| \ll u(x)$ 时，式(7-16)中的第一项接近于零，故一阶项很小而以忽略，此时必须考虑高阶项，故

$$u^2(x^2) = 2u^4(x)$$

**2. $y = \cdots + x^3 + \cdots$**

由式(7-15)可得非线性项 $x^3$ 的方差表示式为

$$u^2(x^3) = 9x^4 u^2(x) + 36x^2 u^4(x) \tag{7-17}$$

（1）当 $x$ 的数学期望的绝对值远大于其标准不确定度 $u(x)$，即满足 $|x| \gg u(x)$ 时，式(7-17)中等式右边的第二项远小于第一项，此时高阶项可以忽略。于是得

$$u^2(x^3) = 9x^4 u^2(x)$$

（2）当 $x$ 的数学期望的绝对值与其标准不确定度 $u(x)$ 大小相近时，即满足 $|x| \approx u(x)$ 时，此时式(7-17)中等式右边的第二项将可能大于第一项，故高阶项不能忽略。此时

$$u^2(x^3) = 9x^4 u^2(x) + 36x^2 u^4(x)$$

（3）当 $x$ 的数学期望的绝对值远小于其标准不确定度 $u(x)$ 时，即满足条件 $|x| \ll u(x)$，式(7-17)中等式右边的第一项远小于第二项而可以忽略，于是高阶项不能忽略。此时

$$u^2(x^3) = 36x^2 u^4(x)$$

**3. $y = \cdots + x_1 x_2 + \cdots$**

由式(7-15)可得非线性项 $x_1 x_2$ 的方差表示式为

$$u^2(x_1 x_2) = x_2^2 u^2(x_1) + x_1^2 u^2(x_2) + u^2(x_1) u^2(x_2) \tag{7-18}$$

（1）在通常情况下，$x_1$ 和 $x_2$ 的数学期望的绝对值与它们各自的标准不确定度 $u(x_1)$ 和 $u(x_2)$ 之间的关系满足 $|x_1| \gg u(x_1)$ 和 $|x_2| \gg u(x_2)$，此时式(7-18)中的第三项可以忽略，于是得

$$u^2(x_1 x_2) = x_2^2 u^2(x_1) + x_1^2 u^2(x_2)$$

即高阶项可以忽略，可以按线性模型处理。

（2）当 $x_1$ 和 $x_2$ 的数学期望的绝对值与它们各自的标准不确定度 $u(x_1)$ 和 $u(x_2)$ 之间的关系满足 $|x_1| \ll u(x_1)$ 和 $|x_2| \gg u(x_2)$ 时，式(7-18)中的第二项和第三项均可以忽略，于是得

$$u^2(x_1x_2)=x_2^2u^2(x_1)$$

也就是说,这时可以将 $x_2$ 看作为输入量 $x_1$ 的灵敏系数。

(3) 当 $x_1$ 和 $x_2$ 的数学期望的绝对值与它们各自的标准不确定度 $u(x_1)$ 和 $u(x_2)$ 之间的关系满足 $|x_1|\ll u(x_1)$ 和 $|x_2|\ll u(x_2)$ 时,式(7-18)中第一项和第二项均可以忽略,于是得

$$u^2(x_1x_2)=u^2(x_1)u^2(x_2)$$

也就是说,由于低阶项均等于零而高阶项不能忽略。此时两输入量乘积的方差等于两输入量各自方差的乘积。

(4) 当 $x_1$ 和 $x_2$ 的数学期望的绝对值与它们各自的标准不确定度 $u(x_1)$ 和 $u(x_2)$ 之间的关系满足 $|x_1|\approx u(x_1)$ 和 $|x_2|\approx u(x_2)$ 时,则式(7-18)等式右边的三项通常均不可忽略。也就是说应考虑高阶项。

**4. $y=\cdots+x_1^2x_2+\cdots$**

由式(7-15)可得非线性项 $x_1^2x_2$ 的方差表示式为

$$u^2(x_1^2x_2)=4x_1^2x_2^2u^2(x_1)+x_1^4u^2(x_2)+2x_2^2u^4(x_1)+6x_1^2u^2(x_1)u^2(x_2) \tag{7-19}$$

(1) 当 $x_1$ 的数学期望的绝对值远小于其标准不确定度 $u(x_1)$ 或其数学期望为零时,式(7-19)成为

$$u^2(x_1^2x_2)=2x_2^2u^4(x_1)$$

(2) 当 $x_2$ 的数学期望的绝对值远小于其标准不确定度 $u(x_2)$,或其数学期望为零时,式(7-19)成为

$$u^2(x_1^2x_2)=x_1^4u^2(x_2)+6x_1^2u^2(x_1)u^2(x_2)$$

**5. $y=\cdots+x_1x_2x_3+\cdots$**

由式(7-15)可得非线性项 $x_1x_2x_3$ 的方差表示式为

$$u^2(x_1x_2x_3)=x_2^2x_3^2u^2(x_1)+x_1^2x_3^2u^2(x_2)+x_1^2x_2^2u^2(x_3)+$$
$$x_3^2u^2(x_1)u^2(x_2)+x_2^2u^2(x_1)u^2(x_3)+x_1^2u^2(x_2)u^2(x_3) \tag{7-20}$$

(1) 当 $x_1$ 的数学期望的绝对值远小于其标准不确定度 $u(x_1)$,或其数学期望为零时,式(7-20)成为

$$u^2(x_1x_2x_3)=x_2^2x_3^2u^2(x_1)+x_3^2u^2(x_1)u^2(x_2)+x_2^2u^2(x_1)u^2(x_3)$$

(2) 当 $x_1,x_2$ 的数学期望的绝对值同时远小于各自的标准不确定度 $u(x_1),u(x_2)$,或两者的数学期望同时为零时,式(7-20)成为

$$u^2(x_1x_2x_3)=x_3^2u^2(x_1)u^2(x_2)$$

总之,对于非线性模型而言,应具体考察合成方差表示式中各项的大小来决定取舍。

# 第八章

# 扩展不确定度

JJF 1059.1—2012 规定,除计量学基础研究、基本物理常数测量以及复现国际单位制单位的国际比对可以仅给出合成标准不确定度外,其余绝大部分测量均要求给出测量结果的扩展不确定度。扩展不确定度 $U$ 等于合成标准不确定度 $u_c$ 与包含因子 $k$ 的乘积。因此必须先确定被测量 $Y$ 可能值分布的包含因子 $k$,而其前提是要确定被测量 $Y$ 可能值的分布。

## 第一节  被测量 $Y$ 可能值的分布及其判定

### 一、被测量 $Y$ 可能值的分布

被测量 $Y$ 的分布是由所有各输入量 $X_i$ 的影响综合而成的,因此它与测量模型、各分量的大小以及输入量的分布有关。对于不同的被测量,输入量以及测量模型各不相同,因此要给出一种确定被测量 $Y$ 分布的通用模式几乎不可能,一般只能根据具体情况来判断被测量 $Y$ 可能接近于何种分布。

姑且先不论如何判断被测量 $Y$ 的分布,但仅就其判断结论而言,则只有三种可能性:

(1)可以判断被测量 $Y$ 接近于正态分布;

(2)被测量 $Y$ 不接近于正态分布,但可以判断被测量 $Y$ 接近于某种其他的已知分布,如 $U$ 形分布、矩形分布、三角分布、梯形分布等;

(3)以上两种情况均不成立,即无法判断被测量 $Y$ 的分布。

对于上述三种情况应分别采用不同的方法来确定包含因子 $k$ 值。

### 二、被测量 $Y$ 可能值的分布的判定

**1. 被测量 $Y$ 的分布接近于正态分布的判定——中心极限定理**

在统计数学中,凡采用极限方法所得出的一系列定理,习惯统称极限定理。由此可见,极限定理不是特指某一定理,而是一系列同类定理的总称。按其内容,极限定理可以分为两大类型。

第一种类型的极限定理,是阐述在什么样的条件下,随机事件有接近于 0 或 1 的概率。

也就是说,是证明在什么样的条件下,随机事件可以转化为不可能事件或必然事件。有关这一类定理统称为大数定理。

第二种类型的极限定理,是阐述在什么样的条件下,若干随机变量之和的分布接近于正态分布。也就是说,是证明在什么样的条件下,若干随机变量之和的分布可以转化为正态分布。有关这一类定理统称为中心极限定理。

中心极限定理是概率论的基本极限定理之一,它扩展了正态分布的适用范围。简单地说,中心极限定理可以叙述为:如果一个随机变量是大量相互独立的随机变量之和,则不论这些独立随机变量具有何种类型的分布,该随机变量的分布近似于正态分布。随着独立随机变量个数的增加,它们的和就越接近于正态分布。当这些随机变量的大小相互越接近,所需的独立随机变量个数就越少。在扩展不确定度的评定中,将涉及如何用中心极限定理来判断被测量 $Y$ 是否服从或接近正态分布。

应用中心极限定理可得到下述主要推论:

(1) 如果 $Y = \sum_{i=1}^{n} c_i X_i$,即被测量 $Y$ 是各输入量 $X_i$ 的线性相加,且各 $X_i$ 均为正态分布并相互独立,则 $Y$ 服从正态分布。也就是说,正态分布的线性叠加仍是正态分布。

(2) 即使 $X_i$ 不是正态分布,根据中心极限定理,只要 $Y$ 的方差 $\sigma^2(Y)$ 比各输入量 $X_i$ 的分量的方差 $c_i^2\sigma^2(X_i)$ 均大得多,或各分量的方差 $c_i^2\sigma^2(X_i)$ 相互接近,则 $Y$ 近似地满足正态分布。

(3) 若在相同条件下对被测量 $Y$ 作多次重复测量($m$ 次),并取平均值作为被测量的最佳估计值,即 $\bar{y} = \dfrac{\sum_{j=1}^{m} y_i}{m}$。此时不论 $Y$ 为何种分布,随测量次数 $m$ 趋于无限大,$\bar{y}$ 的分布趋于正态分布。

现举例来说明上述中心极限定理。若被测量 $Y$ 是三个等宽度的矩形分布的叠加,且每个矩形分布的半宽度均为 $a$,由于矩形分布的包含因子 $k=\sqrt{3}$,其标准偏差为 $\sigma=\dfrac{a}{\sqrt{3}}$,而方差为 $\sigma^2=\dfrac{a^2}{3}$,于是合成方差为

$$\sigma^2(y) = \frac{a^2}{3} + \frac{a^2}{3} + \frac{a^2}{3} = a^2$$

对三个矩形分布分量进行卷积,可得包含概率为 95% 和 99% 的区间分别为 $1.973\sigma$ 和 $2.379\sigma$。而对于标准偏差为 $\sigma$ 的正态分布,相应的区间分别为 $1.960\sigma$ 和 $2.576\sigma$。由此可见三个等宽度的矩形分布之和已十分接近于正态分布。

即使对于非线性测量模型 $y=f(x_1,x_2,\cdots,x_n)$,只要其泰勒级数展开式的一阶近似成立,即满足:

$$\sigma^2(y) = \sum_{i=1}^{n} c_i^2\sigma^2(x_i)$$

则仍可以得到下述推论:

(1) 若输入量 $X_i$ 的个数越多,$Y$ 就越接近于正态分布;

（2）若各输入量 $X_i$ 对被测量 $Y$ 的不确定度的贡献大小 $c_iu(x_i)$ 相互越接近,则 $Y$ 就越接近于正态分布;

（3）为使被测量 $Y$ 的分布与正态分布达到一定的接近程度,若各输入量 $X_i$ 本身越接近于正态分布,则所需的输入量 $X_i$ 的个数就越少。

**2. 通过占优势分量判定被测量 $Y$ 的分布**

当不确定度分量的数目不多,且其中有一个分量为占优势的分量,则可以判定被测量 $Y$ 的分布接近于该占优势分量的分布。所谓占优势分量是指与其相比其他分量对合成标准不确定度的影响均可以忽略不计。无疑占优势分量一定是最大分量,但反之则不一定成立。

各不确定度分量中的最大分量是否为占优势的分量可用下述方法判定。将所有不确定度分量按大小次序排列,如果第二个不确定度分量的大小与最大分量之比不超过 0.3,同时所有其他分量均很小时,则可以认为第一个分量为占优势的分量。或者说,当所有其他分量的合成标准不确定度不超过最大分量的 0.3 倍时,可以判定最大分量为占优势的分量。对于该判定标准可以作如下分析。

假定在测量不确定度概算中,有 $N$ 个不确定度分量。其中有一个分量是明显占优势的分量,并假定它为 $u_1(y)$,则测量结果的合成标准不确定度 $u_c(y)$ 可以表示为

$$u_c(y) = \sqrt{u_1^2(y) + u_R^2(y)} \tag{8-1}$$

式中,$u_R(y)$ 为所有其他非优势分量的合成,即

$$u_R(y) = \sqrt{\sum_{i=2}^{N} u_i^2(y)}$$

将式(8-1)展开,可得

$$u_c(y) = u_1(y) \cdot \sqrt{1 + \frac{u_R^2(y)}{u_1^2(y)}}$$
$$\approx u_1(y) \cdot \left[1 + \frac{1}{2}\left(\frac{u_R(y)}{u_1(y)}\right)^2\right] \tag{8-2}$$

当条件 $\frac{u_R(y)}{u_1(y)} \leqslant 0.3$ 满足时,式(8-2)等式右边方括号中的第二项为

$$\frac{1}{2}\left(\frac{u_R(y)}{u_1(y)}\right)^2 \leqslant \frac{1}{2} \times 0.3^2 = 0.045$$

也就是说,与占优势分量 $u_1(y)$ 相比,所有其他分量对合成标准不确定度的影响不足 5%。对于不确定度评定来说,它对被测量分布的影响完全可以忽略。

进一步推论,若在各不确定度分量中,没有任何一个分量是占优势的分量,但将各分量从大到小依次排列,位于前两位的两个分量的合成为占优势分量,即所有其他分量的合成标准不确定度与这两个分量的合成标准不确定度之比不超过 0.3,同时合成后的分布也能确定的话,则可以认为被测量的分布接近于该两个分量的合成分布。例如:若这两个分量均为矩形分布且宽度相等,则被测量接近于三角分布;若两者为宽度不等的矩形分布,则被测量接近于梯形分布。

总之,通过中心极限定理判定被测量 $Y$ 是否接近于正态分布和通过占优势分量来判定被测量 $Y$ 的分布属于两种不同的极端情况。中心极限定理只能用于正态分布的判定,其要求不确定度分量的数目越多越好,且各分量的大小越接近越好。而通过占优势分量来判定

被测量 $Y$ 的分布可以用于所有各种分布的判定(包括正态分布),其要求不确定度分量的数目越少越好,且各分量的大小相差越悬殊越好。

当无法用中心极限定理判断被测量接近于正态分布,同时也没有任何一个分量,或若干个分量的合成为占优势的分量,此时将无法判定被测量 $Y$ 的分布。

下面举例说明如何根据各不确定度分量的分布和大小来判断被测量的分布,所有的例子均来自本书第十二章中的不确定度评定的实例。

**【例 8-1】** 标称长度 50 mm 量块的校准。

各不确定度分量的大小和分布如表 8-1 所示。

表 8-1 例 8-1 各不确定度分量的大小和分布

| 输入量 $X_i$ | 估计值 $x_i/\text{mm}$ | 标准不确定度 $u(x_i)$ | 分布 | 灵敏系数 $c_i$ | 不确定度分量 $u_i(y)/\text{nm}$ |
|---|---|---|---|---|---|
| $l_S$ | 50.000 020 | 17.4 nm | 正态 | 1 | 17.4 |
| $\delta l_D$ | 0 | 17.3 nm | 矩形 | 1 | 17.3 |
| $\Delta l$ | $-0.000\ 092$ | 7.2 nm | 正态 | 1 | 7.2 |
| $\delta l_C$ | 0 | 18.5 nm | 矩形 | 1 | 18.5 |
| $\delta\theta$ | 0 | 0.028 9 ℃ | 矩形 | 575 nm℃$^{-1}$ | 16.6 |
| $\delta l_v$ | 0 | 5.77 nm | 矩形 | 1 | 5.8 |

$$l_X = 49.999\ 928\ \text{mm}, u_c = 36.1\ \text{nm}$$

共有六个不确定度分量,其中四个较大的不确定度分量大小相近,故根据中心极限定理立即可以判定被测量满足正态分布。

**【例 8-2】** 标称值 10 kg 砝码的校准。

各不确定度分量的大小和分布如表 8-2 所示。

表 8-2 例 8-2 各不确定度分量的大小和分布

| 输入量 $X_i$ | 估计值 $x_i/\text{g}$ | 标准不确定度 $u(x_i)/\text{mg}$ | 分布 | 灵敏系数 $c_i$ | 不确定度分量 $u_i(y)/\text{mg}$ |
|---|---|---|---|---|---|
| $m_S$ | 10 000.005 | 22.5 | 正态 | 1 | 22.5 |
| $\Delta m$ | 0.02 | 14.4 | 正态 | 1 | 14.4 |
| $\delta m_D$ | 0 | 8.66 | 矩形 | 1 | 8.66 |
| $\delta m_C$ | 0 | 5.77 | 矩形 | 1 | 5.77 |
| $\delta B$ | 0 | 5.77 | 矩形 | 1 | 5.77 |

$$m_X = 10\ 000.025\ \text{g}, u_c = 29.3\ \text{mg}$$

(1) 共有五个不确定度分量,将各分量从大到小排列;

(2) 五个分量中没有任何一个不确定度分量是明显占优势的分量;

(3) 位于前两位的分量均为正态分布,故它们的合成也接近正态分布;

(4) 其余三个较小分量均是矩形分布,其合成分布应呈凸形,比较接近正态分布;

（5）正态分布的线性叠加仍为正态分布。

于是可以判断被测量接近于正态分布。

**【例 8-3】** 150 mm 游标卡尺的校准。

各不确定度分量的大小和分布如表 8-3 所示。

表 8-3　例 8-3 各不确定度分量的大小和分布

| 输入量 $X_i$ | 估计值 $x_i$ | 标准不确定度 $u(x_i)$ | 概率分布 | 灵敏系数 $c_i$ | 不确定度分量 $u_i(y)$ |
|---|---|---|---|---|---|
| $l_{iX}$ | 150.10 mm | | | | |
| $l_S$ | 150.00 mm | 0.462 $\mu m$ | 矩形 | 1 | 0.462 $\mu m$ |
| $\Delta t$ | 0 | 1.15 ℃ | 矩形 | 1.7 $\mu m℃^{-1}$ | 1.99 $\mu m$ |
| $\delta l_{iX}$ | 0 | 14.4 $\mu m$ | 矩形 | 1 | 14.4 $\mu m$ |
| $\delta l_M$ | 0 | 28.9 $\mu m$ | 矩形 | 1 | 28.9 $\mu m$ |
| | | $E_X = 0.10$ mm, $u_c = 32.4$ $\mu m$ | | | |

（1）有四个不确定度分量，其中两个较小，对合成分布的贡献不大。另两个较大分量不服从正态分布，故不能判断被测量接近正态分布。

（2）第四个分量是最大分量，服从矩形分布，但它在合成标准不确定度中不是占优势的分量，故也不能判定被测量接近矩形分布。

（3）由于有两个不确定度分量甚小，故两个较大分量的合成在合成标准不确定度中是占优势的分量，故被测量接近于两个较大分量的合成分布。

两个不等宽度矩形分布的合成满足梯形分布，故被测量接近于梯形分布。其中第三个不确定度分量是由半宽度为 25 $\mu m$ 的矩形分布得到的，而第四个分量是由半宽度为 50 $\mu m$ 的矩形分布得到的（评定过程见本书第十二章实例 D）。故合成后梯形分布上底的半宽为两者之差 25 $\mu m$，下底的半宽为两者之和 75 $\mu m$，梯形的角参数 $\beta$ 值为 0.33。

**【例 8-4】** 手提式数字多用表 100 V DC 点的校准。

各不确定度分量的大小和分布如表 8-4 所示。

表 8-4　例 8-4 各不确定度分量的大小和分布

| 输入量 $X_i$ | 估计值 $x_i/V$ | 标准不确定度 $u(x_i)/V$ | 概率分布 | 灵敏系数 $c_i$ | 不确定度分量 $u_i(y)/V$ |
|---|---|---|---|---|---|
| $V_{iX}$ | 100.1 | | | | |
| $V_S$ | 100.0 | 0.001 | 正态 | −1 | 0.001 |
| $\delta V_{iX}$ | 0 | 0.029 | 矩形 | 1 | 0.029 |
| $\delta V_S$ | 0 | 0.006 4 | 矩形 | −1 | 0.006 4 |
| | | $E_X = 0.1$ V, $u_c = 0.030$ V | | | |

（1）仅有三个不确定度分量，且最大分量为非正态分布，故被测量不可能接近正态

分布；

（2）最大分量是占优势的分量，其大小约为另两个分量的 5 倍，故被测量接近于占优势分量的分布，即矩形分布。

**【例 8-5】** 180 ℃ 块状温度校准器校准的不确定度分量汇总表

各不确定度分量的大小和分布如表 8-5 所示。

表 8-5　180 ℃ 块状温度校准器校准的不确定度分量汇总表

| 输入量 $X_i$ | 估计值 $x_i$ | 标准不确定度 $u(x_i)$ | 概率分布 | 灵敏系数 $c_i$ | 不确定度分量 $u_i(y)$ |
|---|---|---|---|---|---|
| $t_S$ | 180.1 ℃ | 15 mK | 正态 | 1 | 15 mK |
| $\delta t_S$ | 0 | 10 mK | 正态 | 1 | 10 mK |
| $\delta t_D$ | 0 | 23.1 mK | 矩形 | 1 | 23.1 mK |
| $\delta t_{iX}$ | 0 | 28.9 mK | 矩形 | 1 | 28.9 mK |
| $\delta t_R$ | 0 | 57.7 mK | 矩形 | 1 | 57.7 mK |
| $\delta t_A$ | 0 | 144 mK | 矩形 | 1 | 144 mK |
| $\delta t_H$ | 0 | 28.9 mK | 矩形 | 1 | 28.9 mK |
| $\delta t_V$ | 0 | 17.3 mK | 矩形 | 1 | 17.3 mK |
| | | $t_X=180.1$ ℃，$u_c=164$ mK | | | |

（1）共有八个不确定度分量，将各分量从大到小排列，位于前 2 位的两个不确定度分量的合成标准不确定度约为其余六个较小分量的合成标准不确定度的三倍，因此这两个较大分量的合成是占优势的分量。

（2）两个较大分量分别服从半宽为 250 mK 和 100 mK 的矩形分布（评定过程见本书第十二章实例 G），因此可以判定被测量接近于梯形分布，梯形分布的角参数为

$$\beta=\frac{250 \text{ mK}-100 \text{ mK}}{250 \text{ mK}+100 \text{ mK}}=0.43$$

# 第二节　不同分布时包含因子的确定和扩展不确定度的表示

包含因子的确定方法取决于被测量的分布，因此对于被测量 $Y$ 的不同分布，应采用不同的方法来确定包含因子。

## 一、当无法判断被测量 $Y$ 的分布时

当无法判断被测量 $Y$ 的分布时，不可能根据分布来确定包含因子 $k$。由于大部分测量

均规定要给出扩展不确定度,因此只能规定取 $k=2$ 或 3,绝大部分情况下取 $k=2$(JJF 1059.1—2012规定,当包含因子取其他值时,应说明其来源)。于是扩展不确定度为

$$U=2u_c$$

由于不知道被测量的分布,故无法建立包含概率 $p$ 和包含因子 $k$ 之间的关系。此时的 $k$ 值是假设的,而不是由规定的包含概率导出的,也就是说,无法知道此时所对应的包含概率。因此扩展不确定度不能用 $U_p$ 表示,具体地说不能写成 $U_{95}$ 或 $U_{99}$,而只能用不带脚标的符号 $U$ 来表示。

## 二、当被测量 Y 接近于某种非正态分布时

当被测量接近于某种已知的非正态分布时,则绝不应该按上面的方法直接取 $k=2$ 或 3,也不能按正态分布的方法,根据计算得到的有效自由度 $\nu_{\text{eff}}$ 并由 $t$ 分布表得到 $k_p$。此时应根据已经确定的被测量 $Y$ 的分布以及规定的包含概率 $p$,由其概率密度函数具体计算出包含因子 $k_p$。

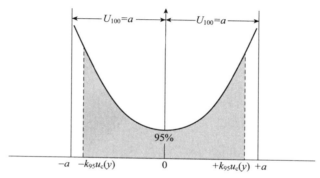

**图 8-1 被测量接近于反正弦分布时的 $k$ 值**

### 1. 被测量 Y 接近于反正弦分布

对于反正弦分布,如图 8-1 所示,由于 $a$ 为包含概率 $100\%$ 区间的半宽,即 $U_{100}=a$。其标准不确定度与 $a$ 的关系可表示为

$$u_c=\frac{a}{\sqrt{2}}$$

反正弦分布的概率密度函数为

$$y=f(x)=\begin{cases}\dfrac{1}{\pi\sqrt{a^2-x^2}} & |x|<a \\ 0 & |x|\geqslant a\end{cases}$$

由于

$$\int_{-U_{95}}^{U_{95}}f(x)\,\mathrm{d}x=\int_{-U_{95}}^{U_{95}}\frac{1}{\pi\sqrt{a^2-x^2}}\,\mathrm{d}x=0.95$$

积分后可得 $\qquad\qquad k_{95}=\sqrt{2}\sin0.475\pi=1.410$

同样计算可得 $\qquad\qquad k_{99}=\sqrt{2}\sin0.495\pi=1.414$

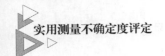 

**2. 被测量 $Y$ 接近于矩形分布**

如图 8-2 所示,由于 $a$ 为包含概率 100% 的包含区间的半宽,即 $U_{100}=a$。被测量 $Y$ 的可

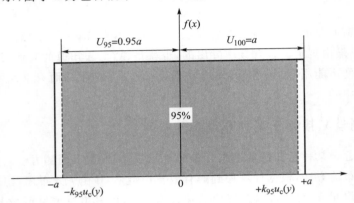

图 8-2　被测量接近矩形分布时的 $k$ 值

能值服从矩形分布,因而对应于包含概率为 95% 的包含区间的半宽 $U_{95}$ 为

$$U_{95}=0.95U_{100}=0.95a$$

故得

$$k_{95}=\frac{U_{95}}{u_c(y)}=\frac{0.95a}{\dfrac{a}{\sqrt{3}}}=0.95\sqrt{3}=1.65$$

同样计算可得

$$k_{99}=\frac{U_{99}}{u_c(y)}=\frac{0.99a}{\dfrac{a}{\sqrt{3}}}=0.99\sqrt{3}=1.71$$

**3. 被测量 $Y$ 接近于三角分布**

如图 8-3 所示,由于 $a$ 为对应于包含概率 100% 的包含区间的半宽,即 $U_{100}=a$,故得

$$u_c(y)=\frac{a}{\sqrt{6}}$$

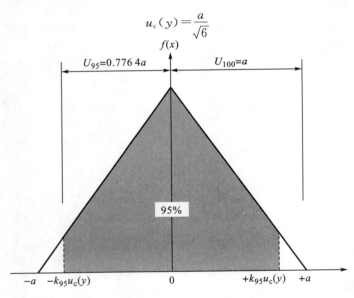

图 8-3　被测量接近三角分布时的 $k$ 值

由图 8-3 可得对应于包含概率为 95% 的包含区间的半宽 $U_{95}$ 与 $U_{100}$ 之间的关系为

$$\left(\frac{U_{100}-U_{95}}{U_{100}}\right)^2=\frac{1-0.95}{1}=0.05$$

求解后可得

$$U_{95}=(1-\sqrt{0.05})U_{100}=0.7764U_{100}=0.7764a$$

于是

$$k_{95}=\frac{U_{95}}{u_c(y)}=\frac{(1-\sqrt{0.05})a}{\frac{a}{\sqrt{6}}}=1.90$$

同样计算可得

$$k_{99}=\frac{U_{99}}{u_c(y)}=\frac{0.9a}{\frac{a}{\sqrt{6}}}=0.9\times\sqrt{6}=2.20$$

### 4. 被测量接近于梯形分布

设被测量接近于高为 $h$ 的梯形分布,且其上底和下底之比为 $\beta=\dfrac{b}{a}$,式中 $b$ 和 $a$ 分别为上底和下底之半宽,如图 8-4 所示。

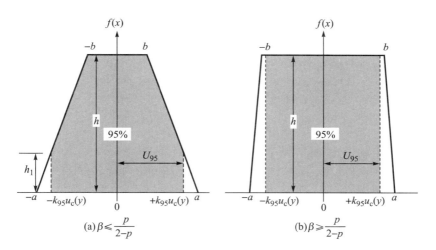

图 8-4 被测量接近梯形分布时的 $k$ 值

由于梯形的面积 $S$ 应为 1,故得

$$h=\frac{S}{a+b}=\frac{1}{a(1+\beta)}$$

其标准不确定度为

$$u_c(y)=\frac{a}{k}=\frac{a}{\sqrt{\dfrac{6}{1+\beta^2}}}=a\sqrt{\frac{1+\beta^2}{6}}$$

梯形分布的概率密度分布函数为

$$f(x)=\frac{1}{a(1+\beta)}\begin{cases}1 & |x|<\beta a\\\dfrac{1}{1-\beta}\left(1-\dfrac{|x|}{a}\right) & \beta a\leqslant|x|\leqslant a\\0 & a<|x|\end{cases}$$

对于不同形状的梯形分布,分下述两种情况处理:

(1) 若 $\beta \leqslant \dfrac{p}{2-p}$ 成立

由图 8-4(a)可得

$$\frac{a-b}{a-U_p}=\frac{h}{h_1}$$

即

$$h_1=h \cdot \frac{a-U_p}{a-b}$$

而图中两虚线之间所夹部分的面积应为 $p$,故

$$1-p=h_1(a-U_p)=h \cdot \frac{(a-U_p)^2}{a-b}$$

于是

$$(a-U_p)^2=\frac{(1-p)(a-b)}{h}$$

$$a-U_p=\sqrt{\frac{(1-p)(a-b)}{h}}=a\sqrt{(1-p)(1-\beta^2)}$$

$$U_p=a-a\sqrt{(1-p)(1-\beta^2)}=a[1-\sqrt{(1-p)(1-\beta^2)}]$$

最后得

$$k_p=\frac{U_p}{u_c}=\frac{1-\sqrt{(1-p)(1-\beta^2)}}{\sqrt{\dfrac{1+\beta^2}{6}}} \tag{8-3}$$

(2) 若 $\beta \geqslant \dfrac{p}{2-p}$ 成立

由于图 8-4(b)中两虚线之间所夹部分的面积为 $2U_p h=pS=p$,故

$$k_p=\frac{U_p}{u_c}=\frac{p}{2h} \cdot \frac{1}{a\sqrt{\dfrac{1+\beta^2}{6}}}=\frac{pa(1+\beta)}{2a\sqrt{\dfrac{1+\beta^2}{6}}}$$

于是得

$$k_p=\frac{1}{\sqrt{\dfrac{1+\beta^2}{6}}} \cdot \frac{p(1+\beta)}{2} \tag{8-4}$$

将式(8-3)和式(8-4)合并,可写成

$$k_p=\frac{1}{\sqrt{\dfrac{1+\beta^2}{6}}}\begin{cases}\dfrac{p(1+\beta)}{2} & \dfrac{p}{2-p}\leqslant\beta \\ [1-\sqrt{(1-p)(1-\beta^2)}] & \beta\leqslant\dfrac{p}{2-p}\end{cases} \tag{8-5}$$

即梯形分布的包含因子 $k$ 不仅与所要求的包含概率 $p$ 有关,还与梯形的上、下底之比 $\beta$ 有关。当 $p=95\%$ 和 $99\%$ 时,包含因子 $k_{95}$ 和 $k_{99}$ 的表示式分别为

$$k_{95} = \begin{cases} \dfrac{1-\sqrt{0.05(1-\beta^2)}}{\sqrt{\dfrac{1+\beta^2}{6}}} & \beta \leqslant 0.905 \\[6mm] \dfrac{0.95(1+\beta)}{2\sqrt{\dfrac{1+\beta^2}{6}}} & \beta \geqslant 0.905 \end{cases} \qquad (8\text{-}6)$$

$$k_{99} = \begin{cases} \dfrac{1-\sqrt{0.01(1-\beta^2)}}{\sqrt{\dfrac{1+\beta^2}{6}}} & \beta \leqslant 0.980 \\[6mm] \dfrac{0.99(1+\beta)}{2\sqrt{\dfrac{1+\beta^2}{6}}} & \beta \geqslant 0.980 \end{cases} \qquad (8\text{-}7)$$

表 8-6 给出当所要求的包含概率分别为 95% 和 99% 时由式(8-6)和式(8-7)计算得到的不同 $\beta$ 值梯形分布的包含因子 $k_{95}$ 和 $k_{99}$。

表 8-6　不同 $\beta$ 值时,梯形分布的包含因子

| $\beta$ | 包含因子 | |
|---|---|---|
| | $k_{95}$ | $k_{99}$ |
| 0* | 1.90 | 2.20 |
| 0.1 | 1.90 | 2.19 |
| 0.2 | 1.88 | 2.17 |
| 0.3 | 1.85 | 2.12 |
| 0.4 | 1.81 | 2.07 |
| 0.5 | 1.77 | 2.00 |
| 0.6 | 1.72 | 1.93 |
| 0.7 | 1.69 | 1.86 |
| 0.8 | 1.66 | 1.80 |
| 0.9 | 1.64 | 1.74 |
| 1* | 1.65 | 1.71 |

\* 若梯形分布的 $\beta=0$,则梯形分布转化成三角分布;当梯形分布的 $\beta=1$,梯形分布转化成矩形分布。

### 5. 被测量 $Y$ 接近于正态分布

表 8-7 给出正态分布时包含因子 $k$ 与包含概率 $p$ 之间的关系。但当被测量 $Y$ 接近于正态分布时,表中的 $k$ 值不能直接采用。

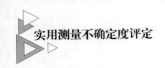

表 8-7　正态分布包含因子 $k$ 与包含概率 $p$ 的关系

| 包含因子 $k$ | 包含概率 $p$ |
|---|---|
| 3 | 99.73 |
| 2.576 | 99 |
| 2 | 95.45 |
| 1.96 | 95 |

　　由于标准不确定度定义为以标准偏差表示的不确定度。而标准偏差应通过无限多次测量才能够得到,故标准偏差也称为总体标准偏差。正态分布也是对应于无穷多次测量的总体分布。也就是说,只有当真正用标准偏差 $\sigma$ 来作为标准不确定度时,才能采用正态分布的 $k$ 值。但由于在实际测量中不可能进行无限多次测量,只能用有限次测量的实验标准差 $s$ 作为标准偏差 $\sigma$ 的估计值,并且这一估计必然会引入误差。由于该误差的存在,如果仍采用正态分布的 $k$ 值,将达不到所要求的包含概率。反过来说,为了得到对应于所规定包含概率的扩展不确定度,必须适当增大 $k$ 值。并且随着测量次数的减少,用实验标准差代替标准偏差可能引入的误差将越来越大,包含因子 $k$ 的值也必将随之增加。因此这时的包含因子 $k$ 将是一个与测量次数有关的变量。

　　在数学上,这相当于当总体分布满足正态分布时,其样本分布将满足 $t$ 分布。$t$ 分布是表征正态分布总体中所取子样的分布。不同的子样大小,对应于不同的 $t$ 分布,其包含因子 $k$ 也将不同。因此当可以判定被测量 $Y$ 接近于正态分布时,仅仅根据所要求的包含概率还不足以得到包含因子 $k$,还必须再知道一个与所取样本大小有关的参数,这个参数就称为"自由度",一般用希腊字母 $\nu$ 表示。对于不同的自由度,包含因子 $k_p = t_p(\nu)$ 的数值可以由所规定的包含概率 $p$ 和估计得到的自由度 $\nu$ 通过查表(表 8-8)得到。

表 8-8　$t$ 分布在不同包含概率 $p$ 与自由度 $\nu$ 时的 $t_p(\nu)$ 值

| 自由度 $\nu$ | $p \times 100$ | | | | | |
|---|---|---|---|---|---|---|
| | 68.27[a] | 90 | 95 | 95.45[a] | 99 | 99.73[a] |
| 1 | 1.84 | 6.31 | 12.71 | 13.97 | 63.66 | 235.80 |
| 2 | 1.32 | 2.92 | 4.30 | 4.53 | 9.92 | 19.21 |
| 3 | 1.20 | 2.35 | 3.18 | 3.31 | 5.84 | 9.22 |
| 4 | 1.14 | 2.13 | 2.78 | 2.87 | 4.60 | 6.62 |
| 5 | 1.11 | 2.02 | 2.57 | 2.65 | 4.03 | 5.51 |
| 6 | 1.09 | 1.94 | 2.45 | 2.52 | 3.71 | 4.90 |
| 7 | 1.08 | 1.89 | 2.36 | 2.43 | 3.50 | 4.53 |
| 8 | 1.07 | 1.86 | 2.31 | 2.37 | 3.36 | 4.28 |
| 9 | 1.06 | 1.83 | 2.26 | 2.32 | 3.25 | 4.09 |
| 10 | 1.05 | 1.81 | 2.23 | 2.28 | 3.17 | 3.96 |

续表

| 自由度 ν | $p \times 100$ | | | | | |
|---|---|---|---|---|---|---|
| | 68.27[a] | 90 | 95 | 95.45[a] | 99 | 99.73[a] |
| 11 | 1.05 | 1.80 | 2.20 | 2.25 | 3.11 | 3.85 |
| 12 | 1.04 | 1.78 | 2.18 | 2.23 | 3.05 | 3.76 |
| 13 | 1.04 | 1.77 | 2.16 | 2.21 | 3.01 | 3.69 |
| 14 | 1.04 | 1.76 | 2.14 | 2.20 | 2.98 | 3.64 |
| 15 | 1.03 | 1.75 | 2.13 | 2.18 | 2.95 | 3.59 |
| 16 | 1.03 | 1.75 | 2.12 | 2.17 | 2.92 | 3.54 |
| 17 | 1.03 | 1.74 | 2.11 | 2.16 | 2.90 | 3.51 |
| 18 | 1.03 | 1.73 | 2.10 | 2.15 | 2.88 | 3.48 |
| 19 | 1.03 | 1.73 | 2.09 | 2.14 | 2.86 | 3.45 |
| 20 | 1.03 | 1.72 | 2.09 | 2.13 | 2.85 | 3.42 |
| 25 | 1.02 | 1.71 | 2.06 | 2.11 | 2.79 | 3.33 |
| 30 | 1.02 | 1.70 | 2.04 | 2.09 | 2.75 | 3.27 |
| 35 | 1.01 | 1.70 | 2.03 | 2.07 | 2.72 | 3.23 |
| 40 | 1.01 | 1.68 | 2.02 | 2.06 | 2.70 | 3.20 |
| 45 | 1.01 | 1.68 | 2.01 | 2.06 | 2.69 | 3.18 |
| 50 | 1.01 | 1.68 | 2.01 | 2.05 | 2.68 | 3.16 |
| 100 | 1.005 | 1.660 | 1.984 | 2.025 | 2.626 | 3.077 |
| ∞ | 1.000 | 1.645 | 1.960 | 2.000 | 2.576 | 3.000 |

[a]:若某量服从数学期望 $\mu$,总体标准差 $\sigma$ 的正态分布,则当 $k=1,2,3$ 时,区间 $\mu \pm k\sigma$ 分别包含分布的 68.27%,95.45%,99.73%。

注:当自由度较小而又有较准确要求时,非整数的自由度可按以下两种方法之一,内插计算 $t$ 值。对 $\nu=6.5$,$p=0.9973$,已知 $t_p(6)=4.90$ 和 $t_p(7)=4.53$。

(1)按非整数 $\nu$ 内插求 $t_p(\nu)$:
$$t_p(6.5)=4.53+(4.90-4.53) \times (6.5-7)/(6-7)$$
$$=4.72$$

(2)按非整数 $\nu$ 由 $\nu^{-1}$ 内插求 $t_p(\nu)$:
$$t_p(6.5)=4.53+(4.90-4.53) \times (1/6.5-1/7)/(1/6-1/7)$$
$$=4.70$$

比较而言,第二种方法更为准确。

# 第九章

# 自由度和正态分布时的包含因子

在测量不确定度评定中,规定标准不确定度用标准偏差来表示。但由于实际上只能进行有限次测量,因此只能用其样本统计量作为总体参数的估计值。即只能用有限次测量的实验标准差 $s$ 作为无限次测量的标准偏差 $\sigma$ 的估计值。这一估计必然会引入误差。显然,当测量次数越少时,实验标准差 $s$ 的可靠性就越差。也就是说,此时为得到对应于同样包含概率的包含区间半宽,即扩展不确定度时,必须乘以较大的包含因子 $k$。并且 $k$ 的数值与实验标准差 $s$ 的可靠程度有关。因此在测量不确定度评定中,仅给出标准不确定度(即实验标准差)还不够,还必须同时给出另一个表示所给标准不确定度准确程度的参数,这个参数就是自由度。

## 第一节 自由度的定义及其含义

### 一、自由度的定义

JJF 1059.1—2012《测量不确定度评定与表示》中给出自由度的定义为:在方差的计算中,和的项数减去对和的限制数。

若在重复性条件下,对被测量 $X$ 作 $n$ 次测量,得到的测量结果分别为 $x_1,x_2,x_3,\cdots,x_n$,于是其样本方差的计算公式为

$$s^2(x) = \frac{\sum\limits_{k=1}^{n}(x_k-\bar{x})^2}{n-1} \tag{9-1}$$

式中,$\bar{x}=\dfrac{x_1+x_2+\cdots+x_n}{n}$ 为 $n$ 次测量结果的平均值。而由于残差 $v_i=x_i-\bar{x}$,因此其样本方差可表示为

$$s^2 = \frac{v_1^2+v_2^2+v_3^2+\cdots+v_n^2}{n-1} \tag{9-2}$$

在定义中"和的项数"即是指式(9-2)中分子的项数,即 $n$。而由于全部 $n$ 个残差之和为零,即

$$\sum_{i=1}^{n} v_i = \sum_{i=1}^{n}(x_i - \bar{x}) = \left(\sum_{i=1}^{n} x_i\right) - n\bar{x} = n\bar{x} - n\bar{x} = 0$$

也就是说,对上式中的分子还有一个 $\sum_{i=1}^{n} v_i = 0$ 的约束条件。由于仅有一个约束条件,故称"对和的限制数为 1"。因此根据定义,自由度 $\nu$ 应为"和的项数减去对和的限制数",即 $\nu = n - 1$。

一般地说,当没有其他附加的约束条件时,"和的项数"即是多次重复测量的次数 $n$。由于每一个被测量都要采用其平均值,都要满足一个残差之和等于零的约束条件,因而"对和的限制数"即是需要同时测量的被测量个数 $t$。由此,当采用贝塞尔公式进行 A 类评定时,自由度 $\nu$ 即是测量次数 $n$ 与需要同时测量的被测量个数 $t$ 之差,故 $\nu = n - t$。

也可以这样来理解自由度的概念,如果我们对一个被测量仅测量一次,则该测量结果就是被测量的最佳估计值,即我们无法选择该量的值,这相当于自由度为零。如果我们对其测量两次,这就有了选择最佳估计值的可能,可以选择其中某一个测量结果,也可以两者的某个函数,例如平均值作为最佳估计值,即我们有了选择最佳估计值的"自由"。随着测量次数的增加,自由度也随之增加。从第二次起,每增加一次测量,自由度就增加 1。因此也可以将自由度理解为测量中所包含的"多余"测量次数,因为第一次测量是必需的,从第二次测量开始才是"多余"的。

如果需要同时测量 $t$ 个被测量,则由于解 $t$ 个未知数需要 $t$ 个方程,因此必须至少测量 $t$ 次。从 $t+1$ 次开始,才是"多余"的测量,故在一般情况下自由度 $\nu = n - t$。

如果 $t$ 个被测量之间另外还存在 $r$ 个约束条件,由于每增加一个约束条件相当于减少一个被测量,故此时的自由度为 $\nu = n - t + r$。[①]

## 二、自由度的含义

当采用不确定度的 A 类评定时,在数学上可以证明自由度 $\nu$ 与标准不确定度 $u(x)$ 的准确程度之间的关系为

$$\nu = \frac{1}{2\left[\dfrac{u[u(x)]}{u(x)}\right]^2} \tag{9-3}$$

式中:      $u(x)$——被测量 $x$ 的标准不确定度;

         $u[u(x)]$——标准不确定度 $u(x)$ 的标准不确定度;

         $\dfrac{u[u(x)]}{u(x)}$——标准不确定度 $u(x)$ 的相对标准不确定度。

由此可见,自由度 $\nu$ 与标准不确定度的相对标准不确定度有关。或者说,自由度与不

---

① 在 JJF 1059.1—2012《测量不确定度评定与表示》第二次印刷的版本中的"3.31 自由度"的定义的注 2 中说:"当用测量所得的 $n$ 组数据按最小二乘法拟合的校准曲线确定 $t$ 个被测量时,自由度 $\nu = n - t$。如果另有 $r$ 个约束条件,则自由度 $\nu = n - (t + r)$",这是不正确的。应该是 $\nu = n - t + r$,即式中的括号"( )"应删除。而在该文件的第三次印刷的版本的相应部分,所给的表示式是正确的,故应将文件末勘误表中相应的修改项删去。

确定度的不确定度有关。因此也可以说,自由度是一种二阶不确定度。一般说来,自由度表示所给标准不确定度的可靠程度或准确程度。自由度越大,则所得到的标准不确定度越可靠。

表 9-1 给出由式(9-3)得到的自由度 $\nu$ 与标准不确定度 $u(x)$ 的相对标准不确定度 $\dfrac{u[u(x)]}{u(x)}$ 之间的关系。

表 9-1　$\dfrac{u[u(x)]}{u(x)}$ 与自由度 $\nu$ 之间的关系

| $u[u(x)]/u(x)$ | $\nu$ | $u[u(x)]/u(x)$ | $\nu$ |
| --- | --- | --- | --- |
| 0.10 | 50 | 0.30 | 5.5 |
| 0.20 | 12.5 | 0.40 | 3.1 |
| 0.25 | 8 | 0.50 | 2 |

## 第二节　A 类评定不确定度的自由度

### 一、A 类评定不确定度的自由度

对于 A 类评定,各种情况下的自由度为:

(1) 用贝塞尔公式计算实验标准差时,若重复测量次数为 $n$,则自由度 $\nu = n - 1$。

(2) 当同时测量 $t$ 个被测量时,自由度 $\nu = n - t$。

(3) 若 $t$ 个被测量之间另有 $r$ 个约束条件时,自由度 $\nu = n - t + r$。

(4) 对于合并样本标准差 $s_p$,其自由度为各组的自由度之和。例如,对于每组测量 $n$ 次,共测量 $m$ 组的情况,其自由度为 $m(n-1)$。

(5) 当用极差法估计实验标准差时,其自由度与测量次数 $n$ 的关系见表 9-2。

表 9-2　极差法自由度表

| $n$ | 2 | 3 | 4 | 5 | 6 | 7 | 8 | 9 | 10 | 15 | 20 |
| --- | --- | --- | --- | --- | --- | --- | --- | --- | --- | --- | --- |
| $\nu$ | 0.9 | 1.8 | 2.7 | 3.6 | 4.5 | 5.3 | 6.0 | 6.8 | 7.5 | 10.5 | 13.1 |

比较贝塞尔法和极差法的自由度,就可以发现在相同重复测量次数的条件下,极差法的自由度比贝塞尔法小。这就是说,用极差法得到的实验标准差的准确度比贝塞尔法低。由于极差法没有有效利用所提供的全部信息量,只利用了其中的极大值和极小值,其准确程度较差也是必然的。

### 二、极差法和贝塞尔法之间的比较

在第六章中,曾得到这样的结论:由于用贝塞尔法得到的实验标准差 $s$ 不是总体标准差 $\sigma$ 的无偏估计,因此在测量次数较少时,由极差法得到的标准偏差较贝塞尔法更为可靠。而通过对极差法和贝塞尔法自由度的比较,得到的结论为:无论测量次数多少,极差法的自由度均比贝塞尔法小,因此贝塞尔法将比极差法更准确。这两个似乎相反的结论其实并不矛盾。前者是指标准差而言,而后者则是指方差而言。由于样本方差是总体方差的无偏估计,因此就方差而言,无论测量次数的多少,贝塞尔法的方差将比极差法更准确。

因此在测量不确定度评定中,在测量次数较少时贝塞尔法和极差法之间的优劣应根据情况决定。当仅考虑多次测量的实验标准差,或在合成标准不确定度中该 A 类评定的不确定度分量是占优势分量的情况下,在测量次数不大于 9 时极差法将优于贝塞尔法。而当在合成标准不确定度中该 A 类评定的不确定度分量并非占优势的分量时,由于在合成时采用方差相加的方法,故此时贝塞尔法将优于极差法,而与测量次数的多少无关。

占优势分量的判断标准参阅第八章第一节。

## 第三节　B 类评定不确定度的自由度

对于 A 类评定不确定度,若已知重复测量次数就可以得到自由度,同时还可以计算出所给标准不确定度的相对标准不确定度。

对于 B 类评定,由于其标准不确定度并不是由实验测量得到的,也就不存在测量次数的问题,因此原则上也就不存在自由度的概念。但如果将关系式(9-3)推广到 B 类评定中,即假定该式同样适用于 B 类评定不确定度,则式(9-3)就成为估计 B 类评定不确定度自由度的基础。对于 A 类评定,从测量次数可以立即得到自由度,通过式(9-3)可以得到标准不确定度 $u(x)$ 的准确程度,即 $u(x)$ 的相对标准不确定度。B 类评定不确定度的情况正好相反,我们可以从反方向利用式(9-3),如果根据经验能估计出 B 类评定不确定度的相对标准不确定度时,则就可以由式(9-3)估计出 B 类评定不确定度的自由度。

例如,若用 B 类评定得到输入量 $X$ 的标准不确定度为 $u(x)$,并且估计 $u(x)$ 的相对标准不确定度为 10%,于是由式(9-3)可以得到自由度为

$$\nu = \frac{1}{2\left[\frac{u[u(x)]}{u(x)}\right]^2}$$
$$= \frac{1}{2\times(10\%)^2}$$
$$= 50$$

B 类评定不确定度自由度的估计不仅需要相应的专业知识,同时还要求具备评定测量不确定度的实际经验,这使相当多的测量人员对此感到十分困难,觉得无从着手。要解决这一问题,笔者认为首先要增加有关影响量的专业知识,特别是要了解该影响量的测量方法和一般可以达到的测量不确定度。并由此估计出 B 类评定不确定度的相对标准不确定度。其次,实际上是更重要的一方面,是要从改进测量方法着手,尽可能使测量方法能够确保:即使 B 类评定的自由度估计不准,也不至于对评定得到的不确定度有很大的影响。也就是说,应该尽可能地设法增加有效自由度。

## 第四节　合成标准不确定度的有效自由度

合成标准不确定度 $u_c(y)$ 的自由度称为有效自由度,以 $\nu_{eff}$ 表示。当合成方差 $u_c^2(y)$ 是两个或两个以上方差分量的合成,即满足 $u_c^2(y)=\sum_{i=1}^{n}c_i^2u^2(x_i)$ 时,并且被测量 $Y$ 接近于正态分布时,合成标准不确定度的有效自由度可由式(9-4)计算:

$$\nu_{eff}=\frac{u_c^4(y)}{\sum_{i=1}^{n}\dfrac{u_i^4(y)}{\nu_i}} \tag{9-4}$$

当用相对标准不确定度来评定时,式(9-4)成为

$$\nu_{eff}=\frac{[u_c(y)/y]^4}{\sum_{i=1}^{n}\dfrac{[p_iu(x_i)/x_i]^4}{\nu_i}}=\frac{[u_{c\,rel}(y)]^4}{\sum_{i=1}^{n}\dfrac{[p_iu_{rel}(x_i)]^4}{\nu_i}}=\frac{[u_{c\,rel}(y)]^4}{\sum_{i=1}^{n}\dfrac{[u_{i\,rel}(y)]^4}{\nu_i}} \tag{9-5}$$

当被测量接近于正态分布时,其包含因子 $k$ 可由所规定的包含概率 $p$ 和有效自由度 $\nu_{eff}$ 查阅 $t$ 分布临界值表(表 8-8)得到,$k_p=t_p(\nu_{eff})$。

由式(9-4)或式(9-5)计算得到的有效自由度一般均带有小数,查 $t$ 分布表时应予以取整。习惯上取整时只截尾而不进位。这样查表得到的 $k$ 值较大而比较安全。但当有效自由度特别小时,$k$ 值随有效自由度的变化很快,可能使取整带来的误差过大,此时计算得到的有效自由度可以保留一位小数。自由度带有小数时的 $k$ 值,可由表 8-8 所附的内插公式通过内插得到。

确定被测量 $Y$ 的有效自由度,关键之处在于如何评定 B 类分量的自由度,这往往使初学者感到十分困难。即使已具备了相应的专业知识,在估计 B 类分量自由度时往往仍需要某种程度上的合理"猜测"。由于在自由度不太小的情况下,包含因子 $k$ 的数值随自由度的变化并不大。因此只要最后得到的有效自由度不太小,即使估计得到的自由度与实际情况有些差异,对扩展不确定度的影响往往也不会太大。反过来说,为了使评定得到的扩展不确定度具有较高的准确程度,在设计测量程序时,应尽可能确保其具有较大的有效自由度。

## 第五节　被测量接近正态分布时的扩展不确定度

JJF 1059.1—2012 规定,当可以判断出被测量 $Y$ 接近于正态分布时,可以采用两种方法得到扩展不确定度。

(1)通过计算被测量 $Y$ 的有效自由度 $\nu_{eff}$,并根据有效自由度和所要求的包含概率 $p$ 由 $t$ 分布临界值表得到包含因子 $k_p=t_p(\nu_{eff})$,于是扩展不确定度 $U_p$ 等于合成标准不确定度 $u_c$ 和包含因子 $k_p=t_p(\nu_{eff})$ 的乘积,即

$$U_p=k_pu_c$$

在此种情况下,在最后的不确定度陈述中应给出 $U_p$(具体地说是 $U_{95}$ 或 $U_{99}$),$\nu_{eff}$,同时给

出包含因子 $k_p$（具体地说是 $k_{95}$ 或 $k_{99}$）。

（2）在正态分布的情况下，若可以估计有效自由度 $\nu_{eff}$ 不太小，例如不小于 20，则可以简单取包含因子 $k=2$，此时扩展不确定度用 $U$ 表示，即

$$U = 2u_c$$

在此情况下，在对不确定度进行最后陈述时，除了应给出 $U$ 和 $k$ 之外，还可以进一步指出："由于估计被测量接近于正态分布，且其有效自由度不太小，故所给的扩展不确定度对应的包含概率约为 95％"。

## 第六节 安全因子

当被测量接近于正态分布但不计算自由度而直接取 $k=2$ 时，从原则上说，将无法确定扩展不确定度所对应的包含概率。但如果能保证有效自由度不太小，则对应于 $k=2$ 的包含概率大体上接近于 95％。但若其自由度较小，则所得到的实验标准差便可能有相当大的不可靠性，即其对应的包含概率可能与 95％ 相差甚远。为了在此情况下仍能确保大体上有 95％ 的包含概率（对应于 $k=2$），在国际标准 ISO/ TS 14253-2 中，提供了一种补偿的办法：即由贝塞尔公式计算得到的实验标准差 $s(x)$ 并不直接作为标准不确定度，而必须先乘以一安全因子 $h$ 后再作为标准不确定度。即

$$u(x) = hs(x)$$

安全因子 $h$ 与测量次数有关。对应于 $k=2$ 时的安全因子 $h$ 见表 9-3。

表 9-3 $k=2$ 时的安全因子 $h$

| 测量次数 $n$ | 2 | 3 | 4 | 5 | 6 | 7 | 8 | 9 | 10 |
|---|---|---|---|---|---|---|---|---|---|
| $h(k=2)$ | 7.0 | 2.3 | 1.7 | 1.4 | 1.3 | 1.3 | 1.2 | 1.2 | 1 |

表 9-3 实际上是由 $t$ 分布表得到的。例如，当测量次数为 2 时，自由度为 1。由 $t$ 分布表可知，对于 95.45％ 的包含概率，其 $k$ 值应为 13.97，近似约为 14。也就是说，如果计算自由度，则 $k=14$，但因现仅假设 $k=2$，故应增补的安全因子等于 7。当然，这里没有考虑 B 类评定分量的自由度所起的作用。考虑到 B 类评定分量的存在，两种方法实际上还是稍有差别的。但乘以一安全因子后，至少可以说，其包含概率与 95％ 差别不会太大。

一般说来，当在合成标准不确定度中 A 类分量起主要作用时，可以采用加安全因子的办法。当 B 类分量起主要作用，而 A 类分量很小或几乎可以忽略时，安全因子可以不加。当 B 类分量起主要作用，并且其自由度很小时，安全因子无效。

必须注意，加安全因子的原因是由于测量次数太少而使计算得到的实验标准差变得不可靠，而不是测量次数太少而使实验标准差变小。因此采用安全因子的方法往往得到的扩展不确定度会稍大。

加安全因子的方法通常仅用于检测结果的不确定度评定中。

# 第七节　被测量 $Y$ 的分布不同时扩展不确定度的表示

扩展不确定度有两种表示方式，用 $U$ 表示，或用 $U_p$ 表示。具体采用何种表示方式，取决于包含因子 $k$ 的获得方式。

当包含因子 $k$ 是根据被测量 $Y$ 的分布及所规定的包含概率 $p$ 计算得到时，则扩展不确定度用 $U_p$ 的形式表示。它表示所给出的扩展不确定度是对应于包含概率为 $p$ 的包含区间的半宽。包含概率通常取 $95\%$，若采用其他包含概率，例如 $99\%$，则必须给出其所依据的技术文件。在具体表示测量结果的扩展不确定度时，其脚标不是写包含概率的符号"$p$"，而应给出具体采用的包含概率数值，例如 $U_{95}$ 或 $U_{99}$。此时的包含因子 $k$ 也相应地表示为 $k_{95}$ 或 $k_{99}$。当被测量 $Y$ 的分布不同时，包含因子 $k$ 与包含概率 $p$ 之间的关系也不同，因此用这种方式表示的前提是能估计出被测量 $Y$ 的分布。

当包含因子 $k$ 的数值是直接给定的，而不是根据被测量 $Y$ 的分布和规定的包含概率 $p$ 计算得到时，则扩展不确定度用 $U$ 的形式表示（不带脚标）。这种表示方式在原则上并没有给出任何关于包含概率的信息，它表示所给的扩展不确定度是其标准不确定度的特定倍数（$k$ 倍）。此时对应的包含因子 $k$ 也不带脚标。

在最终给出测量结果的扩展不确定度时，扩展不确定度 $U$ 和包含因子 $k$ 的脚标应保持一致。即 $U$ 应与 $k$ 对应，而 $U_{95}$ 和 $U_{99}$ 分别与 $k_{95}$ 和 $k_{99}$ 对应。

许多文件中经常说，当取包含因子 $k=2$ 或 3 时，所得到的扩展不确定度 $U$ 所对应的包含概率 $p$ 约为 $95\%$ 或 $99\%$。这种说法并不严谨，因为当被测量 $Y$ 的分布不确定时，包含因子 $k$ 和包含概率 $p$ 之间的关系也是不确定的。当被测量 $Y$ 的分布接近于某种已知的非正态分布时，这种说法是错误的。即使在可以判定被测量 $Y$ 的分布接近于正态分布的情况下，如果所给测量结果的有效自由度过小，此时所给的扩展不确定度 $U$ 所对应的包含概率也可能与 $95\%$ 或 $99\%$ 相去甚远。

下面分三种情况介绍最后给出的扩展不确定度的表示方式。

## 一、无法判断被测量 $Y$ 的分布

在本书第八章中已经分析过，在对被测量 $Y$ 可能值的分布进行判定时，如果在所有各不确定度分量中既不存在占优势的分量，同时也无法根据中心极限定理作出正态分布的判定，此时将无法判断被测量 $Y$ 的分布。

由于无法判断被测量 $Y$ 的分布，也就是说无法根据所规定的包含概率 $p$ 求出包含因子 $k$。故只能假设一个 $k$ 值，一般取 $k=2$。此时扩展不确定度用 $U$ 表示，即

$$U = k u_c = 2 u_c$$

原则上，此时无法知道所给扩展不确定度所对应的包含概率。

对于某些要求不高的测量领域，例如化学分析领域，以及对于所有检测结果的不确定度评定也可以按照有关的技术文件的规定，不必对被测量 $Y$ 的分布进行判定，而直接取 $k=2$。

此种情况下，在报告测量结果时，应同时给出扩展不确定度 $U$ 的数值和 $k=2$。

## 二、可以判定被测量 $Y$ 接近于某种已知的非正态分布

若可以判断被测量 $Y$ 接近于某种已知的非正态分布,例如 U 形分布、矩形分布、三角分布、梯形分布等,则由分布的概率密度函数以及所规定的包含概率 $p$ 可以计算出包含因子 $k_p$ 的数值。

例如,

当被测量 $Y$ 接近于 U 形分布时,$k_{95}=1.410$ 和 $k_{99}=1.414$;

当被测量 $Y$ 接近于矩形分布时,$k_{95}=1.65$ 和 $k_{99}=1.71$;

当被测量 $Y$ 接近于三角分布时,$k_{95}=1.90$ 和 $k_{99}=2.20$;

当被测量 $Y$ 接近于梯形分布时,其包含因子的数值与梯形的角参数 $\beta$ 有关。梯形分布在不同 $\beta$ 值时包含因子的具体数值参见表 8-6。

此种情况下在报告测量结果时,除给出 $U_{95}$(或 $U_{99}$)和 $k_{95}$(或 $k_{99}$)之值外,还应同时给出被测量 $Y$ 的分布。

JJF 1059.1—2012 还强调指出:在已经知道被测量 $Y$ 并不满足正态分布,而是接近于满足某种已知的非正态分布时,绝对不应该直接选取 $k=2$ 或 3,也不能按照正态分布的方法通过计算有效自由度 $\nu_{eff}$,并由 $t$ 分布得到包含因子 $k_p=t_p(\nu_{eff})$ 的数值。$k_p$ 的值必须根据被测量 $Y$ 的分布和给定的包含概率 $p$ 确定。

## 三、可以判定被测量接近于正态分布

(1)当可以判断被测量 $Y$ 接近于满足正态分布时,原则上应计算各分量的自由度 $\nu_i$ 和合成标准不确定度的有效自由度 $\nu_{eff}$,并根据规定的包含概率 $p$ 由 $t$ 分布表(表 8-8)得到包含因子 $k_p$。此时扩展不确定度用 $U_p$ 的形式表示,其表示对应于包含概率为 $p$ 的扩展不确定度。当取 $p=95\%$ 或 99% 时,$U_{95}=k_{95}u_c$ 或 $U_{99}=k_{99}u_c$。

此种情况下在报告测量结果时,除给出 $U_{95}$(或 $U_{99}$)和 $k_{95}$(或 $k_{99}$)之值外,还应同时给出其有效自由度 $\nu_{eff}$。

(2)当可以判断被测量 $Y$ 接近于满足正态分布时,如果测量程序已经确保其有效自由度不会太小,例如 20 以上时,也可以不计算自由度而直接取 $k=2$。当有效自由度为 20 时,包含因子 $k_{95}=2.09$,故这一近似对最后给出的扩展不确定度的影响不超过 5%。

此种情况下在报告测量结果时,应给出扩展不确定度 $U$ 和包含因子 $k=2$。如果有必要,还可以进一步用文字说明:由于已经确认被测量接近于满足正态分布,并且测量程序已经确保其有效自由度足够大,故所给扩展不确定度大体上对应于包含概率约为 95%。

也有些测量领域,其相关的技术文件统一规定不必对被测量 $Y$ 的分布进行判定,也不必计算自由度,而可直接取 $k=2$。但为确保所给扩展不确定度有接近于 95% 的包含概率,建议此时所采用的测量程序应确保有效自由度不太小。

表 9-4 摘要给出被测量 $Y$ 不同分布时扩展不确定度的表示方法。

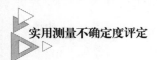
表 9-4　被测量 $Y$ 不同分布时扩展不确定度的表示方法

| 被测量 $Y$ 分布的判定 | | 包含因子 $k$ | | 扩展不确定度 | 最后应提供的信息 |
|---|---|---|---|---|---|
| 无法判定 | | 取 $k=2$ | | $U=ku_c=2u_c$ | $U,k=2$ |
| 可以判断满足某种非正态分布 | U 形分布 | $k_{95}=1.410$ | $k_{99}=1.414$ | $U_{95}=k_{95}u_c$ 或 $U_{99}=k_{99}u_c$ | $U_{95}$, $k_{95}$（或 $U_{99}$, $k_{99}$），分布 |
| | 矩形分布 | $k_{95}=1.65$ | $k_{99}=1.71$ | | |
| | 三角分布 | $k_{95}=1.90$ | $k_{99}=2.20$ | | |
| | 梯形分布 | $k_{95}$ 和 $k_{99}$ 之值与角参数 $\beta$ 有关 | | | |
| 可以判断满足正态分布 | 一般情况 | 评估有效自由度 $\nu_{eff}$，由 $t$ 分布表得到 $k_{95}=t_{95}(\nu_{eff})$ $k_{99}=t_{99}(\nu_{eff})$ | | $U_{95}=k_{95}u_c$ 或 $U_{99}=k_{99}u_c$ | $U_{95}$, $k_{95}$（或 $U_{99}$, $k_{99}$），$\nu_{eff}$ |
| | $\nu_{eff}$ 足够大 | 取 $k=2$ | | $U=ku_c=2u_c$ | $U,k=2$，包含概率约为 95% |

# 第十章

# 检测结果的测量不确定度评定

依据测量对象的不同,通常可以将测量分为校准和检测两类。由七个国际组织联合发布的文件《测量不确定度表示指南》(简称 GUM)和我国的国家计量技术规范 JJF 1059.1—2012《测量不确定度评定与表示》规定了测量不确定度评定的基本原理和方法,它们适用于任何领域的具有各种准确度等级的测量,包括校准和检测。因此检测结果的测量不确定度评定原则上也应该遵循上述两个文件所规定的评定程序。这一评定程序已在本书第四章以及其后各章中作了详细介绍。

但检测结果的测量不确定度评定毕竟与校准有所不同。校准的测量对象一般是测量设备,例如各种实物量具、测量仪器和标准物质等。由于被校准的测量设备可能就是下一级的测量标准,因此校准的结果会通过被校准的测量设备传递到下一级测量中。而检测的测量对象通常是工件或产品等各种非测量设备,因此检测结果通常已经是量值传递链的终端而一般不再往下进行传递。由于这一原因,对检测结果测量不确定度评定的要求一般不如对校准那么严格。况且对于许多检测项目来说,其测量原理、测量方法以及环境条件等对检测结果的影响往往了解得不如校准那么仔细和深入,检测的对象和项目又种类繁多,具体的测量条件往往差异很大,可以说没有一个测量不确定度的评定程序可以适用于全部所有的检测项目。因此在对检测结果进行不确定度评定时,其评定程序就显得相当灵活。

国际标准 ISO/IEC 17025:2017 以及国家标准 GB/T 27025—2008《检测和校准实验室能力的通用要求》均允许针对不同的检测项目制定与该检测工作特点相适应的测量不确定度评定程序。在实验室认可工作中也要求检测实验室制定与检测工作特点相适应的测量不确定度评估程序,并将其用于不同类型的检测工作。

## 第一节 检测结果测量不确定度的应用场合

在检测领域,测量不确定度的应用场合很多。可以说,对于任何有数值要求的测量结果,在给出测量结果的同时还都应该给出该测量结果的不确定度。否则这一测量结果便是"不完整的"。一般说来,在测量结果的完整表述中应该包含该测量结果的扩展不确定度。具体地说,检测领域的测量不确定度可以应用于下述场合:

（1）同一个被测量两次测量结果的比较。进行比较的两个测量结果，可以是同一个实验室内的两次测量结果，也可以是两个不同实验室得到的测量结果；可以是由相同的测量方法和测量程序得到的结果，也可以是由不同测量方法或测量程序得到的结果。通过测量不确定度评定，可以判断两个测量结果差值之大小是否合理。当两个测量结果相差较大，并且该差值的出现属于小概率事件，则认为该差值不应该出现，于是说明至少两个测量结果之一可能有问题而必须对整个测量过程进行检查或重新进行检测。如果两个测量结果相差不大，即差值大小在合理范围内，则可以避免作不必要的重复检测。

（2）测量结果与参考值进行比较。例如在实验室认可工作的能力验证中，需要将每一个参加能力验证的实验室所得到的测量结果与参考值进行比较，以判断该实验室参加此次能力验证是否成功。参考值通常由上级测量部门提供，也可能是参加能力验证的各实验室所得结果的平均值或中位值。而其判断标准就与测量不确定度有关。通过测量不确定度评定，可以得到测量结果和参考值之差的最大允许值。超过允许值就表明该测量结果存在问题。

（3）合格评定。也称为对某技术规范的符合性评定。在检测领域，经常要判断工件或材料的某一特性是否满足规定的技术要求。这些技术要求通常是由各种技术文件规定的，例如工件设计图纸上规定的公差，各种技术文件所规定的材料特性极限值等。由于测量不确定度的存在，合格或不合格的判据将与不确定度有关。特别是当检测结果在规定的极限值附近时，测量不确定度的大小将直接影响合格或不合格的判定。因此凡是需要对被测工件或材料进行合格评定的场合，必须要给出检测结果的不确定度。

如果相对于技术要求而言，检测结果的不确定度太大，则表明该检测方法不合格，即不能采用该检测方法来进行合格评定。

（4）当需要对检测结果进行解读时，也需要考虑检测结果的不确定度。例如，对不同批次的材料特性或性能进行测量比较时，如测得的差值仅仅在检测程序本身所引起的不确定度范围内时，则表明不同批次的材料特性或性能并无实质上的差异。

如果产品特性或性能的检测结果与规定值之差在不确定度范围内时，那就可以认为被检测对象的特性或性能对规定值的偏离不太大。在此情况下，如果仍认为偏离值太大，则表明所用的检测方法不符合要求，即检测方法所引入的测量不确定度太大。

（5）在某些情况下，可能认为检测结果的不确定度很小，以至于不值得进行规范化的不确定度评定。但是这种不经过不确定度评定就作出的判断，其根据仅仅是直觉。因此一旦对此提出疑问时，这种仅凭直觉而作的判断是没有说服力的。

（6）对于某些检测项目，其检测结果可能有很大的测量不确定度，例如对本身特性的一致性很差的样品进行的检测。在这种情况下，相对于样品的一致性而言，与检测方法有关的测量不确定度往往是可以忽略的。但是，除非经过测量不确定度评定，否则这种判断的有效性也是无法保证的。

（7）对检测结果进行测量不确定度评定，以及仔细地评定每一个不确定度来源对测量不确定度的贡献，有助于增加对检测方法和检测原理的认识和了解。并且还可以指明为了改进测量程序和提高测量准确度，应该对检测方法的哪些方面予以改进。

## 第二节 检测结果测量不确定度评定的一般原理

### 一、关于测量模型

测量的目的就是要确定被测量之值,即要确定作为测量对象的特定量的值。因此在测量开始之前应该对被测量以及测量程序作相应的技术说明,并用具体的函数形式来表示被测量(也称为输出量)与各影响量(也称为输入量)之间的数学关系,这一关系过去常称为数学模型,而现在则称为测量模型。在测量模型中应该包括所有需要考虑的对测量结果及其不确定度有影响的影响量。

### 二、测量结果的完整表述

一般说来,完善的测量是不存在的,任何测量都会存在缺陷。这种测量过程的不完善会给测量结果带来误差。即使在最好的情况下进行测量,得到的测量结果也只能是比较接近于被测量真值的近似值。因此在给出测量结果的同时,还必须给出测量结果的不确定度。或者说,在测量结果的完整表述中,除了应给出测量结果外,还应包括测量结果的不确定度。任何对测量结果的表述有数值要求的检测结果,均应同时给出其不确定度。

### 三、测量不确定度来源和不确定度分量

测量结果中的误差可能来源于两个方面:在重复测量中由测量结果的变化所得到的随机分量,以及由于对系统影响的修正不完善所引入的系统分量。因此在任何情况下的测量不确定度评定都应该包括这两方面的因素所引入的不确定度分量。

随机效应对测量结果的影响是不断地变化的,即使在重复性条件下进行测量,其观测值也将分布在一定的区间内。因此随机效应对测量结果的影响不能通过采用修正值或修正因子而消除。但可以通过增加测量次数的方法来降低它们对平均值的测量不确定度的影响。

系统效应对测量结果的影响导致在测量结果中引入系统误差,在重复性条件下进行多次测量时,这些误差的大小保持不变。因此可以通过修正值或修正因子对测量结果进行修正。但对于已修正的测量结果,仍需要考虑由于修正值或修正因子的不完善所引入的不确定度。

### 四、不确定度分量的评定方法

与误差的分类不同,在测量不确定度评定中按评定方法的不同分为测量不确定度的A类评定和测量不确定度的B类评定两类。前者是指用对观测列进行统计分析来评定标准不确定度的方法,而后者则是指用不同于对观测列进行统计分析来评定标准不确定度的方法。这种分类的依据是评定方法,而不是不确定度分量本身的性质。这样可以避免某些歧义的发生,例如在某测量仪器的校准中由随机效应引起的误差分量,在将该测量仪器用于其

他量的测量时就会变成为系统效应。

　　不确定度的 A 类评定是指"用对观测列进行统计分析的方法来评定标准不确定度"。根据测量不确定度的定义,标准不确定度应该以标准偏差 $\sigma$ 表征。而在实际工作中则以实验标准偏差 $s$ 作为标准偏差 $\sigma$ 的估计值。

　　不确定度的 B 类评定是指所有与 A 类评定不同的其他评定方法。其信息来源可以来自各个方面,例如校准证书提供的数据或以前的测量数据,测量人员的经验,以及由标准、规程、规范或其他技术文件提供的相关信息。由上述信息来源得到的往往直接就是该影响量估计值的扩展不确定度,或是其可能的误差限。为了得到该影响量估计值的标准不确定度,往往需要根据经验对影响量可能值的分布作出假定。与 A 类评定相同,B 类评定得到的也是该影响量估计值的标准偏差估计值。

　　注意必须区分影响量估计值的标准不确定度和对应于该影响量的不确定度分量。当影响量和被测量是不同的物理量时,两者的量纲一般是不同的,此时影响量估计值的标准不确定度与对应灵敏系数的乘积才是对应于该影响量估计值的不确定度分量。在数值上灵敏系数等于所考虑的影响量变化一个单位量时被测量的变化量。或者说,在数学上灵敏系数即是被测量对该影响量的偏导数的绝对值。在特殊情况下,某些影响量的灵敏系数可能等于1。只有在此时,影响量估计值的标准不确定度才等于不确定度分量。

## 五、不确定度分量的合成

　　无论采用 A 类评定或 B 类评定,当得到所有对测量结果有显著影响的不确定度分量后,需要将它们合成,得到对应于测量结果的标准不确定度,称为合成标准不确定度。如果所有的影响量之间都不存在相关性或相关性很小而可以忽略,采用方和根法进行合成。

## 六、扩展不确定度和测量不确定度的表述

　　为了满足工业、商贸、卫生、安全等方面的应用的需要,通常要求给出对应于包含概率为95%的扩展不确定度。扩展不确定度等于包含因子与合成标准不确定度的乘积。从原则上说包含因子的数值取决于被测量的分布,但对于绝大多数的检测来说,可以简单地取包含因子 $k=2$,在被测量接近于正态分布的情况下,只要其有效自由度不太小,它大体上对应于95%的包含概率。

　　在检测报告中,在给出检测结果及其扩展不确定度的同时,还应对所选择的包含因子 $k$ 加以说明。只有在这种情况下,用户才有可能由所给的扩展不确定度复原到检测结果的合成标准不确定度。如果将来用户需要通过该检测结果进行其他量的测量时,则在后者的测量不确定度评定中将要用到该检测结果的合成标准不确定度。

## 七、关于错误或疏忽

　　测量中还可能会出现错误或疏忽,有时也称为粗大误差。错误或疏忽会使测量结果中产生离群值。必须将错误或疏忽与误差区分开。按本性,错误或疏忽是无法定量表示的,它们也不能被考虑为测量不确定度的一部分。在计算测量结果和进行测量不确定度评定之前,必须按一定的规则对由测量得到的测得值进行检查,一旦发现由于错误或疏忽导致的离

群值必须予以剔除。

不允许不经过离群值检验而直接将主观上认为过大或过小的值剔除,这样得到的重复性可能较小,但是是虚假的。同样,一旦发现存在离群值则一定要将其剔除,否则不仅会对测量结果产生影响,还会使得到的测量结果重复性变差。

## 第三节　检测结果的测量不确定度评定步骤

测量不确定度评定的关键是应该对测量过程,从而对测量不确定度的主要来源有详尽的了解。因此测量系统的工程设计人员,对检测系统进行开发和确认的研究人员,以及具体进行检测的熟练操作人员都是最适合的测量不确定度评定者。对测量不确定度来源的识别要从仔细分析测量过程开始,通常采用包括测量流程图、计算机模拟、重复测量或交替测量以及与他人得到的检测结果进行比对等方法来对测量程序和测量过程进行详细的研究。

检测结果的测量不确定度评定步骤简述如下:

(1) 列出所有可能对测量结果有影响的影响量,并给出其测量模型。

(2) 评估每一个影响量的标准不确定度。

(3) 根据测量原理或测量模型的不同,所有影响量的标准不确定度全部以绝对标准不确定度,或全部以相对标准不确定度来表示。

(4) 将影响量的标准不确定度乘以相应的灵敏系数得到不确定度分量。

(5) 给出测量不确定度分量的汇总表,表中应该给出关于每一个不确定度分量的尽可能多的信息。

(6) 如果对检测的原理和不确定度来源了解得不甚清楚,或者说无法得到有明确函数关系的测量模型,则为了使不确定度评定更为合理,必须对检测方法进行专门的确认研究。

(7) 检测方法的确认研究首先要求确定检测方法的哪些总体性能参数需要进行确定,例如精密度、检测方法的偏离、测量范围内的线性、抗变性以及干扰物的影响等。

(8) 最后需要考虑的不确定度分量应该包括两部分:可以单独研究并确定的,并对测量结果的不确定度有显著影响的影响量所引入的不确定度分量,以及在检测方法确认中已经确定的由各个总体性能参数所引入的不确定度分量。

(9) 考虑各不确定度分量之间是否存在值得考虑的相关性。对于检测结果的不确定度评定,除非确有必要,一般可以不考虑合成方差中的协方差项。可以简单地采用代数相加的方法对存在相关性的不确定度分量进行合成。然后再将其与其他不相关的不确定度分量采用方和根的方法(即平方相加再开方)进行合成,得到合成标准不确定度。

(10) 根据要求的包含概率选定包含因子 $k$,并由包含因子和合成标准不确定度的乘积得到扩展不确定度。在标准或用户对包含概率没有规定时,在检测结果的不确定度评定中通常取 $k=2$,给出的扩展不确定度一般用 $U$ 表示。

# 第四节　检测结果测量不确定度评定中应注意的问题

检测结果的测量不确定度评定方法原则上与校准的测量不确定度评定相同,本书的前九章已经对此作了详细的介绍,此处不再赘述。本节只是重点介绍在检测结果的不确定度评定中应特别注意的问题。

## 一、测量不确定度来源

对于检测而言,其测量不确定度通常来源于(但不仅限于)下述几个方面:

**1. 对检测对象的定义不完善**

对检测对象的定义不完善,也就是说,对被测量的定义没有清楚地阐明。例如,将需要测量的温度表示为"室温"。由于"室温"是一个模糊的概念,由于可能的温度梯度的存在,应该更严格地表述为"室内某一点或某一小区域内的温度"。当温度可能随时间而变化时,可能还需要将被测量更严格地定义为"室内某一点或某一小区域内在某一时刻的温度"。

**2. 对检测条件的规定与实际情况有差别**

即使对检测条件有明确的规定,实际的测量条件上不可能完全满足所规定的测量条件,这一对规定测量条件的偏离将会引入测量不确定度。

例如,在长度测量领域,规定应该给出被测物在标准参考温度 20 ℃下的长度。但由于测量不可能严格地正好在 20 ℃下进行,因此必须考虑由于测量温度偏离 20 ℃对测量结果及其不确定度的影响。

**3. 对检测的环境条件对测量结果的影响了解不充分**

检测的环境条件或多或少地会偏离所规定的环境条件,因此必须充分了解环境条件变化对测量结果的影响大小,否则就会在测量结果中引入测量不确定度。

例如,在长度测量中当测量温度偏离 20 ℃时,必须对测量结果进行修正。修正值的大小与被测物的线膨胀系数 $\alpha$ 有关,当对 $\alpha$ 的数值了解不充分时,必须考虑由此而引入的不确定度分量,也就是说必须考虑线膨胀系数估计值 $\alpha$ 的不确定度 $u(\alpha)$ 对测量结果的影响。

环境条件对检测结果的影响往往可以根据各种信息直接得到,但在许多情况下,环境条件对检测结果的影响也可能无法直接得到,而需要在检测方法的确认研究中进行定量的测量。

**4. 对环境条件的测量不完善**

由于对环境条件诸参数的测量存在误差,当需要对由此而引入的误差进行修正时,就会在测量结果中引入附加的不确定度分量,即修正值的不确定度。

例如,在长度测量中进行温度修正的修正值与测量得到的温度 $t$ 有关,因此温度测量的不确定度 $u(t)$ 也是必须要考虑的不确定度来源之一。

**5. 采样因素,所检测的样品可能并不具有代表性**

由于所检测的样品的性能不能充分代表总体样品的性能,因此若需要将由个别样品得到的检测结果用于总体样品时,就必须考虑所检测的样品和总体样品之间的差别所引入的不确定度。

**6. 对模拟式仪器读数时的判读误差**

测量人员的读数和操作习惯也会引入与测量人员有关的不确定度。

**7. 测量仪器的分辨力**

任何测量仪器,无论是模拟式仪表或数字式仪表,其分辨力都是有限的。由于测量仪器的有限分辨力,会在测量结果中引入不确定度。通常情况下,由于每一个独立测量结果已受到分辨力的影响,因此只需考虑重复性引入的不确定度分量而不必考虑测量仪器的分辨力对测量结果的影响。只有当测量仪器的分辨力较大时,由仪器的分辨力所引入的不确定度分量大于重复性所引入的不确定度分量时,才需要考虑分辨力所引入的不确定度,而不必考虑重复性所引入的不确定度分量。总之,在不确定度评定中只取两者中较大者。

**8. 标尺的刻度误差**

测量仪器的标尺会存在刻度误差,因此测量仪器的示值误差对测量结果有影响。如果已知仪器的示值误差而对测量结果进行修正,则必须考虑修正值的不确定度。

**9. 测量标准或标准物质所复现的标准量值的不确定度**

在任何测量中,测量标准所复现的标准量值本身的不确定度总是要首先考虑的。

**10. 测量仪器的计量特性或性能的变化或漂移**(自最近一次校准以来)

由于校准给出的结果是测量仪器在校准时的计量特性,而不考虑被校准仪器在校准之后其计量性能可能产生的漂移,因此校准结果的测量不确定度评定一般不考虑被校准对象在校准以后可能产生的漂移,于是检测所用的测量仪器自最近一次校准以来,其特性或性能的变化或漂移也是可能的不确定度来源。

**11. 在计算中所采用的常数值、修正值或其他参数值的误差**

在计算测量结果时所用的常数值、修正值或其他参数值都会存在误差,这将使测量结果中包含与此有关的不确定度分量。例如在通过测量圆周的直径计算圆周的周长或面积时需要用到圆周率 $\pi$,因此所采用的 $\pi$ 数值的误差将会引入不确定度分量。

**12. 测量方法或程序中所作的各种近似和假设**

测量方法或程序中所作的各种近似和假设将会影响到测量结果,从而引入与此有关的测量不确定度分量。

**13. 测量的重复性**

即使在相同的测量条件下,多次重复观测的检测结果一般也是不同的。它们通常是由测量过程中的各种随机效应所引起的。

以上只是列举了若干在检测中常见的测量不确定度来源,它们既不表示测量不确定度可能来源的全部,同时也不表示每一个检测结果的不确定度评定中必须包含这么多个的不确定度分量。

在寻找测量不确定度来源时,重要的是不要重复计算任何不确定度分量,特别是对测量结果有显著影响的不确定度分量。例如,当某一个不确定度分量已经包含在 A 类评定中时,那就不应该再出现在 B 类评定中。反之,同样也不要遗漏任何对测量结果有显著影响的不确定度分量,例如,当某一个不确定度分量未包含在 B 类评定中时,则在 A 类评定中必须包含它。

在某些情况下,上述各个测量不确定度来源有可能相关。虽然对于绝大部分的检测来

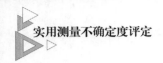

说,必须要考虑相关性的情况并不多见。但在不确定度评定中,是否存在相关性仍是必须要考虑的问题之一。

除了上述这些不确定度来源以外,有时测量过程还会存在一些未知的系统效应。虽然这些系统效应是未知的,但它们仍然对测量误差和测量不确定度有贡献。由于未知,因此在不确定度评定中当然无法进行考虑。为了验证是否存在未知的系统效应的影响,可以通过实验室之间的比对,或采用不同的测量方法来进行比较。但这不属于测量不确定度评定的范畴。从测量不确定度评定的角度来说,只能尽可能地去发现这些未知的系统效应。

在某些检测领域,特别是对于化学样品的分析,其测量不确定度来源可能无法很容易地被识别并进行定量的评估。在这种情况下,进行不确定度评定所需的数据就要从检测方法的开发和确认研究中得到,于是测量不确定度就与检测方法有关。如果实验室是在规定的测量条件下进行常规的检测,对这些检测结果可以给出相同的测量不确定度,而不必每次检测都作一次不确定度评定。对诸如化学分析等检测领域,这种不确定度评定的方法将在检测方法的开发和确认中作进一步的讨论。

## 二、影响量标准不确定度的 A 类评定

最常用的方法是贝塞尔法,采用贝塞尔公式时测量次数应足够多,否则得到的实验标准偏差可能存在较大的系统误差。通常要求 $n \geq 10$。但对于某些检测项目来说,要求如此多的测量次数有可能行不通,例如样品的缺乏、测量太费时间或测量成本太高等,因此有时也不得不采用较少的测量次数。当测量次数较少时,得到的实验标准偏差本身会有较大的不确定度。

当测量次数较少时,由于得到的实验标准偏差有可能被严重低估,此时不能直接将实验标准偏差作为标准不确定度,而应该将其适当放大。也就是说,此时应该采取增加安全因子的方法,即将由贝塞尔公式计算得到的实验标准偏差与安全因子 $h$ 的乘积作为该被测量估计值的标准不确定度。包含因子 $k=2$ 时安全因子的数值见表 10-1。由表 10-1 可知,当测量次数 $n=10$ 时,安全因子 $h=1.16$,与 1 相差已不大。故当测量次数 $n \geq 10$ 时,一般可以不加安全因子。

表 10-1　不同测量次数 $n$ 时安全因子 $h$ 的数值(包含因子 $k=2$)

| $n$ | $k=2$ | $n$ | $k=2$ | $n$ | $k=2$ |
| --- | --- | --- | --- | --- | --- |
| 2 | 6.98 | 9 | 1.19 | 16 | 1.09 |
| 3 | 2.27 | 10 | 1.16 | 17 | 1.09 |
| 4 | 1.66 | 11 | 1.14 | 18 | 1.08 |
| 5 | 1.44 | 12 | 1.13 | 19 | 1.08 |
| 6 | 1.33 | 13 | 1.12 | 20 | 1.07 |
| 7 | 1.26 | 14 | 1.11 | | |
| 8 | 1.22 | 15 | 1.10 | | |

【例 10-1】 洛氏硬度计测量硬度

为得到洛氏硬度计的测量重复性,对某硬度块作 8 次重复测量,得到的硬度值分别为:45.4,45.5,45.4,45.3,45.5,45.3,45.3,45.4HRC。于是得到相关的统计参数为:平均值,

45.39HRC;实验标准偏差,0.083HRC。

由于规定取包含因子 $k=2$ 和测量次数 $n=8$,由表 10-1 可得安全因子 $h=1.22$,于是由测量重复性所引入的不确定度分量 $u(x)$ 应为

$$u(x) = h \cdot s(x) = 1.22 \times 0.083 \text{HRC} = 0.101 \text{HRC}$$

若所有其他的不确定度分量均可忽略不计,则测量结果的扩展不确定度为

$$U(x) = 2 \times 0.101 \text{HRC} = 0.20 \text{HRC}$$

最后得到用该洛氏硬度计测量硬度的扩展不确定度(单次测量)为 $U=0.20\text{HRC}$,$k=2$。

### 三、关于灵敏系数

对于某些检测项目可能无法得到被测量和影响量之间的函数关系,也就是说无法直接由测量模型得到灵敏系数,或由于测量模型太复杂而不便于由偏导数得到灵敏系数,此时可以有两种方法由影响量的标准不确定度得到对应的不确定度分量。

(1)在影响量估计值 $x_i$ 上分别加一个以及减一个等于其标准不确定度 $u(x_i)$ 的小增量,得到 $x_i + u(x_i)$ 和 $x_i - u(x_i)$。然后分别计算两种情况下被测量 $y$ 的值,分别得到 $y_{\text{cal}}^+$ 和 $y_{\text{cal}}^-$。于是对应的不确定度分量 $u_i(y)$ 可由下式计算:

$$u_i(y) = \frac{|y_{\text{cal}}^+ - y_{\text{cal}}^-|}{2}$$

在计算中应注意保留足够的有效数字,以保证所需要的准确度。

(2)在保持所有其他影响量不变的情况下改变测量条件,使影响量 $x_i$ 分别增大和减少一个等于其标准不确定度 $u(x_i)$ 的小增量,分别在两种情况下进行检测,若得到的检测结果分别为 $y_{\text{mea}}^+$ 和 $y_{\text{mea}}^-$。于是对应的不确定度分量 $u_i(y)$ 可由下式计算:

$$u_i(y) = \frac{|y_{\text{mea}}^+ - y_{\text{mea}}^-|}{2}$$

### 四、合成标准不确定度

在将各不确定度分量合成得到合成标准不确定度时,重要的是要认识到并不是所有的不确定度分量都会对合成不确定度有显著影响,实际上多半只有少量的几个不确定度分量才会有明显的影响,合成时忽略那些没有明显影响的分量。对小于最大分量三分之一的不确定度分量通常不需要进行十分详细的评定,除非存在大量其大小相近的分量。

当各不确定度分量之间不存在相关性时,合成标准不确定度 $u_c(y)$ 等于各不确定度分量 $u_i(y)$ 的平方和的平方根(也称为方和根法):

$$u_c(y) = \sqrt{u_1^2(y) + u_2^2(y) + \cdots + u_n^2(y)}$$

当各不确定度分量之间存在相关性时,在合成时可能会相互抵消(负相关),但也可能彼此增强(正相关)。

(1)对于正相关的不确定度分量,在大多数的检测情况下,可以简单地采用代数相加的方法进行合成。可能会存在某些要求比较高的特殊情况,这时可以参照校准结果的测量不

确定度评定,采用更严格的数学方法来处理相关性。

(2) 对于负相关的不确定度分量,除非已知相关系数接近于－1,否则可以忽略其相关性。当相关系数接近于－1时,两者接近于相互抵消,因而它们的合成不确定度等于两者之差的绝对值。

对于大部分的检测项目,可以比较容易地确定所有需要考虑的测量不确定度来源以及它们之间的相关性。但有些检测项目的不确定度来源可能较多,并且很难直接发现这些不确定度来源之间的相关性,例如大多数的化学分析项目。这时采用"因果关系图"可以非常方便地给出不确定度来源的汇总表,它可以表明这些不确定度来源之间如何相关的,并指出它们对检测结果不确定度的影响。同时也有助于避免重复计算不确定度来源。具体建立因果关系图的方法参见《化学分析中不确定度的评估指南》(中国实验室国家认可委员会编,中国计量出版社,2002)。

当测量模型为非线性模型时(参见第七章第三节),原则上在进行合成时应考虑高阶项。是否要考虑高阶项的依据是与一阶项相比其高阶项能否忽略。除了精密长度测量以外,在检测结果的不确定度评定中,一般很少出现需要考虑高阶项的场合。

### 五、扩展不确定度

扩展不确定度有两种表示方式:$U$ 和 $U_p$。

(1)对于大多数的检测结果,给出测量结果的扩展不确定度 $U$。$U$ 表示对应于规定包含因子 $k$ 的扩展不确定度,包含因子 $k$ 的数值是直接取定的,通常可以简单地取包含因子 $k=2$。此时扩展不确定度可以表示为

$$U = 2u_c, k = 2$$

对应的包含概率 $p$ 与被测量的分布有关。

(2)对于要求较高的检测结果,也可以和校准结果的不确定度评定一样,给出测量结果的扩展不确定度 $U_p$。$U_p$ 表示对应于包含概率为 $p$ 的扩展不确定度,包含因子 $k_p$ 的数值与 $p$ 的选取和被测量的分布有关。$p$ 一般取 95％,若取其他概率必须说明所依据的技术文件。此时扩展不确定度的表示详见本书第九章第七节。

## 第五节　检测方法的开发和确认

对于日常检测中所用的检测方法需要进行确认,以确定该检测方法对于解决相应检测任务的适用性。这种确认研究除了应该给出有关检测方法的总体性能外,还应该定量给出每一个影响因素(影响量)对检测结果的影响大小。在日常检测中可以利用这些由确认研究中得到的数据来评估采用该方法时所得到的检测结果的不确定度。

对于某些检测项目,如果对检测的原理和不确定度来源了解得很清楚,也就是说可以得到有明确函数关系的测量模型,此时对于检测方法的确认可以直接按照 GUM 所规定的不确定度评定方法进行,而无须再对检测方法进行其他的确认研究。

如果对检测的原理和不确定度来源了解得不甚清楚,或者说无法得到有明确函数关系的测量模型,则为了使不确定度评定更为合理,必须对检测方法进行专门的确认研究。

对于某些检测项目,其检测结果与所采用的检测方法有关。此时利用对检测方法的确认研究中得到的数据评估得到的检测结果的不确定度,是指采用该规定的检测方法所得到的检测结果的不确定度。它只包括由于测量条件偏离了检测方法所规定的条件而对检测结果的影响,其中不包括检测方法本身对检测结果的影响。

## 一、总体性能参数

检测方法的确认研究首先要决定需要对哪些总体性能参数进行研究并确定。这些参数通常在检测方法开发过程中,以及在实验室间的协同研究中得到,或者是由实验室内部确认方案中得到。至于每一个具体的误差或不确定度来源,只有当它们对检测结果的影响与检测方法的总体精密度相比较为显著时才加以研究,并且研究的重点是对这些不确定度来源进行识别,并尽可能降低或消除它们的显著影响,而不是对它们进行修正。于是大部分潜在的比较重要的影响因素都已经被识别,并且已通过与总体精密度相比较获知其影响的显著性,并确定这些因素是否可以忽略。在这种情况下,可以得到的数据和信息主要包括检测方法的总体性能数据,已经证明对检测结果无显著影响的有关影响量的数据,以及残留的对检测结果有显著影响的有关影响量的数据。

对于检测方法的确认研究,通常需要确定下述部分或全部总体性能参数:

**1. 精密度**

用来定量表示精密度的主要术语是重复性标准偏差 $s_r$,复现性标准偏差 $s_R$ 以及期间精密度(常常用符号 $s_{zi}$ 表示期间精密度,其中 $i$ 表示变化因素的个数)。

重复性标准偏差 $s_r$ 是指在同一实验室内,用同一测量设备,由同一操作人员,并在短时间内观测到的检测结果的变动性。$s_r$ 的数值可以由一个实验室内的研究确定,也可以由实验室间的研究确定。

特定检测方法的实验室之间的复现性标准偏差 $s_R$ 通常由实验室之间的研究直接确定,它表示在不同的实验室检测同一个样品所得到的检测结果的变动性。

期间精密度则是指在同一实验室中当一个或几个因素(例如时间、设备、操作人员等)发生改变时观测到的检测结果的变动性。期间精密度的数值大小取决于在观测中哪些因素保持不变,也就是说取决于期间精密度的测量条件。期间精密度一般是由实验室内的研究确定的,但也可以由实验室之间的研究确定。

精密度的定量测量实际上取决于规定的测量条件,所谓的重复性条件和复现性条件实际上是一组规定的极端条件。或者说,重复性标准偏差 $s_r$ 和复现性标准偏差 $s_R$ 分别是期间精密度 $s_{zi}$ 的两种极端情况。

检测程序所观测到的精密度,无论是由各独立分量的方差合成得到的或是通过对整个操作方法进行研究而确定的,都是检测结果的不确定度的一项基本分量。

精密度实际上是表示测量中各种随机效应对测量结果影响的大小。

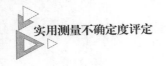

**2. 偏移**

检测方法的偏移通常是通过对相关标准物质的研究而确定的。测定相对于相关标准物质的参考值的偏移，对于将检测结果溯源到公认的计量标准来说是十分重要的。同时还应指出所得到的检测方法的偏移是否可以被忽略或者是否需要进行修正。但无论属于哪种情况，与检测方法的偏移测定相关的不确定度始终是检测结果不确定度的一项基本分量。

检测方法的偏移实际上是表示测量中各种系统效应对测量结果影响的大小。

**3. 线性**

当检测方法可以测量在某一范围内的数值时，线性是测量方法的一个重要特性。线性一般并不定量地表示，而是通过对线性进行检验或采用非线性显著性试验来进行检查。显著的非线性通常要用非线性校准函数来加以修正，或通过更严格地限制测量范围而加以消除。残余的非线性则通常在测量范围内若干测量点的总精密度评估中，或在与校准有关的不确定度中予以充分考虑。

检测方法的线性实际上是表示可能存在的随被测量量值而变化的系统误差。

**4. 抗变度**（有时也称为稳健性）

很多检测方法的开发和确认方案要求直接研究检测结果相对于特定参数的灵敏度。这通常由预先进行的"抗变试验"来完成，在抗变试验中观测一个或多个参数改变时对检测结果的影响。如果相对于抗变试验的精密度而言某个参数的影响比较显著，就要作进一步的详细研究并测量出其影响的大小，并据此确定该参数的允许变化范围。因此抗变试验的资料提供了关于重要参数对检测结果影响的信息。

**5. 检出限**

在化学分析领域，需要确认的总体性能参数可能还包括**检出限**。在检测方法的确认中，检出限的确定只是为了给出检测方法测量范围的下限。当被测量值接近于检出限时的测量不确定度评估应该特别小心地进行，有时可能还要给予特别的处理。检出限有时是由检测方法确定的，但也可能由检测的应用目的所确定。无论检出限是如何确定的，它与测量不确定度的评估没有直接关系。

**6. 干扰物的影响**

在化学分析领域的方法确认中，有时还需要研究被检测样品中可能存在的干扰物对测量结果的影响。通常在被测样品中加入可能的干扰物，并观测它对检测结果的影响。一般希望能够证明该可能的干扰物对检测结果没有显著的影响。从这类研究可以得到检测结果随干扰物浓度的变化，因此当已知干扰物的浓度在某一范围内时，就可以由此估计出由该干扰物所引入的不确定度分量。

对于某些检测项目来说，可能并不是所有有能力进行检测的机构都有条件进行检测方法的确认研究，也许只有个别技术能力比较强的检测机构，并且往往是检测方法的标准制定者才能对检测方法的总体性能和各影响量对检测结果的影响大小进行比较全面的实验研究。此时无条件进行确认研究的检测机构可以采用下述方法进行测量不确定度评定：

（1）直接采用其他实验室由确认研究所得到的资料和数据进行测量不确定度评定；

（2）如果经过确认的检测方法已被国家标准或其他类似的技术文件采用，并且在这些技术文件中给出了规定测量条件下两次测量结果之差的重复性限 $r$ 或复现性限 $R$，在没有其他特殊说明的情况下，可以直接根据规定的重复性限 $r$ 或复现性限 $R$ 由式（10-1）得到重复性标准偏差 $s_r$ 或复现性标准偏差 $s_R$：

$$s_r = \frac{r}{2.83}, \ s_R = \frac{R}{2.83} \tag{10-1}$$

（3）对于在其规定的适用范围内使用的检测方法，如果已经表明所有已经被识别的不确定度来源都已经包含在确认检测方法的研究中，或者所有其余的不确定度分量都可以被忽略，则就可以用复现性标准偏差 $s_R$ 作为合成标准不确定度。

（4）如果有任何重要的不确定度来源没有包含在检测方法确认的研究中，那就必须单独对该不确定度分量进行评估，并且与复现性标准偏差 $s_R$ 合成得到合成标准不确定度。

## 二、其他不确定度来源

大部分的不确定度来源在检测方法的确认研究中，或在核查检测方法总体性能的其他实验中多半已经进行过探讨。但得到的资料也许不足以用来评定所有的不确定度分量，为了对这些不确定度分量进行评估，也许还要做进一步的工作。

可能需要作特别考虑的不确定度来源有：

**1. 采样**

合作研究很少包括采样这一步骤。如果内部所用的方法包括二次采样，或者被测量是根据小量采样来评估的整批样品的特性，那就应该研究采样对检测结果的影响，并且在不确定度评定中应该包括这些影响。

**2. 预处理**

必须对内部的特定预处理程序进行研究，并考虑它们对测量不确定度的影响。

**3. 检测方法的偏移**

常常在进行实验室间的比对研究之前或在比对中进行检测方法偏移的检验，在这种情况下有可能采用与参考方法或参考物质进行比较的方法。当偏移值本身、所用参考值的不确定度以及核查该偏移时的精密度都比 $s_R$ 小的情况下，就不需要为此考虑附加的允差，否则就必须要考虑附加允差。

**4. 检测条件的变化**

参与研究的实验室，其实验条件有可能趋向于允许范围的中间值，其后果是低估了在方法限定的测量条件下可能的检测结果分布范围。如果对这种影响进行了研究，并且表明相对于整个允许范围而言其影响甚微，那就不必再考虑附加允差。

**5. 样品类型的变化**

当样品的性质超出所研究的范围时，必须考虑由此而引起的测量不确定度。

对于现有资料无法包含的不确定度来源，就要从文献或技术文件（证书，测量设备的说明书等）中去寻找补充的信息，或者安排附加的实验来获取所需的补充资料。附加实验可以针对某一特定的不确定度来源进行专门的研究，或采用在检测方法性能研究中常用的方

法,确保所有重要的不确定度来源有代表性的变化。

### 三、前期研究结果的利用

为了利用检测方法的前期研究结果来评定不确定度,必须证明这些初步研究结果的有效性。一般而言,这需要证明可以得到与前期研究结果中得到的类似的精密度,并且还要证明采用以前得到的偏移数据是正确的,这通常可以通过采用符合要求的成熟方案来测量相对于适当参考物质的偏移,或与其他实验室进行比对来证明。只有在符合以上条件的情况下,并且也在检测方法的适用范围和应用领域中,则在前期研究以及在方法确认中所得到的数据就可以直接用于测量不确定度评定。

## 第六节　检测方法总体性能的实验研究

由于检测方法总体性能研究的结果将与不确定度评估有关,因此在确定所作的实验研究时,下述一些主要原则是必须遵循的。

#### 1. 代表性

"代表性"是最重要的基本原则之一,也就是说所作的实验研究应该符合常规使用该检测方法时的实际情况。实验研究时的条件应该能尽可能地与常规使用该检测方法的条件相一致,其中包括影响量数目、影响量的变化范围、检测方法的测量范围以及被检样品的类型等。有些影响因素在精密度实验中已经进行了研究,它们对检测结果的影响已经直接反映在观测结果的方差中,因此就不需要再作补充的研究,除非需要对检测方法作进一步的改进。

在进行检测方法的总体实验研究时,每一个需要进行研究的影响量的变化范围应该具有代表性。所谓"代表性变化"是指每一个影响量必须被看作为一个与该参数的不确定度相应的数值分布。对于连续型的影响量,这可以是该影响量的允许变化范围,或所述的不确定度。对于非连续型的影响量,例如样品类型,这时"变化范围"就成为在常规使用该检测方法时所允许的或可能遇到的样品类型的变化。因此"代表性"不仅指影响量量值的变化范围,同时也包括量值的分布。

#### 2. 影响因素的选择

在进行期间精密度的实验研究时,需要确定哪些影响因素需要改变。影响因素选择的原则是必须确保尽可能改变那些影响较大的影响量。例如,如果不同天之间得到的检测结果的变化要大于重复性时,则从检测方法的角度来说,在 10 天内每天测量 1 次要优于 5 天中每天测量 2 次,同样后者又优于 2 天中每天测量 5 次。因为第一种方法得到的期间精密度更能反映对检测结果的实际影响。

#### 3. 影响量之间的相关性

为得到检测结果,需要读取各影响量的估计值。由于各影响量之间可能存在相关性,在获取这些影响量的数据时,尽可能采用随机选取的方式以避免进行繁琐的相关性处理。因此在进行数据处理时随机方式获取的数据将比用系统方式获取的数据更为简单。用随机方式获取的数据只需简单地计算实验标准偏差,但这种选取数据的方式效率较低,即与系统获取数据相比,为达到相同的测量准确程度,需要进行更多次的重复测量。

若已知或怀疑某些影响量之间可能存在相关性,在获取这些可能相关的影响量的数据时,重要的是要确保必须考虑到这些相关性的影响。为此有两种方法可以采用,确保这些相关影响量数值的随机选取,以消除相关性对检测结果的影响,或设法通过仔细的实验测量以从实验结果计算它们的方差和协方差,并在合成方差表示式中计入与协方差有关的项。由于前一种方法比较简单,因此在检测中只要有可能应该尽量采用前一种方法。

**4. 选取合适的标准物质**

在进行检测方法总体偏移的实验研究中,重要的是所选用的标准物质及其量值要与常规检测的材料相适应。

# 第七节 检测方法的计量溯源性

所谓计量溯源性是指通过一条具有规定不确定度的不间断的比较链,使测量结果或测量标准的值能够与规定的参考标准,通常是国家测量标准或国际测量标准联系起来的特性。这条不间断的比较链称为溯源链。所谓不间断是指测量不确定度的不间断。

为了能对来自不同实验室的测量结果或同一实验室不同时期得到的测量结果进行有意义的比较,必须确保所采用的检测方法具有溯源性。理想的情况是建立能够溯源到国家基准或国际基准的校准溯源链。

为了获得或控制检测结果,检测过程中往往有许多中间量(例如影响量)需要进行测量。不仅对检测结果要求具有溯源性,对所有中间量的测量均应具有溯源性。这将有助于达到不同测量结果之间(同一实验室或不同实验室)的一致性。

由于不同检测结果之间的一致性在一定程度上会受到测量不确定度的影响,或者说其一致程度将受到不确定度的限制,因此溯源性将与测量不确定度密切相关。

检测结果的溯源性可以通过采用下述一种或几种方法来建立:

(1) 使用具有溯源性的标准来校准测量仪器

在任何情况下,无论是用于直接测量被测量所用的仪器,或是用于控制影响量所用的测量仪器,它们的校准都必须能溯源到适当的测量标准或基准。

(2) 采用基准方法进行测量,或将检测结果与使用基准方法的检测结果进行比较

所谓基准方法是指具有最高计量学特性,并且可以直接溯源到国际单位制单位基准的测量方法。将所使用的检测方法直接与用基准方法得到的结果相比较即可以建立溯源性。

(3) 使用有证标准物质进行测量

对有证标准物质进行测量,并将检测结果与有证标准物质的数值进行比较,即可以证明其溯源性。

(4) 使用公认的,并有严格规定的测量程序

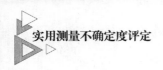

通过采用对测量条件有严格规定的并且也被普遍接受的检测方法，可以使检测结果获得适当的可比性。这种方法通常是一种经验方法，是为了使测量结果可以相互比较而一致同意使用的方法。其特征是被测量的数值与测量方法有关。在这种情况下规定不考虑检测方法本身的不确定度，需要考虑的是与各影响量的估计值与规定条件的偏离所引入的测量不确定度分量。需要对这些不确定度分量进行评估，或证明这些分量可以被忽略。

# 第八节　检测结果的表示

在给出检测结果时，应同时给出检测结果的扩展不确定度。除非用户另有要求，或有关标准中另有规定，一般均应给出对应于包含 $k=2$ 的扩展不确定度 $U$。

在检测结果的报告中，除给出检测结果及其扩展不确定度外，还应加上对该不确定度的陈述，例如可以作如下的陈述："报告的扩展不确定度是由合成标准不确定度乘以包含因子 $k=2$ 得到的。"

由于在评估测量不确定度的过程中通常都作了许多假设和估计，因此检测报告中给出的扩展不确定度的有效数字一般仅取 1 位或 2 位。当第一位数字较小时，建议取两位有效数字，以免可能引入过大的修约误差。扩展不确定度的有效数字位数确定后，检测结果的末位应与扩展不确定度的末位对齐。

在检测结果和不确定度报告中要给出多少信息，原则上取决于用户的要求或对检测结果的预期用途或两者兼顾。总的原则是应该提供尽可能多的信息，以免用户对所给的检测结果及其不确定度有任何误解。即使有些信息在给用户的报告没有提及，也应该在另外的报告中，或在检测记录中记录下列信息：

（1）用以计算检测结果及评估测量不确定度的方法。

（2）以文件形式列出各不确定度分量的数值及它们的估算方法。也就是说应记录下分量估算中所用的数据来源和所作的假设。

（3）关于数据分析和计算过程的文件，以备必要时可以独立重复计算。

（4）所有在计算检测结果和评估不确定度中用的修正值和常数以及它们的来源。

在某些特殊情况下，可能已知某一特定因素或若干个因素会对测量结果有影响，但对这些因素的影响大小既无法通过实验测定，又无法根据理论和实际经验进行合理的估计。也就是说，在该检测结果的测量不确定度评定中不可能包含这些分量。此时在对评定得到的测量不确定度作总结性的陈述时，必须如实予以说明。例如，结果报告可以叙述为："报告的扩展不确定度是由包含因子 $k=2$ 乘以合成标准不确定度得到的，但其中并未考虑……因素对测量结果的影响。"

许多关于检测结果不确定度评定的文件，以及检测结果的不确定度报告中，经常会强调指出"报告的扩展不确定度是由包含因子 $k=2$ 乘以合成标准不确定度得到的，对应的包含概率约为 95%"。严格地说这一说法是不正确的。因为扩展不确定度的大小除与包含因子 $k$ 的数值有关外，还与被测量 $y$ 的分布有关。而检测结果的不确定度评定程序通常并不要

求对被测量 $y$ 的分布进行判定。

从本书的第八章可以看到,在被测量 $y$ 满足两点分布、U 形分布、矩形分布、三角分布等非正态分布的情况下,其包含因子 $k$ 均小于 2,因此取 $k=2$ 其包含概率是可以满足 95% 的要求的。但正态分布是个例外。因为正态分布时的 $k$ 值除与包含概率有关外还与其有效自由度有关。如果被测量服从正态发布,当有效自由度在 50 以下及包含概率为 95% 时,其 $k$ 值应大于 2。也就是说,当被测量服从正态分布,取 $k=2$ 时,95% 的包含概率不一定能得到满足。

因此,对于检测结果来说,只要有可能也应该尽可能适当地增加测量次数以增加有效自由度。或者,也可以采用本章第四节中介绍的增加安全因子的方法,即不直接将得到的实验标准差作为一个不确定度分量,而是将实验标准差和安全因子的乘积作为不确定度分量。这样,其安全性提高了,但缺点是不确定度变大了。

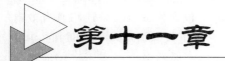

# 第十一章

# 测量结果的处理和
# 测量不确定度的表示

## 第一节　测量结果的处理和离群值的剔除

### 一、被测量估计值的计算

若被测量 $Y$ 和各输入量 $X_i$ 之间的函数关系为

$$Y = f(X_1, X_2, \cdots, X_n)$$

并且对每一个输入量 $X_i$ 都作了 $m$ 次独立观测,其第 $k$ 次的观测结果为 $x_{ik}$,于是被测量的最佳估计值 $y$ 可以用两种方法计算得到:

(1) 根据对所有输入量 $X_i$ 的第 $k$ 次观测结果,计算出第 $k$ 次的测量结果 $y_k$,然后再对根据各次观测计算得到的 $y_k$ 取平均。该法可表示为

$$y = \bar{y} = \frac{\sum_{k=1}^{m} y_k}{m} = \frac{1}{m} \sum_{k=1}^{m} f(x_{1k}, x_{2k}, \cdots, x_{nk}) \tag{11-1}$$

(2) 先将每个输入量 $X_i$ 的 $m$ 次独立观测值取平均,得到输入量 $X_i$ 的算术平均值 $\overline{x_i}$。然后再由各输入量的最佳估计值 $\overline{x_i}$ 得到被测量 $y$。该法可表示为

$$\begin{cases} \overline{x_i} = \dfrac{1}{m} \sum_{k=1}^{m} x_{ik} \\ y = f(\overline{x_1}, \overline{x_2}, \cdots, \overline{x_n}) \end{cases} \tag{11-2}$$

当函数 $f$ 为输入量 $X_i$ 的线性函数时,即测量模型可以写成如下形式:

$$y = \sum_{i=1}^{n} a_i x_i$$

由于

$$\frac{\sum_{k=1}^{m} y_k}{m} = \frac{1}{m} \sum_{k=1}^{m} (a_1 x_{1k} + a_2 x_{2k} + \cdots + a_n x_{nk})$$

$$= \frac{1}{m} \cdot (ma_1 \overline{x_1} + ma_2 \overline{x_2} + \cdots + ma_n \overline{x_n})$$

$$= a_1 \overline{x_1} + a_2 \overline{x_2} + \cdots + a_n \overline{x_n}$$

$$= f(\overline{x_1}, \overline{x_2}, \cdots, \overline{x_n})$$

这表明由式(11-1)和(11-2)两种方法得到的计算结果相同。

但当函数 $f$ 为输入量 $X_i$ 的非线性函数时,两种计算方法得到的测量结果一般是不同的,此时前者的计算结果比较可靠。由于计算程序改变,两种计算方法的测量不确定度也稍有差异。

在评定被测量 $Y$ 的不确定度之前,为确定 $Y$ 的最佳估计值,应将所有的修正值加入测得值,并按一定的规则剔除测量结果中的所有异常值。

最后应对计算得到的测量结果进行数据修约,数据修约应按第二节中给出的修约规则进行。测量结果不应保留过多的位数,测量结果的末位数字应与其测量不确定度的末位对齐。

## 二、测量结果中离群值的剔除

测量结果中离群的异常值是由测量过程中的错误或过失所引起的,通常是由测量过程中不可重复的突发事件所致。一般来源于测量过程中的电子噪声或机械噪声,测量条件的突然改变,操作人员在读数和书写方面的疏忽,以及错误地使用测量设备等。如果在测量结果中混有离群的异常值,必然会歪曲测量结果,剔除离群值将使测量结果更符合客观事实。

从另一方面说,一组正常的测量结果,如果人为地舍弃一些偏离平均值较远,但并不属于离群异常值的测量结果,这样得到的测量结果虽然分散性很小,但实质上是虚假的,如果再次进行测量的话,这一类数值仍将再次出现。因此离群值的判断和剔除必须遵循一定的规则进行。

离群值的剔除方法有两种,物理剔除和统计剔除。物理剔除是指有些异常值可以根据实验过程中出现的异常情况立即进行判断,例如仪器的突然不稳定,电压的突然波动或突发的振动,以及测量人员的错误操作等。对于这些离群值可以在发现的当时立即予以剔除,并同时记录剔除原因。但也有许多离群值在测量当时是无法发现的,这就必须采用统计方法来加以判断。统计方法的基本出发点是对于一给定的置信概率 $p$,例如 $p=0.95$ 或 $0.99$(即显著性水平 $\alpha=1-p$ 为 $0.05$ 或 $0.01$),确定相应于该置信概率的置信区间。如果测量结果位于该区间之外,则应属于小概率事件而认为是不可能发生的,因此它不是由随机误差引起的,应该属于离群值而加以剔除。

判断并剔除离群值的方法很多,这里介绍三种常用的方法,$3\sigma$ 准则(也称拉伊达准则)、格拉布斯(Grubbs)准则和狄克逊(Dixon)准则。

**1. $3\sigma$ 准则** [①]

若对被测量 $X$ 作 $n$ 次独立测量,得到的测量结果为 $x_1, x_2, \cdots, x_n$,则测量结果的平均

---

① $3\sigma$ 准则是早期经常采用的方法,在国家标准中现已不再采用。

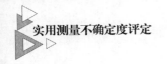

值 $\overline{x}$ 为

$$\overline{x} = \frac{\sum\limits_{k=1}^{n} x_k}{n}$$

对应于各测量结果的残差 $v_k$ 和实验标准差 $s(x_k)$ 分别为

$$v_k = x_k - \overline{x} \tag{11-3}$$

$$s(x_k) = \sqrt{\frac{\sum\limits_{k=1}^{n}(x_k - \overline{x})^2}{n-1}} \tag{11-4}$$

在正态分布情况下,只要测量次数不太少,残差的绝对值超过三倍实验标准差的概率很小,故可以认为是不可能发生的事件。也就是说,若 $v_i$ 为各残差中绝对值最大者,当其满足条件

$$|v_i| > 3s(x_k)$$

时,则认为该测量结果属于离群值而应予以剔除。

将离群值剔除后,重新反复使用以上程序,直到测量结果中不再包含离群值时为止。

**2. 格拉布斯准则**

$3\sigma$ 准则的缺点在于该判断准则与测量次数无关。按统计概率来说,离群值的判断准则应该与测量次数有关。当测量次数很少,例如只有四五次时,不用说残差超过 $3\sigma$,即使是超过 $2\sigma$ 的概率也很小,也应属于离群值。而当测量次数很大时,例如达到几万次时,即使有个别测量结果的残差超过 $4\sigma$ 也是很正常的,也不能判定为离群值。格拉布斯准则在这方面对 $3\sigma$ 准则作了改进。

根据式(11-3)和(11-4)求出对应于各测量结果的残差 $v_k$ 和单次测量的实验标准差 $s(x_k)$,设 $v_i$ 为各残差中绝对值最大者,且满足

$$|v_i| > G(\alpha, n) \cdot s(x_k) \tag{11-5}$$

则该值为离群值而应予以剔除。式中,$G(\alpha, n)$ 是与显著性水平 $\alpha$ 以及重复测量次数 $n$ 有关的格布斯临界值。

使用格拉布斯准则时应先根据经验确定属于单侧情况还是双侧情况。若根据以往的经验离群值仅可能出现在一端(高端或低端),则属于单侧情况;若根据以往经验离群值在高端或低端均可能出现,则属于双侧情况。

若给定的置信概率为 $95\%$,即显著性水平 $\alpha = 0.05$,表明在正态分布情况下离平均值最远的 $5\%$ 的测得值将可能作为离群值而被剔除。对于双侧情况,见图 11-1(a),由于两侧均可能出现离群值,故每侧只能有 $2.5\%$ 的测得值可判为离群值,故实际上应采用置信概率为 $97.5\%$($\alpha = 0.025$)的格拉布斯临界值。而对于单侧情况,见图 11-1(b),离群值仅出现在一侧,此时 $5\%$ 的离群值可以全部留在一侧,故应采用置信概率为 $95\%$($\alpha = 0.05$)的格拉布斯临界值。

同样若给定的置信概率为 $99\%$,则对于单侧和双侧情况,应分别采用置信概率为 $99\%$($\alpha = 0.01$)和 $99.5\%$($\alpha = 0.005$)的格拉布斯临界值。

不同 $\alpha$ 值的格拉布斯临界值见表 11-1。

离群值剔除后，重新反复使用以上程序，直到不再出现离群值为止。

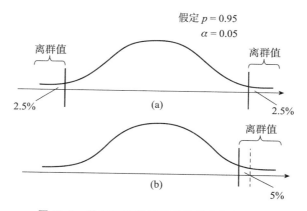

图 11-1 单侧和双侧情况的格拉布斯临界值

表 11-1 格拉布斯准则的临界值 $G(\alpha, n)$ 表

| $n$ | $\alpha$ | | | | $n$ | $\alpha$ | | | |
|---|---|---|---|---|---|---|---|---|---|
| | 0.05 | 0.025 | 0.01 | 0.005 | | 0.05 | 0.025 | 0.01 | 0.005 |
| 3 | 1.153 | 1.155 | 1.155 | 1.155 | 17 | 2.475 | 2.620 | 2.785 | 2.894 |
| 4 | 1.463 | 1.481 | 1.492 | 1.496 | 18 | 2.504 | 2.651 | 2.821 | 2.932 |
| 5 | 1.672 | 1.715 | 1.749 | 1.764 | 19 | 2.532 | 2.681 | 2.854 | 2.968 |
| 6 | 1.822 | 1.887 | 1.944 | 1.973 | 20 | 2.557 | 2.709 | 2.884 | 3.001 |
| 7 | 1.938 | 2.020 | 2.097 | 2.139 | 21 | 2.580 | 2.733 | 2.912 | 3.031 |
| 8 | 2.032 | 2.126 | 2.221 | 2.274 | 22 | 2.603 | 2.758 | 2.939 | 3.060 |
| 9 | 2.110 | 2.215 | 2.323 | 2.387 | 23 | 2.624 | 2.781 | 2.963 | 3.087 |
| 10 | 2.176 | 2.290 | 2.410 | 2.482 | 24 | 2.644 | 2.802 | 2.987 | 3.112 |
| 11 | 2.234 | 2.355 | 2.485 | 2.564 | 25 | 2.663 | 2.822 | 3.009 | 3.135 |
| 12 | 2.285 | 2.412 | 2.550 | 2.636 | 30 | 2.745 | 2.908 | 3.103 | 3.236 |
| 13 | 2.331 | 2.462 | 2.607 | 2.699 | 35 | 2.811 | 2.979 | 3.178 | 3.316 |
| 14 | 2.371 | 2.507 | 2.659 | 2.755 | 40 | 2.866 | 3.036 | 3.240 | 3.381 |
| 15 | 2.409 | 2.549 | 2.705 | 2.806 | 45 | 2.914 | 3.085 | 3.292 | 3.435 |
| 16 | 2.443 | 2.585 | 2.747 | 2.852 | 50 | 2.956 | 3.128 | 3.336 | 3.483 |

【例 11-1】 10 次电压测量结果分别为：

        401.0 V，     400.1 V，     400.9 V，     399.4 V，     396.8 V

        400.0 V，     401.0 V，     402.0 V，     399.9 V，     399.8 V

计算得到，测量结果的平均值为

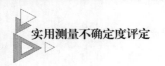

$$\overline{V} = 400.09 \text{ V}$$

单次测量的实验标准差为

$$s(V_i) = 1.39 \text{ V}$$

假定为双侧情况,即两端均可能有离群值,查临界系数表得到 $G(0.025, 10) = 2.290$,而残差绝对值最大者为 $|v_5| = 3.29$ V,由于

$$|v_5| > 2.290 \times 1.39 \text{ V} = 3.18 \text{ V}$$

故 $V_5$ 为离群值而应予以剔除。

将 $V_5$ 剔除后,重新计算其余九个测量结果的平均值和实验标准差,得到测量结果的平均值为

$$\overline{V} = 400.46 \text{ V}$$

单次测量的实验标准差为

$$s(V_i) = 0.82 \text{ V}$$

再次查临界系数表得到 $G(0.025, 9) = 2.215$,而残差绝对值最大者为 $|v_8| = 1.54$ V,由于

$$|v_8| < 2.215 \times 0.82 \text{ V} = 1.81 \text{ V}$$

因此其余九个测量结果中已无离群值。

**3. 狄克逊准则**

将测得值由小到大依次排列为:$x_1, x_2, \cdots, x_n$。按重复测量次数 $n$ 的不同分别计算统计量 $r_{ij}$ 或 $r'_{ij}$。

① 当 $n = 3 \sim 7$ 时, $\qquad r_{10} = \dfrac{x_n - x_{n-1}}{x_n - x_1}$ 或 $r'_{10} = \dfrac{x_2 - x_1}{x_n - x_1}$

② 当 $n = 8 \sim 10$ 时, $\qquad r_{11} = \dfrac{x_n - x_{n-1}}{x_n - x_2}$ 或 $r'_{11} = \dfrac{x_2 - x_1}{x_{n-1} - x_1}$

③ 当 $n = 11 \sim 13$ 时, $\qquad r_{21} = \dfrac{x_n - x_{n-2}}{x_n - x_2}$ 或 $r'_{21} = \dfrac{x_3 - x_1}{x_{n-1} - x_1}$

④ 当 $n \geqslant 14$ 时, $\qquad r_{22} = \dfrac{x_n - x_{n-2}}{x_n - x_3}$ 或 $r'_{22} = \dfrac{x_3 - x_1}{x_{n-2} - x_1}$

将上述统计量 $r_{10}, r'_{10}; r_{11}, r'_{11}; r_{21}, r'_{21}; r_{22}, r'_{22}$ 分别简写为 $r_{ij}$ 或 $r'_{ij}$。设狄克逊准则的临界值为 $D(\alpha, n)$,则判定离群值的狄克逊准则为

当 $r_{ij} \geqslant r'_{ij}$,$r_{ij} > D(\alpha, n)$,则 $x_n$ 为离群值;

当 $r_{ij} < r'_{ij}$,$r'_{ij} > D(\alpha, n)$,则 $x_1$ 为离群值。

与格拉布斯准则相同,采用狄克逊准则时,也应该根据经验先确定属于单侧情况还是双侧情况。若给定的置信概率为 95%,对于双侧情况,因每侧只能有 2.5% 的测得值可判为离群值,故应采用置信概率为 97.5%($\alpha = 0.025$)的狄克逊临界值。而对于单侧情况,离群值仅出现在一侧,此时 5% 的离群值可以全部留在一侧,故应采用置信概率为 95%($\alpha = 0.05$)的狄克逊临界值。

同样若给定的置信概率为 99%,则对于单侧和双侧情况,应分别采用置信概率为 99%

（$\alpha=0.01$）和 99.5%（$\alpha=0.005$）的狄克逊临界值。不同置信概率的狄克逊临界值见表 11-2。

表 11-2　狄克逊检验临界值 $D(\alpha,n)$ 表 [1]

| $n$ | 统计量 $r_{ij}$ 或 $r'_{ij}$ | $\alpha$ | | | | $n$ | 统计量 $r_{ij}$ 或 $r'_{ij}$ | $\alpha$ | | | |
|---|---|---|---|---|---|---|---|---|---|---|---|
| | | 0.05 | 0.025 | 0.01 | 0.005 | | | 0.05 | 0.025 | 0.01 | 0.005 |
| | | | | | | 14 | | 0.546 | 0.587 | 0.641 | 0.674 |
| | | | | | | 15 | | 0.525 | 0.565 | 0.616 | 0.647 |
| 3 | | 0.941 | 0.970 | 0.988 | 0.994 | 16 | | 0.507 | 0.545 | 0.595 | 0.624 |
| 4 | | 0.765 | 0.828 | 0.889 | 0.926 | 17 | | 0.490 | 0.529 | 0.577 | 0.605 |
| 5 | $r_{10},r'_{10}$ 中较大者 | 0.642 | 0.708 | 0.780 | 0.821 | 18 | | 0.475 | 0.514 | 0.561 | 0.589 |
| 6 | | 0.560 | 0.623 | 0.698 | 0.74 | 19 | | 0.462 | 0.501 | 0.547 | 0.575 |
| 7 | | 0.507 | 0.566 | 0.637 | 0.680 | 20 | $r_{21},r'_{21}$ 中较大者 | 0.450 | 0.489 | 0.535 | 0.562 |
| 8 | | 0.554 | 0.611 | 0.683 | 0.725 | 21 | | 0.440 | 0.478 | 0.524 | 0.551 |
| 9 | $r_{11},r'_{11}$ 中较大者 | 0.512 | 0.568 | 0.635 | 0.677 | 22 | | 0.430 | 0.468 | 0.514 | 0.541 |
| 10 | | 0.477 | 0.533 | 0.597 | 0.639 | 23 | | 0.421 | 0.459 | 0.505 | 0.532 |
| 11 | | 0.576 | 0.622 | 0.679 | 0.713 | 24 | | 0.413 | 0.451 | 0.497 | 0.524 |
| 12 | $r_{21},r'_{21}$ 中较大者 | 0.546 | 0.590 | 0.642 | 0.675 | 25 | | 0.406 | 0.444 | 0.489 | 0.516 |
| 13 | | 0.521 | 0.564 | 0.615 | 0.649 | 30 | | 0.376 | 0.413 | 0.457 | 0.483 |

# 第二节　修约规则

测量结果一般均需经过计算得到，而计算结果通常有大量的数字位数。特别是现今大量采用计算机，可以轻易地得到 8 位，甚至 16 位的计算结果。保留过多的数字位数是不必要的，它并不能表示测量结果的准确度很高，相反还可能使人误认为具有很高的准确度。但若保留的数字位数过少，则会损失测量准确度。数据修约就是通过一定的规则使测量结果保留适当的数字位数。

## 一、有效数字

当一个近似数所引入的误差的绝对值小于该近似数末位数的 0.5 时，从该近似数左边第一个非零数字算起，直到最后末位数为止均是有效数字。

例如，圆周率 $\pi=3.141\,592\,65\cdots$，3.14 是 $\pi$ 截取到百分位时的近似数，其所引入的误差

---

① 本表数据源自《不确定度及其实践》(刘智敏，中国标准出版社，2000 年)

的绝对值为

$$|3.14-3.141\ 592\ 65\cdots|=0.001\ 59\cdots<0.005$$

故近似数 3.14 的有效数字是 3 位,或称 3 位有效数字。

当截取到千分位时,近似数 3.141 所引入的误差的绝对值为

$$|3.141-3.141\ 592\ 65\cdots|=0.000\ 59\cdots>0.000\ 5$$

故近似数 3.141 的最后一位数不是有效数字,其有效数字仍只有三位。必须将其进位为 3.142,此时近似数 3.142 所引入的误差的绝对值为

$$|3.142-3.141\ 592\ 65\cdots|=0.000\ 40\cdots<0.000\ 5$$

故其有效数字是 4 位。

对于任何一个测量结果,如果不给出其不确定度(原则上这是不规范的,根据 GUM 和 JJF 1059.1—2012 的规定,在给出测量结果的同时,应给出测量不确定度),则所给的测量结果应全部为有效数字。此时,一个数的有效数字位数应从左边第一个非零的数字算起,直到最右边的数字为止,包括零在内。

由此可见,有效数字位数不同,表示它们的测量不确定度也不同,因此一般说来一个数右边的"0",无论在小数点前或后,均不能随意取舍,因为这些"0"都是有效数字。

例如,在水表校准中需要考虑水的体积膨胀系数,在所考虑的温度范围内,由材料手册得到的水体积膨胀系数为:$\alpha=0.15\times10^{-3}\ \mathrm{K}^{-1}$。若手册未给出该值的不确定度,同时又无其他关于水体积膨胀系数测量不确定度的信息,则可以认为该值的有效数字为两位。其可能的误差应在 $\pm0.005\times10^{-3}\ \mathrm{K}^{-1}$ 范围内,于是其标准不确定度 $u(\alpha)$ 可以估计为

$$u(\alpha)=\frac{0.005\times10^{-3}\ \mathrm{K}^{-1}}{\sqrt{3}}=2.89\times10^{-6}\ \mathrm{K}^{-1}$$

如果在给出测量结果 $y$ 的同时还给出测量不确定度 $U$,则测量结果 $y$ 的末位应与不确定度 $U$ 的末位对齐。

JJF 1059.1—2012 规定,最后给出的测量结果的不确定度,无论是合成标准不确定度还是扩展不确定度都不应该给出过多的位数,通常最多为两位。因此可以理解为取 1 位或 2 位均可,但当第一位有效数字较小时,如果仍取一位有效数字,可能会引入较大的数据修约误差,故此时应该取两位有效数字。无论第一位有效数字的大小,取两位有效数字一般总是允许的。

在计算过程中,为了避免多次修约而引入过大的修约误差,在计算过程中可以多保留几位有效数字。例如,在第十二章的各测量不确定度评定实例中,在不确定度分量汇总表中给出的每一个不确定度分量以及合成标准不确定度都给出三位有效数字,而乘以包含因子后得到的扩展不确定度则按规定给出两位有效数字。

## 二、修约间隔

修约间隔是确定修约保留位数的一种方式,也称为修约区间。修约间隔一经确定,修约数只能是修约间隔的整数倍。修约间隔一般以 $k\times10^{n}$ 的形式表示,称为以"$k$"间隔修约,并由 $n$ 确定修约到哪一位。例如 $n=0$ 表示修约到个位数,$n=-2$ 表示修约到小数点后第二位。在大多数情况下,$k=1$,即以"1"间隔修约。在某些特殊领域或特殊情况下偶尔也有采

用"2"间隔或"5"间隔修约。笔者还曾见到过采用"4"间隔修约的特殊规定。采用非"1"间隔修约时必须予以注明。

数据修约会引入不确定度,其大小与修约间隔有关。若修约间隔为 $\delta x$,则修约后可能引入的最大误差为 $\delta x/2$,由于修约误差出现在 $\pm\delta x/2$ 范围内各处的概率相等,即其满足矩形分布,故由修约引入的标准不确定度为

$$u=\frac{\delta x}{2\sqrt{3}}=0.289\delta x$$

### 三、修约规则

数据修约的基本原则是:

(1)在其值为修约间隔整数倍的一系列数中,如果只有一个数最接近于拟修约数,则该数就是修约数;

(2)在其值为修约间隔整数倍的一系列数中,如果有两个相邻的数等同地最接近于拟修约数,则两者中为修约间隔偶数倍的数才是修约数;

将上述原则具体化,可以得到下述修约规则:

(1)对于"1"间隔修约,若舍去部分的数值小于所保留末位的 0.5,则末位保持不变;

例如:拟修约数 15.244 99,修约间隔 0.01。

$$15.244\ 99 \longrightarrow 15.24$$

其中舍去部分为 0.004 99<0.005。

(2)对于"1"间隔修约,若舍去部分的数值大于所保留末位的 0.5,则末位加 1;

例如:拟修约数 18.450 1,修约间隔 0.1

$$18.450\ 1 \longrightarrow 18.5$$

其中舍去部分为 0.050 1>0.05,故末位加 1。

(3)对于"1"间隔修约,若舍去部分的数值等于所保留末位的 0.5,则按奇偶规则进行修约,即当所保留的末位为偶数时末位保持不变,当末位为奇数时末位加 1;

例如:拟修约数 18.45 和 18.55,修约间隔 0.1

$$18.45 \longrightarrow 18.4$$
$$18.55 \longrightarrow 18.6$$

其中舍去部分为 0.05,故按奇偶规则修约。

(4)对于非"1"间隔修约,例如"2"间隔或"5"间隔修约,可先将拟修约数分别除以 2 或 5,然后按"1"间隔进行修约,最后再将修约数乘以 2 或 5。

例如:拟修约数 15.225,修约间隔 0.05

$$15.225 \xrightarrow{\div 5} 3.045 \longrightarrow 3.04 \xrightarrow{\times 5} 15.20$$

拟修约数 15.1,修约间隔 0.2

$$15.1 \xrightarrow{\div 2} 7.55 \longrightarrow 7.6 \xrightarrow{\times 2} 15.2$$

一般地说,当采用"$k$"间隔修约时,可先将拟修约数除以 $k$,再按"1"间隔修约,修约后再乘以 $k$。

（5）负数的修约按其绝对值进行，修约后再加上负号；

例如：拟修约数$-18.23$，修约间隔$0.02$

$$-18.23 \xrightarrow{\times(-1)} 18.23 \xrightarrow{\div 2} 9.115 \longrightarrow 9.12 \xrightarrow{\times 2} 18.24 \xrightarrow{\times(-1)} -18.24$$

（6）数据修约应一步到位，不得连续修约，连续修约会导致修约误差和不确定度增大。

例如：拟修约数$73.149$，修约间隔$0.1$

$$73.149 \longrightarrow 73.1$$

而不能采用下述连续修约的方式：

$$73.149 \longrightarrow 73.15 \longrightarrow 73.2$$

在某些特定场合下，出于安全方面的理由，有时也采用单方向的修约规则。例如：

（1）在误差和测量不确定度的计算中，为安全起见，往往采用只进不舍的规则（这一点我国没有具体规定，因此也允许采用常规的修约规则）。

（2）当被测量接近正态分布，在计算合成标准不确定度的有效自由度并取整时，习惯上采用只舍不进的规则（也是为了安全的原因，较小的有效自由度对应于较大的包含因子）。

# 第三节 测量不确定度的报告和表示

当给出完整的测量结果时，一般应报告其测量不确定度。报告应尽可能详细，以便使用者可以正确地利用该测量结果，至少应使用户能利用所给的信息重新导出测量结果的合成标准不确定度。按技术规范要求无需给出测量不确定度的除外。

在工业、商业等日常大量测量中，有时虽然没有明确的不确定度报告，但若所用的测量仪器已经过检定并处于合格状态，并且技术文件明确规定了测量程序，则不确定度可以由技术指标或规定的文件评定。

证书上的校准结果或修正值应给出测量不确定度。

## 一、测量不确定度报告

比较重要的测量，不确定度报告一般应包括以下内容：

（1）测量模型和对应于各输入量的灵敏系数$c_i$；

（2）修正值和常数的来源及不确定度；

（3）输入量$X_i$的实验观测数据及其估计值$x_i$，标准不确定度$u(x_i)$的评定方法及其量值和自由度，并将它们列表。

（4）对所有相关输入量给出协方差或相关系数及其获得方法；

（5）测量结果的数据处理程序，该程序应易于重复，必要时报告结果的计算应能独立重复。

## 二、合成标准不确定度$u_c(y)$的报告形式

通常在报告以下测量结果时，使用合成标准不确定度$u_c(y)$，当被测量$y$接近正态分布时，如有必要也可给出有效自由度$\nu_{\text{eff}}$：

（1）基础计量学研究；

（2）基本物理常数测量；

（3）复现国际单位制单位的国际比对（根据有关国际规定,亦可能采用 $k=2$ 的扩展不确定度）。

合成标准不确定度 $u_c(y)$ 的报告[以砝码质量 $m$ 的测量结果为：$m = 100.021\ 47$ g,合成标准不确定度 $u_c(m)=0.35$ mg 为例],可采用以下三种形式：

（1）$m=100.021\ 47$ g；$u_c(m)=0.35$ mg。

（2）$m=100.021\ 47(35)$ g；括号内的数是合成标准不确定度的值,其末位与前面结果内末位数对齐。这种表示方式一般用于公布常数或常量。

（3）$m=100.021\ 47(0.000\ 35)$ g；括号内的数是合成标准不确定度的值,它与前面结果有相同计量单位。

在报告合成标准不确定度时,规定不采用 $m=(100.021\ 47\pm0.000\ 35)$ g 的形式,以避免其与扩展不确定度相混淆。

## 三、扩展不确定度的报告形式

在报告测量结果的扩展不确定度时,可以用不带脚标的符号 $U$,或用带脚标的符号 $U_p$ 两种表示形式。并且应：

a)明确说明被测量 $Y$ 的定义；

b)给出被测量 $Y$ 的估计值 $y$ 及其扩展不确定度 $U$ 或 $U_p$；

c)必要时也可以用相对扩展不确定度的形式 $U_{rel}$ 或 $U_{prel}$ 表示。

**1. 用 $U$ 报告扩展不确定度**

当包含因子 $k$ 的数值不是根据被测量 $Y$ 的分布计算得到,而是直接取定时,应该用不带脚标的符号 $U$ 来表示扩展不确定度,$U=ku_c$。在给出 $U$ 的同时,还应给出所取包含因子 $k$ 的数值,大多数情况取 $k=2$。

具体地说,可以用下述四种形式之一来报告扩展不确定度 $U$。

例如,标准砝码的质量 $m=100.021\ 47$g,$u_c=0.35$ mg,取包含因子 $k=2$,$U=2\times 0.35$ mg$=0.70$ mg,则报告为：

（1）$m=100.021\ 47$ g,$U=0.70$ mg,$k=2$。

（2）$m=(100.021\ 47\pm0.000\ 70)$ g,$k=2$。

（3）$m=100.021\ 47\ (70)$ g,括号内为 $k=2$ 时的 $U$ 值,其末位与前面结果内末位数对齐。

（4）$m=100.021\ 47\ (0.000\ 70)$ g,括号内为 $k=2$ 时的 $U$ 值,与前面结果有相同的计量单位。

**2. 用 $U_p$ 报告扩展不确定度**

具体地说是用 $U_{95}$ 或 $U_{99}$ 报告扩展不确定度。当包含因子 $k$ 的数值是根据被测量 $Y$ 的分布并由规定的包含概率 $p$ 计算得到时,扩展不确定度用 $U_p$ 的形式表示,$U_p=k_pu_c$。包含概率 $p$ 通常取 95%,若有相关的技术文件规定也可取 99%。此时的包含因子分别用 $k_{95}$ 和 $k_{99}$ 表示。因此,采用 $U_p$ 的形式报告扩展不确定度的前提是已经知道被测量 $Y$ 的分布。

当用 $U_p$ 报告扩展不确定度时,应明确 $p$ 值。当被测量 $Y$ 接近于正态分布时,应同时给出有效自由度 $\nu_{eff}$,以便不确定度可以传播到下一级。当已知被测量 $Y$ 接近于某种非正态分

布时,则还应同时给出被测量 $Y$ 的分布。

(1)当被测量 $Y$ 接近于正态分布时,可以用下述四种形式之一来报告扩展不确定度 $U_p$。

例如,对于标准砝码的质量 $m=100.021\ 47\ g,u_c=0.35\text{mg},\nu_{\text{eff}}=9$,按 $p=95\%$,由 $t$ 分布表得到 $k_{95}=2.26,U_{95}=2.26\times0.35\ \text{mg}=0.79\text{mg}$,则报告为:

①$m=100.021\ 47g,U_{95}=0.79\text{mg},k_{95}=2.26,\nu_{\text{eff}}=9$。

②$m=(100.021\ 47\pm0.000\ 79)\ g,k_{95}=2.26,\nu_{\text{eff}}=9$。括号内第二项为 $U_{95}$ 的值。

③$m=100.021\ 47(79)g,k_{95}=2.26,\nu_{\text{eff}}=9$。括号内为 $U_{95}$ 之值,其末位与前面结果内末位数对齐。

④$m=100.021\ 47(0.000\ 79)g,k_{95}=2.26,\nu_{\text{eff}}=9$。括号内为 $U_{95}$ 之值,与前面结果有相同的计量单位。

(2)当可以判定被测量 $Y$ 接近于矩形分布时,可以用下述四种形式之一来报告扩展不确定度 $U_p$。

例如,对于标准砝码的质量 $m=100.021\ 47\ g,u_c=0.35\ \text{mg}$,且已判定被测量 $Y$ 接近于矩形分布。由于矩形分布的 $k_{95}=1.65$,故 $U_{95}=1.65\times0.35\ \text{mg}=0.58\ \text{mg}$,则可报告为:

①$m=100.021\ 47\ g,U_{95}=0.58\ \text{mg},k_{95}=1.65$,被测量以矩形分布估计。

②$m=(100.021\ 47\pm0.000\ 58)g,k_{95}=1.65$,括号内第二项为 $U_{95}$ 的值,被测量以矩形分布估计。

③$m=100.021\ 47\ (58)g,k_{95}=1.65$,括号内为 $U_{95}$ 之值,其末位与前面结果内末位数对齐,被测量以矩形分布估计。

④$m=100.021\ 47\ (0.000\ 58)g,k_{95}=1.65$,括号内为 $U_{95}$ 之值,与前面结果有相同的计量单位,被测量以矩形分布估计。

(3)当可以判定被测量 $Y$ 接近于 U 形分布时,可以用下述四种形式之一来报告扩展不确定度 $U_p$。

例如,对于标准砝码的质量 $m=100.021\ 47\ g,u_c=0.35\ \text{mg}$,且已判定被测量 $Y$ 接近于 U 形分布。由于 U 形分布的 $k_{95}=1.41$,故 $U_{95}=1.41\times0.35\ \text{mg}=0.49\ \text{mg}$,则可报告为:

①$m=100.021\ 47\ g,U_{95}=0.49\ \text{mg},k_{95}=1.41$,被测量以 U 形分布估计。

②$m=(100.021\ 47\pm0.000\ 49)g,k_{95}=1.41$,括号内第二项为 $U_{95}$ 的值,被测量以 U 形分布估计。

③$m=100.021\ 47\ (49)g,k_{95}=1.41$,括号内为 $U_{95}$ 之值,其末位与前面结果内末位数对齐,被测量以 U 形分布估计。

④$m=100.021\ 47\ (0.000\ 49)g,k_{95}=1.41$,括号内为 $U_{95}$ 之值,与前面结果有相同的计量单位,被测量以 U 形分布估计。

(4)当被测量接近于梯形分布时,由于其包含因子 $k_{95}$ 还与梯形的角参数 $\beta$ 有关。(梯形分布的角参数等于梯形的上,下底的比值)故此时应先求出 $\beta$。

**3. 用相对扩展不确定度 $U_{\text{rel}}$ 的形式表示**

不确定度也可以用相对不确定度的形式表示,例如:

(1) $m=100.021\ 47\ (1\pm7.9\times10^{-6})g,p=0.95$,式中 $7.9\times10^{-6}$ 为 $U_{95\ \text{rel}}$ 之值。

(2) $m=100.021\ 47g,U_{95\text{rel}}=7.9\times10^{-6}$。

# 第十二章

# 测量不确定度评定实例

## 实例 A　标称值 10 kg 砝码的校准

（根据欧洲认可合作组织提供的实例改写）

### 一、测量原理

用性能已测定过的质量比较仪,通过与同样标称值的 F2 级参考标准砝码进行比较,对标称值为 10 kg 的 M1 级砝码进行校准。两砝码的质量差由三次测量的平均值给出。

### 二、测量模型

被校准砝码折算质量 $m_X$ 的计算公式为

$$m_X = m_S + \Delta m \tag{A-1}$$

但考虑到标准砝码的质量自最近一次校准以来可能产生的漂移,质量比较仪的偏心度和磁效应的影响,以及空气浮力对测量结果的影响,未知砝码的折算质量 $m_X$ 可表示为

$$m_X = m_S + \delta m_D + \Delta m + \delta m_C + \delta B \tag{A-2}$$

式中:$m_S$——标准砝码的折算质量;

$\delta m_D$——自最近一次校准以来标准砝码质量的漂移;

$\Delta m$——观测到的被校准砝码与标准砝码之间的质量差;

$\delta m_C$——比较仪的偏心度和磁效应对测量结果的影响;

$\delta B$——空气浮力对测量结果的影响。

### 三、不确定度分量

根据式(A-2)给出的测量模型,共有五个影响量,它们所对应的灵敏系数均等于 1。

(1) 参考标准砝码折算质量,$m_S$

标准砝码的校准证书给出 $m_S = 10\,000.005$ g,其扩展不确定度 $U(m_S) = 45$ mg,并指出

包含因子 $k=2$。于是

$$u_1(m_X) = |c_1| u(m_S) = |c_1| \frac{U(m_S)}{k} = \frac{45 \text{ mg}}{2} = 22.5 \text{ mg}$$

（2）自上次校准以来标准砝码质量的漂移，$\delta m_D$

根据参考标准砝码前几次的校准结果估计，标准值的漂移估计在 0 至 ±15 mg 之间，以矩形分布估计，于是

$$u_2(m_X) = |c_2| u(\delta m_D) = |c_2| \frac{15 \text{ mg}}{\sqrt{3}} = 8.66 \text{ mg}$$

（3）标准砝码和被校准砝码的质量差，$\Delta m$

根据对两个相同标称值砝码的质量差的重复性测量，得到合并样本标准差为 25 mg。由于校准时每个砝码共进行三次重复测量，故三次测量平均值的标准偏差为

$$u_3(m_X) = |c_3| u(\overline{\Delta m}) = |c_3| \frac{25 \text{ mg}}{\sqrt{3}} = 14.4 \text{ mg}$$

（4）质量比较仪的偏心度和磁效应的影响，$\delta m_C$

所用的质量比较仪无明显的系统误差，故对质量比较仪的观测结果不作修正，即 $\delta m_C$ 的数学期望为零。质量比较仪的偏心度和磁效应对测量结果的影响以误差限为 ±10 mg 的矩形分布估计，于是

$$u_4(m_X) = |c_4| u(\delta m_C) = |c_4| \frac{10 \text{ mg}}{\sqrt{3}} = 5.77 \text{ mg}$$

（5）空气浮力，$\delta B$

对空气浮力的影响不作修正，估计其极限值为标称值的 $\pm 1 \times 10^{-6}$，也以矩形分布估计。于是

$$u_5(m_X) = |c_5| u(\delta B) = |c_5| \frac{1 \times 10^{-6} \times 10 \text{ kg}}{\sqrt{3}} = 5.77 \text{ mg}$$

## 四、测量过程

采用替代法进行比较测量，替代方案为 ABBA，ABBA，ABBA。其中 A 和 B 分别表示参考标准砝码和被校准砝码。对被校准砝码和标准砝码之间的质量差作了三组测量，其结果见表 A-1。

表 A-1  被校准砝码和标准砝码质量差的三组测量结果

| 序号 | 折算质量 | 读数 | 测得差值 |
|---|---|---|---|
| 1 | 标准 | +0.010 g | +0.01 g |
| | 被测 | +0.020 g | |
| | 被测 | +0.025 g | |
| | 标准 | +0.015 g | |

续表

| 序号 | 折算质量 | 读数 | 测得差值 |
|------|----------|------|----------|
| 2 | 标准 | +0.025 g | |
| | 被测 | +0.050 g | +0.03 g |
| | 被测 | +0.055 g | |
| | 标准 | +0.020 g | |
| 3 | 标准 | +0.025 g | |
| | 被测 | +0.045 g | +0.02 g |
| | 被测 | +0.040 g | |
| | 标准 | +0.020 g | |

算术平均值： $\overline{\Delta m} = 0.020$ g

合并样本标准偏差： $s_p(\Delta m) = 25$ mg（由过去的测量得到）

三次测量平均值的标准不确定度： $u(\overline{\Delta m}) = s(\overline{\Delta m}) = \dfrac{25 \text{ mg}}{\sqrt{3}} = 14.4$ mg

## 五、相关性

没有任何输入量具有值得考虑的相关性。

## 六、不确定度概算

表 A-2 给出各不确定度分量的汇总表。

表 A-2　标称值 10 kg 的 M1 级砝码校准的不确定度分量汇总表

| 输入量 $X_i$ | 估计值 $x_i/\text{g}$ | 标准不确定度 $u(x_i)/\text{mg}$ | 概率分布 | 灵敏系数 $c_i$ | 不确定度分量 $u_i(y)/\text{mg}$ |
|------|------|------|------|------|------|
| $m_S$ | 10 000.005 | 22.5 | 正态 | 1 | 22.5 |
| $\Delta m$ | 0.02 | 14.4 | 正态 | 1 | 14.4 |
| $\delta m_D$ | 0 | 8.66 | 矩形 | 1 | 8.66 |
| $\delta m_C$ | 0 | 5.77 | 矩形 | 1 | 5.77 |
| $\delta B$ | 0 | 5.77 | 矩形 | 1 | 5.77 |
| $m_X = 10\ 000.025$ g, $u_c(m_X) = 29.3$ mg | | | | | |

## 七、被测量分布的估计

由上述不确定度概算可知,没有任何一个不确定度分量是明显占优势的分量。前两个较大的分量均为正态分布,两者的合成仍为正态分布。虽然该合成分布并不是占优势的分

布,但可以说是比较接近于占优势的分布。两个最小的分量为等宽度的矩形分布,它们的合成应为三角分布。再与另一个宽度稍大的矩形分布合成后,其合成分布应呈凸形。于是可以估计被测量比较接近于正态分布。

## 八、扩展不确定度

取包含因子 $k=2$,于是扩展不确定度为

$$U(m_X)=ku_c(m_X)=2\times29.3\ \text{mg}=59\ \text{mg}$$

## 九、不确定度报告

测得标称值 10 kg 的 M1 级砝码的质量为 10.000 025 kg±59 mg。

报告的扩展不确定度是由标准不确定度 29.3 mg 乘以包含因子 $k=2$ 得到的。由于估计测量结果的有效自由度较大,故对于正态分布来说,这对应于包含概率约为 95%。

## 十、评注

(1) 本实例的被测量是被校准砝码的折算质量 $m_X$。对于实物量具的校准,也可以认为被测量是砝码的示值误差 $E_X$,它是标称质量 $m_N$ 和 $m_X$ 之差。由于标称值的不确定度为零,因此 $m_X$ 和 $E_X$ 的不确定度实际上是相同的。

(2) 在测量模型 $m_X=m_S+\delta m_D+\Delta m+\delta m_C+\delta B$ 中,有三个影响量是用"δ"表示的。实际上它们是对三项随机误差的修正值。随机误差的数学期望为零,但它们的不确定度不为零。也就是说,这是三个小黑箱模型。

(3) 由欧洲认可合作组织提供的实例,当被测量 $Y$ 接近正态分布,且可以确认自由度不太小时,为简单起见一般不计算自由度,直接取包含因子 $k=2$。对评定结果不会产生很大的影响。

(4) 报告结果中说:"……,对于正态分布来说,这对应于包含概率约为 95%。"该结论是有前提的,即应在自由度不太小的情况下才成立。而在本测量中,虽然只对质量差测量了 3 次,但其平均值的标准不确定度是由以前的测量通过合并样本标准差计算得到的。虽然评定中并没有说明共采用了多少组测量结果,但由于合并样本标准差的自由度为各组自由度的和,因此可以相信其自由度理应比较大。

(5) 欧洲认可合作组织提供的每个实例,都考虑一项不确定度分量:参考标准器自最近一次校准以来标准值的漂移。如果标准值是由检定证书提供的,这一项不确定度分量一般是不考虑的。如果标准值是由校准证书提供的,这一分量就应该考虑。这也是校准和检定的差别之一。校准一般不给出证书的有效期,也就是说,校准只给出被校准对象在校准时的量值,而不考虑被校准对象今后可能产生的量值漂移。而检定由于要给出检定周期,因此在对检定结果进行测量不确定度评定时,原则上应考虑被检定对象在今后一个检定周期内其量值可能产生的漂移对测量不确定度的影响。参考标准器量值的可能变化一般根据其历史数据或经验来估计得到其可能变化的极限值,在对其分布作出假设后可以用 B 类评定的方

法估算出由此引入的不确定度分量。

（6）在测量两砝码的质量差 $\Delta m$ 时,其测量程序是"标准砝码→被测砝码→被测砝码→标准砝码",这一测量过程具有对称性,因此可以消除由于环境条件等因素的慢漂移对测量结果的影响。在安排测量程序时,应该尽可能采用这种对称性的测量程序。

# 实例 B 标称长度 50 mm 量块的校准（方法 1）
## （根据 GUM 提供的实例改写）

## 一、测量原理

标称长度 50 mm 0 级量块的校准是在长度比较仪上通过比较测量而完成的。标准量块已经过校准,并且与被校准量块具有相同的标称长度及相同的材料。两量块在垂直放置时的中心长度差用一台与量块上工作面相接触的长度指示器测定。测量状态下被校准量块与标准量块的实际长度之间的关系为

$$l_{\mathrm{x}}' = l_{\mathrm{s}}' + \Delta l \tag{B-1}$$

式中,$\Delta l$ 是测量到的两量块的长度差;$l_{\mathrm{x}}'$ 和 $l_{\mathrm{s}}'$ 分别是被校准量块和标准量块在测量条件下的长度。测量时的量块温度一般与长度测量的参考温度 20 ℃ 并不一致。

## 二、测量模型

在标准参考温度 20 ℃ 下,被校准量块的长度 $l_{\mathrm{x}}$ 可以表示为

$$l_{\mathrm{x}}(1 + \alpha_{\mathrm{x}}\theta_{\mathrm{x}}) = l_{\mathrm{s}}(1 + \alpha_{\mathrm{s}}\theta_{\mathrm{s}}) + \Delta l \tag{B-2}$$

式中:$l_{\mathrm{s}}$——标准量块在参考温度 20 ℃ 下的长度,由校准证书提供;

$\alpha_{\mathrm{x}}$——被校准量块的线膨胀系数;

$\alpha_{\mathrm{s}}$——标准量块的线膨胀系数;

$\theta_{\mathrm{x}}$——被校准量块在测量状态下的温度与参考温度 20 ℃ 的差;

$\theta_{\mathrm{s}}$——标准量块在测量状态下的温度与参考温度 20 ℃ 的差。

由于 $\Delta l \ll l_{\mathrm{s}}$ 及 $\alpha\theta \ll 1$,于是式（B-2）可作如下化简:

$$l_{\mathrm{x}} = \frac{l_{\mathrm{s}}(1 + \alpha_{\mathrm{s}}\theta_{\mathrm{s}}) + \Delta l}{1 + \alpha_{\mathrm{x}}\theta_{\mathrm{x}}}$$

$$\approx [l_{\mathrm{s}}(1 + \alpha_{\mathrm{s}}\theta_{\mathrm{s}}) + \Delta l] \cdot (1 - \alpha_{\mathrm{x}}\theta_{\mathrm{x}})$$

$$\approx l_{\mathrm{s}} + \Delta l + l_{\mathrm{s}}(\alpha_{\mathrm{s}}\theta_{\mathrm{s}} - \alpha_{\mathrm{x}}\theta_{\mathrm{x}})$$

将上式化简后可得测量模型（参见实例 C）

$$l_{\mathrm{x}} = l_{\mathrm{s}} + \Delta l - L(\bar{\alpha} \cdot \delta\theta + \delta\alpha \cdot \bar{\theta}) \tag{B-3}$$

式中:$L$——量块的标称长度;

$\bar{\alpha}$——被校准量块和标准量块的平均线膨胀系数;

$\delta\alpha$——被校准量块和标准量块的线膨胀系数差，$\delta\alpha=\alpha_X-\alpha_S$;

$\delta\theta$——测量状态下被校准量块和标准量块的温度差，$\delta\theta=\theta_X-\theta_S$;

$\bar{\theta}$——测量状态下两量块的平均温度与参考温度 20 ℃的差，$\bar{\theta}=(\theta_X+\theta_S)/2$。

考虑到标准量块自最近一次校准以来标准值的漂移，比较仪的偏置和非线性的影响，以及由于测量点可能偏离量块测量面中心而由量块长度变动量引起的对测量结果的影响，式(B-3)成为

$$l_X=l_S+\delta l_D+\Delta l+\delta l_C-L(\bar{\alpha}\times\delta\theta+\delta\alpha\times\bar{\theta})+\delta l_V \qquad (B-4)$$

式中：$\delta l_D$——自最近一次校准以来标准值的漂移；

$\delta l_C$——比较仪的偏置和非线性对测量结果的影响；

$\delta l_V$——当测量点偏离量块中心时由于量块长度变动量对测量结果的影响。

测量模型式(B-4)是一非线性模型。在不考虑高阶项的情况下，合成方差 $u_c^2(l_X)$ 可以表示为

$$u_c^2(l_X)=c_1^2u^2(l_S)+c_2^2u^2(\delta l_D)+c_3^2u^2(\Delta l)+c_4^2u^2(\delta l_C)+c_5^2u^2(\bar{\alpha})+c_6^2u^2(\delta\theta)+$$
$$c_7^2u^2(\delta\alpha)+c_8^2u^2(\bar{\theta})+c_9^2u^2(\delta l_V) \qquad (B-5)$$

式中，$c_i$ 为灵敏系数，等于被测量 $l_X$ 对各对应输入量的偏导数，即

$$c_1=\frac{\partial l_X}{\partial l_S}=1 \qquad\qquad c_2=\frac{\partial l_X}{\partial\delta l_D}=1 \qquad\qquad c_3=\frac{\partial l_X}{\partial\Delta l}=1$$

$$c_4=\frac{\partial l_X}{\partial\delta l_C}=1 \qquad\qquad c_5=\frac{\partial l_X}{\partial\bar{\alpha}}=L\delta\theta=0 \qquad\qquad c_6=\frac{\partial l_X}{\partial\delta\theta}=-L\bar{\alpha}$$

$$c_7=\frac{\partial l_X}{\partial\delta\alpha}=-L\bar{\theta}=0 \qquad c_8=\frac{\partial l_X}{\partial\bar{\theta}}=-L\delta\alpha=0 \qquad c_9=\frac{\partial l_X}{\partial\delta l_V}=1$$

偏导数表示式中的各输入量均取其数学期望，即 $\delta\alpha=0$，$\delta\theta=0$ 和 $\bar{\theta}=0$，于是式(B-5)成为

$$u_c^2(l_X)=u^2(l_S)+u^2(\delta l_D)+u^2(\Delta l)+u^2(\delta l_C)+(L\bar{\alpha})^2u^2(\delta\theta)+u^2(\delta l_V) \qquad (B-6)$$

### 三、输入量的标准不确定度 $u(x_i)$ 和不确定度分量 $u_i(l_X)$

(1) 标准量块长度，$l_S$

标准量块校准证书给出其中心长度为 $l_S=50.000\ 02$ mm，扩展不确定度 $U_{99}=50$ nm(包含因子 $k=2.88$，有效自由度 $\nu_{eff}=18$)[①]。于是标准不确定度分量为

$$u_1(l_X)=|c_1|u(l_S)=u(l_S)=\frac{U(l_S)}{k}=\frac{50\ nm}{2.88}=17.4\ nm$$

(2) 自上次校准以来标准量块长度的漂移，$\delta l_D$

根据过去的校准记录，标准量块长度的漂移在 $\pm30$ nm 范围内。经验表明其漂移值应

---

[①] 本实例引用自 GUM 和 JJF1059.1—2012，在 JJF1059.1—2012 的 P.34 中有"标准量块的校准证书给出：校准值为 $l_S=50.000\ 623$ mm，$U=0.075\ \mu m(k=3)$，有效自由度 $\nu_{eff}=18\cdots\cdots$"。这一说法是自相矛盾的。由 $t$ 分布表可知，当有效自由度为 18 时，$k_{95}=2.10$，$k_{99}=2.88$，均不等于 3。由于我国的量块检定规程规定采用 99%的包含概率，故本书将包含因子改为 2.88。

在零附近,且可假定其满足矩形分布,于是

$$u_2(l_X) = |c_2| u(l_D) = u(l_D) = \frac{a}{k} = \frac{30 \text{ nm}}{\sqrt{3}} = 17.3 \text{ nm}$$

（3）观测到的长度差, $\Delta l$

对长度差 $\Delta l$ 共进行了五次重复观测,观测结果示于表 B-1。

表 B-1 长度差 $\Delta l$ 的五次观测结果

| 序号 | 测得值 |
|---|---|
| 1 | $-100$ nm |
| 2 | $-90$ nm |
| 3 | $-90$ nm |
| 4 | $-80$ nm |
| 5 | $-100$ nm |
| $\overline{\Delta l}$ | $-92$ nm |

由于测量两量块长度差 $\Delta l$ 的合并样本标准差为 16 nm,自由度为 24（由过去的测量得到）。被校准量块共进行了五次重复测量,故五次测量平均值的实验标准差 $s(\overline{\Delta l})$ 为

$$u_3(l_X) = |c_3| u(\overline{\Delta l}) = u(\overline{\Delta l}) = s(\overline{\Delta l}) = \frac{16 \text{ nm}}{\sqrt{5}} = 7.2 \text{ nm}$$

（4）比较仪的非线性和偏置修正, $\delta l_C$

当被测长度差 $D$ 在 $\pm 10$ $\mu$m 范围内时,比较仪的最大允许误差为 $\pm(30 \text{ nm} + 0.002 \cdot |D|)$。根据 0 级被校准量块和 K 级标准量块的最大允许偏差,两量块的长度差应不大于 $\pm 1$ $\mu$m,因此由比较仪的非线性和偏置导致的误差不大于 $\pm 32$ nm。于是对应的不确定度分量为

$$u_4(l_X) = u(l_C) = \frac{a}{k} = \frac{32 \text{ nm}}{\sqrt{3}} = 18.5 \text{ nm}$$

（5）温度差, $\delta\theta$

在校准之前,使量块与室内环境温度达到平衡。两量块之间的温度差估计在 $\pm 0.05$ ℃ 范围内。假设其满足矩形分布,于是两量块温度差 $\delta\theta$ 的标准不确定度为

$$u(\delta\theta) = \frac{a}{k} = \frac{0.05 \text{ ℃}}{\sqrt{3}} = 0.0289 \text{ ℃}$$

两量块的线膨胀系数均在 $(11.5 \pm 1.0) \times 10^{-6}$ ℃$^{-1}$ 范围内,故灵敏系数为

$$c_6 = -L\overline{\alpha} = -50 \text{ mm} \times 11.5 \times 10^{-6} \text{ ℃}^{-1} = -575 \text{ nm℃}^{-1}$$

于是由温度差引入的不确定度分量为

$$u_6(l_X) = |c_6| u(\delta\theta) = 575 \text{ nm℃}^{-1} \times 0.0289 \text{ ℃} = 16.6 \text{ nm}$$

（6）长度变动量, $\delta l_V$

经验表明,对于被校准的 0 级量块来说,测量点偏离量块测量面中心对测量结果的影响在 $\pm 10$ nm 范围内。假定其满足矩形分布,于是由长度变动量引入的不确定度分量为

$$u_9(l_X) = |c_9| u(\delta l_V) = u(\delta l_V) = \frac{a}{k} = \frac{10 \text{ nm}}{\sqrt{3}} = 5.8 \text{ nm}$$

## 四、相关性

各输入量之间不存在任何值得考虑的相关性。

## 五、不确定度概算

表 B-2 给出量块长度比较测量的不确定度分量汇总表。

表 B-2 标称长度 50 mm 0 级量块校准的不确定度分量汇总表

| 输入量 $X_i$ | 估计值 $x_i$/mm | 标准不确定度 $u(x_i)$ | 分布 | 灵敏系数 $c_i$ | 不确定度分量 $u_i(y)$/nm | 自由度 $\nu_i$ |
|---|---|---|---|---|---|---|
| $l_S$ | 50.000 020 | 17.4 nm | 正态 | 1 | 17.4 | 18 |
| $\delta l_D$ | 0 | 17.3 nm | 矩形 | 1 | 17.3 | 50 |
| $\Delta l$ | −0.000 092 | 7.2 nm | 正态 | 1 | 7.2 | 24 |
| $\delta l_C$ | 0 | 18.5 nm | 矩形 | 1 | 18.5 | 8 |
| $\delta\theta$ | 0 | 0.028 9 ℃ | 矩形 | −575 nm℃$^{-1}$ | 16.6 | 2 |
| $\delta l_V$ | 0 | 5.8 nm | 矩形 | 1 | 5.8 | 8 |

$l_X = 49.999\ 928\text{mm}, u_c(l_X) = 36.1\text{nm}, \nu_{eff} = 28.4$

## 六、合成标准不确定度

$$u_c(l_X) = \sqrt{u^2(l_S) + u^2(\delta l_D) + u^2(\Delta l) + u^2(\delta l_C) + (L\bar{\alpha})^2 u^2(\delta\theta) + u^2(\delta l_V)}$$

$$= \sqrt{(17.4\text{ nm})^2 + (17.3\text{ nm})^2 + (7.2\text{ nm})^2 + (18.5\text{ nm})^2 + (16.6\text{ nm})^2 + (5.8\text{ nm})^2}$$

$$= 36.1\text{ nm}$$

## 七、被测量分布的估计

由于在各不确定度分量中,没有任何一个分量为占优势的分量。四个较大分量的大小相近,故可以判定被测量 $l_X$ 接近于正态分布。故应先估计各分量的自由度和合成标准不确定度 $u_c(l_X)$ 的有效自由度。

## 八、各分量的自由度和有效自由度的估算

(1) 标准量块校准, $\nu(l_S)$

校准证书给出,其自由度为 $\nu(l_S) = 18$。

(2) 标准量块漂移, $\nu(\delta l_D)$

根据经验,标准量块漂移在 $(0\pm30)$ nm 范围内,其相对标准不确定度以 10% 估计,于是其自由度为

$$\nu(\delta l_D) = \frac{1}{2\times(10\%)^2} = 50$$

164

（3）两量块长度差,$\nu(\Delta l)$

由过去的测量得到,合并样本标准差为 16 nm,同时给出其自由度 $\nu(\Delta l)=24$。

（4）比较仪的非线性和偏置,$\nu(\delta l_C)$

不确定度分量 $u(\delta l_C)$ 的相对标准不确定度以 25％估计,于是其自由度为

$$\nu(\delta l_C)=\frac{1}{2\times(25\%)^2}=8$$

（5）两量块温度差,$\nu(\delta\theta)$

两量块温度差估计在 $\pm0.05$ ℃范围内,其相对标准不确定度以 50％估计,于是其自由度为

$$\nu(\delta\theta)=\frac{1}{2\times(50\%)^2}=2$$

（6）量块长度变动量,$u(\delta l_V)$

量块长度变动量对测量结果的影响估计在 $\pm10$ nm 范围内,其相对标准不确定度以 25％估计,其自由度为

$$\nu(\delta l_V)=\frac{1}{2\times(25\%)^2}=8$$

于是,最后可得合成标准不确定度的有效自由度为

$$\nu_{eff}(l_X)=\frac{u_c^4(l_X)}{\sum\frac{u_i^4}{\nu_i}}=\frac{36.1^4}{\frac{17.4^4}{18}+\frac{17.3^4}{50}+\frac{7.2^4}{24}+\frac{18.5^4}{8}+\frac{16.6^4}{2}+\frac{5.8^4}{8}}=28.4$$

## 九、扩展不确定度

我国量块检定规程要求给出对应于 99％包含概率的扩展不确定度,即 $U_{99}=k_{99}u_c(l_X)$。将有效自由度取整,得到 $\nu_{eff}=28$。由 $t$ 分布临界值表得到 $k_{99}=t_{99}(28)=2.77$,于是扩展不确定度 $U_{99}$ 为

$$U_{99}=t_{99}(28)\times u_c(l_X)=2.77\times36.1\text{ nm}=100\text{ nm}$$

若要求给出对应于 95％包含概率的扩展不确定度 $U_{95}$,则 $k_{95}=t_{95}(28)=2.05$ 和 $U_{95}=74$ nm。

## 十、不确定度报告

标称长度 50 mm 量块中心长度的测量结果为 49.999 928 mm,其扩展不确定度 $U_{99}=100$ nm。后者由标准不确定度 $u_c(l_X)=36.1$ nm 和包含因子 $k_{99}=2.77$ 的乘积得到。包含因子根据所要求的包含概率 99％和有效自由度 $\nu_{eff}=28$ 由 $t$ 分布表得到。

## 十一、高阶项

由于本实例的测量模型具有较强的非线性,因此合成方差表示式中的高阶项已变得不可忽略。根据式(7-15),在合成方差表示式(B-6)中需要增加下列高阶项:

$$L^2u^2(\bar\alpha)u^2(\delta\theta)+L^2u^2(\delta\alpha)u^2(\bar\theta)$$

由于两量块的线膨胀系数均在 $(11.5\pm1.0)\times10^{-6}$ ℃$^{-1}$ 范围内,故两者之差 $\delta\alpha$ 应在 $\pm2\times10^{-6}$ ℃$^{-1}$ 范围内满足三角分布,而平均线膨胀系数则应在 $\pm1\times10^{-6}$ ℃$^{-1}$ 范围内满

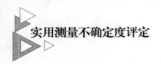

足三角分布。于是

$$u(\delta \alpha) = \frac{2 \times 10^{-6} \ ℃^{-1}}{\sqrt{6}} = 0.816 \times 10^{-6} \ ℃^{-1}$$

$$u(\bar{\alpha}) = \frac{1 \times 10^{-6} \ ℃^{-1}}{\sqrt{6}} = 0.408 \times 10^{-6} \ ℃^{-1}$$

两量块的平均温度与参考温度 20 ℃ 的差估计在 $\pm 0.5$ ℃ 范围内，假定其满足矩形分布，故

$$u(\bar{\theta}) = \frac{a}{k} = \frac{0.5 \ ℃}{\sqrt{3}} = 0.289 \ ℃$$

于是，由高阶项引入的不确定度分量为

$$Lu(\bar{\alpha})u(\delta\theta) = 50 \ \text{mm} \times 0.408 \times 10^{-6} ℃^{-1} \times 0.028 \ 9 \ ℃ = 0.59 \ \text{nm}$$

$$Lu(\delta\alpha)u(\bar{\theta}) = 50 \ \text{nm} \times 0.816 \times 10^{-6} ℃^{-1} \times 0.289 \ ℃ = 11.8 \ \text{nm}$$

于是

$$u_c(l_X) = \sqrt{(36.1 \ \text{nm})^2 + (0.59 \ \text{nm})^2 + (11.8 \ \text{nm})^2} = 38 \ \text{nm}$$

考虑到不可忽略的高阶项后，合成标准不确定度将由 36 nm 增加到 38 nm。而扩展不确定度 $U_{99}$ 将从 100 nm 增加到 105 nm。而对于 $U_{95}$ 则从 74 nm 增加到 78 nm。

## 十二、评注

(1) 本实例基本上按照 GUM 所给的评定程序进行不确定度评定。

(2) 本实例的测量模型为一非线性模型，需要考虑高阶项。同时因被测量接近于正态分布，需计算每一个分量的自由度及有效自由度。但由于无法计算高阶项的自由度，注意本实例对于自由度的处理方法：即仅考虑低阶项的自由度。

(3) 注意测量模型式(B-4)中输入量的选择，目的是为了避免处理相关性。本实例所采用的测量模型与式(5-4)和式(5-5)均不同。

(4) 本例是根据 GUM 提供的原例改写而成的。在原例中，采用式(5-5)作为测量模型。本例采用的测量模型式(B-4)与式(5-5)稍有不同，这是由于所选用的输入量与 GUM 不同。采用式(B-4)作为测量模型的原因是为了便于与实例 C 作比较。

(5) 在 GUM 以及 JJF 1059.1—2012 的同一实例中，在评定标准量块长度 $l_S$ 所引入的不确定度分量时指出：标准量块的校准证书给出包含因子 $k=3$，自由度 $\nu=18$。其实这两者是相互矛盾的，既然给出自由度，表明被测量接近正态分布。此时如果 $k=3$，则自由度应为无限大；如果自由度为 18，则 $k=2.88$。

# 实例 C 标称长度 50 mm 量块的校准(方法 2)

### (根据欧洲认可合作组织提供的实例改写)

## 一、测量原理

标称长度 50 mm 0 级量块的校准是在比较仪上通过比较测量而完成的。标准量块已经过校准,并且与被测量块具有相同的标称长度及相同的材料。两量块在垂直放置时的中心长度差用一个与量块上工作面相接触的长度指示器测定。被校准量块与标准量块的实际长度之间的关系为

$$l_x{}' = l_s{}' + \Delta l \tag{C-1}$$

$\Delta l$ 是由测量得到的两量块的长度差。$l_x{}'$ 和 $l_s{}'$ 分别是被校准量块和标准量块在测量条件下的长度。测量时的量块温度一般与长度测量的参考温度 20 ℃ 并不一致。

## 二、测量模型

对于长度测量来说,证书上给的任何长度值都是指在标准参考温度 20 ℃ 时的长度。于是,被校准量块和标准量块在 20 ℃ 时的长度 $l_x$ 和 $l_s$ 之间的关系成为

$$l_x(1 + \alpha_x \theta_x) = l_s(1 + \alpha_s \theta_s) + \Delta l \tag{C-2}$$

式中:$\theta_x$——测量状态下被测量块的温度与参考温度 20 ℃ 的差;

$\theta_s$——测量状态下标准量块的温度与参考温度 20 ℃ 的差;

$\alpha_x$——被测量块的线膨胀系数;

$\alpha_s$——标准量块的线膨胀系数。

假设两量块的线膨胀系数差 $\delta\alpha = \alpha_x - \alpha_s$,两量块的平均线膨胀系数 $\bar{\alpha} = \dfrac{\alpha_x + \alpha_s}{2}$,两量块的温度差 $\delta\theta = \theta_x - \theta_s$,两量块的平均温度与参考温度 20℃ 的差 $\bar{\theta} = \dfrac{\theta_x + \theta_s}{2}$,于是得

$$\alpha_x = \frac{2\bar{\alpha} + \delta\alpha}{2}, \qquad \alpha_s = \frac{2\bar{\alpha} - \delta\alpha}{2}$$

$$\theta_x = \frac{2\bar{\theta} + \delta\theta}{2}, \qquad \theta_s = \frac{2\bar{\theta} - \delta\theta}{2}$$

因标准量块和被测量块具有相同的标称长度 $L$,故 $\Delta l \ll l_s$。同时考虑到 $\alpha\theta \ll 1$,$\alpha_s \theta_s \ll 1$,以及 $l_s \gg |l_s - L|$,于是将式(C-2)展开并忽略二阶小量后可得

$$
\begin{aligned}
l_x &= \frac{l_s(1 + \alpha_s \theta_s) + \Delta l}{1 + \alpha_x \theta_x} \\
&\approx [l_s(1 + \alpha_s \theta_s) + \Delta l] \cdot (1 - \alpha_x \theta_x) \\
&\approx l_s + \Delta l + l_s(\alpha_s \theta_s - \alpha_x \theta_x) \\
&\approx l_s + \Delta l + L(\alpha_s \theta_s - \alpha_x \theta_x) \\
&= l_s + \Delta l + L\left( \frac{2\bar{\alpha} - \delta\alpha}{2} \cdot \frac{2\bar{\theta} - \delta\theta}{2} - \frac{2\bar{\alpha} + \delta\alpha}{2} \cdot \frac{2\bar{\theta} + \delta\theta}{2} \right) \\
&= l_s + \Delta l - L(\bar{\theta} \cdot \delta\alpha + \bar{\alpha} \cdot \delta\theta)
\end{aligned}
$$

考虑到标准量块自最近一次校准以来其长度的漂移,比较仪的偏置和非线性,以及测量点偏离量块中心等因素对测量结果的影响,最后得到的测量模型为

$$l_x = l_s + \delta l_D + \Delta l + \delta l_c - L(\bar{\alpha} \times \delta\theta + \delta\alpha \times \bar{\theta}) + \delta l_v \tag{C-3}$$

式中:$l_s$——标准量块在参考温度 20 ℃ 下的长度,由校准证书提供;

$\delta l_D$——自最近一次校准以来标准值的漂移;

$\Delta l$——观测到的标准量块和被测量块的长度差;

$\delta l_C$——比较仪的偏置和非线性对测量结果的影响；

$L$——量块的标称长度；

$\alpha_X$——被测量块的线膨胀系数；

$\alpha_S$——标准量块的线膨胀系数；

$\bar{\alpha}$——被测量块和标准量块的平均线膨胀系数；

$\delta\alpha$——被测量块和标准量块的线膨胀系数差 $\delta\alpha=\alpha_X-\alpha_S$；

$\theta_X$——被测量块在测量状态下的温度与参考温度 20 ℃的差；

$\theta_S$——标准量块在测量状态下的温度与参考温度 20 ℃的差；

$\delta\theta$——被测量块和标准量块的温度差，$\delta\theta=\theta_X-\theta_S$；

$\bar{\theta}$——两量块的平均温度与参考温度 20 ℃的差，$\bar{\theta}=(\theta_X+\theta_S)/2$；

$\delta l_V$——当测量点偏离量块中心时量块长度变动量对测量结果的影响。

## 三、不确定度分量

（1）标准量块长度，$l_S$

标准量块校准证书给出其中心长度为 $l_S=50.000\ 02$ mm，扩展不确定度 $U=50$ nm（包含因子 $k=2.88$，有效自由度 $\nu_{eff}=18$）。于是标准不确定度分量为

$$u_1(l_X)=u(l_S)=\frac{U(l_S)}{k}=\frac{50\ \text{nm}}{2.88}=17.4\ \text{nm}$$

（2）自上次校准以来标准量块长度的漂移，$\delta l_D$

根据过去的校准结果估计，标准量块长度的漂移在 0 至 ±30 nm 之间。但这类实验结果通常表明其漂移接近于 0，并可假定其满足三角分布。为安全起见，按矩形分布计算，故得

$$u_2(l_X)=u(l_D)=\frac{a}{k}=\frac{30\ \text{nm}}{\sqrt{3}}=17.3\ \text{nm}$$

（3）测量到的长度差，$\Delta l$

对长度差 $\Delta l$ 共进行了五次重复观测，在每次读数之前，比较仪均用标准量块置零。观测结果示于表 C-1。

表 C-1  长度差 $\Delta l$ 的五次观测结果

| 序号 | 测得值 |
| --- | --- |
| 1 | −100 nm |
| 2 | −90 nm |
| 3 | −90 nm |
| 4 | −80 nm |
| 5 | −100 nm |
| $\overline{\Delta l}$ | −92 nm |

由过去的测量得到，合并样本标准偏差 $s_p(\Delta l)=16$ nm。于是五次测量平均值的标准不确定度 $s(\overline{\Delta l})$ 为

$$u_3(l_X) = u(\overline{\Delta l}) = s(\overline{\Delta l}) = \frac{16 \text{ nm}}{\sqrt{5}} = 7.2 \text{ nm}$$

（4）比较仪的非线性和偏置修正，$\delta l_C$

当被测长度差 $D$ 在 $\pm 10 \ \mu\text{m}$ 范围内时，比较仪的最大允许误差为 $\pm(30 \text{ nm} + 0.002 \cdot |D|)$。根据 0 级被测量块和 K 级标准量块的公差，测量的长度差应不大于 $\pm 1 \ \mu\text{m}$，因此由比较仪的非线性和偏置导致的误差不大于 $\pm 32 \text{ nm}$。于是

$$u_4(l_X) = u(l_C) = \frac{a}{k} = \frac{32 \text{ nm}}{\sqrt{3}} = 18.5 \text{ nm}$$

（5）长度变动量，$\delta l_V$

经验表明，对于被校准的 0 级量块来说，测量点不在量块测量面中心对测量结果的影响在 $\pm 10 \text{ nm}$ 范围内。假定其满足矩形分布，于是由长度变动量引入的不确定度分量为

$$u_5(l_X) = u(\delta l_V) = \frac{a}{k} = \frac{10 \text{ nm}}{\sqrt{3}} = 5.8 \text{ nm}$$

（6）平均线膨胀系数和温度差，$\overline{\alpha} \times \delta\theta$

由于 $\delta\theta$ 的数学期望为零，而 $\overline{\alpha}$ 的数学期望的模远大于其标准不确定度 $u(\overline{\alpha})$，根据本实例数学注释中的式（C-6），可得

$$u^2(\overline{\alpha} \cdot \delta\theta) = (\overline{\alpha})^2 u^2(\delta\theta) + u^2(\delta\theta) u^2(\overline{\alpha}) \approx (\overline{\alpha})^2 u^2(\delta\theta)$$

于是

$$u(\overline{\alpha} \cdot \delta\theta) = \overline{\alpha} u(\delta\theta)$$

在校准之前，要确保量块温度和室内环境温度相一致，估计标准量块和被测量块的残余温度差在 $\pm 0.05 \ ℃$ 范围内。以矩形分布估计，得

$$u(\delta\theta) = \frac{a}{k} = \frac{0.05 \ ℃}{\sqrt{3}} = 0.028\ 9 \ ℃$$

由于 $\overline{\alpha} = 11.5 \times 10^{-6} \ ℃^{-1}, L = 50 \text{ mm}$，故其灵敏系数的绝对值为

$$\overline{\alpha} L = 11.5 \times 10^{-6} \ ℃^{-1} \times 50 \text{ mm} = 575 \text{ nm}/℃$$

于是，所引入的不确定度分量为

$$u_6(l_X) = \overline{\alpha} L u(\delta\theta) = 575 \text{ nm}/℃ \times 0.028\ 9 \ ℃ = 16.6 \text{ nm}$$

（7）线膨胀系数差和平均温度与参考温度之差，$\delta\alpha \cdot \overline{\theta}$

由于 $\delta\alpha$ 和 $\overline{\theta}$ 的数学期望均为零，根据本例数学注释中给出的式（C-8），在评定由乘积 $\delta\alpha \cdot \overline{\theta}$ 所引入的测量不确定度分量时，应考虑其二阶项。于是

$$u^2(\delta\alpha \cdot \overline{\theta}) = u^2(\delta\alpha) u^2(\overline{\theta})$$

于是

$$u(\delta\alpha \cdot \overline{\theta}) = u(\delta\alpha) u(\overline{\theta})$$

钢量块的线膨胀系数应在 $(11.5 \pm 1) \times 10^{-6} \ ℃^{-1}$ 范围内。故两量块的线膨胀系数差 $\delta\alpha$ 应在 $\pm 2 \times 10^{-6} \ ℃^{-1}$ 范围内服从三角分布。于是

$$u(\delta\alpha) = \frac{a}{k} = \frac{2 \times 10^{-6} \ ℃^{-1}}{\sqrt{6}} = 0.816 \times 10^{-6} \ ℃^{-1}$$

测量时两量块的平均温度与参考温度 $t_0 = 20 \ ℃$ 之差 $\overline{\theta}$ 控制在 $\pm 0.5 \ ℃$ 范围内。按矩形分布估计，即

$$u(\bar{\theta}) = \frac{a}{k} = \frac{0.5 \text{ ℃}}{\sqrt{3}} = 0.289 \text{ ℃}$$

由于 $L = 50$ mm，最后得由乘积项 $\delta\alpha \times \bar{\theta}$ 引入的不确定度分量为

$$u_7(l_X) = Lu(\delta\alpha \cdot \bar{\theta}) = Lu(\delta\alpha)u(\bar{\theta})$$

$$= 50 \text{ mm} \times 0.816 \times 10^{-6} \text{ ℃}^{-1} \times 0.289 \text{ ℃} = 11.8 \text{ nm}$$

## 四、相关性

没有任何输入量具有值得考虑的相关性。

## 五、不确定度概算

表 C-2 给出量块长度比较测量的不确定度分量汇总表。

表 C-2　标称长度 50 mm 0 级量块校准的不确定度分量汇总表

| 输入量 $X_i$ | 估计值 $x_i$ | 标准不确定度 $u(x_i)$ | 概率分布 | 灵敏系数 $c_i$ | 不确定度分量 $u_i(y)/\text{nm}$ |
|---|---|---|---|---|---|
| $L_s$ | 50.000 020 mm | 17.4 nm | 正态 | 1 | 17.4 |
| $\delta l_D$ | 0 | 17.3 nm | 矩形 | 1 | 17.3 |
| $\Delta l$ | −0.000 092 mm | 7.2 nm | 正态 | 1 | 7.2 |
| $\delta l_C$ | 0 | 18.5 nm | 矩形 | 1 | 18.5 |
| $\delta l_V$ | 0 | 5.8 nm | 矩形 | −1 | 5.8 |
| $\delta\theta$ | 0 | 0.028 9 ℃ | 矩形 | −575 nm℃$^{-1}$ | 16.6 |
| $\delta\alpha \times \bar{\theta}$ | 0 | $0.236 \times 10^{-6}$ | | −50 mm | 11.8 |
| | | $l_X = 49.999\ 928$ mm，$u_c(l_X) = 38.0$ nm | | | |

其合成标准不确定度为

$$u_c(l_X) = \sqrt{u_1^2(l_X) + u_2^2(l_X) + u_3^2(l_X) + u_4^2(l_X) + u_5^2(l_X) + u_6^2(l_X) + u_7^2(l_X)}$$

$$= \sqrt{17.4^2 + 17.3^2 + 7.2^2 + 18.5^2 + 5.8^2 + 16.6^2 + 11.8^2} \text{ nm}$$

$$= 38.0 \text{ nm}$$

## 六、被测量分布的估计

由表 C-2 可知，共有七个不确定度分量，其中四个较大的分量大小十分接近，故可以判定被测量接近于正态分布。

## 七、扩展不确定度

取包含因子 $k = 2$，于是扩展不确定度为

$$U(l_X) = ku_c(l_X) = 2 \times 38.0 \text{ nm} = 76 \text{ nm}$$

## 八、报告结果

标称长度为 50 mm 量块的测得值为 49.999 928 mm±76 nm。

报告的扩展不确定度是由标准不确定度乘以包含因子 $k=2$ 得到的,对于正态分布来说,这对应的包含概率约为 95%。

### 九、数学注释:关于数学期望为零的两个量的乘积的标准不确定度

考虑两个量的乘积,且其中至少有一个量的数学期望为零时,通常根据线性测量模型导出的评定不确定度的方法必须改变。若相乘的两个量统计地相互独立无关,并且数学期望不为零,则该乘积的相对标准不确定度的平方(相对方差)可非线性地用与两个量的数学期望有关的相对标准不确定度的平方来表示:

$$u_{rel}^2(x_1 x_2) = u_{rel}^2(x_1) + u_{rel}^2(x_2) + u_{rel}^2(x_1) u_{rel}^2(x_2) \tag{C-4}$$

根据相对标准不确定度的定义,上式可以改写为

$$u^2(x_1 x_2) = x_2^2 u^2(x_1) + x_1^2 u^2(x_2) + u^2(x_1) u^2(x_2) \tag{C-5}$$

如果与输入量 $x_1$ 和 $x_2$ 对应的标准不确定度 $u(x_1)$ 和 $u(x_2)$ 远小于 $x_1$ 和 $x_2$ 各自的数学期望的模,即满足条件 $|x_1| \gg u(x_1)$ 和 $|x_2| \gg u(x_2)$,则上式中第三项可以忽略。此时方程的形式与线性测量模型中常用的表示式相同。

$$u^2(x_1 x_2) = x_2^2 u^2(x_1) + x_1^2 u^2(x_2)$$

若其中一个输入量的数学期望的模,例如 $|x_2|$,远小于其标准不确定度 $u(x_2)$,或甚至是 $x_2=0$,即满足条件 $|x_2| \ll u(x_2)$,则式(C-5)中包含 $x_2$ 的乘积项将可忽略。于是上式成为

$$u^2(x_1 x_2) = x_1^2 u^2(x_2) + u^2(x_1) u^2(x_2) \tag{C-6}$$

若此时输入量 $x_1$ 数学期望的模 $|x_1|$ 远大于其标准不确定度 $u(x_1)$,即满足条件 $u(x_1) \ll |x_1|$,则式(C-6)中右边第二项也可以忽略,于是式(C-6)成为

$$u(x_1 x_2) = x_1 u(x_2) \tag{C-7}$$

如果两个量 $x_1$ 和 $x_2$ 的数学期望的模均远小于各自的标准不确定度,或甚至等于零,即同时满足条件 $|x_1| \ll u(x_1)$ 和 $|x_2| \ll u(x_2)$,则此时仅有式(C-5)中右边第三项有贡献,于是式(C-5)成为

$$u(x_1 x_2) \approx u(x_1) u(x_2) \tag{C-8}$$

## 十、评注

(1) 由欧洲认可合作组织提供的实例,当被测量 $Y$ 接近正态分布,且可以确认自由度不太小时,一般不计算自由度,统一取包含因子 $k=2$。

(2) 欧洲认可合作组织提供的实例,一般都考虑一项不确定度分量:标准参考器自最近一次校准以来标准值的漂移。当标准参考值由校准证书提供时,该分量是必须考虑的,因为对于校准来说通常不考虑被校准对象预期可能产生的漂移。

(3) 报告结果中说:"……,对于正态分布来说,这对应于包含概率约为 95%。"这是有前提的,即应在有效自由度不太小的情况下该结论才成立。而在本测量中,虽然只测量了 5 次,但其平均值的标准不确定度是由以前的测量通过合并样本标准偏差计算得到的,因此

其自由度应比较大。

（4）这是一个处理高阶项的实例。测量模型为非线性模型，在考虑平均线膨胀系数和两量块温度差之乘积 $\bar{\alpha} \cdot \delta\theta$ 以及平均温度与参考温度 20 ℃之差和线膨胀系数差之乘积 $\delta\alpha \cdot \bar{\theta}$ 所引入的不确定度分量 $u(\bar{\alpha} \cdot \delta\theta)$ 和 $u(\delta\alpha \cdot \bar{\theta})$ 时，由于 $\delta\theta$ 以及 $\delta\alpha$ 和 $\bar{\theta}$ 的数学期望均为零，故必须处理其高阶项。处理方法见本例的数学注释。

（5）公式（C-4）或（C-5）是根据式（7-15）：

$$u_c^2(y) = \sum_{i=1}^{n} \left(\frac{\partial f}{\partial x_i}\right)^2 u^2(x_i) + \sum_{i=1}^{n}\sum_{j=1}^{n}\left[\frac{1}{2}\left(\frac{\partial^2 f}{\partial x_i \partial x_j}\right)^2 + \frac{\partial f}{\partial x_i}\frac{\partial^3 f}{\partial x_i \partial x_j^2}\right]u^2(x_i)u^2(x_j)$$

当 $y = f(x_1, x_2) = x_1 x_2$ 时得到的。

（6）同样是量块比较测量，由于选择了不同的输入量，本例所用的测量模型与前面式（5-4）和式（5-5）所介绍的模型又有所不同。

（7）本例与实例 B 完全相同，但评定方法不同。实例 B 完全按照 GUM 的评定程序，而本例则是采用简化的程序进行评定。与实例 B 进行比较，就可以发现本例的评定过程要简单得多。采用这一简化的程序进行评定的条件是要确保自由度不太小，例如 20 以上。因此在确定测量程序时一定要考虑这一点。

（8）在几乎所有的精密长度测量中，温度对测量结果的影响往往是测量不确定度的主要来源之一。而温度对测量结果的影响与温度差和线膨胀系数的乘积项有关，因此可以说大部分精密长度测量的测量模型都是非线性模型。本实例所采用的非线性模型的合成方差表示式中处理高阶项的方法也可以用于其他长度测量的不确定度评定中。

## 实例 D　游标卡尺的校准
### （根据欧洲认可合作组织提供的实例改写）

### 一、测量原理

用 1 级钢量块作为工作标准校准游标卡尺。卡尺的测量范围为 150 mm，主尺的分度间隔为 1 mm，游标的分度间隔为 1/20 mm，故读数分辨力为 0.05 mm。

用标称长度在（0.5～150）mm 范围内不同长度的量块作为参考标准来校准卡尺的不同测量点，例如 0 mm，50 mm，100 mm 和 150 mm。但所选的量块长度应使它们分别对应于不同的游标刻度，例如 0.0 mm，0.3 mm，0.6 mm 和 0.9 mm。

本实例对用于外径测量的游标卡尺的校准进行测量不确定度评定，校准点为 150 mm。在校准前应对卡尺进行检查，包括阿贝误差，卡尺量爪测量面的质量（平面度、平行度、测量面和侧面的垂直度）以及机械锁紧机构的功能等。

### 二、测量模型

在参考温度 $t_0 = 20$ ℃下，卡尺的示值误差 $E_x$ 可表示为

$$E_X = l_{iX} - l_S + L \cdot \bar{\alpha} \cdot \Delta t + \delta l_{iX} + \delta l_M$$

式中：$l_{iX}$——卡尺的示值；

$\quad l_S$——标准量块在参考温度 20 ℃下的长度；

$\quad L$——标准量块的标称长度；

$\quad \bar{\alpha}$——卡尺和量块的平均线膨胀系数；

$\quad \Delta t$——卡尺和量块的温度差；

$\quad \delta l_{iX}$——卡尺有限分辨力对测量结果的影响；

$\quad \delta l_M$——机械效应，如测量力、阿贝误差、量爪测量面的平面度和平行度误差等对测量结果的影响。

## 三、输入量标准不确定度的评定和不确定度分量

（1）测量，$l_{iX}$

进行了若干次重复测量，未发现测量结果有任何发散，故读数并不引入任何有意义的不确定度分量。对于 150 mm 量块的测量结果为 150.10 mm，于是其示值误差 $E_X$ 以及读数引入的标准不确定度为

$$E_X = 150.10 \text{ mm} - 150 \text{ mm} = 0.10 \text{ mm}$$

$$u(l_{iX}) = 0$$

因其灵敏系数 $|c_1| = \dfrac{\partial E_X}{\partial l_{iX}} = 1$，故对应的不确定度分量为

$$u_1(E_X) = |c_1| u(l_{iX}) = 0$$

（2）工作标准，$l_S$

作为工作标准的量块长度及其扩展不确定度由校准证书给出。由于在计算中使用量块的标称长度而不是实际长度，并且量块的校准证书确认其符合 1 级量块的要求，故其中心长度的偏差应在 ±0.8 μm 范围内，并假定其满足矩形分布。于是其标准不确定度为

$$u(l_S) = \frac{U(l_S)}{k} = \frac{0.8 \text{ } \mu m}{\sqrt{3}} = 0.462 \text{ } \mu m$$

因其灵敏系数 $c_2 = \dfrac{\partial E_X}{\partial l_S} = -1$，故对应的不确定度分量为

$$u_2(E_X) = |c_2| u(l_S) = u(l_S) = 0.462 \text{ } \mu m$$

（3）温度差，$\bar{\alpha} \Delta t$

由于温度差 $\Delta t$ 的数学期望为零，故其模 $|\Delta t|$ 远小于其标准不确定度 $u(\Delta t)$。而平均线膨胀系数 $\bar{\alpha}$ 的标准不确定度 $u(\bar{\alpha})$ 则远小于其数学期望 $\bar{\alpha}$。即符合条件 $|\Delta t| \ll u(\Delta t)$ 和 $u(\bar{\alpha}) \ll \bar{\alpha}$，于是由式（7-18）可得乘积项 $\bar{\alpha} \Delta t$ 的标准不确定度为

$$u^2(\bar{\alpha} \Delta t) = \Delta t^2 u^2(\bar{\alpha}) + (\bar{\alpha})^2 u^2(\Delta t) + u^2(\bar{\alpha}) u^2(\Delta t)$$

$$\approx (\bar{\alpha})^2 u^2(\Delta t) + u^2(\bar{\alpha}) u^2(\Delta t)$$

$$\approx (\bar{\alpha})^2 u^2(\Delta t)$$

即

$$u(\bar{\alpha} \Delta t) = \bar{\alpha} u(\Delta t)$$

卡尺和量块的平均线膨胀系数为 $\bar{a}=11.5\times10^{-6}$ $^{\circ}\mathrm{C}^{-1}$,测量时卡尺和量块的温度差 $\Delta t$ 在 $\pm2$ $^{\circ}\mathrm{C}$ 范围内,并假定为矩形分布,于是温度差的标准不确定度为

$$u(\Delta t)=\frac{a}{k}=\frac{2\ ^{\circ}\mathrm{C}}{\sqrt{3}}=1.15\ ^{\circ}\mathrm{C}$$

而其灵敏系数为 $c_3=\dfrac{\partial E_\mathrm{X}}{\partial(\bar{a}\Delta t)}=L$,故对应的不确定度分量为

$$u_3(E_\mathrm{X})=|c_3|u(\bar{a}\Delta t)=L\bar{a}u(\Delta t)$$
$$=150\ \mathrm{mm}\times11.5\times10^{-6}\ ^{\circ}\mathrm{C}^{-1}\times1.15\ ^{\circ}\mathrm{C}=1.99\ \mu\mathrm{m}$$

在本例中平均线膨胀系数 $\bar{a}$ 和线膨胀系数之差 $\delta\alpha$ 的不确定度可以忽略不计。

（4）卡尺的分辨力,$\delta l_\mathrm{iX}$

游标刻度间隔为 $50\ \mu\mathrm{m}$,故可以假定分辨力对测量结果的影响应满足误差限为 $\pm25\ \mu\mathrm{m}$ 的矩形分布。由于灵敏系数 $|c_4|=\dfrac{\partial E_\mathrm{X}}{\partial l_\mathrm{iX}}=1$,于是对应的不确定度分量为

$$u_4(E_\mathrm{X})=|c_4|u(\delta l_\mathrm{iX})=u(\delta l_\mathrm{iX})=\frac{25\ \mu\mathrm{m}}{\sqrt{3}}=14.4\ \mu\mathrm{m}$$

（5）机械效应,$\delta l_\mathrm{M}$

机械效应包括:测力的影响,阿贝误差以及动尺和尺身的相互作用等,此外还有量爪测量面的平面度、平行度以及测量面相对于尺身的垂直度等。估计这些影响合计最大为 $\pm50\ \mu\mathrm{m}$,并假定满足矩形分布。由于灵敏系数 $c_5=\dfrac{\partial E_\mathrm{X}}{\partial l_\mathrm{M}}=1$,于是对应的不确定度分量为

$$u_5(E_\mathrm{X})=|c_5|u(\delta l_\mathrm{M})=u(\delta l_\mathrm{M})=\frac{50\ \mu\mathrm{m}}{\sqrt{3}}=28.9\ \mu\mathrm{m}$$

## 四、相关性

没有任何输入量具有值得考虑的相关性。

## 五、不确定度概算

表 D-1 给出游标卡尺校准（150 mm 测量点）的测量不确定度分量汇总表。

**表 D-1　游标卡尺校准（150 mm 测量点）的测量不确定度分量汇总表**

| 输入量 $X_i$ | 估计值 $x_i$ | 标准不确定度 $u(x_i)$ | 概率分布 | 灵敏系数 $c_i$ | 不确定度分量 $u_i(y)$ |
|---|---|---|---|---|---|
| $l_\mathrm{iX}$ | 150.10 mm | | | | |
| $l_\mathrm{S}$ | 150.00 mm | 0.462 $\mu\mathrm{m}$ | 矩形 | −1 | 0.462 $\mu\mathrm{m}$ |
| $\Delta t$ | 0 | 1.15 $^{\circ}\mathrm{C}$ | 矩形 | 1.7 $\mu\mathrm{m}^{\circ}\mathrm{C}^{-1}$ | 1.99 $\mu\mathrm{m}$ |
| $\delta l_\mathrm{iX}$ | 0 | 14.4 $\mu\mathrm{m}$ | 矩形 | 1 | 14.4 $\mu\mathrm{m}$ |
| $\delta l_\mathrm{M}$ | 0 | 28.9 $\mu\mathrm{m}$ | 矩形 | 1 | 28.9 $\mu\mathrm{m}$ |
| | | $E_\mathrm{X}=0.10\ \mathrm{mm}$,$u_\mathrm{c}(E_\mathrm{X})=32.4\ \mu\mathrm{m}$ | | | |

## 六、合成标准不确定度

$$u_c(E_X) = \sqrt{u_2^2 + u_3^2 + u_4^2 + u_5^2}$$
$$= \sqrt{0.462^2 + 1.99^2 + 14.4^2 + 28.9^2}\ \mu m$$
$$= 32.4\ \mu m$$

## 七、被测量分布的估计

在测量结果的不确定度中,由机械效应和游标分辨力所引入的不确定度是两个明显占优势的分量。前者是分布区间半宽为 $50\ \mu m$ 的矩形分布,而后者是分布区间半宽为 $25\ \mu m$ 的矩形分布。因此被测量的分布将不满足正态分布,而是上底和下底的半宽分别为 $25\ \mu m$ 和 $75\ \mu m$ 的梯形分布。对于该梯形,其对称轴两侧 $\pm 60\ \mu m$ 范围内的面积是梯形总面积的 $95\%$,这对应于包含因子 $k_{95} = 1.83$(见本例的数学注释)。

## 八、扩展不确定度

由于最后的合成分布并不是正态分布,而是接近于上、下底之比为 $\beta = 0.33$ 的梯形分布。而该梯形分布的包含因子 $k_{95} = 1.83$,于是
$$U_{95}(E_X) = k_{95} u_c(E_X) = 1.83 \times 32.4\ \mu m \approx 0.06\ mm$$

## 九、不确定度报告

在 150 mm 测量点,卡尺的示值误差是 $E_X = (0.10 \pm 0.06)\ mm$。

所给扩展不确定度是由合成标准不确定度 32.4 $\mu m$ 乘以包含因子 $k_{95} = 1.83$ 得到。该包含因子系根据角参数 $\beta = 0.33$ 的梯形分布以及所要求的包含概率 $p = 95\%$ 计算得到。

## 十、数学注释

如果在测量不确定度概算中,已经识别出有两个分量是占优势的分量,它们分别为半宽为 $a_1$ 和 $a_2$ 的矩形分布,则两者卷积后得到下底和上底的半宽分别为 $a = a_1 + a_2$ 和 $b = |a_1 - a_2|$ 的梯形分布(见图 D-1)。

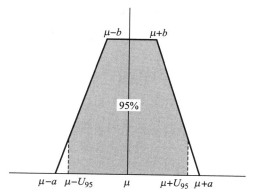

**图 D-1 由两个矩形分布的卷积得到 $\beta = 0.33$ 的对称梯形分布**

梯形分布的概率密度函数为

$$f(y)=\frac{1}{a(1+\beta)}\begin{cases} 1 & |y|<\beta a \\ \frac{1}{1-\beta}\left(1-\frac{|y|}{a}\right) & \beta a\leqslant|y|\leqslant a \\ 0 & a<|y| \end{cases}$$

式中参数 $\beta$ 为

$$\beta=\frac{b}{a}=\frac{|a_1-a_2|}{a_1+a_2}$$

经计算后可得,对于梯形分布,包含因子为[参见式(8-5)]

$$k_p=\frac{1}{\sqrt{\frac{1+\beta^2}{6}}}\cdot\begin{cases} \frac{p(1+\beta)}{2} & \frac{p}{2-p}\leqslant\beta \\ \left[1-\sqrt{(1-p)(1-\beta^2)}\right] & \beta\leqslant\frac{p}{2-p} \end{cases}$$

当 $p=95\%$,$\beta=0.33$ 时可得 $k_{95}=1.83$。

## 十一、评注

(1) 这是一个被测量分布为梯形分布的实例。对于梯形分布,其包含因子 $k$ 的数值还决定于梯形的角参数 $\beta$。

(2) 当用准确度较高的参考标准校准准确度较低的实物量具或测量仪器时,由于参考标准所引入的不确定度分量很小,而由被测对象的分辨力引入的不确定度分量相对较大,此时被测量的分布往往不满足正态分布。

(3) 卡尺是十分常见的测量仪器,因此本例的测量模型以及对非线性的处理方法很有参考价值。但每一个分量的具体大小是否符合读者所遇到的实际情况是要认真分析的,一般不要原样照搬。特别是本例中机械效应对测量结果的影响($\delta l_M$)究竟有多大,读者应根据自己的情况进行分析。

(4) 本例中多次重复测量的结果未发现测量结果有任何发散,因此必须考虑卡尺有限分辨力对测量结果的影响。如果测量结果的散发不等于零,并且大于读数分辨力所引入的不确定度,则应考虑测量结果发散所引入的不确定度分量,而不考虑读数分辨力对测量结果的影响。因为此时读数分辨力的影响已包含在测量结果的发散中。

(5) 与前面量块比较测量的实例不同,在量块比较测量中,被测量是量块长度。而在本例中被测量是卡尺的示值误差 $E_X$。前者的测量模型写成"$y=\cdots\cdots$"的形式,而后者的测量模型写成"$E_X=\cdots\cdots$"的形式。当被测对象是非实物量具时,由于仪器本身一般不提供量值,其量值需要用其他测量标准进行标定。故在不确定度评定时,被测量是示值误差。其测量模型需写成示值误差的形式"$E_X=\cdots\cdots$"。当被测对象是实物量具时,由于实物量具本身能提供一个标准量值,故在不确定度评定时,被测量既可以是示值误差,也可以是它所提供的量值。也就是说,这时两种测量模型都可以。由于两者之间仅相差一个标称值,而标称值是没有不确定度的,因此两种测量模型在不确定度评定时毫无差别。

# 实例 E  标称直径 90 mm 环规的校准

## （根据欧洲认可合作组织提供的实例改写）

### 一、测量原理

采用规定的程序对标称直径 90 mm 的钢制环规直径进行校准。用阿贝型的长度比较仪进行测量，并用标称直径 $D_S=40$ mm 的参考环规作为测量标准。由于参考标准环规和被校准环规的标称直径差为 50 mm，因此在测量中比较仪和参考环规都起工作标准的作用。测量时，将标准参考环规和被校准环规仔细地安装在一个四维工作台上，使环规可以在所需要的任何方向上进行准直调整。直径测量时，两个分别固定在底座和测量轴上的"C"形臂在几个不同方向上与环规直径两端相接触。"C"形臂上的球形测头，在全部测量范围内能提供标称值 1.5 N 的不变测力。测量轴与分辨力为 0.1 $\mu$m 的钢线纹尺的读数头刚性相连。通过周期检定确保比较仪的线纹尺满足生产商规定的最大允许误差要求。

为了满足校准程序中规定的对环境温度条件的要求，测量时对环境温度进行监测。比较仪工作区的温度保持在 20 ℃±0.5 ℃ 的范围内。在校准时仔细地确保环规和线纹尺维持在被监测的温度下，被校准环规、参考标准环规以及比较仪线纹尺的温度与室内环境温度之差在 ±0.2 ℃ 的范围内。

### 二、测量模型

在参考温度 20 ℃ 时被校准环规的直径 $d_X$ 可以表示为

$$d_X=d_S+\Delta l+\delta l_i+\delta l_T+\delta l_P+\delta l_E+\delta l_A \tag{E-1}$$

式中：$d_S$——在标准参考温度下，参考环规的直径；

$\Delta l$——由比较仪读数得到的两环规的直径差；

$\delta l_i$——对比较仪示值误差的修正；

$\delta l_T$——对被校准环规、参考标准环规，以及比较仪线纹尺的温度效应所作的修正；

$\delta l_P$——对两测头相对于测量轴线的非同轴所作的修正；

$\delta l_E$——对被校准环规和参考标准环规的弹性变形之差别所作的修正；

$\delta l_A$——在测量被校准环规直径和参考标准环规直径时，由于比较仪阿贝误差的差别而引入的修正。

其中对温度效应所作的修正 $\delta l_T$ 本身由若干个不确定度分量组成。它可以表示为

$$\delta l_T=[D_S(\alpha_S-\alpha_R)-D_X(\alpha_X-\alpha_R)]\Delta t_A+D_S\alpha_S\delta t_S-D_X\alpha_X\delta t_X-(D_S-D_X)\alpha_R\delta t_R \tag{E-2}$$

式中： $D_X,D_S$——分别为被校准环规和参考标准环规的标称直径；

$\alpha_X,\alpha_S,\alpha_R$——分别为被校准环规、参考标准环规和比较仪线纹尺的线膨胀系数；

$\Delta t_A=t_A-t_0$——室内测量环境温度 $t_A$ 与标准参考温度 $t_0=20$ ℃ 之差；

$\delta t_X,\delta t_S,\delta t_R$——分别为被校准环规，参考标准环规和比较仪线纹尺的温度与环境温度之差。

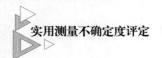

因此可以将不确定度评定分成两部分,首先评定温度对测量结果的影响 $\delta l_T$ 的不确定度 $u(\delta l_T)$,然后再评定直径测量的不确定度 $U(d_X)$。

### 三、温度效应对测量结果的影响 $\delta l_T$ 的不确定度 $u(\delta l_T)$

由于式(E-2)中的四个温度差 $\delta t_X$,$\delta t_S$,$\delta t_R$ 以及 $\Delta t_A$ 的数学期望均为零,采用通常的线性模型无法处理式(E-2)中的乘积项,因此必须考虑合成方差表示式中的高阶项。式(E-2)中的四个乘积项分别为

$$\delta l_{TA} = [D_S(\alpha_S - \alpha_R) - D_X(\alpha_X - \alpha_R)] \cdot \Delta t_A$$
$$\delta l_{TS} = D_S \alpha_S \delta t_S$$
$$\delta l_{TX} = D_X \alpha_X \delta t_X$$
$$\delta l_{TR} = (D_S - D_X)\alpha_R \delta t_R$$

室内测量环境温度与标准参考温度 $t_0 = 20\ ℃$ 的差 $\Delta t_A$ 最大为 $\pm 0.5\ ℃$,假定其满足 U 形分布,于是 $\Delta t_A$ 的标准不确定度 $u(\Delta t_A)$ 为

$$u(\Delta t_A) = \frac{0.5\ ℃}{\sqrt{2}} = 0.354\ ℃$$

被校准环规、参考标准环规和比较仪线纹尺的温度与环境温度之差 $\delta t_X$,$\delta t_S$ 和 $\delta t_R$ 均控制在 $\pm 0.2\ ℃$ 范围内,并假定满足矩形分布,于是它们的标准不确定度为

$$u(\delta t_X) = u(\delta t_S) = u(\delta t_R) = \frac{0.2\ ℃}{\sqrt{3}} = 0.115\ ℃$$

被校准环规、参考标准环规和比较仪线纹尺的线膨胀系数均为 $(11.5 \pm 1) \times 10^{-6}\ ℃^{-1}$,假定它们均满足矩形分布,于是它们的标准不确定度为

$$u(\alpha_X) = u(\alpha_S) = u(\alpha_R) = u(\alpha) = \frac{1 \times 10^{-6}\ ℃^{-1}}{\sqrt{3}} = 0.577 \times 10^{-6}\ ℃^{-1}$$

设 $z = D_S(\alpha_S - \alpha_R) - D_X(\alpha_X - \alpha_R)$,于是

$$\begin{aligned} z &= D_S(\alpha_S - \alpha_R) - D_X(\alpha_X - \alpha_R) \\ &= D_S \alpha_S - D_S \alpha_R - D_X \alpha_X + D_X \alpha_R \\ &= D_S \alpha_S - D_X \alpha_X + (D_X - D_S)\alpha_R \end{aligned}$$

由于 $D_S$ 和 $D_X$ 均为恒量,于是 $z$ 的不确定度可表示为

$$\begin{aligned} u(z) &= \sqrt{D_S^2 u^2(\alpha_S) + D_X^2 u^2(\alpha_X) + (D_X - D_S)^2 u^2(\alpha_R)} \\ &= \sqrt{(40\ mm)^2 + (90\ mm)^2 + (50\ mm)^2} \cdot u(\alpha) \\ &= 110.45\ mm \cdot u(\alpha) \\ &= 110.45\ mm \times 0.577 \times 10^{-6}\ ℃^{-1} \\ &= 0.063\ 8\ \mu m℃^{-1} \end{aligned}$$

(1) $\delta l_{TA}$ 的标准不确定度,$u(\delta l_{TA})$

由于 $\delta l_{TA} = z \Delta t_A$,即 $\delta l_{TA}$ 由两个变量的乘积组成,并且两个变量 $z$ 和 $\Delta t_A$ 的数学期望均等于零。

根据实例 C 数学注释中的式(C-5),两个量 $x_1 x_2$ 乘积的方差可以表示为

$$u^2(x_1 x_2) = x_2^2 u^2(x_1) + x_1^2 u^2(x_2) + u^2(x_1) u^2(x_2) \qquad \text{(E-3)}$$

当 $x_1$ 和 $x_2$ 的数学期望均等于零时,式(E-3)成为

$$u^2(x_1 x_2) = u^2(x_1) u^2(x_2)$$

或

$$u(x_1 x_2) = u(x_1) u(x_2)$$

于是

$$u(\delta l_T) = u(z) u(\Delta t_A) = 0.063\ 8\ \mu\text{m}\,^{\circ}\text{C}^{-1} \times 0.354\ ^{\circ}\text{C} = 0.022\ 5\ \mu\text{m}$$

(2) $\delta l_{TS}$ 的标准不确定度,$u(\delta l_{TS})$

由于 $\delta l_{TS} = D_S \alpha_S \delta t_S$,即 $\delta l_{TS}$ 由两个变量 $\alpha_S$ 和 $\delta t_S$ 的乘积组成,其中变量 $\delta t_S$ 的数学期望等于零。于是根据式(E-3)可得

$$u^2(\delta l_{TS}) = D_S^2 \cdot \alpha_S^2 \cdot u^2(\delta t_S)$$

于是

$$u(\delta l_{TS}) = D_S \cdot \alpha_S \cdot u(\delta t_S) = 40\ \text{mm} \times 11.5 \times 10^{-6}\ ^{\circ}\text{C}^{-1} \times 0.115\ ^{\circ}\text{C} = 0.053\ 1\ \mu\text{m}$$

(3) $\delta l_{TX}$ 和 $\delta l_{TR}$ 的标准不确定度,$u(\delta l_{TX})$ 和 $u(\delta l_{TR})$

同样理由可得

$$u(\delta l_{TX}) = D_X \cdot \alpha_X \cdot u(\delta t_X) = 90\ \text{mm} \times 11.5 \times 10^{-6}\ ^{\circ}\text{C}^{-1} \times 0.115\ ^{\circ}\text{C} = 0.120\ \mu\text{m}$$

$$u(\delta l_{TR}) = (D_X - D_S) \cdot \alpha_R \cdot u(\delta t_R) = 50\ \text{mm} \times 11.5 \times 10^{-6}\ ^{\circ}\text{C}^{-1} \times 0.115\ ^{\circ}\text{C} = 0.066\ 4\ \mu\text{m}$$

于是,$\delta l_T$ 的不确定度 $u(\delta l_T)$ 为

$$
\begin{aligned}
u(\delta l_T) &= \sqrt{u^2(\delta l_{TA}) + u^2(\delta l_{TS}) + u^2(\delta l_{TX}) + u^2(\delta l_{TR})} \\
&= \sqrt{0.022\ 5^2 + 0.053\ 1^2 + 0.120^2 + 0.066\ 4^2}\ \mu\text{m} \\
&= 0.148\ \mu\text{m}
\end{aligned}
$$

表 E-1 给出 $\delta l_T$ 的不确定度分量汇总表。

表 E-1　温度效应 $\delta l_T$ 的不确定度概算

| 输入量 $X_i$ | 估计值 $x_i$ | 标准不确定度 $u(x_i)/\mu\text{m}$ | 概率分布 | 灵敏系数 $c_i$ | 不确定度分量 $u_i(y)/\mu\text{m}$ |
|---|---|---|---|---|---|
| $\delta l_{TA}$ | 0 | 0.022 5 | | 1 | 0.022 5 |
| $\delta l_{TS}$ | 0 | 0.053 1 | | 1 | 0.053 1 |
| $\delta l_{TX}$ | 0 | 0.120 | | 1 | 0.120 |
| $\delta l_{TR}$ | 0 | 0.066 4 | | 1 | 0.066 4 |
| | | $\delta l_T = 0, u(\delta l_T) = 0.148\ \mu\text{m}$ | | | |

## 四、其他不确定度分量

(1) 工作标准,$d_S$

比较仪的校准证书给出,作为工作标准的参考环规内径及其扩展不确定度为:40.000 7 mm±0.2 $\mu$m(包含因子 $k=2$)。由于 $U(d_S) = 0.2\ \mu$m,故其标准不确定度为

$$u(d_{\mathrm{S}}) = \frac{U(d_{\mathrm{S}})}{k} = \frac{0.2 \ \mu\mathrm{m}}{2} = 0.1 \ \mu\mathrm{m}$$

（2）比较仪示值误差，$\delta l_i$

比较仪的生产商已经对线纹尺示值误差进行了修正，并且预先将修正值储存在比较仪的电子系统中。根据制造商给出的比较仪技术指标，修正后残余的最大允许误差为 $\pm(0.3 \ \mu\mathrm{m} + 1.5 \times 10^{-6} l_i)$，$l_i$ 为比较仪上读出的长度。由于实际测量的长度差为：$D_{\mathrm{X}} - D_{\mathrm{S}} = 50 \ \mathrm{mm}$，于是估计的未知残余误差在 $\pm 0.375 \ \mu\mathrm{m}$ 范围内。以矩形分布估计，于是

$$\mu(\delta l_i) = \frac{0.375 \ \mu\mathrm{m}}{\sqrt{3}} = 0.217 \ \mu\mathrm{m}$$

（3）非同轴修正，$\delta l_{\mathrm{P}}$

两球面相对于测量线的同轴度估计在 $\pm 20 \ \mu\mathrm{m}$ 范围内。在存在非同轴的情况下，实际测量到的不是环规的直径而是接近直径的弦。根据本实例数学注释中给出的公式，由于可能的非同轴而引入的修正值及其不确定度为

$$\delta l_{\mathrm{P}} = 2 \left( \frac{1}{D_{\mathrm{X}}} - \frac{1}{D_{\mathrm{S}}} \right) u^2(\delta c) \tag{E-4}$$

$$u^2(\delta l_{\mathrm{P}}) = \frac{16}{5} \left( \frac{1}{D_{\mathrm{X}}^2} + \frac{1}{D_{\mathrm{S}}^2} \right) u^4(\delta c) \tag{E-5}$$

式中 $\delta c$ 为被测弦的弦心距。若估计 $\delta c$ 满足矩形分布，于是可以计算得到

$$\delta l_{\mathrm{P}} = -0.004 \ \mu\mathrm{m}$$
$$u(\delta l_{\mathrm{P}}) = 0.006 \ 5 \ \mu\mathrm{m}$$

从不确定度分量汇总表 E-3 可以看出，在本实例的情况下，无论是修正值 $\delta l_{\mathrm{P}}$ 或是修正值的标准不确定度 $u(\delta l_{\mathrm{P}})$ 实际上均可以忽略而不予考虑。

（4）弹性变形修正，$\delta l_{\mathrm{E}}$

在校准过程中未对被校准环规和参考标准环规的弹性变形进行修正，根据过去的经验弹性变形对测量结果的影响在 $\pm 0.03 \ \mu\mathrm{m}$ 范围内。以矩形分布估计，于是其标准不确定度为

$$u(\delta l_{\mathrm{E}}) = \frac{0.03 \ \mu\mathrm{m}}{\sqrt{3}} = 0.017 \ 3 \ \mu\mathrm{m}$$

（5）阿贝误差修正，$\delta l_{\mathrm{A}}$

在校准过程中未对比较仪的阿贝误差进行测量，但根据经验和比较仪周期检定的数据，阿贝误差对测量结果的影响估计在 $\pm 0.02 \ \mu\mathrm{m}$ 范围内。以矩形分布估计，于是其标准不确定度为

$$u(\delta l_{\mathrm{A}}) = \frac{0.02 \ \mu\mathrm{m}}{\sqrt{3}} = 0.011 \ 5 \ \mu\mathrm{m}$$

（6）测量到的直径差，$\Delta l$

对参考标准环规和被校准环规的内径进行了测量，观测到的结果见表 E-2。

表 E-2　直径差 $\Delta l$ 的观测结果

| 序号 | 测量对象 | 观测结果 | 被测量 |
|------|---------|---------|--------|
| 1 | 参考标准环规 | 0<br>（对比较仪显示器置零） | 垂直于环规轴线的对称平面上的标称方向的直径 |
| 2 | 被校准环规 | 49.999 35 | 垂直于环规轴线的对称平面上的标称方向的直径 |
| 3 | 被校准环规 | 49.999 11 | 垂直于环规轴线的对称平面上的直径,在圆周上偏离标称方向+1 mm |
| 4 | 被校准环规 | 49.999 72 | 垂直于环规轴线的对称平面上的直径,在圆周上偏离标称方向-1 mm |
| 5 | 被校准环规 | 49.999 54 | 标称方向的直径,测量平面高于垂直于环规轴线的对称平面1 mm |
| 6 | 被校准环规 | 49.999 96 | 标称方向的直径,测量平面低于垂直于环规轴线的对称平面1 mm |

可以将上述观测结果分成两组,其中 No.1 是测量标准参考环规的直径,并用来对比较仪显示器置零。No.2 到 No.6 的测量对象是被校准环规,得到了不同的测量结果:

5 个不同位置直径的算术平均值: $\overline{\Delta l}=49.999\,54$ mm

单次测量的标准偏差: $s(\Delta l)=0.33$ $\mu$m

5 次测量平均值的标准偏差: $s(\overline{\Delta l})=\dfrac{s(\Delta l)}{\sqrt{5}}=0.15$ $\mu$m

考虑到被校准环规的形状偏差以及用比较仪测量时的重复性,单次测量的标准偏差 $s(\Delta l)=0.18$ $\mu$m。为了得到不同方向直径平均值的标准不确定度,还必须考虑比较仪显示器置零所引入的不确定度。通过采用合并样本方差可以降低该不确定度,由过去在相同的条件下所得到的测量结果,得到合并样本方差 $s_{\mathrm{p}}(0)=0.25$ $\mu$m。于是从不同方向直径测量得到的测量结果的标准不确定度为

$$u(\Delta l)=\sqrt{s^2(\overline{\Delta l})+s_{\mathrm{p}}^2(0)}=0.30\ \mu\mathrm{m}$$

## 五、不确定度概算

表 E-3 给出 90 mm 环规直径测量的不确定度分量汇总表。

表 E-3　标称直径 90 mm 环规校准的不确定度分量汇总表

| 输入量<br>$X_i$ | 估计值<br>$x_i$/mm | 标准不确定度<br>$u(x_i)$/$\mu$m | 概率分布 | 灵敏系数<br>$c_i$ | 不确定度分量<br>$u_i(y)$/$\mu$m |
|------|------|------|------|------|------|
| $d_{\mathrm{s}}$ | 40.000 7 | 0.10 | 正态 | 1 | 0.10 |
| $\Delta l$ | 49.999 54 | 0.30 | 正态 | 1 | 0.30 |

| 输入量 $X_i$ | 估计值 $x_i/\mathrm{mm}$ | 标准不确定度 $u(x_i)/\mu\mathrm{m}$ | 概率分布 | 灵敏系数 $c_i$ | 不确定度分量 $u_i(y)/\mu\mathrm{m}$ |
|---|---|---|---|---|---|
| $\delta l_i$ | 0 | 0.22 | 矩形 | 1 | 0.22 |
| $\delta l_{\mathrm{T}}$ | 0 | 0.15 | 正态 | 1 | 0.15 |
| $\delta l_{\mathrm{P}}$ | 0.000 004 | 0.006 5 | 矩形 | 1 | 0.006 5 |
| $\delta l_{\mathrm{E}}$ | 0 | 0.018 | 矩形 | 1 | 0.018 |
| $\delta l_{\mathrm{A}}$ | 0 | 0.012 | 矩形 | 1 | 0.012 |

$$d_{\mathrm{X}}=90.000\ 25\ \mathrm{mm}, u_{\mathrm{c}}(d_{\mathrm{X}})=0.433\ \mu\mathrm{m}$$

其合成标准不确定度为

$$u_{\mathrm{c}}(d_{\mathrm{X}})=\sqrt{u^2(d_{\mathrm{S}})+u^2(\Delta l)+u^2(\delta l_i)+u^2(\delta l_{\mathrm{T}})+u^2(\delta l_{\mathrm{P}})+u^2(\delta l_{\mathrm{E}})+u^2(\delta l_{\mathrm{A}})}$$
$$=\sqrt{0.10^2+0.30^2+0.22^2+0.15^2+0.006\ 5^2+0.018^2+0.012}\ \mu\mathrm{m}$$
$$=0.433\ \mu\mathrm{m}$$

## 六、被测量分布的估计

由表 E-3 可知,共有 7 个不确定度分量,没有任何一个分量占明显的优势。将各分量从大到小排列,位于前四位的分量中有三个满足正态分布,另一个为矩形发布,故可以判定被测量接近于正态分布。

## 七、扩展不确定度

取包含因子 $k=2$,于是扩展不确定度为

$$U(d_{\mathrm{X}})=ku_{\mathrm{c}}(d_{\mathrm{X}})=2\times0.433\ \mu\mathrm{m}\approx0.9\ \mu\mathrm{m}$$

## 八、报告结果

被校准环规的直径是 $(90.000\ 3\pm0.000\ 9)$ mm。

报告的扩展不确定度是由标准不确定度乘以包含因子 $k=2$ 得到的,对于正态分布来说,这对应于包含概率约为 95%。

## 九、关于非同轴的数学注释

由于测得环规直径的方向不可能精确地与比较仪测量轴的方向一致,实际上测量到的是接近于直径的弦长。测得的弦长 $d'$ 与环规直径 $d$ 的关系为

$$d'=d\cos(\delta\varphi)\approx d\left[1-\frac{1}{2}(\delta\varphi)^2\right] \tag{E-6}$$

式中,$\delta\varphi$ 是弦的圆心角之半的余角。该角度与弦心距 $\delta c$ 的关系为

$$\delta c=\frac{1}{2}d\sin(\delta\varphi)\approx\frac{1}{2}d\delta\varphi \tag{E-7}$$

于是式(E-6)可以改写为

$$d' = d\left[1 - \frac{1}{2}(\delta\varphi)^2\right] = d - \frac{d}{2}\left(\frac{2\delta c}{d}\right)^2 = d - 2\frac{(\delta c)^2}{d} \tag{E-8}$$

由于上式中等式右边的第二项远比第一项小,故可以近似地用标称直径 $D$ 代替 $d$,于是式(E-8)成为

$$d' = d - 2\frac{(\delta c)^2}{D} \tag{E-9}$$

根据方差的性质,一随机变量的方差等于该随机变量平方的数学期望与该随机变量数学期望的平方之差。于是对于 $\delta c$ 来说,由于其数学期望为零,因此 $\delta c$ 的方差就等于 $(\delta c)^2$ 的数学期望,即

$$u^2(\delta c) = E\left[(\delta c)^2\right]$$

取式(E-9)中各变量的数学期望,可以得到被测直径的最佳估计值。于是式(E-9)成为

$$d = d' + 2\frac{u^2(\delta c)}{D} \tag{E-10}$$

注意符号 $d$,$d'$ 和 $\delta c$ 在式(E-9)和(E-10)中具有不同的意义。式(E-9)中这些符号代表不精确的已知的量,或者说代表随机变量。式(E-10)中这些符号则代表这些量的数学期望。由于随机变量的方差等于随机变量相对于数学期望之差的平方的数学期望。根据式(E-9),环规直径测量的标准不确定度的平方可表示为

$$u^2(d) = u^2(d') + 4(\alpha - 1)\frac{u^4(\delta c)}{D^2} \tag{E-11}$$

式中

$$\alpha = \frac{m_4(\delta c)}{m_2^2(\delta c)}$$

是弦心距 $\delta c$ 的四阶中心矩对二阶中心矩平方之比。该比值与 $\delta c$ 的分布有关。如果假定 $\delta c$ 满足矩形分布,则 $\alpha = \frac{9}{5}$,于是直径测量的标准不确定度可表示为

$$u^2(d) = u^2(d') + \frac{16}{5} \cdot \frac{u^4(\delta c)}{D^2} \tag{E-12}$$

## 十、评注

注意本实例的非同轴修正。虽然在本实例中无论非同轴修正值本身或修正值的不确定度都很小而可以忽略不计,但非同轴而引入的不确定度分量在长度测量中也是常见的。

# 实例 F N 型热电偶 1 000 ℃温度点的校准
## (根据欧洲认可合作组织提供的实例改写)

## 一、测量原理

N 型热电偶是在温度为 1 000 ℃的卧式炉内与两支 R 型标准热电偶进行比对而进行校

准的。热电偶所产生的电动势通过倒向开关用数字电压表测量。所有各热电偶的参考端都置于 0 ℃。被校准热电偶则用补偿电缆接到参考温度点上。

已知标准热电偶和被校准热电偶在 1 000 ℃ 和 0 ℃ 时的电压灵敏度,将它们列入表 F-1。

表 F-1 热电偶的电压灵敏度

| | 1 000 ℃ | 0 ℃ |
|---|---|---|
| 标准热电偶 | $C_S = 0.077$ ℃/$\mu$V | $C_{S0} = 0.189$ ℃/$\mu$V |
| 被校准热电偶 | $C_X = 0.026$ ℃/$\mu$V | $C_{X0} = 0.039$ ℃/$\mu$V |

## 二、测量模型

被校准热电偶的热端温度 $t_X$ 为

$$t_X = t_S \left( V_{iS} + \delta V_{iS1} + \delta V_{iS2} + \delta V_R - \frac{\delta t_{0S}}{C_{S0}} \right) + \delta t_D + \delta t_F$$

$$\approx t_S(V_{iS}) + C_S \cdot \delta V_{iS1} + C_S \cdot \delta V_{iS2} + C_S \cdot \delta V_R - \frac{C_S}{C_{S0}} \cdot \delta t_{0S} + \delta t_D + \delta t_F$$

校准时冷端为 0 ℃,此时热电偶丝两端的电压 $V_X$ 为

$$V_X(t) \approx V_X(t_X) + \frac{\Delta t}{C_X} - \frac{\delta t_{0X}}{C_{X0}}$$

$$= V_{iX} + \delta V_{iX1} + \delta V_{iX2} + \delta V_R + \delta V_{LX} + \frac{\Delta t}{C_X} - \frac{\delta t_{0X}}{C_{X0}}$$

式中:$t_S(V)$——由冷端为 0 ℃ 时的电压导出的标准热电偶的温度。其函数关系在校准证书中给出;

$\quad V_{iS}, V_{iX}$——电压表的示值;

$\delta V_{iS1}, \delta V_{iX1}$——由电压表校准得到的电压修正值;

$\delta V_{iS2}, \delta V_{iX2}$——电压表的有限分辨力引入的电压修正值;

$\quad\quad \delta V_R$——由于倒向开关接触效应引入的电压修正值;

$\delta t_{0S}, \delta t_{0X}$——由于参考温度偏离 0 ℃ 而引入的温度修正值;

$\quad C_S, C_X$——测量温度为 1 000 ℃ 时标准热电偶和被校准热电偶的电压灵敏度;

$C_{S0}, C_{X0}$——在参考温度 0 ℃ 时标准热电偶和被校准热电偶的电压灵敏度;

$\quad\quad \delta t_D$——从最近一次校准以来因漂移而引起的标准热电偶量值的变化;

$\quad\quad \delta t_F$——由于炉温不均匀所引入的温度修正值;

$\quad\quad\quad t$——被校准热电偶所处点的温度(校准点);

$\Delta t = t - t_X$——校准点温度与炉温之差;

$\quad\quad \delta V_{LX}$——由补偿电缆所引入的电压修正值。

要求给出的测量结果是热电偶在其热端温度为 1 000 ℃ 时的输出电动势。由于测量过程包括两个步骤:炉温测定和被校准热电偶的电动势测定,因此测量不确定度的评定也分成两部分。

## 三、测量过程 $V_{is}, t_S(V_{is}), V_{ix}$

依下列操作程序用电压表测量热电偶的电动势,该程序要求对每支热电偶读数四次,以减少热源温度漂移的影响和测量回路中寄生热电动势的影响。

第一循环:

第一支标准热电偶,被校准热电偶,第二支标准热电偶;

第二支标准热电偶,被校准热电偶,第一支标准热电偶。

倒向开关换向。

第二循环:

第一支标准热电偶,被校准热电偶,第二支标准热电偶;

第二支标准热电偶,被校准热电偶,第一支标准热电偶。

操作程序要求两支标准热电偶之间的差不超过±0.3 ℃。如果差值超出这一范围,就必须重复观测,也可能必须研究出现如此大差值的原因。

测量结果列于表 F-2。

**表 F-2 测量结果**

| 热电偶 | 第一支标准热电偶 | 被校准热电偶 | 第二支标准热电偶 |
|---|---|---|---|
| | $+10\ 500\ \mu V$ | $+36\ 245\ \mu V$ | $+10\ 503\ \mu V$ |
| 修正后的电压表示值 | $+10\ 503\ \mu V$ | $+36\ 248\ \mu V$ | $+10\ 503\ \mu V$ |
| | $-10\ 503\ \mu V$ | $-36\ 248\ \mu V$ | $-10\ 505\ \mu V$ |
| | $-10\ 504\ \mu V$ | $-36\ 251\ \mu V$ | $-10\ 505\ \mu V$ |
| 平均电压 | $10\ 502.5\ \mu V$ | $36\ 248\ \mu V$ | $10\ 504\ \mu V$ |
| 热端温度 | $1\ 000.4\ ℃$ | | $1\ 000.6\ ℃$ |
| 炉温 | | $1\ 000.5\ ℃$ | |

由表 F-2 给出的每个热电偶的四次读数,可以得到每个热电偶的平均电压值。根据标准热电偶校准证书上给出的温度与电压的关系,将标准热电偶的电压值转换成温度值。观测到的各温度值之间有很强的相关性(相关系数接近于 1)。因此就取它们的平均值,并作为一次观测的结果,这就是被校准热电偶所在处的炉温。采用类似的方法,可以得到被校准热电偶的一次电压观测结果。为了得到这些观测结果的测量不确定度,过去已经在相同的工作温度下进行过若干组的 10 次测量。并得到炉温测量以及被校准热电偶的电压测量的合并样本标准差。它们的标准不确定度分别是

炉温测量: 合并样本标准差 $s_p(t_S) = 0.10\ ℃$

标准不确定度 $u(t_S) = \dfrac{s_p(t_S)}{\sqrt{1}} = 0.10\ ℃$

热电偶电压测量:合并样本标准差 $s_p(V_{iX}) = 1.6\ \mu V$

标准不确定度 $u(V_{iX}) = \dfrac{s_p(V_{iX})}{\sqrt{1}} = 1.6\ \mu V$

## 四、炉温测量的不确定度评定

炉温 $t_X$ 即是被校准热电偶的热端温度,它可表示为

$$t_X \approx t_S(V_{iS}) + C_S \cdot \delta V_{iS1} + C_S \cdot \delta V_{iS2} + C_S \cdot \delta V_R - \frac{C_S}{C_{S0}} \cdot \delta t_{0S} + \delta t_D + \delta t_F$$

各输入量的估计值及其标准不确定度以及对应的不确定度分量如下。

(1)参考标准,$t_S$

参考标准 $t_S$ 共引入两项不确定度分量:

a)温度测量的不确定度

标准热电偶的校准证书给出当热电偶的冷端温度为 0 ℃时热电偶的热端温度与热电偶丝两端间电压的关系。在 1 000 ℃时,测量热端温度的扩展不确定度为 $U = 0.3$ ℃,包含因子$k = 2$。由于其灵敏系数等于 1,于是

$$u_{1a}(t_X) = \frac{U(t_S)}{k} = \frac{0.3 \text{ ℃}}{2} = 0.15 \text{ ℃}$$

b)温度测量的重复性引入的不确定度

过去的测量已经得到,其合并样本方差为

$$u_{1b}(t_X) = u_p(t_S) = 0.10 \text{ ℃}$$

(2)电压表的校准,$\delta V_{iS1}$

电压表已经过校准。所有测得的电压都要进行修正。校准证书给出,当电压小于 50 mV 时,其扩展不确定度为 $U = 2.0$ $\mu$V,包含因子 $k = 2$。于是其标准不确定度为

$$u(\delta V_{iS1}) = \frac{U(\delta V_{iS1})}{k} = \frac{2 \text{ } \mu\text{V}}{2} = 1 \text{ } \mu\text{V}$$

而灵敏系数 $c_2$ 为

$$c_2 = \frac{\partial t_X}{\partial \delta V_{iS1}} = C_S = 0.077 \text{ ℃}/\mu\text{V}$$

故对应的不确定度分量为

$$u_2(t_X) = c_2 u(\delta V_{iS1}) = 0.077 \text{ ℃}/\mu\text{V} \times 1 \text{ } \mu\text{V} = 0.077 \text{ ℃}$$

(3)电压表的分辨力,$\delta V_{iS2}$

采用四位半数字微伏表,在 10 mV 测量范围内其分辨力为 1 $\mu$V。于是分辨力引入的最大可能误差为 $\pm 0.5$ $\mu$V,假定其为矩形分布,故其标准不确定度为

$$u(\delta V_{iS2}) = \frac{0.5 \text{ } \mu\text{V}}{\sqrt{3}} = 0.29 \text{ } \mu\text{V}$$

因灵敏系数 $c_3 = C_S = 0.077$ ℃/$\mu$V,于是对应的不确定度分量为

$$u_3(t_X) = |c_3| u(\delta V_{iS2}) = 0.077 \text{ ℃}/\mu\text{V} \times 0.29 \text{ } \mu\text{V} = 0.022 \text{ ℃}$$

(4)寄生电压,$\delta V_R$

开关接触效应产生的残余寄生偏置电压估计在($0 \pm 2$) $\mu$V 范围内,假定其为矩形分布,于是其标准不确定度为

$$u(\delta V_R) = \frac{2 \text{ } \mu\text{V}}{\sqrt{3}} = 1.15 \text{ } \mu\text{V}$$

因灵敏系数 $c_4 = C_S = 0.077$ ℃/$\mu$V,于是对应的不确定度分量为

$$u_4(t_X) = |c_4| u(\delta V_R) = 0.077 \ ℃/\mu V \times 1.15 \ \mu V = 0.089 \ ℃$$

（5）参考温度，$\delta t_{0S}$

每一支热电偶参考点的温度在$(0 \pm 0.1)$℃范围内，假定其为矩形分布，于是其标准不确定度为

$$u(\delta t_{0S}) = \frac{0.1 \ ℃}{\sqrt{3}} = 0.058 \ ℃$$

而灵敏系数 $c_5$ 为

$$c_5 = \frac{\partial t_X}{\partial \delta t_{0S}} = -\frac{C_S}{C_{S0}} = -\frac{0.077}{0.189} = -0.407$$

故对应的不确定度分量为

$$u_5(t_X) = |c_5| u(\delta t_{0S}) = 0.407 \times 0.058 \ ℃ = 0.024 \ ℃$$

（6）参考标准的漂移，$\delta t_D$

根据前几次的校准结果估计参考标准的漂移在$(0 \pm 0.3)$℃范围内，假定其为矩形分布，并且因其灵敏系数等于1，于是由此引入的不确定度分量为

$$u_6(t_X) = u(\delta t_D) = \frac{0.3 \ ℃}{\sqrt{3}} = 0.173 \ ℃$$

（7）温度梯度，$\delta t_F$

已经测量了炉内的温度梯度。在温度为 1 000 ℃时，测量区内由于温度不均匀引起的温度差在$\pm 1$ ℃范围内，假定其为矩形分布，并且因其灵敏系数等于1，于是由此引入的不确定度分量为

$$u_7(\delta t_X) = u(\delta t_F) = \frac{1 \ ℃}{\sqrt{3}} = 0.577 \ ℃$$

## 五、炉温测量的不确定度概算

表 F-3 给出炉温 $t_X$ 测量的不确定度概算。

表 F-3　炉温测量的不确定度分量汇总表

| 输入量 $X_i$ | 估计值 $x_i$ | 标准不确定度 $u(x_i)$ | 概率分布 | 灵敏系数 $c_i$ | 不确定度分量 $u_i(y)$ |
|---|---|---|---|---|---|
| $t_S$ | 1 000.5 ℃ | 0.15 ℃ | 正态 | 1 | 0.15 ℃ |
| | | 0.10 ℃ | 正态 | 1 | 0.10 ℃ |
| $\delta V_{iS1}$ | 0 | 1 $\mu V$ | 正态 | 0.077 ℃/$\mu V$ | 0.077 ℃ |
| $\delta V_{iS2}$ | 0 | 0.29 $\mu V$ | 矩形 | 0.077 ℃/$\mu V$ | 0.022 ℃ |
| $\delta V_R$ | 0 | 1.15 $\mu V$ | 矩形 | 0.077 ℃/$\mu V$ | 0.089 ℃ |
| $\delta t_{0S}$ | 0 | 0.058 ℃ | 矩形 | −0.407 | 0.024 ℃ |
| $\delta t_D$ | 0 | 0.173 ℃ | 矩形 | 1 | 0.173 ℃ |
| $\delta t_F$ | 0 | 0.577 ℃ | 矩形 | 1 | 0.577 ℃ |
| $t_X = 1\ 000.5$ ℃，$u_c(t_X) = 0.641$ ℃ | | | | | |

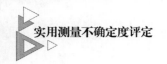

合成标准不确定度为

$$u_c(t_X) = \sqrt{u_{c1a}^2(t_X) + u_{1b}^2(t_X) + u_2^2(t_X) + u_3^2(t_X) + u_4^2(t_X) + u_5^2(t_X) + u_6^2(t_X) + u_7^2(t_X)}$$

$$= \sqrt{0.15^2 + 0.10^2 + 0.077^2 + 0.022^2 + 0.089^2 + 0.024^2 + 0.173^2 + 0.577^2}\ ℃$$

$$= 0.641\ ℃$$

取包含因子 $k=2$,于是炉温测量的扩展不确定度为

$$U(t_X) = k u_c(t_X) = 2 \times 0.641\ ℃ = 1.3\ ℃$$

## 六、被校准热电偶电动势 $V_X$ 的测量不确定度评定

(1) 电压表读数,$V_{iX}$

由表 F-2 得到,$V_{iX} = 36\ 248\ \mu V$,其标准不确定度为:$u(V_{iX}) = 1.6\ \mu V$。由于灵敏系数等于 1,因此对应的不确定度分量为

$$u_1(V_X) = u(V_{iX}) = 1.6\ \mu V$$

(2) 电压表的校准,$\delta V_{iX1}$

校准证书给出,当电压小于 50 mV 时,其扩展不确定度为 $U = 2.0\ \mu V$,包含因子 $k=2$。由于灵敏系数等于 1,因此对应的不确定度分量为

$$u_2(V_X) = u(\delta V_{iX1}) = \frac{U(\delta V_{iX1})}{k} = \frac{2\ \mu V}{2} = 1\ \mu V$$

(3) 电压表的分辨力,$\delta V_{iX2}$

采用四位半数字微伏表,在 10 mV 测量范围内其分辨力为 1 $\mu V$,故分辨力引入的最大可能误差为 $\pm 0.5\ \mu V$。假定其为矩形分布,并由于其灵敏系数等于 1,因此对应的不确定度分量为

$$u_3(V_X) = u(\delta V_{iX2}) = \frac{0.5\ \mu V}{\sqrt{3}} = 0.29\ \mu V$$

(4) 寄生电压,$\delta V_R$

前面已经得到寄生电压引入的不确定度为 $u(\delta V_R) = 1.15\ \mu V$,因此对应的不确定度分量为

$$u_4(V_X) = u(\delta V_R) = 1.15\ \mu V$$

(5) 补偿电缆,$\delta V_{LX}$

在 0 ℃ 到 40 ℃ 范围内对补偿电缆进行了研究,并由此估计电缆和热电偶丝之间的电压差在 $\pm 5\ \mu V$ 范围内。假定其为矩形分布,并由于其灵敏系数等于 1,于是其不确定度分量为

$$u_5(V_X) = u(\delta V_{LX}) = \frac{5\ \mu V}{\sqrt{3}} = 2.89\ \mu V$$

(6) 校准点温度与炉温之差,$\Delta t$

由表 F-3 给出的结果可得,校准点温度与炉温之差 $\Delta t$ 及其不确定度为

$$\Delta t = t - t_X = -0.5\ ℃$$

$$u(\Delta t) = 0.641\ ℃$$

其灵敏系数为

$$c_6=\frac{\partial V_\mathrm{X}}{\partial \Delta t}=\frac{1}{C_\mathrm{X}}=\frac{1}{0.026\ ℃/\mu V}=38.5\ \mu V/℃$$

于是对应的不确定度分量为

$$u_6(V_\mathrm{X})=|c_6|u(\Delta t)=38.5\ \mu V/℃\times 0.641\ ℃=24.6\ \mu V$$

（7）参考温度，$\delta t_{0\mathrm{X}}$

每一支热电偶参考点的温度在$(0\pm0.1)$ ℃范围内，假定其为矩形分布，于是其不确定度分量为

$$u(\delta t_{0\mathrm{X}})=\frac{0.1\ ℃}{\sqrt{3}}=0.058\ ℃$$

而灵敏系数 $c_7$ 为

$$c_7=\frac{\partial V_\mathrm{X}}{\partial \delta t_{0\mathrm{X}}}=-\frac{1}{C_{\mathrm{X}0}}=-\frac{1}{0.039\ ℃/\mu V}=-25.6\ \mu V/℃$$

故对应的不确定度分量为

$$u_7(V_\mathrm{X})=|c_7|u(\delta t_{0\mathrm{X}})=25.6\ \mu V/℃\times 0.058\ ℃=1.48\ \mu V$$

## 七、被校准热电偶电动势 $V_\mathrm{X}$ 测量的不确定度概算

由于温度点温度是准确已知的定义值，因此校准点温度与炉温的温度之差的标准不确定度就是炉温测量的标准不确定度。

表 F-4 给出被校准热电偶电动势测量的不确定度概算。

表 F-4　被校准热电偶电动势测量的不确定度分量汇总表

| 输入量 $X_i$ | 估计值 $x_i$ | 标准不确定度 $u(x_i)$ | 概率分布 | 灵敏系数 $c_i$ | 不确定度分量 $u_i(y)$ |
|---|---|---|---|---|---|
| $V_{i\mathrm{X}}$ | 36 248 $\mu V$ | 1.60 $\mu V$ | 正态 | 1 | 1.60 $\mu V$ |
| $\delta V_{i\mathrm{X}1}$ | 0 | 1.00 $\mu V$ | 正态 | 1 | 1.00 $\mu V$ |
| $\delta V_{i\mathrm{X}2}$ | 0 | 0.29 $\mu V$ | 矩形 | 1 | 0.29 $\mu V$ |
| $\delta V_\mathrm{R}$ | 0 | 1.15 $\mu V$ | 矩形 | 1 | 1.15 $\mu V$ |
| $\delta V_{\mathrm{LX}}$ | 0 | 2.89 $\mu V$ | 矩形 | 1 | 2.89 $\mu V$ |
| $\Delta t$ | $-0.5$ ℃ | 0.641 ℃ | 正态 | 38.5 $\mu V/℃$ | 24.6 $\mu V$ |
| $\delta t_{0\mathrm{X}}$ | 0 | 0.058 ℃ | 矩形 | $-25.6\ \mu V/℃$ | 1.48 $\mu V$ |
| $V_\mathrm{X}=36\ 229\ \mu V,u_\mathrm{c}(V_\mathrm{X})=25.0\ \mu V$ | | | | | |

当冷端为 0 ℃，被校准热电偶丝两端的电压 $V_\mathrm{X}$ 为

$$V_\mathrm{X}\approx V_{i\mathrm{X}}+\frac{\Delta t}{C_\mathrm{X}}-\frac{\delta t_{0\mathrm{X}}}{C_{\mathrm{X}0}}=36\ 248\ \mu V+\frac{-0.5}{0.026}\ \mu V-0=36\ 229\ \mu V$$

而其合成标准不确定度为

$$u_\mathrm{c}(V_\mathrm{X})=\sqrt{u_1^2(V_\mathrm{X})+u_2^2(V_\mathrm{X})+u_3^2(V_\mathrm{X})+u_4^2(V_\mathrm{X})+u_5^2(V_\mathrm{X})+u_6^2(V_\mathrm{X})+u_7^2(V_\mathrm{X})}$$
$$=\sqrt{1.60^2+1.00^2+0.29^2+1.15^2+2.89^2+24.6^2+1.48^2}\ \mu V$$
$$=25.0\ \mu V$$

实用测量不确定度评定

## 八、扩展不确定度

由表 F-4 给出的不确定度分量汇总表可知,由校准点温度与炉温之差 $\Delta t$ 所引入的不确定度分量是占优势的分量。由于其满足正态分布,因此可以判定被测量 $V_X$ 也满足正态分布。取包含因子 $k=2$,可得被校准热电偶电动势测量的扩展不确定度为

$$U(V_X)=ku_c(V_X)=2\times25.0\ \mu V=50\ \mu V$$

## 九、测量结果报告

在冷端温度为 0 ℃ 的情况下,N 型热电偶在 1 000 ℃ 时的电动势为 36 229 $\mu V\pm50\ \mu V$。给出的扩展不确定度是由标准不确定度乘以包含因子 $k=2$ 而得到的。在正态分布的情况下,其对应的包含概率约为 95%。

# 实例 G  180 ℃ 块状温度校准器的校准
### (根据欧洲认可合作组织提供的实例改写)

## 一、测量原理

作为校准工作的一部分,测量了块状温度校准器校准孔内的温度。测量是在其内置温度指示器的示值稳定在 180 ℃ 时进行的。用一支作为工作标准的插入式铂电阻温度计,通过交流电桥测量铂电阻温度计的电阻,来测量校准孔内的温度。

## 二、测量模型

当内置温度指示器的读数为 180 ℃ 时,校准孔内的温度 $t_X$ 可表示为

$$t_X=t_S+\delta t_S+\delta t_D-\delta t_{iX}+\delta t_R+\delta t_A+\delta t_H+\delta t_V \tag{G-1}$$

式中:$t_S$——通过交流电阻测量由铂电阻温度计得到的作为工作标准的温度;

$\delta t_S$——铂电阻温度计交流电阻测量对温度测量的影响;

$\delta t_D$——工作标准自上次校准以来标准值的漂移;

$\delta t_{iX}$——块状温度校准器的有限分辨力对测量结果的影响;

$\delta t_R$——由于内置温度计和工作标准之间的径向温度差对测量结果的影响;

$\delta t_A$——由于测量孔内轴向温度不均匀而对测量结果的影响;

$\delta t_H$——在测量周期内,当温度增加或降低时由于温度显示的滞后对测量结果的影响;

$\delta t_V$——测量时间内的温度变化。

由于作为工作标准的铂电阻温度计的外径 $d\leqslant6$ mm,因此其热传导对温度测量的影响未予考虑。过去的研究表明,在这种情况下,热传导效应可以忽略不计。

本测量模型为线性测量模型,且对应于所有输入量的灵敏系数的绝对值均等于 1。

## 三、不确定度分量

(1) 工作标准,$t_S$

190

作为工作标准的铂电阻温度计的校准证书给出了电阻和温度的关系。通过电阻测量得到校准孔内的温度 $t_S=180.1\ ℃$,其扩展不确定度为 $U(t_S)=30\ mK$,包含因子 $k=2$。于是对应的不确定度分量为

$$u_1(t_X)=u(t_S)=\frac{30\ mK}{2}=15\ mK$$

(2)电阻测量,$\delta t_S$

用作为工作标准的铂电阻温度计测得的温度是 180.1 ℃,与电阻测量有关的标准不确定度换算到温度后为 $u(\delta t_S)=10\ mK$。即

$$u_2(t_X)=u(\delta t_S)=10\ mK$$

(3)工作标准自上次校准以来的温度漂移,$\delta t_D$

对于在本测量中所用的作为工作标准的铂电阻温度计,根据经验估计,自上次校准以来其温度随时间的漂移在 $\pm40\ mK$ 范围内。假定其满足矩形分布,于是所引入的不确定度分量为

$$u_3(t_X)=u(\delta t_D)=\frac{40\ mK}{\sqrt{3}}=23.1\ mK$$

(4)块状温度校准器的分辨力,$\delta t_{iX}$

块状温度校准器的内置监控温度计的分辨力为 0.1 K,因此可能产生的最大误差为 $\pm50\ mK$。假定以矩形分布估计,于是所引入的不确定度分量为

$$u_4(t_X)=u(\delta t_{iX})=\frac{50\ mK}{\sqrt{3}}=28.9\ mK$$

(5)径向温度不均匀,$\delta t_R$

估计测量孔和内置温度计之间的径向温度差在 $\pm100\ mK$ 范围内。假定以矩形分布估计,于是所引入的不确定度分量为

$$u_5(t_X)=u(\delta t_R)=\frac{100\ mK}{\sqrt{3}}=57.7\ mK$$

(6)轴向温度不均匀,$\delta t_A$

通过对铂电阻温度计的不同的插入深度所得到的读数进行分析,由于测量孔内轴向温度不均匀而产生的温度差估计在 $\pm250\ mK$ 范围内。假定以矩形分布估计,于是所引入的不确定度分量为

$$u_6(t_X)=u(\delta t_A)=\frac{250\ mK}{\sqrt{3}}=144\ mK$$

(7)滞后效应,$\delta t_H$

根据在测量周期内温度增加和降低时参考温度计上的读数,估计校准孔内由于滞后效应所引入的温度差在 $\pm50\ mK$ 范围内。假定以矩形分布估计,于是所引入的不确定度分量为

$$u_7(t_X)=u(\delta t_A)=\frac{50\ mK}{\sqrt{3}}=28.9\ mK$$

(8)温度不稳定,$\delta t_V$

在 30 分钟的测量周期内,由于温度不稳定所产生的温度变化估计在 $\pm30\ mK$ 范围内。

假定以矩形分布估计,于是所引入的不确定度分量为

$$u_8(t_X)=u(\delta t_V)=\frac{30\ \mathrm{mK}}{\sqrt{3}}=17.3\ \mathrm{mK}$$

## 四、相关性

没有任何输入量具有值得考虑的相关性。

## 五、不确定度概算 $t_X$

表 G-1 给出 180 ℃块状温度校准器校准的不确定度分量汇总表。

**表 G-1　180 ℃块状温度校准器校准的不确定度分量汇总表**

| 输入量 $X_i$ | 估计值 $x_i$ | 标准不确定度 $u(x_i)$ | 概率分布 | 灵敏系数 $c_i$ | 不确定度分量 $u_i(y)$ |
|---|---|---|---|---|---|
| $t_S$ | 180.1 ℃ | 15 mK | 正态 | 1 | 15 mK |
| $\delta t_S$ | 0 | 10 mK | 正态 | 1 | 10 mK |
| $\delta t_D$ | 0 | 23.1 mK | 矩形 | 1 | 23.1 mK |
| $\delta t_{iX}$ | 0 | 28.9 mK | 矩形 | $-1$ | 28.9 mK |
| $\delta t_R$ | 0 | 57.7 mK | 矩形 | 1 | 57.7 mK |
| $\delta t_A$ | 0 | 144 mK | 矩形 | 1 | 144 mK |
| $\delta t_H$ | 0 | 28.9 mK | 矩形 | 1 | 28.9 mK |
| $\delta t_V$ | 0 | 17.3 mK | 矩形 | 1 | 17.3 mK |

$$t_X=180.1\ ℃,\ u_c(t_X)=164\ \mathrm{mK}$$

## 六、合成标准不确定度 $u_c(t_X)$

$$u_c(t_X)=\sqrt{u_1^2(t_X)+u_2^2(t_X)+u_3^2(t_X)+u_4^2(t_X)+u_5^2(t_X)+u_6^2(t_X)+u_7^2(t_X)+u_8^2(t_X)}$$
$$=\sqrt{15^2+10^2+23.1^2+28.9^2+57.7^2+144^2+28.9^2+17.3^2}\ \mathrm{mK}$$
$$=164\ \mathrm{mK}$$

## 七、被测量 $t_X$ 分布类型的估计

由表 G-1 可知,被测量 $t_X$ 的合成标准不确定度中共有 8 个值得考虑的分量。将各分量从大到小排列,位于前 2 位的两个分量的合成标准不确定度大于所有其余 6 个较小分量的合成标准不确定度的三倍。因此可以认为,两个较大的分量是占优势的分量。它们分别来源于测量孔内轴向温度不均匀以及内置温度计和工作标准的径向温度差。前者服从半宽为 250 mK 的矩形分布,后者服从半宽为 100 mK 的矩形分布。因此最后被测量的分布并不服从正态分布,而是更接近于梯形分布。梯形的角参数为

$$\beta = \frac{250 \text{ mK} - 100 \text{ mK}}{250 \text{ mK} + 100 \text{ mK}} = 0.43$$

根据式(8-5),梯形分布的包含因子应为

$$k_p = \frac{1}{\sqrt{\dfrac{1+\beta^2}{6}}} \cdot \begin{cases} \dfrac{p(1+\beta)}{2} & \dfrac{p}{2-p} \leqslant \beta \\[2mm] \left[1 - \sqrt{(1-p)(1-\beta^2)}\right] & \beta \leqslant \dfrac{p}{2-p} \end{cases}$$

由于 $p=0.95$ 以及 $\beta=0.43$,故满足条件 $\beta \leqslant \dfrac{p}{2-p}$。于是可得

$$k_{95} = \frac{1 - \sqrt{(1-0.95)(1-\beta^2)}}{\sqrt{\dfrac{1+\beta^2}{6}}}$$

$$= \frac{1 - \sqrt{0.05(1-0.43^2)}}{\sqrt{\dfrac{1+0.43^2}{6}}} = 1.80$$

## 八、扩展不确定度

$$U_{95}(t_X) = k_{95} u_c(t_X) = 1.80 \times 164 \text{ mK} = 295 \text{ mK} \approx 0.3 \text{ K}$$

## 九、不确定度报告

当内置监控温度计的示值为 180 ℃ 时,校准孔内的温度为 180.1 ℃ ±0.3 ℃。所给出的扩展不确定度是由合成标准不确定度 0.164 ℃ 乘以包含因子 $k_{95}=1.80$ 得到的。被测量以角参数 $\beta=0.43$ 梯形分布估计,对应的包含概率为 95%。

## 十、评注

(1)测量模型也可以写成示值误差的形式。内置温度计的示值误差 $E_X$ 可表示为

$$E_X = t_i - t_X$$

于是由式(G-1)可得

$$E_X = t_i - (t_S + \delta t_S + \delta t_D - \delta t_{iX} + \delta t_R + \delta t_A + \delta t_H + \delta t_V) \tag{G-2}$$

式中,示值 $t_i$ 是标称值,因此它对示值误差的测量不确定度没有贡献。即

$$u(E_X) = u(t_X)$$

也就是说,两个测量模型式(G-1)和(G-2)实质上并无差别。

一般地说,对于诸如电压表、电流表之类的测量仪器,其测量标尺需要用其他的工作标准进行赋值,此时测量模型应写成示值误差的形式。而对于本身能提供标准量值的实物量具而言,测量模型可以采用两种形式中的任何一种。

(2)本实例中被测量不接近于正态分布,而更接近于角参数 $\beta=0.43$ 梯形分布,故包含因子不能取 2,应取对应于该梯形分布的 $k_{95}$ 值,$k_{95}=1.80$。

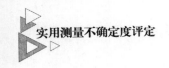
# 实例 H　18 GHz 频率点功率传感器的校准

### （根据欧洲认可合作组织提供的实例改写）

## 一、测量原理

在一已知小反射系数的传递标准上,用被校准功率传感器替换作为参考标准的已校准过的功率传感器。被测量是校准因子,它定义为:在两个入射功率给出相等的功率传感器响应的条件下,50 MHz 参考频率上的入射功率与校准频率上的入射功率之比。在每个频率点,采用一台能测量功率比值的双功率计,确定被校准传感器的功率分别与参考(标准)传感器和作为传递标准一部分的内部传感器的功率示值的比值。

图 H-1 给出测量系统的原理框图。

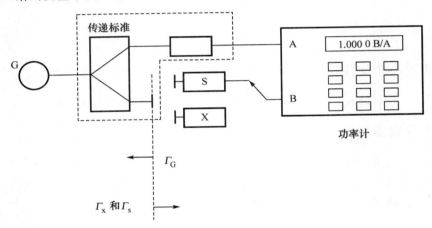

**图 H-1　功率传感器校准原理框图**

## 二、测量模型

被制造商称为"校准因子"的量 $K$ 的定义为

$$K=\frac{P_{Ir}}{P_{Ic}}=\frac{(1+|\Gamma_r|^2)P_{Ar}}{(1+|\Gamma_c|^2)P_{Ac}} \qquad （在功率计示值相等时）$$

式中:$P_{Ir}$——在参考频率(50 MHz)上的入射功率;

$\quad P_{Ic}$——在校准频率上的入射功率;

$\quad \Gamma_r$——传感器在参考频率上的电压反射系数;

$\quad \Gamma_c$——传感器在校准频率上的电压反射系数;

$\quad P_{Ar}$——传感器在参考频率上吸收的功率;

$\quad P_{Ac}$——传感器在校准频率上吸收的功率。

被校准传感器的校准因子可由式(H-1)得到

$$K_X = (K_S + \delta K_D)\frac{M_{Sr}M_{Xc}}{M_{Sc}M_{Xr}}p_{Cr}p_{Cc}p \tag{H-1}$$

式中：$K_S$——参考功率传感器的校准因子；

$\delta K_D$——自上次校准以来，由漂移引起的参考功率传感器校准因子的变化；

$M_{Sr}$——在参考频率处参考传感器的失配因子；

$M_{Sc}$——在校准频率处参考传感器的失配因子；

$M_{Xr}$——在参考频率处被校准传感器的失配因子；

$M_{Xc}$——在校准频率处被校准传感器的失配因子；

$p_{Cr}$——由于功率计的非线性和有限分辨力，在参考频率的功率比电平上观测到的比值修正；

$p_{Cc}$——由于功率计的非线性和有限分辨力，在校准频率的功率比电平上观测到的比值修正；

$p = \dfrac{p_{Sr}p_{Xc}}{p_{Sc}p_{Xr}}$——用下列的功率比示值导出的观测功率比：

$p_{Sr}$——在参考频率处参考传感器的功率比示值；

$p_{Sc}$——在校准频率处参考传感器的功率比示值；

$p_{Xr}$——在参考频率处被校准传感器的功率比示值；

$p_{Xc}$——在校准频率处被校准传感器的功率比示值。

### 三、不确定度分量

（1）参考传感器，$K_S$

参考传感器在 6 个月之前已经过校准。校准证书给出校准因子为：95.7％±1.1％，或可以表示为 $0.957\pm0.011$（包含因子 $k=2$）。于是

$$u(K_S) = \frac{U(K_S)}{k} = \frac{0.011}{2} = 0.005\,5$$

其灵敏系数为

$$c_1 = \frac{\partial K_X}{\partial K_S} = \frac{M_{Sr}M_{Xc}}{M_{Sc}M_{Xr}}p_{Cr}p_{Cc}p \approx p = 0.976$$

于是，所引入的不确定度分量为

$$u_1(K_X) = |c_1|u(K_S) = 0.976\times0.005\,5 = 0.005\,37$$

（2）参考传感器的漂移，$\delta K_D$

由每年的校准历史数据得到参考传感器校准因子的漂移为每年 $-0.002$，其变化在 $\pm0.004$ 范围内。由于参考传感器是在半年前校准的，由此估计参考传感器的漂移应为 $-0.001\pm0.002$，并假定其为矩形分布，于是

$$\delta K_D = -0.001$$

$$u(\delta K_D) = \frac{0.002}{\sqrt{3}} = 0.001\,16$$

由于灵敏系数为

$$c_2 = \frac{\partial K_X}{\partial \delta K_D} = \frac{M_{Sr}M_{Xc}}{M_{Sc}M_{Xr}}p_{Cr}p_{Cc}p \approx p = 0.976$$

于是,所引入的不确定度分量为
$$u_2(K_X)=|c_2|u(\delta K_D)=0.976\times0.001\ 16=0.001\ 13$$

(3) 功率计的线性和分辨力,$p_{Cr}$,$p_{Cc}$

由于功率计的非线性,在参考频率的功率比电平上,给定的功率计读数的扩展不确定度为0.002(包含因子$k=2$),而在校准频率的功率比电平上的扩展不确定度为0.000 2(包含因子$k=2$)。这些数据是由以前的测量得到的。因为是用同一台功率计来观测$p_S$和$p_X$,所以在参考频率和校准频率上的不确定度贡献是相关的。由于是考虑在两个频率上的功率比,相关性影响将减小不确定度。因此只需考虑由系统影响所引起的读数的相对差(参见数学注释),最终得到修正系数$p_{Cr}$的标准不确定度为0.001 42,而修正系数$p_{Cc}$的标准不确定度为0.000 142。于是

$$u(p_{Cr})=0.001\ 42$$
$$u(p_{Cc})=0.000\ 142$$

由于灵敏系数为

$$c_3=\frac{\partial K_X}{\partial p_{Cr}}=(K_S+\delta K_D)\frac{M_{Sr}M_{Xc}}{M_{Sc}M_{Xr}}p_{Cc}p\approx(K_S+\delta K_D)p=0.956\times0.976\approx0.933$$

$$c_4=\frac{\partial K_X}{\partial p_{Cc}}=(K_S+\delta K_D)\frac{M_{Sr}M_{Xc}}{M_{Sc}M_{Xr}}p_{Cr}p\approx(K_S+\delta K_D)p=0.956\times0.976\approx0.933$$

于是,所引入的不确定度分量为
$$u_3(K_X)=|c_3|u(p_{Cr})=0.933\times0.001\ 42=0.001\ 32$$
$$u_4(K_X)=|c_4|u(p_{Cc})=0.933\times0.000\ 142=0.000\ 13$$

上述功率计读数的扩展不确定度包括线性和分辨力的影响。线性的影响是相关的,而分辨力的影响是不相关的。如数学注释中指出的,由于测量的是功率比,因此消除了相关性的影响,这使功率比的测量不确定度变小。然而,在上述计算中,各个相关和不相关因素单独的贡献是未知的,而给出的数值是功率比测量的标准不确定度的上限。给出的不确定度估算最终表明,功率比测量的不确定度对最终结果的影响是不重要的,也就是说,这一近似是成立的。

(4) 失配因子,$M_{Sr}$,$M_{Sc}$,$M_{Xr}$,$M_{Xc}$

当传递标准系统的匹配不理想,并且不知道传递标准、被校准功率传感器和标准功率传感器的反射系数相位时,在参考频率和校准频率上对每个传感器都存在由于失配引起的不确定度。对参考和校准频率必须用如下关系计算相应的失配因子:

$$M_{S,X}=1\pm2|\Gamma_G|\cdot|\Gamma_{S,X}|$$

式中,传递标准、参考传感器和被校准传感器的反射系数的模列于表 H-1。

表 H-1　反射系数的模

| | 50 MHz | 18 GHz |
|---|---|---|
| $|\Gamma_G|$ | 0.02 | 0.07 |
| $|\Gamma_S|$ | 0.02 | 0.10 |
| $|\Gamma_X|$ | 0.02 | 0.12 |

各不确定度分量都是 U 形分布,因此在由失配因子计算标准不确定度时,要用 $1/\sqrt{2}$ 代替矩形分布的 $1/\sqrt{3}$。故由失配引起的标准不确定度为

$$u(M_{\mathrm{Sr}})=\frac{2|\Gamma_{\mathrm{G}}|\cdot|\Gamma_{\mathrm{S}}|}{\sqrt{2}}=\frac{2\times0.02\times0.02}{\sqrt{2}}=0.000\ 56$$

$$u(M_{\mathrm{Sc}})=\frac{2|\Gamma_{\mathrm{G}}|\cdot|\Gamma_{\mathrm{S}}|}{\sqrt{2}}=\frac{2\times0.07\times0.10}{\sqrt{2}}=0.009\ 9$$

$$u(M_{\mathrm{Xr}})=\frac{2|\Gamma_{\mathrm{G}}|\cdot|\Gamma_{\mathrm{X}}|}{\sqrt{2}}=\frac{2\times0.02\times0.02}{\sqrt{2}}=0.000\ 56$$

$$u(M_{\mathrm{Xc}})=\frac{2|\Gamma_{\mathrm{G}}|\cdot|\Gamma_{\mathrm{X}}|}{\sqrt{2}}=\frac{2\times0.07\times0.12}{\sqrt{2}}=0.011\ 9$$

注:这些反射系数的值是由测量所得,因而其本身具有不确定度。这就是增加了测量不确定度和测量值之平方和的平方根的原因。

对应的灵敏系数为

$$c_5=\frac{\partial K_{\mathrm{X}}}{\partial M_{\mathrm{Sr}}}=(K_{\mathrm{S}}+\delta K_{\mathrm{D}})\frac{M_{\mathrm{Xc}}}{M_{\mathrm{Sc}}M_{\mathrm{Xr}}}p_{\mathrm{Cr}}p_{\mathrm{Cc}}p=(K_{\mathrm{S}}+\delta K_{\mathrm{D}})p=0.956\times0.976\approx0.933$$

$$c_6=\frac{\partial K_{\mathrm{X}}}{\partial M_{\mathrm{Sc}}}=-(K_{\mathrm{S}}+\delta K_{\mathrm{D}})\frac{M_{\mathrm{Sr}}M_{\mathrm{Xc}}}{M_{\mathrm{Sc}}^2M_{\mathrm{Xr}}}p_{\mathrm{Cr}}p_{\mathrm{Cc}}p=-(K_{\mathrm{S}}+\delta K_{\mathrm{D}})p=-0.956\times0.976\approx-0.933$$

$$c_7=\frac{\partial K_{\mathrm{X}}}{\partial M_{\mathrm{Xr}}}=-(K_{\mathrm{X}}+\delta K_{\mathrm{D}})\frac{M_{\mathrm{Sr}}M_{\mathrm{Xc}}}{M_{\mathrm{Sc}}M_{\mathrm{Xr}}^2}p_{\mathrm{Cr}}p_{\mathrm{Cc}}p=-(K_{\mathrm{S}}+\delta K_{\mathrm{D}})p=-0.956\times0.976\approx-0.933$$

$$c_8=\frac{\partial K_{\mathrm{X}}}{\partial M_{\mathrm{Xc}}}=(K_{\mathrm{S}}+\delta K_{\mathrm{D}})\frac{M_{\mathrm{Sr}}}{M_{\mathrm{Sc}}M_{\mathrm{Xr}}}p_{\mathrm{Cr}}p_{\mathrm{Cc}}p=(K_{\mathrm{S}}+\delta K_{\mathrm{D}})p=0.956\times0.976\approx0.933$$

于是,对应的不确定度分量为

$$u_5(K_{\mathrm{X}})=|c_5|u(M_{\mathrm{Sr}})=0.933\times0.000\ 56=0.000\ 53$$

$$u_6(K_{\mathrm{X}})=|c_6|u(M_{\mathrm{Sc}})=0.933\times0.009\ 90=0.009\ 24$$

$$u_7(K_{\mathrm{X}})=|c_7|u(M_{\mathrm{Xr}})=0.933\times0.000\ 56=0.000\ 53$$

$$u_8(K_{\mathrm{X}})=|c_8|u(M_{\mathrm{Xc}})=0.933\times0.011\ 9=0.011\ 10$$

(5)观测功率比测量,$p$

考虑到接线的重复性,将参考传感器和被校准传感器在传递标准上卸下和重新连接 3 次,进行 3 次独立测量。用于计算观测功率比 $p$ 的功率计读数列于表 H-2。

表 H-2 功率计读数

| 序号 | $P_{\mathrm{Sr}}$ | $P_{\mathrm{Sc}}$ | $P_{\mathrm{Xr}}$ | $P_{\mathrm{Xc}}$ | $p$ |
|---|---|---|---|---|---|
| 1 | 1.000 1 | 0.992 4 | 1.000 1 | 0.969 8 | 0.977 2 |
| 2 | 1.000 0 | 0.994 2 | 1.000 0 | 0.961 5 | 0.967 1 |
| 3 | 0.999 9 | 0.995 3 | 1.000 1 | 0.979 2 | 0.983 6 |

算术平均值: $\bar{P}=0.976\ 0$

实验标准差: $s(p)=0.008\ 3$

标准不确定度: $u(p)=s(\bar{P})=\dfrac{0.008\ 3}{\sqrt{3}}=0.004\ 8$

由于灵敏系数为

$$c_9 = \frac{\partial K_X}{\partial p}$$

$$= (K_S + \delta K_D) \frac{M_{Sr} M_{Xc}}{M_{Sc} M_{Xr}} p_{Cr} p_{Cc} = K_S + \delta K_D = 0.956$$

于是对应的不确定度分量为

$$u_9(K_X) = |c_9| u(p) = 0.956 \times 0.004\ 8 = 0.004\ 59$$

## 四、相关性

无任何输入量具有值得考虑的相关性。

## 五、不确定度概算 $K_X$

表 H-3 给出各不确定度分量的汇总表。

表 H-3　功率传感器校准(18 GHz 频率点)的不确定度分量汇总表

| 输入量 $X_i$ | 估计值 $x_i$ | 标准不确定度 $u(x_i)$ | 概率分布 | 灵敏系数 $c_i$ | 不确定度分量 $u_i(y)$ |
|---|---|---|---|---|---|
| $K_S$ | 0.957 | 0.005 5 | 正态 | 0.976 | 0.005 37 |
| $\delta K_D$ | −0.001 | 0.001 2 | 矩形 | 0.976 | 0.001 13 |
| $p_{Cr}$ | 1.000 | 0.001 4 | 正态 | 0.933 | 0.001 32 |
| $p_{Cc}$ | 1.000 | 0.000 1 | 正态 | 0.933 | 0.000 13 |
| $M_{Sr}$ | 1.000 | 0.000 6 | U 形 | 0.933 | 0.000 53 |
| $M_{Sc}$ | 1.000 | 0.009 9 | U 形 | −0.933 | 0.009 24 |
| $M_{Xr}$ | 1.000 | 0.000 6 | U 形 | −0.933 | 0.000 53 |
| $M_{Xc}$ | 1.000 | 0.011 9 | U 形 | 0.933 | 0.011 10 |
| $p$ | 0.976 | 0.004 8 | 正态 | 0.956 | 0.004 59 |
| $K_X = 0.933, u_c(K_X) = 0.016\ 23$ | | | | | |

合成标准不确定度为

$$u_c(K_X) = \sqrt{537^2 + 113^2 + 132^2 + 13^2 + 53^2 + 924^2 + 53^2 + 1\ 110^2 + 459^2} \times 10^{-5}$$

$$= 0.016\ 23$$

## 六、扩展不确定度

取包含因子 $k = 2$,于是

$$U = ku_c(K_X) = 2 \times 0.016\ 23 \approx 0.032$$

## 七、不确定度报告

功率传感器在 18 GHz 的校准因子是 $0.933 \pm 0.032$,它也可以表示为 $93.3\% \pm 3.2\%$。

报告的扩展不确定度是由标准不确定度乘以包含因子 $k=2$ 得到的,对于正态分布,它对应于大约 95% 的包含概率。

# 实例 I 同轴步进衰减器 30 dB 挡(增量衰减)的校准
## (根据欧洲认可合作组织提供的实例改写)

### 一、测量原理

用一套衰减测量系统在 10 GHz 频率处校准同轴步进衰减器,该测量系统中包含一个已校准过的标准同轴步进衰减器。测量方法是在匹配源和匹配负载之间测定衰减量,测量中被校准的衰减器在 0 dB 和 30 dB 挡之间切换,在校准过程中要测量的就是该衰减的变化量(称为增量衰减)。衰减测量系统有一数字读数装置和一用于指示平衡条件的模拟式零位检测器。

图 I-1 给出测量系统的框图。

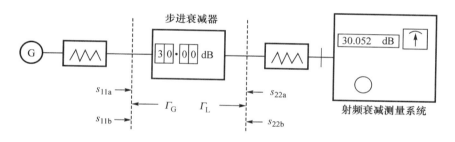

**图 I-1　同轴步进衰减器校准原理图**

### 二、测量模型

$$L_X = L_S + \delta L_S + \delta L_D + \delta L_M + \delta L_K + \delta L_{ib} - \delta L_{ia} + \delta L_{0b} - \delta L_{0a} \tag{I-1}$$

式中:$L_S = L_{ib} - L_{ia}$——由下列参数导出的参考衰减器的衰减差;

　　　$L_{ia}$——被校准衰减器在 0 dB 挡时的衰减示值;

　　　$L_{ib}$——被校准衰减器在 30 dB 挡时的衰减示值;

　　　$\delta L_S$——由校准得到的参考衰减器的修正值;

　　　$\delta L_D$——参考衰减器自上次校准以来由漂移引起的衰减量的变化;

　　　$\delta L_M$——失配损耗引入的修正值;

　　　$\delta L_K$——因隔离不完善,被校准衰减器输入和输出之间的泄漏信号引入的修正值;

　$\delta L_{ia}, \delta L_{ib}$——参考衰减器在 0 dB 和 30 dB 挡时,由有限分辨力引入的修正值;

　$\delta L_{0a}, \delta L_{0b}$——当参考衰减器在 0 dB 和 30 dB 挡时,由零位检测器的有限分辨力引入的修正值。

## 三、不确定度分量

测量模型(I-1)是一线性模型,对应于各输入量的灵敏系数的绝对值均等于1。

**(1) 参考衰减器,$\delta L_S$**

参考衰减器的校准证书给出 10 GHz 频率 30 dB 挡的衰减量为 30.003 dB,其扩展不确定度为 0.005 dB(包含因子 $k=2$)。修正值 +0.003 dB 具有 0.005 dB 的扩展不确定度,对于参考衰减器来说是允许的,因为在校准 30.000 dB 挡时,其差别不超过 ±0.1 dB。

于是,其标准不确定度 $u(\delta L_S)$ 为

$$u(\delta L_S) = \frac{U(\delta L_S)}{k} = \frac{0.005 \text{ dB}}{2} = 0.002\ 5 \text{ dB}$$

**(2) 参考衰减器的漂移,$\delta L_D$**

根据参考衰减器的校准历史记录,可以估计参考衰减器衰减量的漂移在 $(0 \pm 0.002)$ dB 范围内。于是,其标准不确定度 $u(\delta L_D)$ 为

$$u(\delta L_D) = \frac{0.002 \text{ dB}}{\sqrt{3}} = 0.001\ 2 \text{ dB}$$

**(3) 失配损耗,$\delta L_M$**

在被校准衰减器接入点的源和负载的反射系数经阻抗匹配,其模值已调整到尽可能小。源和负载的反射系数模值以及被校准衰减器的散射系数模值均已测得,但它们的相位是未知的。没有任何相位的信息,就不可能给出失配误差的修正值,但在信息不完全的情况下可用下式估计出失配引入的不确定度(dB):

$$u(\delta L_M) = \frac{8.686}{\sqrt{2}} \sqrt{|\Gamma_S|^2(|s_{11a}|^2+|s_{11b}|^2) + |\Gamma_L|^2(|s_{22a}|^2+|s_{22b}|^2) + |\Gamma_S|^2 \cdot |\Gamma_L|^2(|s_{21a}|^4+|s_{21b}|^4)}$$

(I-2)

式中,负载和源的反射系数分别为 $\Gamma_L = 0.03$ 和 $\Gamma_S = 0.03$。

被校准衰减器在 10 GHz 频率处的散射系数列于表 I-1。

**表 I-1 被校衰减器的散射系数**

| 散射系数 | 0 dB | 30 dB |
|---|---|---|
| $s_{11}$ | 0.05 | 0.09 |
| $s_{22}$ | 0.01 | 0.01 |
| $s_{21}$ | 0.95 | 0.031 |

把表 I-1 中数据和 $\Gamma_L$, $\Gamma_S$ 代入式(I-2)得

$$u(\delta L_M) = \frac{8.686}{\sqrt{2}} \times 0.03 \times \sqrt{(|s_{11a}|^2+|s_{11b}|^2) + (|s_{22a}|^2+|s_{22b}|^2) + 0.03^2(|s_{21a}|^4+|s_{21b}|^4)}$$

$$= \frac{8.686 \times 0.03}{\sqrt{2}} \sqrt{0.05^2+0.09^2+0.01^2+0.01^2+0.03^2\times(0.95^4+0.031^4)} \text{ dB}$$

$$= 0.02 \text{ dB}$$

注:散射系数和反射系数的值是由测量得到的,它们本身也有不确定度,是不能确切知

道的。这就是增加了测量不确定度和测量值的平方和之平方根的原因。

（4）泄漏修正，$\delta L_K$

当衰减为 0 dB 挡时，通过被校准衰减器的泄漏信号估计至少低于测量信号 100 dB。由此可以估算出 30 dB 挡时泄漏信号的修正值在 $\pm 0.003$ dB 之内。以矩形分布估计，于是其标准不确定度 $u(\delta L_K)$ 为

$$u(\delta L_K) = \frac{0.003 \text{ dB}}{\sqrt{3}} = 0.001\ 7 \text{ dB}$$

（5）参考衰减器设定的分辨力，$\delta L_{ia}$，$\delta L_{ib}$

参考衰减器的数字读数装置的分辨力为 0.001 dB，由此可以估算分辨力引入的最大误差应为 $\pm 0.000\ 5$ dB。以矩形分布估计，于是其标准不确定度为

$$u(\delta L_{ia}) = u(\delta L_{ib}) = \frac{0.000\ 5 \text{ dB}}{\sqrt{3}} = 0.000\ 3 \text{ dB}$$

（6）零位检测器的分辨力，$\delta L_{0a}$，$\delta L_{0b}$

零位检测器的分辨力的影响过去已经作过评定，假定其为正态分布，每个读数的标准偏差为 0.002 dB。于是

$$u(\delta L_{0a}) = u(\delta L_{0b}) = 0.002 \text{ dB}$$

## 四、相关性

没有任何输入量具有值得考虑的相关性。

## 五、测量

被校准衰减器在 0 dB 挡和 30 dB 挡时作了四次增量衰减观测。其观测结果列于表 I-2。

表 I-2　观测结果

| 序号 | 观测值 | |
| --- | --- | --- |
| | 0 dB 挡 | 30 dB 挡 |
| 1 | 0.000 dB | 30.033 dB |
| 2 | 0.000 dB | 30.058 dB |
| 3 | 0.000 dB | 30.018 dB |
| 4 | 0.000 dB | 30.052 dB |

算术平均值：$\overline{L_S} = 30.040$ dB

实验标准差：$s(L_S) = 0.018$ dB

标准不确定度：$u(L_S) = s(\overline{L_S}) = \dfrac{0.018 \text{ dB}}{\sqrt{4}} = 0.009$ dB

## 六、不确定度概算

表 I-3 给出各测量不确定度分量的汇总表。

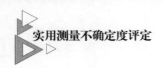

表 I-3　同轴步进衰减器 30 dB 挡校准的测量不确定度分量汇总表

| 输入量 $X_i$ | 估计值 $x_i$/dB | 标准不确定度 $u(x_i)$/dB | 概率分布 | 灵敏系数 $c_i$ | 不确定度分量 $u_i(y)$/dB |
|---|---|---|---|---|---|
| $L_S$ | 30.040 | 0.009 0 | 正态 | 1 | 0.009 0 |
| $\delta L_S$ | 0.003 | 0.002 5 | 矩形 | 1 | 0.002 5 |
| $\delta L_D$ | 0 | 0.001 2 | 矩形 | 1 | 0.001 2 |
| $\delta L_M$ | 0 | 0.020 0 | U 形 | 1 | 0.020 0 |
| $\delta L_K$ | 0 | 0.001 7 | 矩形 | 1 | 0.001 7 |
| $\delta L_{ia}$ | 0 | 0.000 3 | 矩形 | $-1$ | 0.000 3 |
| $\delta L_{ib}$ | 0 | 0.000 3 | 矩形 | 1 | 0.000 3 |
| $\delta L_{0a}$ | 0 | 0.002 0 | 正态 | $-1$ | 0.002 0 |
| $\delta L_{0b}$ | 0 | 0.002 0 | 正态 | 1 | 0.002 0 |
| $L_X = 30.043$ dB, $u_c(L_X) = 0.022\ 4$ dB | | | | | |

## 七、合成标准不确定度

$$u_c(L_X) = \sqrt{\sum_{i=1}^{9} u_i^2(L_X)} = 0.022\ 4 \text{ dB}$$

## 八、扩展不确定度

$$U = k u_c(L_X) = 2 \times 0.022\ 4 \text{ dB} \approx 0.045 \text{ dB}$$

## 九、不确定度报告

步进衰减器在 10 GHz 频率处 30 dB 挡的测量值为：$(30.043 \pm 0.045)$ dB。

报告的扩展不确定度是由标准不确定度乘以包含因子 $k=2$ 得到的，对于正态分布，它对应于大约 95% 的包含概率。

# 实例 J　手提式数字多用表 100 V DC 点的校准
## （根据欧洲认可合作组织提供的实例改写）

## 一、测量原理

作为常规校准工作的一部分，用多功能校准仪作为工作标准，对手提式数字多用表（DMM）100 V DC 点进行校准。其校准程序为：

（1）将多功能校准仪的输出端，通过合适的测量线连接到数字多用表的输入端。

（2）多功能校准仪输出设定到 100 V，经过一段时间稳定后，记录数字多用表的读数。

（3）根据数字多用表的读数和多功能校准仪的设定输出值计算数字多用表的示值误差。

应该指出,用该校准程序得到的数字多用表示值误差中已包括了数字多用表的偏置和非线性的影响。

## 二、测量模型

待校准数字多用表的示值误差 $E_x$ 可表示为

$$E_x = V_{ix} - V_s$$

考虑到数字多用表的有限分辨力对测量结果的影响以及作为参考标准的校准仪电压值漂移或不稳定对测量结果的影响,测量模型成为

$$E_x = V_{ix} - V_s + \delta V_{ix} - \delta V_s \qquad (J\text{-}1)$$

式中：$V_{ix}$——由数字多用表所测得的电压值；

$V_s$——多功能校准仪输出电压,即校准中所用的参考标准；

$\delta V_{ix}$——数字多用表有限分辨力对测量结果的影响；

$\delta V_s$——由于下述原因对多功能校准仪电压值的综合影响：

　　（1）自上次校准以来,校准仪电压值的漂移；

　　（2）偏置、非线性以及增益变化等效应对校准仪电压值的影响；

　　（3）环境温度对校准仪电压值的影响；

　　（4）电源电压的影响；

　　（5）被校准数字多用表的有限输入阻抗所引起的载荷效应。

## 三、不确定度分量

（1）数字多用表读数,$V_{ix}$

当多功能校准仪输出电压设定为 100 V 时,得到数字多用表读数为 100.1 V。由于多用表采用数字显示方式,故可假定读数本身并不引入误差。

由于数字多用表的有限分辨力,若干次重复测量结果表明,未发现测量结果有任何发散。即读数本身不引入任何值得考虑的不确定度分量,于是

$$u_1 = u(V_{ix}) = 0$$

被校准数字多用表的示值误差则为

$$E_x = 100.1\ V - 100\ V = 0.1\ V$$

（2）参考标准,$V_s$

多功能校准仪的校准证书给出,其电压值的相对扩展不确定度为 $U_{rel}(V_s) = 2 \times 10^{-5}$,且包含因子 $k = 2$。也就是说,对于 100 V 的输出电压,其扩展不确定度为

$$U(V_s) = U_{rel}(V_s) \cdot V_s = 2 \times 10^{-5} \times 100\ V = 0.002\ V$$

于是

$$u_2 = u(V_s) = \frac{U(V_s)}{k} = \frac{0.002\ V}{2} = 0.001\ V$$

（3）被校准数字多用表的分辨力,$\delta V_{ix}$

数字多用表分辨力为 0.1 V,因此每一个读数值可能包含的误差应在 ±0.05 V 范围内。假定其在该范围内满足矩形分布,于是所引入的不确定度分量为

$$u_3 = u(\delta V_{iX}) = \frac{0.05\ \text{V}}{\sqrt{3}} = 0.029\ \text{V}$$

（4）其他因素对多功能校准仪电压值的影响，$\delta V_S$

由于多功能校准仪的生产者未分别给出每一种因素对输出电压的影响，而仅指出在规定测量条件下，多功能校准仪的最大允许误差为 $\pm(0.000\ 1 \times V_S + 1\ \text{mV})$。于是对于 100 V 校准点，其最大允许误差为 $\pm 0.011$ V。这些规定条件是：

a）环境温度在 18 ℃到 23 ℃范围内；

b）多功能校准仪的电源电压在 210 V 到 250 V 范围内；

c）多功能校准仪终端的负载电阻大于 100 kΩ；

d）多功能校准仪自上次校准至今不超过一年。

由于上述条件均得到满足，并且多功能校准仪的校准历史记录表明各项技术指标均为合格，于是这些因素对校准仪电压值的影响应在 $(0 \pm 0.011)$ V 范围内。假定其满足矩形分布，于是标准不确定度为

$$u_4 = u(\delta V_S) = \frac{0.011\ \text{V}}{\sqrt{3}} = 0.006\ 4\ \text{V}$$

## 四、相关性

各输入量之间未发现有任何值得考虑的相关性。

## 五、不确定度概算

表 J-1 给出各不确定度分量的汇总表。

表 J-1　不确定度分量汇总表

| 输入量 $X_i$ | 估计值 $x_i$/V | 标准不确定度 $u(x_i)$/V | 概率分布 | 灵敏系数 $c_i$ | 不确定度分量 $u_i$/V |
|---|---|---|---|---|---|
| $V_{iX}$ | 100.1 | | | | |
| $V_S$ | 100.0 | 0.001 | 正态 | −1 | 0.001 |
| $\delta V_{iX}$ | 0 | 0.029 | 矩形 | 1 | 0.029 |
| $\delta V_S$ | 0 | 0.006 4 | 矩形 | −1 | 0.006 4 |
| | | $E_X = 0.1$ V，$u_c(E_X) = 0.030$ V | | | |

## 六、合成标准不确定度

$$u_c(E_X) = \sqrt{u_1^2 + u_2^2 + u_3^2 + u_4^2} = \sqrt{0^2 + 0.001^2 + 0.029^2 + 0.006\ 4^2}\ \text{V} = 0.030\ \text{V}$$

## 七、被测量分布的估计

由不确定度概算可知，共有三个不确定度分量。显然，由数字多用表有限分辨力引入的不确定度分量是占优势的分量。由于该分布为矩形分布，故被测量应接近于矩形分布。

### 八、扩展不确定度

对于矩形分布,包含因子 $k_{95}=1.65$,故扩展不确定度为

$$U_{95}(E_X)=k_{95}u_c(E_X)=1.65\times0.030\ \text{V}\approx0.05\ \text{V}$$

### 九、结果报告

被校准手提式数字电压表在 100 V 处的示值误差为 $E_X=0.10$ V,其扩展不确定度 $U_{95}=0.05$ V。后者是由合成标准不确定度 $u_c=0.030$ V 和包含因子 $k_{95}=1.65$ 之乘积得到的。被测量以矩形分布估计。

### 十、数学注释

如果在测量不确定度概算中,有 $N$ 个不确定度分量。其中有一个分量是明显占优势的分量,并假定它为 $u_1(y)$,则测量结果的合成标准不确定度 $u_c(y)$ 可以表示为

$$u_c(y)=\sqrt{u_1^2(y)+u_R^2(y)} \tag{J-2}$$

式中,$u_R(y)$ 为所有其他非优势分量的合成,即

$$u_R(y)=\sqrt{\sum_{i=2}^{N}u_i^2(y)}$$

只要这些非优势分量的合成标准不确定度 $u_R(y)$ 与优势分量 $u_1(y)$ 之比不大于 0.3,则式(J-2)成为

$$u_c(y)=u_1(y)\sqrt{1+\frac{u_R^2(y)}{u_1^2(y)}}\approx u_1(y)\left[1+\frac{1}{2}\left(\frac{u_R(y)}{u_1(y)}\right)^2\right] \tag{J-3}$$

这一近似的相对误差小于 $1\times10^{-3}$。而方括号内的因子对标准不确定度的影响不超过 5%,这一影响对测量不确定度来说是可以接受的。

### 十一、评注

(1)由于作为参考标准的校准仪电压值由校准证书给出,故应该考虑校准仪所提供的标准电压值自上次校准以来可能的漂移。

(2)由不确定度概算可知,共有三个不确定度分量。其中由数字多用表的有限分辨力所引入的不确定度分量 $u(\delta V_{iX})=0.029$ V 是明显占优势的分量。其他所有非优势分量的合成 $u_R(y)=0.0064$ V 与占优势的分量之比值仅为 0.22。因此可以认为被测量接近于矩形分布,而不是正态分布。矩形分布的 $k_p=p\cdot\sqrt{3}$,当 $p=0.95$ 时 $k_{95}=1.65$。

(3)在低分辨力测量仪表的校准中,由于参考标准所引入的不确定度分量相对其他分量而言往往较小。此时由被校准仪表的有限分辨力导致的不确定度分量往往是不确定度概算中唯一的占优势的分量,因此被测量往往接近于矩形分布,而不是正态分布。

(4)判断某一个分量是否为占优势分量的判据为:所有其他非优势分量之合成与该分量的比值不大于 0.3。

(5)这类测量仪表往往有较大的量程,从原则上说,对于不同的测量点,所得到的示值误差及其测量不确定度一般可能是不同的。但如果分辨力引入的不确定度分量是唯一的占优势分量,则在对不同测量点进行校准时,所得示值误差的不确定度将与测量点无关。

# 实例 K    10 kΩ 标准电阻的校准

## （根据欧洲认可合作组织提供的实例改写）

### 一、测量原理

被测量是一个四端标准电阻的电阻值。用已经校准过的,具有相同标称电阻值的四端标准电阻作为测量的参考标准。采用直接替代法用一台七位半的数字多用表来测量被校准的四端标准电阻的阻值。标准电阻浸没在流动性很好的油浴中,后者的温度控制在 23 ℃,并用一置于油浴中心位置的水银温度计进行监测。测量前使标准电阻的温度达到平衡。被测标准电阻和参考标准电阻的四个终端轮流连接到多用表的终端。当测量 10 kΩ 的电阻时,数字多用表的测量电流约为 100 μA,这一大小的电流不会引起可以观测到的电阻器自热效应。测量程序也确保外部的泄漏电阻对测量结果的影响可以忽略。

### 二、测量模型

被测标准电阻的阻值 $R_X$ 可以由下列关系式得到

$$R_X = (R_S + \Delta R_D + \delta R_{TS}) r_C r - \delta R_{TX} \tag{K-1}$$

式中：　　　　　$R_S$——参考标准电阻的电阻值;

$\Delta R_D$——参考标准电阻自上次校准以来电阻值的漂移;

$\delta R_{TS}$——温度对参考标准电阻值的影响;

$r = R_{iX}/R_{iS}$——被测标准电阻和参考标准电阻的电阻示值之比;

$r_C$——对寄生电压和仪器分辨力所引入的修正因子;

$\delta R_{TX}$——温度对被测标准电阻电阻值的影响。

### 三、不确定度分量

(1) 参考标准,$R_S$

参考标准电阻的校准证书给出,在 23 ℃ 参考温度下,其电阻值为 10 000.053 Ω±5 mΩ (包含因子 $k=2$)。故其标准不确定度为

$$u(R_S) = \frac{U(R_S)}{k} = \frac{5 \text{ mΩ}}{2} = 2.5 \text{ mΩ}$$

由于其灵敏系数为

$$c_1 = \frac{\partial R_X}{\partial R_S} = r_C r \approx 1$$

故对应的不确定度分量为

$$u_1(R_X) = |c_1| u(R_S) = 2.5 \text{ mΩ}$$

(2) 参考标准的漂移,$\Delta R_D$

根据参考标准电阻的校准历史记录,估计自上次校准以来参考标准电阻值的漂移 $\Delta R_D$

为 $+20\ \mathrm{m\Omega}\pm10\ \mathrm{m\Omega}$。以矩形分布估计,于是其标准不确定度为

$$u(\Delta R_\mathrm{D})=\frac{10\ \mathrm{m\Omega}}{\sqrt{3}}=5.77\ \mathrm{m\Omega}$$

因其灵敏系数为

$$c_2=\frac{\partial R_\mathrm{X}}{\partial\Delta R_\mathrm{D}}=r_\mathrm{C}r\approx1$$

故对应的不确定度分量为

$$u_2(R_\mathrm{X})=|c_2|u(\Delta R_\mathrm{D})=5.77\ \mathrm{m\Omega}$$

（3）参考标准电阻的温度修正,$\delta R_\mathrm{TS}$

通过校准过的温度计,油浴内的温度被控制在 $23.00\ \mathrm{℃}$。考虑到所用温度计的计量特性以及油浴内的温度梯度,估计参考标准电阻的温度与监控温度的一致性在 $\pm0.055\ \mathrm{K}$ 范围内。已知参考标准电阻的温度系数为 $5\times10^{-6}\ \mathrm{K}^{-1}$,因此由于可能的工作温度的差别,参考标准电阻的电阻值变化范围为：$\pm0.055\ \mathrm{K}\times5\times10^{-6}\ \mathrm{K}^{-1}\times10\ \mathrm{k\Omega}=\pm2.75\ \mathrm{m\Omega}$。假定其满足矩形分布,于是 $\delta R_\mathrm{TS}$ 的标准不确定度为

$$u(\delta R_\mathrm{TS})=\frac{2.75\ \mathrm{m\Omega}}{\sqrt{3}}=1.59\ \mathrm{m\Omega}$$

其灵敏系数为

$$c_3=\frac{\partial R_\mathrm{X}}{\partial\delta R_\mathrm{TS}}=r_\mathrm{C}r\approx1$$

故对应的不确定度分量为

$$u_3(R_\mathrm{X})=|c_3|u(\delta R_\mathrm{TS})=1.59\ \mathrm{m\Omega}$$

（4）被测标准电阻的温度修正,$\delta R_\mathrm{TX}$

被测标准电阻是在与参考标准电阻相同的温度条件下测量的。但根据制造商给出的信息,其温度系数为 $10\times10^{-6}\ \mathrm{K}^{-1}$,于是同样计算可以给出被测标准电阻的电阻变化范围为

$$\pm0.055\ \mathrm{K}\times10\times10^{-6}\mathrm{K}^{-1}\times10\ \mathrm{k\Omega}=\pm5.5\ \mathrm{m\Omega}$$

假定满足矩形分布,于是其标准不确定度为

$$u(\delta R_\mathrm{TX})=\frac{5.5\ \mathrm{m\Omega}}{\sqrt{3}}=3.18\ \mathrm{m\Omega}$$

$$u_4(R_\mathrm{X})=|c_4|u(\delta R_\mathrm{TX})=3.18\ \mathrm{m\Omega}$$

（5）电阻示值比,$r_\mathrm{C}$

由于参考标准电阻和被测标准电阻是用同一台数字多用表进行测量的,因此两者的电阻示值 $R_\mathrm{iX}$ 和 $R_\mathrm{iS}$ 对测量不确定度的贡献是相关的,并且该相关性使它们对测量结果的影响相互抵消。因此只需考虑诸如由寄生电压和仪器分辨力等非系统效应对两电阻读数之差的影响（参见本例的数学注释）。对每一个读数来说,其影响的大小在 $\pm0.5\times10^{-6}$ 范围内,因此对比值 $r_\mathrm{C}$ 的影响应满足在 $\pm1\times10^{-6}$ 范围内的三角分布,于是

$$u(r_\mathrm{C})=\frac{1\times10^{-6}}{\sqrt{6}}=0.408\times10^{-6}$$

其灵敏系数为

$$c_5=\frac{\partial R_\mathrm{X}}{\partial r_\mathrm{C}}=(R_\mathrm{S}+\Delta R_\mathrm{D}+\delta R_\mathrm{TS})r\approx R_\mathrm{S}=10\ 000\ \Omega$$

于是对应的不确定度分量为

$$u_5(R_X) = |c_5| u(r_C) = 10\ 000\ \Omega \times 0.408 \times 10^{-6}$$
$$= 4.08\ \mathrm{m}\Omega$$

（6）电阻比，$r$

对电阻比 $r$ 进行了 5 次测量，测量结果示于表 K-1。

表 K-1　电阻比 $r$ 的五次测量结果

| 序号 | $r$ |
|------|------|
| 1 | 1.000 010 4 |
| 2 | 1.000 010 7 |
| 3 | 1.000 010 6 |
| 4 | 1.000 010 3 |
| 5 | 1.000 010 5 |

经计算后可得：

算术平均值 $\quad\quad\quad\quad\quad \bar{r} = 1.000\ 010\ 5$

实验标准差 $\quad\quad\quad\quad\quad s(r) = 0.158 \times 10^{-6}$

五次测量平均值的标准不确定度

$$u(r) = s(\bar{r}) = \frac{0.158 \times 10^{-6}}{\sqrt{5}}$$
$$= 0.070\ 7 \times 10^{-6}$$

## 四、相关性

没有任何输入量具有值得考虑的相关性。

## 五、不确定度概算

表 K-2 给出 10 kΩ 标准电阻校准的不确定度分量汇总表。

表 K-2　10 kΩ 标准电阻测量的不确定度分量汇总表

| 输入量 $X_i$ | 估计值 $x_i$ | 标准不确定度 $u(x_i)$ | 概率分布 | 灵敏系数 $c_i$ | 不确定度分量 $u_i(y)/\mathrm{m}\Omega$ |
|------|------|------|------|------|------|
| $R_S$ | 10 000.053 Ω | 2.50 mΩ | 正态 | 1 | 2.50 |
| $\Delta R_D$ | 0.020 Ω | 5.77 mΩ | 矩形 | 1 | 5.77 |
| $\delta R_{TS}$ | 0.000 | 1.59 mΩ | 矩形 | 1 | 1.59 |
| $\delta R_{TX}$ | 0.000 | 3.18 mΩ | 矩形 | $-1$ | 3.18 |
| $r_C$ | 1.000 000 0 | $0.408 \times 10^{-6}$ | 三角 | 10 000 Ω | 4.08 |
| $r$ | 1.000 010 5 | $0.071 \times 10^{-6}$ | 正态 | 10 000 Ω | 0.71 |
| $R_X = 10\ 000.178\ \Omega, u_c(R_X) = 8.33\ \mathrm{m}\Omega$ | | | | | |

### 六、合成标准不确定度

被测标准电阻的电阻值 $R_X$ 为

$$R_X = (R_S + \Delta R_D + \delta R_{TS}) r_C r - \delta R_{TX}$$
$$= (R_S + \Delta R_D) r$$
$$= (10\ 000.053 + 0.020)\Omega \times 1.000\ 010\ 5$$
$$= 10\ 000.178\ \Omega$$

而其合成标准不确定度为

$$u_c(R_X) = \sqrt{u_1^2(R_X) + u_2^2(R_X) + u_3^2(R_X) + u_4^2(R_X) + u_5^2(R_X) + u_6^2(R_X)}$$
$$= \sqrt{2.5^2 + 5.77^2 + 1.59^2 + 3.18^2 + 4.08^2 + 0.71^2}\ \text{m}\Omega$$
$$= 8.33\ \text{m}\Omega$$

### 七、包含因子和扩展不确定度

要确定包含因子首先需对被测量 $R_X$ 的分布进行估计。由表 K-2 可知,在所考虑的六个不确定度分量中,没有一个分量是占优势的分量,且三个最大分量之间相差并不太大。因此可以按正态分布进行估计。

取包含因子 $k=2$,于是扩展不确定度为

$$U(R_X) = k u_c(R_X) = 2 \times 8.33\ \text{m}\Omega \approx 17\ \text{m}\Omega$$

### 八、不确定度报告

在测量温度 23 ℃以及测量电流 100 $\mu$A 的条件下,测得标称值 10 kΩ 标准电阻的电阻值为 $(10\ 000.178 \pm 0.017)\Omega$。

所报告的扩展不确定度是由测量结果的标准不确定度 8.33 mΩ 乘以包含因子 $k=2$ 得到的。对于正态分布来说,这对应于约为 95% 的包含概率。

### 九、数学注释:关于电阻示值比测量的标准不确定度

被测电阻和参考标准电阻具有几乎相同的电阻值。由于读数误差的存在,在线性近似下,数字多用表的电阻示值 $R_{ix}$ 和 $R_{is}$ 成为

$$R'_X = R_{ix}\left(1 + \frac{\delta R'_X}{R}\right)$$

$$R'_S = R_{is}\left(1 + \frac{\delta R'_S}{R}\right)$$

式中,$R$ 是两标准电阻的标称电阻值,$\delta R'_X$ 和 $\delta R'_S$ 为未知的读数误差。于是两电阻值之比可以用未知标准电阻和参考标准电阻的示值电阻之比 $r = \dfrac{R_{ix}}{R_{is}}$ 来表示:

$$\frac{R'_X}{R'_S} = \frac{R_{ix}\left(1 + \dfrac{\delta R'_X}{R}\right)}{R_{is}\left(1 + \dfrac{\delta R'_S}{R}\right)} = r r_C$$

于是,在线性近似下修正因子为

$$r_C = \frac{1 + \dfrac{\delta R'_x}{R}}{1 + \dfrac{\delta R'_s}{R}} \approx 1 + \frac{\delta R'_x - \delta R'_s}{R}$$

由于修正因子与两读数之差值有关,因此与由于数字多用表示值误差有关的系统效应所引入的不确定度将对结果不产生影响。修正因子的标准不确定度仅决定于由寄生电压以及读数分辨力所带来的影响。假定 $u(\delta R'_x) = u(\delta R'_s) = u(\delta R')$,于是得到

$$u^2(r_C) = \frac{1}{R^2} u^2(\delta R'_x - \delta R'_s) = 2\frac{u^2(\delta R')}{R^2}$$

# 实例 L  同时测量电阻、电抗和阻抗
## （根据 GUM 提供的实例改写）

本实例主要用来说明当在同一测量中有多个被测量需同时测定时如何处理它们之间的相关性。为突出相关性的处理方法,本例只考虑各输入量在多次重复测量中的随机变化,所有系统影响的修正以及由此引起的不确定度分量均被忽略。最后给出测量结果的标准不确定度。

## 一、测量原理

本例的命题是同时测量交流电路中某元件的电阻 $R$、电抗 $X$ 和阻抗 $Z$,并给出它们的测量不确定度。测量时将元件接入正弦交流电路,同时测量元件两端的交流电位差 $V$ 和交流电流的幅值 $I$,以及 $V$ 相对于 $I$ 的相移 $\Phi$。通过交流电欧姆定律可以计算元件的电阻、电抗和阻抗。在该测量中有三个输入量 $V,I$ 和 $\Phi$,以及三个输出量 $R,X$ 和 $Z$。由于三个输出量之间存在关系式 $Z^2 = R^2 + X^2$,故三个输出量中仅有两个是相互独立的。

## 二、测量模型

根据交流电欧姆定律,可以给出下述输入量和输出量的关系式:

$$R = \frac{V}{I}\cos\Phi \tag{L-1}$$

$$X = \frac{V}{I}\sin\Phi \tag{L-2}$$

$$Z = \frac{V}{I} \tag{L-3}$$

用于测量 $V,I$ 和 $\Phi$ 的仪表均经过校准,并假定它们对测量结果所引入的不确定度都可以忽略不计。测量所用的电源和环境温度也足够稳定,因而毋需作相应的修正,同时也不引入明显的测量不确定度。因此本例只考虑各输入量在多次重复测量中的随机变化,故直接将式(L-1)~(L-3)作为评定测量不确定度的测量模型。

### 三、输入量估计值的标准不确定度和不确定度分量

在相同的条件下对输入量 $V$, $I$ 和 $\Phi$ 作 5 组同时的独立观测,测得的有关数据列于表 L-1。表中还给出了它们的平均值 $\overline{V}$, $\overline{I}$ 和 $\overline{\Phi}$,以及用贝塞尔公式计算得到的平均值的实验标准差 $s(\overline{V})$, $s(\overline{I})$ 和 $s(\overline{\Phi})$。由于不考虑其他系统效应引入的不确定度分量,因此这些平均值的实验标准差就是输入量估计值的标准不确定度,即

$$u(\overline{V}) = s(\overline{V})$$
$$u(\overline{I}) = s(\overline{I})$$
$$u(\overline{\Phi}) = s(\overline{\Phi})$$

表 L-1　输入量 $V$、$I$ 和 $\Phi$ 的 5 组同时观测结果

| 组号 $k$ | $V/V$ | | $I/mA$ | | $\Phi/rad$ | |
|---|---|---|---|---|---|---|
| | $V_k$ | $V_k - \overline{V}$ | $I_k$ | $I_k - \overline{I}$ | $\Phi_k$ | $\Phi_k - \overline{\Phi}$ |
| 1 | 5.007 | $8 \times 10^{-3}$ | 19.663 | $2 \times 10^{-3}$ | 1.045 6 | $1.14 \times 10^{-3}$ |
| 2 | 4.994 | $-5 \times 10^{-3}$ | 19.639 | $-22 \times 10^{-3}$ | 1.043 8 | $-0.66 \times 10^{-3}$ |
| 3 | 5.005 | $6 \times 10^{-3}$ | 19.640 | $-21 \times 10^{-3}$ | 1.046 8 | $2.34 \times 10^{-3}$ |
| 4 | 4.990 | $-9 \times 10^{-3}$ | 19.685 | $24 \times 10^{-3}$ | 1.042 8 | $-1.66 \times 10^{-3}$ |
| 5 | 4.999 | 0 | 19.678 | $17 \times 10^{-3}$ | 1.043 3 | $-1.16 \times 10^{-3}$ |
| 算术平均值 | $\overline{V} = 4.999\ 0$ | | $\overline{I} = 19.661\ 0$ | | $\overline{\Phi} = 1.044\ 46$ | |
| 实验标准差 | $s(\overline{V}) = 0.003\ 2$ | | $s(\overline{I}) = 0.009\ 5$ | | $s(\overline{\Phi}) = 0.007\ 5$ | |
| 相关系数 | $r(\overline{V}, \overline{I}) = -0.36$ $r(\overline{V}, \overline{\Phi}) = 0.86$ $r(\overline{I}, \overline{\Phi}) = -0.65$ | | | | | |

### 四、相关系数

由于输入量的平均值 $\overline{V}$, $\overline{I}$ 和 $\overline{\Phi}$ 是由 5 组同时观测得到的,因此它们之间必然相关。在评定被测量 $R$、$X$ 和 $Z$ 的测量不确定度时,必须考虑相关性。也就是说,必须计算三个输入量之间的相关系数 $r(\overline{V}, \overline{I})$, $r(\overline{V}, \overline{\Phi})$ 和 $r(\overline{I}, \overline{\Phi})$。它们的表示式为

$$r(\overline{V}, \overline{I}) = \frac{u(\overline{V}, \overline{I})}{u(\overline{V})u(\overline{I})}$$

$$r(\overline{V}, \overline{\Phi}) = \frac{u(\overline{V}, \overline{\Phi})}{u(\overline{V})u(\overline{\Phi})}$$

$$r(\overline{I}, \overline{\Phi}) = \frac{u(\overline{I}, \overline{\Phi})}{u(\overline{I})u(\overline{\Phi})}$$

式中 $u(\overline{V},\overline{I})$，$u(\overline{V},\overline{\Phi})$ 和 $u(\overline{I},\overline{\Phi})$ 为相应的协方差，它们可用下式计算得到

$$u(\overline{V},\overline{I})=\frac{1}{n(n-1)}\sum_{k=1}^{n}(V_k-\overline{V})(I_k-\overline{I})$$

$$u(\overline{V},\overline{\Phi})=\frac{1}{n(n-1)}\sum_{k=1}^{n}(V_k-\overline{V})(\Phi_k-\overline{\Phi})$$

$$u(\overline{I},\overline{\Phi})=\frac{1}{n(n-1)}\sum_{k=1}^{n}(I_k-\overline{I})(\Phi_k-\overline{\Phi})$$

本例中，共对输入量进行了 5 组测量，即 $n=5$。将表 L-1 中的数据代入上式后，得到各协方差为

$$u(\overline{V},\overline{I})=\frac{8\times2+(-5)\times(-22)+6\times(-21)+(-9)\times24+0\times17}{5\times4\times10^6}$$

$$=-1.08\times10^{-5}\,\mathrm{V\cdot mA}$$

$$u(\overline{V},\overline{\Phi})=\frac{8\times1.14+(-5)\times(-0.66)+6\times2.34+(-9)\times(-1.66)+0\times(-1.16)}{5\times4\times10^6}$$

$$=2.07\times10^{-6}\,\mathrm{V\cdot rad}$$

$$u(\overline{I},\overline{\Phi})=\frac{2\times1.14+(-22)\times(-0.66)+(-21)\times2.34+24\times(-1.66)+17\times(-1.16)}{5\times4\times10^6}$$

$$=-4.6\times10^{-6}\,\mathrm{V\cdot rad}$$

于是，相关系数为

$$r(\overline{V},\overline{I})=\frac{u(\overline{V},\overline{I})}{u(\overline{V})u(\overline{I})}=\frac{-1.08\times10^{-5}}{0.003\,2\times0.009\,5}=-0.36$$

$$r(\overline{V},\overline{\Phi})=\frac{u(\overline{V},\overline{\Phi})}{u(\overline{V})u(\overline{\Phi})}=\frac{2.07\times10^{-6}}{0.003\,2\times0.000\,75}=0.86$$

$$r(\overline{I},\overline{\Phi})=\frac{u(\overline{I},\overline{\Phi})}{u(\overline{I})u(\overline{\Phi})}=\frac{-0.46\times10^{-6}}{0.009\,5\times0.000\,75}=-0.65$$

上述计算得到的相关系数列入表 L-1 的最后一行。

### 五、测量结果和合成标准不确定度

将三个输入量的平均值 $\overline{V},\overline{I}$ 和 $\overline{\Phi}$ 代入式（L-1）～（L-3），即可得到被测量 $R,X$ 和 $Z$ 的最佳估计值，其计算结果为

$$R=\frac{\overline{V}}{\overline{I}}\cos\overline{\Phi}=\frac{4.999\times\cos(1.044\,46)}{19.661}\,\mathrm{k\Omega}=127.732\,\mathrm{k\Omega}$$

$$X=\frac{\overline{V}}{\overline{I}}\sin\overline{\Phi}=\frac{4.999\times\sin(1.044\,46)}{19.661}\,\mathrm{k\Omega}=219.847\,\mathrm{k\Omega}$$

$$Z=\frac{\overline{V}}{\overline{I}}=\frac{4.999}{19.661}\,\mathrm{k\Omega}=254.260\,\mathrm{k\Omega}$$

考虑到各输入量之间的相关性后，被测量 $R,X$ 和 $Z$ 的合成标准不确定度可表示为

$$u_c^2(R)=\left(\frac{\partial R}{\partial V}\right)^2u^2(V)+\left(\frac{\partial R}{\partial I}\right)^2u^2(I)+\left(\frac{\partial R}{\partial \Phi}\right)^2u^2(\Phi)+2\frac{\partial R}{\partial V}\frac{\partial R}{\partial I}u(V)u(I)r(V,I)+$$

$$2\frac{\partial R}{\partial V}\frac{\partial R}{\partial \Phi}u(V)u(\Phi)r(V,\Phi)+2\frac{\partial R}{\partial I}\frac{\partial R}{\partial \Phi}u(I)u(\Phi)r(I,\Phi) \tag{L-4}$$

$$u_c^2(X)=\left(\frac{\partial X}{\partial V}\right)^2u^2(V)+\left(\frac{\partial X}{\partial I}\right)^2u^2(I)+\left(\frac{\partial X}{\partial \Phi}\right)^2u^2(\Phi)+2\frac{\partial X}{\partial V}\frac{\partial X}{\partial I}u(V)u(I)r(V,I)+$$

$$2\frac{\partial X}{\partial V}\frac{\partial X}{\partial \Phi}u(V)u(\Phi)r(V,\Phi)+2\frac{\partial X}{\partial I}\frac{\partial X}{\partial \Phi}u(I)u(\Phi)r(I,\Phi) \tag{L-5}$$

$$u_c^2(Z)=\left(\frac{\partial Z}{\partial V}\right)^2u^2(V)+\left(\frac{\partial Z}{\partial I}\right)^2u^2(I)+2\frac{\partial Z}{\partial V}\frac{\partial Z}{\partial I}u(V)u(I)r(V,I) \tag{L-6}$$

式(L-4)～(L-6)中的偏导数即是对应于各输入量的灵敏系数。由式(L-1)～(L-3)对各输入量求偏导数可得

$$\frac{\partial R}{\partial V}=\frac{\cos\Phi}{I}, \qquad \frac{\partial R}{\partial I}=\frac{-V\cos\Phi}{I^2}, \qquad \frac{\partial R}{\partial \Phi}=\frac{-V\sin\Phi}{I}$$

$$\frac{\partial X}{\partial V}=\frac{\sin\Phi}{I}, \qquad \frac{\partial X}{\partial I}=\frac{-V\sin\Phi}{I^2}, \qquad \frac{\partial X}{\partial \Phi}=\frac{V\cos\Phi}{I}$$

$$\frac{\partial Z}{\partial V}=\frac{1}{I}, \qquad \frac{\partial Z}{\partial I}=\frac{-V}{I^2}$$

由于式(L-4)～(L-6)中所有的输入量 $\bar{V},\bar{I}$ 和 $\bar{\Phi}$,标准不确定度 $u(\bar{V}),u(\bar{I})$ 和 $u(\bar{\Phi})$,以及它们之间的相关系数 $r(\bar{V},\bar{I}),r(\bar{V},\bar{\Phi})$ 和 $r(\bar{I},\bar{\Phi})$ 均已经求出,将这些数值代入式(L-4)～(L-6)后,可以得到对应于各被测量的标准不确定度 $u_c(R),u_c(X)$ 和 $u_c(Z)$,以及相对标准不确定度 $u_{c\,rel}(R),u_{c\,rel}(X)$ 和 $u_{c\,rel}(Z)$。计算结果列于表 L-2。

表 L-2 电阻、电抗和阻抗的测量结果及其标准不确定度

| 被测量 | 关系式 | 测量结果 | 合成标准不确定度 |
|---|---|---|---|
| 电阻 $R$ | $R=\dfrac{V}{I}\cos\Phi$ | $R=127.732\ \Omega$ | $u_c(R)=0.071\ \Omega$ <br> $u_{c\,rel}(R)=0.06\times10^{-2}$ |
| 电抗 $X$ | $X=\dfrac{V}{I}\sin\Phi$ | $X=219.847\ \Omega$ | $u_c(X)=0.295\ \Omega$ <br> $u_{c\,rel}(X)=0.13\times10^{-2}$ |
| 阻抗 $Z$ | $Z=\dfrac{V}{I}$ | $Z=254.260\ \Omega$ | $u_c(Z)=0.263\ \Omega$ <br> $u_{c\,rel}(Z)=0.09\times10^{-2}$ |

## 六、测量结果的另一种计算方法和两种方法的比较

在通过输入量 $X_1,X_2,\cdots,X_n$ 的估计值 $x_1,x_2,\cdots,x_n$ 得到被测量的最佳估计值时,可以有两种方法(参见第十一章第一节)。方法之一是先求出各输入量的多次重复测量的平均

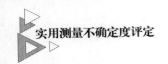

值,将它们作为输入量的最佳估计值,再用这些平均值求出被测量 $Y$ 的最佳估计值 $y$。这就是上面采用的方法。另一种方法则是先通过每一组测得的输入量,求出被测量 $y_k$,然后再将各组 $y_k$ 的平均值作为被测量的最佳估计值。下面将用这一方法进行计算。

如表 L-1 所示,本例已经测得输入量 $V,I$ 和 $\Phi$ 的 5 组数据。由每一组输入量数据,通过测量模型式(L-1)~(L-3)可以计算出一组被测量 $R,X$ 和 $Z$ 的单次值。然后取每个被测量的 5 次测量结果的平均值作为各被测量的最佳估计值。同时该平均值的实验标准差就作为对应被测量的合成标准不确定度。所有这些结果合并列于表 L-3。

表 L-3　被测量 $R,X$ 和 $Z$ 的另一种计算方法

| 组号 $k$ | 被测量的单次测量结果 /$\Omega$ | | |
| :---: | :---: | :---: | :---: |
| | $R=\dfrac{V}{I}\cos\Phi$ | $X=\dfrac{V}{I}\sin\Phi$ | $Z=\dfrac{V}{I}$ |
| 1 | 127.67 | 220.32 | 254.64 |
| 2 | 127.89 | 219.79 | 254.29 |
| 3 | 127.51 | 220.64 | 254.84 |
| 4 | 127.71 | 218.97 | 253.49 |
| 5 | 127.88 | 219.51 | 254.04 |
| 算术平均值 | $\bar{R}=127.732$ | $\bar{X}=219.847$ | $\bar{Z}=254.260$ |
| 合成标准不确定度 | $u(\bar{R})=s(\bar{R})=0.071$ | $u(\bar{X})=s(\bar{X})=0.295$ | $u(\bar{Z})=s(\bar{Z})=0.236$ |

比较而言,第二种方法虽然比较简单,但其应用是有条件的,即各输入量应同时测量,并且各输入量的测量次数要相等。如果测量次数不等,显然第二种方法是无法采用的。即使测量次数相等,但若非同时测量,此时用第二种方法仍然是不适宜的。

例如,在本例中若所有测量数据保持不变,并且是进行 5 次测量,唯一不同的是三个输入量 $V,I$ 和 $\Phi$ 不是由同时测量得到的,而是先测量 5 次 $V$,再测量 5 次 $I$,最后测量 5 次 $\Phi$。这样三个输入量的观测值是分别由独立测量得到的,因而彼此之间不存在相关性,即所有的相关系数应为零。此时,式(L-4)~式(L-6)就被简化为

$$u_c^2(R)=\left(\frac{\partial R}{\partial V}\right)^2 u^2(V)+\left(\frac{\partial R}{\partial I}\right)^2 u^2(I)+\left(\frac{\partial R}{\partial \Phi}\right)^2 u^2(\Phi) \tag{L-7}$$

$$u_c^2(X)=\left(\frac{\partial X}{\partial V}\right)^2 u^2(V)+\left(\frac{\partial X}{\partial I}\right)^2 u^2(I)+\left(\frac{\partial X}{\partial \Phi}\right)^2 u^2(\Phi) \tag{L-8}$$

$$u_c^2(Z)=\left(\frac{\partial Z}{\partial V}\right)^2 u^2(V)+\left(\frac{\partial Z}{\partial I}\right)^2 u^2(I) \tag{L-9}$$

将表 L-1 中的测得数据和计算得到的灵敏系数代入式(L-7)~式(L-9)后,得到的合成标准不确定度见表 L-4,该结果显然不同于表 L-2 给出的结果。

**表 L-4　当相关系数为零时的计算结果**

| 测量结果的合成标准不确定度 | |
|---|---|
| $u_c(\overline{R})=0.200$ | $u_{c\,rel}(\overline{R})=0.15\times10^{-2}$ |
| $u_c(\overline{X})=0.201$ | $u_{c\,rel}(\overline{X})=0.09\times10^{-2}$ |
| $u_c(\overline{Z})=0.204$ | $u_{c\,rel}(\overline{Z})=0.08\times10^{-2}$ |

由此可见,对不同的测量程序,应采用与之相适应的不同的处理方法。值得注意的是,本例中所采用的非同时测量的程序,就不是一种好的程序。因为若该交流元件的阻抗不变,则两端的电位差与其上通过的电流直接有关,而不同时测量就无法反映出这种相关性。因此,对于测量而言,设计和选择合适的测量程序是至关重要的,它既要能反映客观数据,又要便于进行数据处理。

# 实例 M　家用水表的校准
## （根据欧洲认可合作组织提供的实例改写）

## 一、测量原理

家用水表的校准是指在水表的测量范围内测定其相对示值误差。测量设备以约为 500 kPa的恒定压力提供所需的水流。水流经过被校准水表后由一个容积已经过校准的开放式水箱收集,并测量水的体积。在开始测量前,水箱是空的但箱壁是湿的。水箱有一狭窄的瓶颈,其上附有标尺以测量箱内水平面的位置,并由此得到流过水表的水体积。被校准水表就与该水箱相连。水表具有一个带有指针的机械计数器。测量时的水流量为 2 500 L/h,而在测量开始和结束时的水流量为零。测量结束后,记录水箱内水面的位置,并同时记录水表的压力和温度以及水箱中水的温度。

## 二、测量模型

对于单次测量,水表的相对示值误差定义为

$$e_X=\frac{(V_{iX2}-V_{iX1})-V_X}{V_X}=\frac{V_{iX2}-V_{iX1}}{V_X}-1 \tag{M-1}$$

考虑到水表读数分辨力对测量结果的影响,测量模型成为

$$e_X=\frac{\Delta V_{iX}+\delta V_{iX2}-\delta V_{iX1}}{V_X}-1 \tag{M-2}$$

其中

$$V_X=(V_{iS}+\delta V_{iS})\cdot[1+\alpha_S(t_S-t_0)]\cdot[1+\alpha_w(t_X-t_S)]\cdot[1-\kappa_w(p_X-p_S)] \tag{M-3}$$

式中：　$\Delta V_{iX}$——水表示值差,$\Delta V_{iX}=V_{iX2}-V_{iX1}$；

$V_{iX1},V_{iX2}$——测量开始和测量结束时水表的示值；

$\delta V_{iX1},\delta V_{iX2}$——水表示值的有限分辨力对测量结果的影响;

$V_X$——在水表入口处压力为 $p_X$,温度为 $t_X$ 的条件下流过水表的水体积;

$V_{iS}$——测量结束时由水箱瓶颈处标尺上得到的体积示值;

$\delta V_{iS}$——水箱瓶颈处标尺的有限分辨力对体积测量读数的影响;

$\alpha_S$——水箱材料的体膨胀系数;

$t_S$——水箱的温度;

$t_0$——校准水箱体积时的参考温度;

$\alpha_w$——水的体膨胀系数;

$t_X$——水表入口处的水温;

$\kappa_w$——水的压缩系数;

$p_S$——水箱的压力(当水压较大时,可忽略,即此时 $p_S=0$);

$p_X$——水表入口处的水压。

## 三、流过水表的水体积 $V_X$ 的测量不确定度评定

由于 $\delta V_{iS}\ll V_{iS}$,$\alpha_S(t_S-t_0)\ll1$,$\alpha_w(t_X-t_S)\ll1$,$\kappa_w(p_X-p_S)\ll1$ 以及 $p_S=0$,将式(M-3)展开,并忽略高阶小项,可得体积 $V_X$ 的表示式为

$$V_X=(V_{iS}+\delta V_{iS})\cdot[1+\alpha_S(t_S-t_0)]\cdot[1+\alpha_w(t_X-t_S)]\cdot[1-\kappa_w(p_X-p_S)]$$
$$\approx[V_{iS}+\delta V_{iS}+V_{iS}\cdot\alpha_S(t_S-t_0)]\cdot[1+\alpha_w(t_X-t_S)-\kappa_w\cdot p_X]$$
$$\approx V_{iS}+\delta V_{iS}+V_{iS}\cdot\alpha_S(t_S-t_0)+V_{iS}\cdot\alpha_w(t_X-t_S)-V_{iS}\cdot\kappa_w\cdot p_X$$

在忽略合成方差 $u^2(V_X)$ 表示式中高阶项的情况下,可得 $V_X$ 的方差为

$$u^2(V_X)=c_1^2u^2(V_{iS})+c_2^2u^2(\delta V_{iS})+c_3^2u^2(\alpha_S)+c_4^2u^2(t_S)+c_5^2u^2(\alpha_w)+$$
$$c_6^2u^2(t_X)+c_7^2u^2(\kappa_w)+c_8^2u^2(p_X) \tag{M-4}$$

式中,灵敏系数 $c_i$ 分别为

$$c_1=\frac{\partial V_X}{\partial V_{iS}}=1+\alpha_S(t_S-t_0)+\alpha_w(t_X-t_S)-\kappa_w\cdot p_X\approx1$$

$$c_2=\frac{\partial V_X}{\partial\delta V_{iS}}=1$$

$$c_3=\frac{\partial V_X}{\partial\alpha_S}=V_{iS}(t_S-t_0)$$

$$c_4=\frac{\partial V_X}{\partial t_S}=V_{iS}(\alpha_S-\alpha_w)$$

$$c_5=\frac{\partial V_X}{\partial\alpha_w}=V_{iS}(t_X-t_S)$$

$$c_6=\frac{\partial V_X}{\partial t_X}=V_{iS}\cdot\alpha_w$$

$$c_7=\frac{\partial V_X}{\partial\kappa_w}=-V_{iS}\cdot p_X$$

$$c_8=\frac{\partial V_X}{\partial p_X}=-V_{iS}\cdot\kappa_w$$

### 四、体积测量的不确定度分量

（1）水箱内水体积示值，$V_{iS}$

实验测量得到 $V_{iS}=200.02$ L。校准证书给出，在参考温度 20 ℃下，当水箱内水体积 $V_{iS}=200$ L 时，其相对扩展不确定度是 $U_{rel}(V_{iS})=0.1\%$，$k=2$。于是其标准不确定度分量为

$$u_1(V_X)=|c_1|u(V_{iS})=V_{iS}u_{rel}(V_{iS})=V_{iS}\frac{U_{rel}(V_{iS})}{k}=\frac{200\ L\times 0.1\%}{2}=0.100\ L$$

（2）水体积读数分辨力，$\delta V_{iS}$

水箱中水面高度的最大测量误差为 $\pm 1$ mm。高度和体积的换算因子为 0.02 L/mm。两者相乘，于是体积测量的最大可能误差为 $\pm 0.02$ L，按矩形分布估计，于是其标准不确定度分量为

$$u_2(V_X)=|c_2|u(\delta V_{iS})=\frac{0.02\ L}{\sqrt{3}}=0.011\ 5\ L$$

（3）水箱体膨胀系数，$\alpha_S$

钢制水箱的体膨胀系数的数值取自于材料手册，在所考虑的温度范围内体膨胀系数为一常数，其值为 $\alpha_S=51\times 10^{-6}\ K^{-1}$。由于手册未给出该数值的不确定度，因此认为最后一位有效数字是可靠的，于是仅考虑数据修约引入的不确定度，即其误差限为 $0.5\times 10^{-6}\ K^{-1}$。于是标准不确定度 $u(\alpha_S)$ 为

$$u(\alpha_S)=\frac{0.5\times 10^{-6}\ K^{-1}}{\sqrt{3}}=0.29\times 10^{-6}\ K^{-1}$$

测量时水箱内的水温为 15 ℃，而参考温度 $t_0=20$ ℃，故其灵敏系数为
$$c_3=V_{iS}(t_S-t_0)=-200.02\ L\times 5\ K=-1\ 000\ L\cdot K$$
于是其标准不确定度分量为
$$u_3(V_X)=|c_3|u(\alpha_S)=1\ 000\ L\cdot K\times 0.29\times 10^{-6}\ K^{-1}=0.29\times 10^{-3}\ L$$

（4）箱内水温，$t_S$

测量时水箱中的水温在 $(15\pm 2)$ ℃范围内，所给的误差限包括了诸如温度传感器的校准、读数分辨力以及水箱内可能的温度梯度等所有可能的不确定度来源。假定其满足矩形分布，于是

$$u(t_S)=\frac{2K}{\sqrt{3}}=1.15\ K$$

在所考虑的温度范围内，取自材料手册的水膨胀系数之值为 $\alpha_w=0.15\times 10^{-3}\ K^{-1}$，而水箱材料的体膨胀系数为 $\alpha_S=51\times 10^{-6}\ K^{-1}$，于是灵敏系数为

$$|c_4|=V_{iS}(\alpha_S-\alpha_w)=200.02\ L\times(150-51)\times 10^{-6}\ K^{-1}=0.019\ 8\ L\cdot K^{-1}$$
于是不确定度分量 $u_4(V_X)$ 为
$$u_4(V_X)=|c_4|u(t_S)=V_{iS}\alpha_w u(t_S)=0.019\ 8\ L\cdot K^{-1}\times 1.15\ K=22.8\times 10^{-3}\ L$$

（5）水的体积膨胀系数，$\alpha_w$

测得水表入口处的水温在 $(16\pm 2)$ ℃范围内，所给的误差限包括了诸如温度传感器的校

准、读数分辨力,以及在一次测量过程中可能的温度变化等所有可能的不确定度来源。材料手册给出的水膨胀系数之值为:$\alpha_w = 0.15 \times 10^{-3} \, K^{-1}$但并未给出其不确定度,因此仅考虑数据修约引入的不确定度,即其误差限为$5 \times 10^{-6} \, K^{-1}$。假定满足矩形分布,于是标准不确定度$u(\alpha_w)$为

$$u(\alpha_w) = \frac{5 \times 10^{-6} \, K^{-1}}{\sqrt{3}} = 2.89 \times 10^{-6} \, K^{-1}$$

由于灵敏系数 $c_5 = V_{is}(t_X - t_S) = 200.02 \, L \times 1 \, K = 200.02 \, L \cdot K$,于是不确定度分量$u_5(V_X)$为

$$u_5(V_X) = |c_5| u(\alpha_w) = 200.02 \, L \cdot K \times 2.89 \times 10^{-6} \, K^{-1} = 0.577 \times 10^{-3} \, L$$

(6)水表中的水温,$t_X$

测得水表入口处的水温在$(16 \pm 2)$℃范围内,假定其满足矩形分布,于是标准不确定度$u(t_X)$为

$$u(t_X) = \frac{2 \, K}{\sqrt{3}} = 1.15 \, K$$

灵敏系数 $c_6 = V_{is} \alpha_w = 200.02 \, L \times 0.15 \times 10^{-3} \, K^{-1} = 30.0 \, L \cdot K^{-1}$,于是不确定度分量$u_6(V_X)$为

$$u_6(V_X) = |c_6| u(t_X) = 30.0 \, L \cdot K^{-1} \times 1.15 \, K = 34.6 \times 10^{-3} \, L$$

(7)水的压缩系数,$\kappa_w$

水的压缩系数 $\kappa_w = 0.46 \times 10^{-6} \, kPa^{-1}$取自材料手册,在所考虑的温度范围内是一常数。由于手册未给出该数值的不确定度,故仅考虑由数据修约引入的不确定度,即其误差限为$\pm 0.005 \times 10^{-6} \, kPa^{-1}$。假定满足矩形分布,于是标准不确定度 $u(\kappa_w)$ 为

$$u(\kappa_w) = \frac{0.005 \times 10^{-6} \, kPa^{-1}}{\sqrt{3}} = 2.89 \times 10^{-9} \, kPa^{-1}$$

由于灵敏系数 $c_7 = -V_{is} \cdot p_X = -200.02 \, L \times 500 \, kPa = -100 \times 10^3 \, L \cdot kPa$,于是不确定度分量 $u_7(V_X)$ 为

$$u_7(V_X) = |c_7| u(\kappa_w) = 100 \times 10^3 \, L \cdot kPa \times 2.89 \times 10^{-9} \, kPa^{-1} = 0.289 \times 10^{-3} \, L$$

(8)水表入口处的水压,$p_X$

水表入口处的水压为$500 \, kPa$,其最大变化范围为$10\%$。假定满足矩形分布,于是标准不确定度 $u(p_X)$ 为

$$u(p_X) = \frac{500 \, kPa \times 0.10}{\sqrt{3}} = 28.9 \, kPa$$

由于灵敏系数 $c_8 = -V_{is} \kappa_w = -200.02 \, L \times 0.46 \times 10^{-6} \, kPa^{-1} = -92 \times 10^{-6} \, L \cdot kPa^{-1}$,于是不确定度分量 $u_8(V_X)$ 为

$$u_8(V_X) = |c_8| u(p_X) = 92 \times 10^{-6} \, L \cdot kPa^{-1} \times 28.9 \, kPa = 2.66 \times 10^{-3} \, L$$

## 五、体积测量的不确定度概算

测量得到的体积需进行水温、水箱温度及压力变化三项修正。由于式(M-3)中所用各参数之值均已经得到,并且$\delta V_{is}$的数学期望为零,将各参数之值代入式(M-3),最后可得

$$V_X = (V_{iS} + \delta V_{iS})[1 + \alpha_S(t_S - t_0)][1 + \alpha_w(t_X - t_S)][1 - \kappa_w(p_X - p_S)]$$
$$= V_{iS}[1 + \alpha_S(t_S - t_0)][1 + \alpha_w(t_X - t_S)](1 - \kappa_w p_X)$$
$$= 199.95 \text{ L}$$

表 M-1 给出水体积测量的不确定度分量汇总表。

**表 M-1  水体积 $V_X$ 测量的不确定度分量汇总表**

| 输入量 $X_i$ | 估计值 $x_i$ | 标准不确定度 $u(x_i)$ | 概率分布 | 灵敏系数 | 不确定度分量 $u_i(y)$/mL |
|---|---|---|---|---|---|
| $V_{iS}$ | 200.02 L | 0.100 L | 正态 | 1 | 100 |
| $\delta V_{iS}$ | 0 | 0.011 5 L | 矩形 | 1 | 11.5 |
| $\alpha_S$ | $51 \times 10^{-6}$ K$^{-1}$ | $0.29 \times 10^{-6}$ K$^{-1}$ | 矩形 | $-1\,000$ L·K | 0.29 |
| $t_S$ | 15 ℃ | 1.15 K | 矩形 | 0.019 8 L·K$^{-1}$ | 22.8 |
| $\alpha_w$ | $0.15 \times 10^{-3}$ K$^{-1}$ | $2.89 \times 10^{-6}$ K$^{-1}$ | 矩形 | 200 L·K | 0.577 |
| $t_X$ | 16 ℃ | 1.15 K | 矩形 | 0.030 0 L·K$^{-1}$ | 34.6 |
| $\kappa_w$ | $460 \times 10^{-3}$ kPa$^{-1}$ | $2.89 \times 10^{-9}$ kPa$^{-1}$ | 矩形 | $-100 \times 10^3$ L·kPa | 0.289 |
| $p_X$ | 500 kPa | 28.9 kPa | 矩形 | $-9.2 \times 10^{-6}$ L·kPa$^{-1}$ | 2.66 |
| $V_X = 199.95$ L, $u(V_X) = 109$ mL | | | | | |

## 六、体积测量的合成标准不确定度

将各分量的数值代入式(M-4)，可得合成标准不确定度为

$$u(V_X) = \sqrt{\sum_{i=1}^{8} u_i^2(V_X)}$$
$$= \sqrt{100^2 + 11.5^2 + 0.29^2 + 22.8^2 + 0.577^2 + 34.6^2 + 0.289^2 + 2.66^2} \text{ mL}$$
$$= 109 \text{ mL}$$

在体积 $V_X$ 测量中，由水箱内水体积示值所引入的不确定度分量是占优势的分量。因此 $V_X$ 的分布应接近于正态分布。

## 七、水表相对示值误差 $e_X$ 的测量不确定度评定

水表的相对示值误差可表示为

$$e_X = \frac{\Delta V_{iX} + \delta V_{iX2} - \delta V_{iX1}}{V_X} - 1$$

由于 $\Delta V_{iX} = 200$ L，$V_X = 199.95$ L，于是水表的相对示值误差 $e_X$ 为

$$e_X = \frac{\Delta V_{iX}}{V_X} - 1 = \frac{200.0}{199.95} - 1 = 0.000\,3$$

相对示值误差 $e_X$ 的方差 $u^2(e_X)$ 可表示为

$$u^2(e_X) = c_1^2 u^2(\Delta V_{iX}) + c_2^2 u^2(\delta V_{iX2}) + c_3^2 u^2(\delta V_{iX1}) + c_4^2 u^2(V_X)$$

因此共有四个不确定度分量，对应于每个不确定度分量的灵敏系数分别为

$$c_1 = c_2 = \frac{1}{V_X} = 5.00 \times 10^{-3} \ L^{-1}$$

$$c_3 = -\frac{1}{V_X} = -5.00 \times 10^{-3} \ L^{-1}$$

$$c_4 = -\frac{\Delta V_{iX} + \delta V_{iX2} - \delta V_{iX1}}{V_X^2} \approx -\frac{1}{V_X} = -5.00 \times 10^{-3} \ L^{-1}$$

（1）水表示值差，$\Delta V_{iX}$

由于水表为数字显示，故读数误差为零，即

$$u_1(e_X) = c_1 u(\Delta V_{iX}) = 0$$

（2）水表分辨力，$\delta V_{iX1}$ 和 $\delta V_{iX2}$

水表读数的分辨力为 0.2 L，因此每一个读数可能包含的最大误差为 ±0.1 L。假定其满足矩形分布，于是由水表读数分辨力引入的不确定度分量为

$$u(\delta V_{iX1}) = u(\delta V_{iX2}) = \frac{0.1 \ L}{\sqrt{3}} = 0.057 \ 7 \ L$$

即

$$u_2(e_X) = |c_2| u(\delta V_{iX1}) = 5.0 \times 10^{-3} \ L^{-1} \times 0.057 \ 7 \ L = 0.289 \times 10^{-3}$$

$$u_3(e_X) = |c_3| u(\delta V_{iX2}) = 0.289 \times 10^{-3}$$

（3）水体积，$V_X$

由表 M-1 可得

$$V_X = 199.95 \ L$$

$$u(V_X) = 0.112 \times 10^{-3} \ L$$

于是，所引入的不确定度分量为

$$u_4(e_X) = |c_4| u(V_X) = 5.00 \times 10^{-3} \ L^{-1} \times 0.109 \ L = 0.545 \times 10^{-3}$$

## 八、水表相对示值误差 $e_X$ 的测量不确定度概算

表 M-2 给出水表相对示值误差 $e_X$ 的测量不确定度分量汇总表。

表 M-2　水表示值误差 $e_X$ 的测量不确定度分量汇总表

| 输入量 $X_i$ | 估计值 $x_i/L$ | 标准不确定度 $u(x_i)/L$ | 概率分布 | 灵敏系数 $c_i/L^{-1}$ | 不确定度分量 $u_i(y)$ |
|---|---|---|---|---|---|
| $\Delta V_{iX}$ | 200.0 | | 正态 | | |
| $\delta V_{iX2}$ | 0 | 0.057 7 | 矩形 | $5.0 \times 10^{-3}$ | $0.289 \times 10^{-3}$ |
| $\delta V_{iX1}$ | 0 | 0.057 7 | 矩形 | $-5.0 \times 10^{-3}$ | $0.289 \times 10^{-3}$ |
| $V_X$ | 199.95 | 0.112 | 矩形 | $-5.0 \times 10^{-3}$ | $0.545 \times 10^{-3}$ |
| | | $e_X = 0.000 \ 3, u(e_X) = 0.681 \times 10^{-3}$ | | | |

水表的相对示值误差 $e_X$ 的合成标准不确定度为

$$u(e_X) = \sqrt{u_2^2(e_X) + u_3^2(e_X) + u_4^2(e_X)} = \sqrt{0.289^2 + 0.289^2 + 0.545^2} \times 10^{-3} = 0.681 \times 10^{-3}$$

## 九、水表的重复性测量

在相同的水流量 2 500 L/h 下的重复测量,发现被校准水表的相对示值误差有相当大的发散,因此对水表的相对示值误差作了三次测量。将各单次测量结果 $e_{Xj}$ 看作为独立观测,于是三次测量结果的平均值 $e_{Xav}$ 为

$$e_{Xav} = e_X + \delta e_X$$

式中,$e_X$ 为单次测量的相对示值误差,$\delta e_X$ 为由于水表的重复性较差而由各次重复测量得到的相对示值误差修正值。

（1）单次测量的相对示值误差,$e_X$

由表 M-2 已经得到

$$u(e_X) = 0.681 \times 10^{-3}$$

（2）重复性测量结果,$\delta e_X$

对水表的相对示值误差作了三次重复测量,测量结果示于表 M-3。

**表 M-3　水表相对示值误差 $\delta e_X$ 的重复观测结果**

| 序号 | 观测到的相对示值误差 $e_X$ |
|---|---|
| 1 | 0.000 3 |
| 2 | 0.000 5 |
| 3 | 0.002 2 |

算术平均值：$\overline{e_X} = 0.001\ 0$

单次测量实验标准差：$s(e_{Xj}) = s(\delta e_{Xj}) = 0.001\ 04$

平均值实验标准差：$s(\delta e_X) = \dfrac{0.001\ 04}{\sqrt{3}} = 0.000\ 603$

## 十、不确定度概算

表 M-4 给出水表相对示值误差 $e_{Xav}$ 的测量不确定度分量汇总表。

**表 M-4　水表相对示值误差 $e_{Xav}$ 的测量不确定度分量汇总表**

| 输入量 $X_i$ | 估计值 $x_i$ | 标准不确定度 $u(x_i)$ | 自由度 $\nu$ | 概率分布 | 灵敏系数 $c_i$ | 不确定度分量 $u_i(y)$ |
|---|---|---|---|---|---|---|
| $e_X$ | 0.001 | $0.693 \times 10^{-3}$ | $\infty$ | 正态 | 1 | $0.681 \times 10^{-3}$ |
| $\delta e_X$ | 0 | $0.603 \times 10^{-3}$ | 2 | 正态 | 1 | $0.603 \times 10^{-3}$ |
| $e_{Xav} = 0.001, \nu_{eff} = 10, u_c(e_{Xav}) = 0.91 \times 10^{-3}$ ||||||| 

## 十一、被测量 $e_{Xav}$ 分布的估计

由于两个分量均为正态分布,故被测量 $e_{Xav}$ 也满足正态分布。

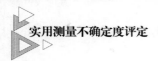

## 十二、合成标准不确定度和扩展不确定度

计算得到合成标准不确定度 $u_c(e_{Xav})$ 和有效自由度 $\nu_{eff}$ 分别为

$$u_c(e_{Xav}) = \sqrt{u^2(e_X) + u^2(\delta e_X)}$$
$$= \sqrt{0.603^2 + 0.681^2} \times 10^{-3}$$
$$= 0.91 \times 10^{-3}$$

$$\nu_{eff} = \frac{(0.91 \times 10^{-3})^4}{\dfrac{(0.603 \times 10^{-3})^4}{2} + 0} = 10.3$$

由于自由度较小,故包含因子应由 $t$ 分布表得到。当有效自由度为 10 时,得到 $k_{95} = 2.23$,于是扩展不确定度为

$$U_{95}(e_{Xav}) = k_{95} u_c(e_{Xav}) = 2.23 \times 0.91 \times 10^{-3} \approx 2.0 \times 10^{-3}$$

## 十三、测量不确定度报告

当水流量为 2 500 L/h 时,测得水表的相对示值误差为 $0.001\ 0 \pm 0.002\ 0$。所给的扩展不确定度是由合成标准不确定度乘以包含因子 $k_{95} = 2.23$ 得到的。包含因子由有效自由度 $\nu_{eff} = 10$ 根据 $t$ 分布表得到,包含概率近似为 95%。

## 十四、评注

(1) 在欧洲认可合作组织给出的实例中,很少有考虑自由度的实例,而水表校准就是一个例外。估计其原因是水表校准无法通过大量的重复测量次数来增加有效自由度。当被测量接近正态分布,同时也无法确保有较大自由度时,通常应通过有效自由度以及由 $t$ 分布得到包含因子。除非在该领域中统一规定取包含因子 $k = 2$。

(2) 由表 M-4 可知,对于水表示值误差 $e_{Xav}$,共有两个不确定度分量:$u(e_X)$ 和 $u(\delta e_X)$。严格地说,在 $u(e_X)$ 中已经考虑过的某些由随机效应引入的分量会包含在重复测量分量 $u(\delta e_X)$ 中。也就是说有重复考虑某些不确定度分量的嫌疑。在对测量结果的准确度要求不高的情况下,这是可以接受的。

# 实例 N  校准用标准溶液的制备
### (根据欧洲分析化学中心提供的实例改写)

## 一、目的

由高纯金属镉制备质量浓度为 1 000 mg/L 的校准用标准溶液。

## 二、制备步骤

(1) 清洁高纯金属表面

清洁方法由高纯金属供应商提供,并严格按照该方法操作,以得到证书上所声明的纯度。

（2）称量金属镉的质量

将净化后的金属置于容量瓶中的前、后分别称量容量瓶的质量。天平的分辨力为 $0.01$ mg。金属镉的质量约为 $100$ mg。

（3）将金属镉溶解到硝酸中并稀释到所需的质量浓度

将 $1$ mL $65\%$ 的硝酸和 $3$ mL 的去离子水加到容量瓶中以溶解镉。然后再加去离子水稀释到所需的体积。反复倒置容量瓶至少 $30$ 次以充分混合。

## 三、测量模型

所配制溶液的质量浓度 $\rho_{Cd}$ 可表示为

$$\rho_{Cd} = \frac{mP}{V}$$

式中：$m$——高纯金属镉的质量；

$\quad\quad P$——高纯金属镉的纯度；

$\quad\quad V$——所配制校准用标准溶液的体积。

## 四、测量不确定度分量

（1）金属镉的纯度，$P$

金属镉的纯度 $P$ 由供应商提供的证书给出。该数值是否可靠取决于清洁方法的有效性。如果严格按照供应商提供的清洁步骤进行,就无需考虑由于金属表面污染所引入的测量不确定度。

由于没有信息表明金属镉是否已经 $100\%$ 溶解,因此需进行多次重复配制,以检查该因素是否可以忽略。

证书给出金属镉的纯度为：$0.999\ 9 \pm 0.000\ 1$。由于无关于不确定度数值的其他信息,故以矩形分布估计,于是引入的标准不确定度为

$$u(P) = \frac{0.000\ 1}{\sqrt{3}} = 0.000\ 058$$

（2）金属镉的质量，$m$

金属镉的质量由扣除皮重的称量给出,得到 $m = 0.100\ 28$ g。其不确定度来源于三个方面：测量的重复性、读数的分辨力,以及天平校准的不确定度。由于减量称量是用同一架天平在几乎相同的测量点进行测量的,因此天平的灵敏度对测量结果的影响可以忽略不计。空气浮力对测量结果的影响也可以忽略。

根据校准证书和天平制造商关于测量不确定度评估的建议,考虑到已经识别的上述三个不确定度来源后,对金属镉质量测量的不确定度进行了估算,得到质量 $m$ 的测量不确定度为

$$u(m) = 0.05 \text{ mg}$$

（3）溶液的体积，$V$

容量瓶中的液体体积 $V$ 主要有以下三个不确定度来源：

a）确定容量瓶容积的不确定度

制造商提供的容量瓶体积为（100.0±0.1）mL。由于没有给出有关分布情况的信息，故必须对分布进行假设。现估计为三角分布，于是

$$u_1(V) = \frac{0.1 \text{ mL}}{\sqrt{6}} = 0.04 \text{ mL}$$

b）稀释溶液时将体积增加到容量瓶刻度时的不确定度

将溶液体积稀释到所需标准体积的重复性可以通过实验测量得到。对典型的 100 mL 容量瓶反复充满 10 次并进行称量，得到实验标准差为 0.02 mL，于是所引入的标准不确定度分量为

$$u_2(V) = 0.02 \text{ mL}$$

c）容量瓶和溶液的温度与容量瓶体积校准时温度不一致引入的不确定度

容量瓶的体积是在 20 ℃下进行校准的，而实验室内的温度在±4 ℃范围内变动。温度变动对体积测量的影响可以通过体积膨胀系数来进行计算。由于溶液的体积膨胀系数明显大于容量瓶容积的膨胀，因此可以只考虑前者的影响。水的体积膨胀系数为 $2.1 \times 10^{-4} ℃^{-1}$，于是对体积测量所引入的不确定度分量为

$$u_3(V) = \frac{100 \text{ mL} \times 2.1 \times 10^{-4} \times 4}{\sqrt{3}} = 0.05 \text{ mL}$$

将三个分量合成，得到体积测量的不确定度分量为

$$u(V) = \sqrt{0.04^2 + 0.02^2 + 0.05^2} \text{ mL} = 0.07 \text{ mL}$$

## 五、不确定度分量汇总

表 N-1 给出溶液质量浓度测量的不确定度分量汇总表。

**表 N-1　溶液质量浓度测量的不确定度分量汇总表**

| 不确定度来源 $X_i$ | 数值 | 标准不确定度 $u(x)$ | 相对标准不确定度 $u_{rel}(x)$ |
|---|---|---|---|
| 金属镉的纯度,$P$ | 0.999 9 | 0.000 058 | 0.000 058 |
| 金属镉的质量,$m$ | 100.28 mg | 0.05 mg | 0.000 5 |
| 溶液体积,$V$ | 100.0 mL | 0.07 mL | 0.000 7 |

合成标准不确定度,$u_{c\,rel}(\rho_{Cd}) = 0.000\ 9$

合成标准不确定度,$u_c(\rho_{Cd}) = u_{c\,rel}(\rho_{Cd}) \times \rho_{Cd} = 0.9 \text{ mg/L}$

由表 N-1 中各影响量的数值，可以计算标准溶液的质量浓度为

$$\rho_{Cd} = \frac{mP}{V} = \frac{100.28 \text{ mg} \times 0.999\ 9}{100.0 \text{ mL}} = 1\ 002.7 \text{ mg/L}$$

## 六、合成标准不确定度

$$u_{c\,rel}(\rho_{Cd}) = \sqrt{u_{rel}^2(P) + u_{rel}^2(m) + u_{rel}^2(V)}$$

$$= \sqrt{0.000\,058^2 + 0.000\,5^2 + 0.000\,7^2}$$
$$= 0.000\,9$$

或 $\qquad u_c(\rho_{Cd}) = u_{c\,rel}(\rho_{Cd})\rho_{Cd} = 0.000\,9 \times 1\,002.7\ \text{mg/L} = 0.9\ \text{mg/L}$

## 七、扩展不确定度

取包含因子 $k = 2$，于是扩展不确定度为
$$U(\rho_{Cd}) = k \cdot u_c(\rho_{Cd}) = 2 \times 0.9\ \text{mg/L} = 1.8\ \text{mg/L}$$

## 八、不确定度报告

测得所配制的标准溶液的质量浓度为：$\rho_{Cd} = 1\,002.7\ \text{mg/L}$，其扩展不确定度为 $U(\rho_{Cd}) = 1.8\ \text{mg/L}$，它是由合成标准不确定度 $u_c(\rho_{Cd}) = 0.9\ \text{mg/L}$ 乘以包含因子 $k = 2$ 得到的。

## 九、评注

（1）在化学分析领域，大部分测量的测量模型都仅包含输入量的积和商。因此测量结果的不确定度一般均以相对不确定度来表示。

（2）欧洲分析化学中心提供的实例一般均不考虑被测量的分布，也不计算自由度。包含因子一般均取 $k = 2$，并由合成标准不确定度直接得到扩展不确定度。

（3）本例中，在评估容量瓶容积引入的不确定度分量时，将其在最大允许偏差范围内的分布估计为三角分布。这样做应该是有前提的。或者是根据制造商的建议（可能制造商已经作过大量的测量），或者是评定者已经对大量的同样容量瓶作过校准，发现小偏差出现的概率大于大偏差出现的概率。在没有任何关于分布情况的信息时，一般估计为矩形分布比较安全。

# 实例 O 原子吸收光谱法测定陶瓷容器中镉的溶出量
## （根据欧洲分析化学中心提供的实例改写）

## 一、目的

用原子吸收光谱法测定陶瓷容器中镉的溶出量。采用英国标准 BS 6748:1986 所规定的测量程序。

## 二、测量程序框图

测量程序框图见图 O-1。

## 三、被测量

容器单位表面积镉的溶出量 $r$ 可表示为

$$r = \frac{\rho_0 V_L}{a_V}$$

式中：$\rho_0$——醋酸浸取液中镉的质量浓度；

$V_L$——醋酸浸取液体积；

$a_V$——被醋酸溶液浸泡的容器表面积。

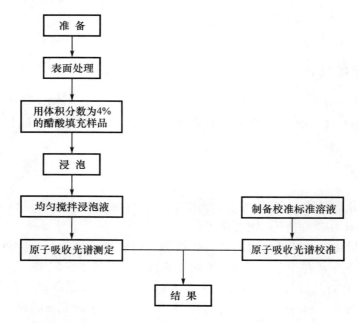

图 O-1　镉溶出量测量程序框图

## 四、技术规定

英国标准 BS 6748:1986《陶瓷、玻璃、玻璃陶瓷和搪瓷器皿中溶出的金属限量》规定了一个完整的测量程序。其有关规定大致如下。

**1. 仪器和试剂的技术指标**

（1）新配制体积分数为 4% 的冰醋酸水溶液。用水将 40 mL 冰醋酸稀释到 1 000 mL。

（2）体积分数为 4% 的醋酸溶液中，镉标准溶液的质量浓度为（500.0±0.5）mg·$L^{-1}$。

（3）实验用的玻璃仪器至少应为 B 级，并且在测定过程中在 4% 的醋酸溶液中不会溶出可以检测到的镉。

（4）要求原子吸收光谱仪对镉的检出限为：0.02 mg·$L^{-1}$。

**2. 程序**

（1）样品在（22±2）℃的条件下放置适当的时间，测量样品用醋酸浸泡部分的表面积。

（2）将（22±2）℃的体积分数为 4% 的醋酸溶液倒入经预处理的样品中，溶液高度距样品溢出处不超过 1 mm。

（3）记录所加入的醋酸溶液量，精确到±2%。本例实际使用 332 mL。

（4）在（22±2）℃的条件下，在黑暗中将样品放置 24 h。

（5）搅拌溶液使其充分均匀，取一部分试样进行测量。必要时可对溶液进行稀释，稀释系数为 $d$。在适当波长的原子吸收光谱仪上进行测量。

（6）计算结果并报告全部浸取液中镉的含量。视样品类型的不同，分别用每平方分米表面积溶出多少毫克镉，或每升体积浸出多少毫克镉来表示。

### 五、不确定度来源和测量模型

由于本测量规定采用英国标准 BS 6748:1986 给出的经验方法来测量陶瓷中镉的溶出量，故不考虑该方法本身的误差。因此在测量不确定度评定中只须考虑与实验室操作有关的不确定度分量。

醋酸溶液中镉的质量浓度 $\rho_0$ 用原子吸收光谱法进行测量，其计算公式为

$$\rho_0 = \frac{A_0 - B_0}{B_1}$$

式中：$A_0$——由原子吸收光谱仪测得的浸出液中金属镉的吸光度；

$B_0$——校准曲线的截距；

$B_1$——校准曲线的斜率。

本例要求用单位表面积溶出镉的质量来表示，其计算公式为

$$r = \frac{\rho_0 V_L}{a_V} \cdot d = \frac{V_L(A_0 - B_0)}{a_V B_1} \cdot d$$

式中：$r$——每平方分米表面积溶出镉的质量；

$d$——样品的稀释系数；

$B_1$——校准曲线的斜率。

由于目前尚无有证标准物质可用于评估实验室的操作，因此所有可能的其他影响都必须考虑。主要是温度、浸泡时间以及醋酸体积分数的影响。考虑了这些附加的影响量后，测量模型成为

$$r = \frac{\rho_0 V_L}{a_V} \cdot d \cdot f_{temp} \cdot f_{time} \cdot f_{acid}$$

式中：$f_{temp}$——由于浸泡温度对测量结果的影响所引入的修正因子；

$f_{time}$——由于浸泡时间对测量结果的影响所引入的修正因子；

$f_{acid}$——由于酸体积分数对测量结果的影响所引入的修正因子。

上述三个因子的数学期望均等于 1。即

$$E(f_{acid}) = E(f_{time}) = E(f_{temp}) = 1$$

### 六、不确定度分量

（1）稀释系数，$d$

由于本例无需稀释浸出液，故 $d=1$。同时也不引入任何不确定度。

（2）体积，$V_L$

体积测量本身包含下述四个不确定度分量：

a）填充体积

要求被测容器被醋酸溶液填充到距容器边缘 1 mm 之内。对于典型的饮用和厨房用

具,1 mm 约为容器高度的 1%,因此可以认为被填充的体积为容器体积的 99.5%±0.5%。本例中实测体积为 332 mL,以三角分布估计,于是所引入的不确定度分量为

$$u_1(V_L) = \frac{0.005 \times 332 \text{ mL}}{\sqrt{6}} = 0.678 \text{ mL}$$

b) 温度

醋酸的温度范围为(22±2)℃。温度变化同时会引起溶液体积和容器容积的变化。由于液体的体积膨胀系数 $2.1 \times 10^{-4}$℃$^{-1}$ 远大于容器容积的膨胀系数,因此可以忽略温度对容器容积的影响。假定满足矩形分布,于是温度对体积测量的影响为

$$u_2(V_L) = \frac{2.1 \times 10^{-4} \times 2 \times 332 \text{ mL}}{\sqrt{3}} = 0.081 \text{ mL}$$

c) 读数

按要求体积测量的相对误差应在±2%范围内,实际上用量筒进行测量时,最大相对误差不超过 1%。假定为三角分布,于是读数引入的不确定度分量为

$$u_3(V_L) = \frac{0.01 \times 332 \text{ mL}}{\sqrt{6}} = 1.355 \text{ mL}$$

d) 量筒校准

500 mL 量筒的最大允许偏差为±2.5 mL。根据制造商提供的建议,以三角分布估计,于是由此引入的不确定度分量为

$$u_4(V_L) = \frac{2.5 \text{ mL}}{\sqrt{6}} = 1.021 \text{ mL}$$

将上述四个分量合成,得到体积测量的标准不确定度为

$$u(V_L) = \sqrt{u_1^2(V_L) + u_2^2(V_L) + u_3^2(V_L) + u_4^2(V_L)}$$
$$= \sqrt{0.678^2 + 0.081^2 + 1.355^2 + 1.021^2} \text{ mL}$$
$$= 1.83 \text{ mL}$$

采用相对不确定度表示,则为

$$u_{rel}(V_L) = \frac{u(V_L)}{V_L} = \frac{1.83 \text{ mL}}{332 \text{ mL}} = 0.005\ 5$$

(3) 镉的质量浓度,$\rho_0$

在原子吸收光谱仪上测得浸出液的吸光度,然后由校准曲线计算镉的质量浓度 $\rho_0$,及其标准不确定度 $u(\rho_0)$。计算过程参见本例中的十一,结果为

$$\rho_0 = 0.26 \text{ mg/L}$$
$$u(\rho_0) = 0.018 \text{ mg/L}$$
$$u_{rel}(\rho_0) = \frac{u(\rho_0)}{\rho_0} = \frac{0.018 \text{ mg/L}}{0.26 \text{ mg/L}} = 0.069$$

(4) 容器浸泡面积测量,$a_V$

容器浸泡面积 $a_V$ 的测量不确定度来源包括两部分,由尺寸测量引入的不确定度和由几何形状不规则引入的不确定度。

a) 尺寸测量引入的不确定度,$u_1(a_V)$

对于圆柱形的容器,计算其内表面的面积需要测量两个尺寸,横截面的直径和高。测得直径 $D=5.2$ cm,$H=14.5$ cm。其扩展不确定度分别为:$U_{95}(D)=1$ mm 和 $U_{95}(H)=2$ mm。容器内表面的面积应为侧面积 $S_1$ 与底面积 $S_2$ 之和。于是面积 $a_V$ 可表示为

$$a_V = S_1 + S_2 = \pi DH + \frac{\pi D^2}{4}$$

其方差表示式为

$$u_1^2(a_V) = c_1^2 u^2(D) + c_2^2 u^2(H)$$

式中: $c_1 = \dfrac{\partial a_V}{\partial D} = \pi H + \dfrac{\pi D}{2} = \pi \times (14.5 + 2.6)$ cm $= 53.72$ cm

$c_2 = \dfrac{\partial a_V}{\partial H} = \pi D = \pi \times 5.2$ cm $= 16.34$ cm

$u(D) = \dfrac{U_{95}(D)}{k} = \dfrac{0.1 \text{ cm}}{2} = 0.05$ cm

$u(H) = \dfrac{U_{95}(H)}{k} = \dfrac{0.2 \text{ cm}}{2} = 0.1$ cm

$a_V = \pi DH + \dfrac{\pi D^2}{4} = \pi \times 5.2 \times 14.5 \text{ cm}^2 + \pi \times 2.6^2 \text{ cm}^2 = 258.11 \text{ cm}^2$

于是

$$u_1(a_V) = \sqrt{c_1^2 u^2(D) + c_2^2 u^2(H)}$$
$$= \sqrt{53.72^2 \times 0.05^2 + 16.34^2 \times 0.1^2} \text{ cm}^2$$
$$= 3.14 \text{ cm}^2$$

$$u_{1\,\text{rel}}(a_V) = \frac{u_1(a_V)}{a_V} = \frac{3.14 \text{ cm}^2}{258.11 \text{ cm}^2} = 0.012$$

b)几何形状不规则引入的不确定度,$u_2(a_V)$

由于样品的几何形状不甚规则,实际面积与理论计算得到的面积可能有较大的差异,从而引入面积测量的不确定度,估计其大小约为 $U_{\text{rel}}=5\%$,于是其相对标准不确定度为

$$u_{2\,\text{rel}}(a_V) = \frac{5\%}{2} = 0.025$$

最后得面积测量的不确定度为

$$u_{\text{rel}}(a_V) = \sqrt{u_{1\,\text{rel}}^2(a_V) + u_{2\,\text{rel}}^2(a_V)} = \sqrt{0.012^2 + 0.025^2} = 0.028$$

(5)温度影响,$f_{\text{temp}}$

研究结果表明,金属的溶出量随温度增加呈指数上升,直至达到极限值。而在 25 ℃ 附近的温度范围内,金属的溶出量随温度的变化近于线性,其斜率约为 $5\% \text{ ℃}^{-1}$。由于允许在 $\pm 2$ ℃ 范围内进行测量,即其斜率的最大变化约为 $10\%$。假定为矩形分布,并由于 $f_{\text{temp}}$ 的数学期望为 1,于是可得 $f_{\text{temp}}$ 的相对标准不确定度为

$$u_{\text{rel}}(f_{\text{temp}}) = \frac{u(f_{\text{temp}})}{f_{\text{temp}}} = u(f_{\text{temp}}) = \frac{10\%}{\sqrt{3}} = 0.058$$

(6)时间影响,$f_{\text{time}}$

对于相对较慢的浸泡过程,金属的溶出量近似与时间成正比。研究结果表明,在浸泡的最后 6 小时内,质量浓度随时间的变化率为 $0.3\% \text{ h}^{-1}$。当浸泡时间控制在 $(24 \pm 0.5)$ h 范围内时,修正系数 $f_{\text{time}}$ 应在 $1 \pm 0.5 \times 0.003$ 范围内,即 $1 \pm 0.0015$。以矩形分布估计,其相

对标准不确定度为

$$u_{\text{rel}}(f_{\text{time}})=\frac{u(f_{\text{time}})}{f_{\text{time}}}=u(f_{\text{time}})=\frac{0.0015}{\sqrt{3}}=0.0009$$

（7）酸的体积分数，$f_{\text{acid}}$

实验结果表明，当酸体积分数每变化1％时，修正系数 $f_{\text{acid}}$ 约变化0.1。实验采用的醋酸溶液体积分数的标准不确定度为0.008％，于是修正系数 $f_{\text{acid}}$ 的相对标准不确定度为

$$u_{\text{rel}}(f_{\text{acid}})=\frac{u(f_{\text{acid}})}{f_{\text{acid}}}=u(f_{\text{acid}})=0.008\times0.1=0.0008$$

## 七、不确定度分量汇总表

表 O-1 给出测量陶瓷样品中镉溶出量的各测量不确定度分量汇总表。

表 O-1　测量不确定度分量汇总表

| 序号 | | 来源 | 数值 | 标准不确定度 $u(x)$ | 相对标准不确定度 $u_{\text{rel}}(x)$ |
|---|---|---|---|---|---|
| 1 | $V_{\text{L}}$ | 体积 | 332 mL | 1.83 mL | 0.0055 |
| 2 | $\rho_0$ | 镉的质量浓度 | 0.26 mg·L$^{-1}$ | 0.018 mg·L$^{-1}$ | 0.069 |
| 3 | $a_{\text{V}}$ | 容器表面积 | 2.58 dm$^2$ | 0.07 dm$^2$ | 0.028 |
| 4 | $f_{\text{temp}}$ | 温度影响 | 1 | 0.0577 | 0.058 |
| 5 | $f_{\text{time}}$ | 时间影响 | 1 | 0.0009 | 0.0009 |
| 6 | $f_{\text{acid}}$ | 酸的体积分数 | 1 | 0.0008 | 0.0008 |

合成标准不确定度：$u_{\text{crel}}(r)=0.095$

$u_{\text{c}}(r)=0.0032\ \text{mg/dm}^2$

## 八、合成标准不确定度

合成标准不确定度 $u_{\text{crel}}(r)$ 为

$$u_{\text{crel}}(r)=\sqrt{u_{\text{rel}}^2(V_{\text{L}})+u_{\text{rel}}^2(\rho_0)+u_{\text{rel}}^2(a_{\text{V}})+u_{\text{rel}}^2(f_{\text{temp}})+u_{\text{rel}}^2(f_{\text{time}})+u_{\text{rel}}^2(f_{\text{acid}})}$$
$$=\sqrt{0.0055^2+0.069^2+0.028^2+0.058^2+0.0009^2+0.0008^2}$$
$$=0.095$$

而镉的溶出量 $r$ 为

$$r=\frac{\rho_0 V_{\text{L}}}{a_{\text{V}}}\cdot d\cdot f_{\text{acid}}\cdot f_{\text{time}}\cdot f_{\text{temp}}$$
$$=\frac{0.26\times0.332}{2.58}\ \text{mg/dm}^2$$
$$=0.033\ \text{mg/dm}^2$$

最后得　　　$u_{\text{c}}(r)=u_{\text{crel}}(r)\cdot r=0.095\times0.033\ \text{mg/dm}^2=0.0032\ \text{mg/dm}^2$

230

## 九、扩展不确定度

取包含因子 $k=2$，则扩展不确定度 $U(r)$ 为

$$U(r)=k \cdot u_c(r)=2\times 0.003\ 2\ \text{mg/dm}^2$$
$$\approx 0.007\ \text{mg/dm}^2$$

## 十、不确定度报告

按照标准 BS 6748:1986 所规定的测量程序，被测样品中镉的溶出量为：$r=0.033\ \text{mg/dm}^2$。其扩展不确定度 $U(r)=0.007\ \text{mg/dm}^2$，它是由标准不确定度 $0.003\ 2\ \text{mg/dm}^2$ 和包含因子 $k=2$ 的乘积得到的。

## 十一、通过用最小二乘法得到的校准曲线计算浸取液中的镉浓度

在本例中用浓度为 $(500\pm 0.5)\ \text{mg} \cdot \text{L}^{-1}$ 的镉标准溶液，配制出质量浓度分别为 $0.10$，$0.3$，$0.5$，$0.7$ 和 $0.9\ \text{mg} \cdot \text{L}^{-1}$ 的五个校准标准溶液。由于校准标准溶液质量浓度的不确定度小到足够可以忽略，因此在采用最小二乘法拟合校准曲线时，计算得到的醋酸溶液中的镉质量浓度 $\rho_0$ 的不确定度仅与吸光度的测量不确定度有关，而与校准标准溶液的不确定度无关。同时也不考虑五个校准标准溶液质量浓度之间的相关性。

对五个校准标准溶液各测量三次，共计 15 次，测量到的吸光度 $A$ 示于表 O-2。

**表 O-2 校准标准溶液的吸光度测量结果**

| 校准标准溶液质量浓度 $\rho_i/(\text{mg} \cdot \text{L}^{-1})$ | 吸光度 $A$ | | |
| --- | --- | --- | --- |
| | 1 | 2 | 3 |
| 0.1 | 0.028 | 0.029 | 0.029 |
| 0.3 | 0.084 | 0.083 | 0.081 |
| 0.5 | 0.135 | 0.131 | 0.133 |
| 0.7 | 0.180 | 0.181 | 0.183 |
| 0.9 | 0.215 | 0.230 | 0.216 |

拟合校准曲线的方程为

$$A_i=B_0+B_1\rho_i$$

由式(6-10)和式(6-11)可得拟合直线的斜率 $B_1$ 和截距 $B_0$ 分别为

$$B_1=\frac{S_{xy}}{S_{xx}}=\frac{\sum\limits_{i=1}^{15}(\rho_i-\bar\rho)(A_i-\bar A)}{\sum\limits_{i=1}^{15}(\rho_i-\bar\rho)(\rho_i-\bar\rho)}=\frac{0.289\ 2}{1.2}=0.241\ 0$$

$$B_0=\bar A-B_1 \cdot \bar\rho=0.129\ 2-0.241\ 0\times 0.5=0.008\ 7$$

由式(6-12)可得吸光度测量的实验标准差为

$$s(A) = \sqrt{\frac{\sum_{i=1}^{n} v_i^2}{n-2}} = \sqrt{\frac{\sum_{i=1}^{n} (A_i - B_0 - B_1 \rho_i)^2}{n-2}} = 0.005\,486$$

对被测样品的浸出液共测量两次,即 $p=2$。测得溶液质量浓度 $\rho_0 = 0.26$ mg·$L^{-1}$。于是其标准不确定度 $u(\rho_0)$ 为

$$u(\rho_0) = \frac{s(A)}{B_1} \sqrt{\frac{1}{p} + \frac{1}{n} + \frac{(\rho_0 - \bar{\rho})^2}{S_{xx}}}$$

$$= \frac{0.005\,486}{0.241\,0} \sqrt{\frac{1}{2} + \frac{1}{15} + \frac{(0.26 - 0.5)^2}{1.2}} \text{ mg/L}$$

$$= 0.018 \text{ mg/L}$$

## 十二、评注

(1) 在化学分析领域,大部分测量的测量模型都仅包含输入量的积和商。因此测量结果的不确定度一般均以相对不确定度来表示。用黑箱模型方式写入测量模型的输入量一般以修正因子的形式出现,例如本例中的 $f_{temp}$,$f_{time}$ 和 $f_{acid}$。它们的数学期望都等于1,因此对计算结果没有影响,但需考虑它们的不确定度。

(2) 与实例 N 相同,不考虑被测量的分布,也不计算自由度。包含因子直接取 $k=2$,乘以合成标准不确定度得到扩展不确定度。

# 实例 P　微生物分析测量不确定度评定

### (根据 TELARC 提供的实例改写)

## 一、测量问题

与一般的测量相比较,样品中菌落总数测量的特点是测量结果的发散往往极大,甚至像本例那样大到几乎不可思议的程度。本例中重复测量结果中最大值和最小值几乎相差 40 倍。因此用常规的直接根据平均值得到标准偏差的方法显得有些不合理。通常的做法是取对数以后再用常规的贝塞尔方法进行计算。

## 二、测量模型

由于测量结果发散极大,与之相比其他不确定度来源无疑均可以忽略不计。因此本例仅考虑由测量结果散发引入的不确定度分量。于是测量模型可以简单地写为

$$y = x$$

## 三、测量不确定度评定

本测量不确定度评定实例分为两部分:单一样品的重复测量,多个样品的重复测量。

### 1. 单一样品的重复测量

同一样品重复测量 10 次,取其平均值作为测量结果。10 次重复测量的结果列入表 P-1中。

表 P-1　单一样品重复测量结果

| 序号 | $x_i$ | 序号 | $x_i$ |
|------|-------|------|-------|
| 1 | 33 000 | 6 | 9 600 |
| 2 | 9 800 | 7 | 50 000 |
| 3 | 300 000 | 8 | 88 000 |
| 4 | 200 000 | 9 | 9 000 |
| 5 | 65 000 | 10 | 350 000 |

表 P-2 给出不确定度评定的全部计算过程。

表 P-2　单一样品重复测量的计算过程

| 序号 | 测量结果 $x_i$ | $\lg x_i$ | $\lg x_i - \overline{\lg x}$ | $(\lg x_i - \overline{\lg x})^2$ |
|------|----------------|-----------|------------------------------|----------------------------------|
| 1 | 33 000 | 4.518 5 | −0.204 0 | 0.041 604 |
| 2 | 9 800 | 3.991 2 | −0.731 3 | 0.534 738 |
| 3 | 300 000 | 5.477 1 | 0.754 6 | 0.569 478 |
| 4 | 200 000 | 5.301 0 | 0.578 5 | 0.334 716 |
| 5 | 65 000 | 4.812 9 | 0.090 4 | 0.008 177 |
| 6 | 9 600 | 3.982 3 | −0.740 2 | 0.547 915 |
| 7 | 50 000 | 4.699 0 | −0.023 5 | 0.000 553 |
| 8 | 88 000 | 4.944 5 | 0.222 0 | 0.049 283 |
| 9 | 9 000 | 3.954 2 | −0.768 2 | 0.590 195 |
| 10 | 350 000 | 5.544 1 | 0.821 6 | 0.675 000 |
| 平均值 | 111 440 | 4.722 5 | | 3.351 659 |

具体计算过程如下：

（1）列出测量结果 $x_i$（表 P-2 第 2 列）；

（2）取对数 $\lg x_i$，得到对数 $\lg x_i$ 的平均值为：$\overline{\lg x} = 4.722\ 5$（表 P-2 第 3 列）；

（3）求残差 $\lg x_i - \overline{\lg x}$（表 P-2 第 4 列）；

（4）求残差的平方 $(\lg x_i - \overline{\lg x})^2$（表 P-2 第 5 列），得到残差平方和为

$$\sum_{i=1}^{10} (\lg x_i - \overline{\lg x})^2 = 3.351\ 659$$

（5）合成标准不确定度

测量结果为 10 次重复测量的平均值，故平均值的标准不确定度为

$$u(\overline{\lg x}) = s(\overline{\lg x}) = \sqrt{\frac{3.351\ 659}{10(10-1)}} = 0.193\ 0$$

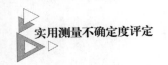 

（6）扩展不确定度

由于包含概率 $p=95\%$，自由度 $\nu=10-1=9$，由 $t$ 分布表可得 $k_{95}=2.26$。于是

$$U_{95}=k_{95}\times u(\overline{\lg x})=2.26\times0.193\,0=0.436\,1$$

（7）取反对数，由 $\lg x$ 坐标回到 $x$ 坐标

由于 $\lg x$ 与 $x$ 之间的非线性关系，不能直接求扩展不确定度 $U$ 的反对数。因此首先确定 $\lg x$ 的取值范围为：$\lg x=4.722\,5\pm0.436\,1$，或写成

$$4.286\,4\leqslant\lg x\leqslant5.153\,6$$

取反对数后可得

$$1.9\times10^4\leqslant x\leqslant1.4\times10^5$$

（8）不确定度报告

被测样品微生物菌落总数在 $1.9\times10^4$ 和 $1.4\times10^5$ 之间。

**2. 一组样品的重复测量**

同一产品准备 15 份微生物含量可能不同的样品，通过对 15 份样品的检测，得到每个样品的微生物含量。每一样品由同一人员测量两次，第 $j$ 个样品的两次测量结果为 $x_{1j}$ 和 $x_{2j}$。不同样品由不同人员进行测量。故采用合并样本方差进行计算。测量和计算过程列于表 P-3。

表 P-3　同一产品 15 个样品的重复测量结果

| 序号 | 测量结果 | | | 取对数后测量结果 | | | 残差 | 取值区间 | | |
|---|---|---|---|---|---|---|---|---|---|---|
| $j$ | $x_{1j}$ | $x_{2j}$ | $\lg x_{1j}$ | $\lg x_{2j}$ | $\overline{\lg x_j}$ | | 平方和 | $\overline{\lg x_j}\mp0.084$ | | $x_j$ |
| 1 | 2 300 | 2 900 | 3.361 7 | 3.462 4 | 3.412 1 | | 0.005 07 | 3.328 6 | 3.495 6 | 2 100 3 100 |
| 2 | 360 | 290 | 2.556 3 | 2.462 4 | 2.509 4 | | 0.004 41 | 2.425 8 | 2.592 9 | 270 390 |
| 3 | 540 | 500 | 2.732 4 | 2.699 0 | 2.715 7 | | 0.000 56 | 2.632 2 | 2.799 2 | 430 630 |
| 4 | 57 | 65 | 1.755 9 | 1.812 9 | 1.784 4 | | 0.001 63 | 1.700 9 | 1.867 9 | 50 74 |
| 5 | 89 | 71 | 1.949 4 | 1.851 3 | 1.900 3 | | 0.004 81 | 1.816 8 | 1.983 8 | 65 96 |
| 6 | 110 | 121 | 2.041 4 | 2.082 8 | 2.062 1 | | 0.000 86 | 1.978 6 | 2.145 6 | 95 140 |
| 7 | 4 400 | 5 600 | 3.643 5 | 3.748 2 | 3.695 8 | | 0.005 48 | 3.612 3 | 3.779 3 | 4 100 6 000 |
| 8 | 450 | 470 | 2.653 2 | 2.672 1 | 2.662 7 | | 0.000 18 | 2.579 1 | 2.746 2 | 380 560 |
| 9 | 225 | 290 | 2.352 2 | 2.462 4 | 2.407 3 | | 0.006 07 | 2.323 8 | 2.490 8 | 210 310 |
| 10 | 56 | 69 | 1.748 2 | 1.838 8 | 1.793 5 | | 0.004 11 | 1.710 0 | 1.877 0 | 51 75 |
| 11 | 950 | 880 | 2.977 7 | 2.944 5 | 2.961 1 | | 0.000 55 | 2.877 6 | 3.044 6 | 750 1 100 |
| 12 | 840 | 630 | 2.924 3 | 2.799 3 | 2.861 8 | | 0.007 80 | 2.778 3 | 2.945 3 | 600 880 |
| 13 | 1 100 | 990 | 3.041 4 | 2.995 6 | 3.018 5 | | 0.001 05 | 2.935 0 | 3.102 0 | 860 1 300 |
| 14 | 670 | 650 | 2.826 1 | 2.812 9 | 2.819 5 | | 0.000 09 | 2.736 0 | 2.903 0 | 540 800 |
| 15 | 95 | 115 | 1.977 7 | 2.060 7 | 2.019 2 | | 0.003 44 | 1.935 7 | 2.102 7 | 86 130 |
| | | | | 求和 | | | 0.046 11 | | | |

具体计算过程如下：

（1）共测量 15 个样品，每个样品测量两次，列出第 $j$ 个样品的两次测量结果 $x_{1j}$ 和 $x_{2j}$（表 P-3 第 2 列和第 3 列）。

（2）对测量结果 $x_{1j}$ 和 $x_{2j}$ 取对数，分别得到 $\lg x_{1j}$，$\lg x_{2j}$ 以及两者的平均值 $\overline{\lg x_j}$（表 P-3 第 4，5，6 列）。

（3）对每一个试样分别计算其残差的平方和：$\sum\limits_{i=1}^{2}(\lg x_{ij}-\overline{\lg x_j})^2$（表 P-3 第 7 列）。

（4）由各样品的残差平方和，计算 15 个试样的合并样本标准差。得到

$$u(\lg x_{ij})=s_{\mathrm{p}}(\lg x_{ij})=\sqrt{\frac{\sum\limits_{j=1}^{15}\sum\limits_{i=1}^{2}(\lg x_{ij}-\overline{\lg x_j})^2}{15\times(2-1)}}=0.055\ 4$$

（5）每个样品测量两次，故两次测量平均值的标准不确定度为

$$u(\overline{\lg x_j})=\frac{u(\lg x_{ij})}{\sqrt{2}}=0.039\ 2$$

（6）根据包含概率 $p=0.95$ 和自由度 $\nu=15$，由 $t$ 分布表得到包含因子 $k_{95}=2.13$。于是扩展不确定度为

$$U_{95}(\overline{\lg x_j})=k_{95}\cdot u(\overline{\lg x_j})=2.13\times0.039\ 2=0.084$$

（7）以区间的形式表示（表 P-3 第 8 和第 9 列）：

$$\overline{\lg x_j}-U(\overline{\lg x_j})\leqslant\lg x_j\leqslant\overline{\lg x_j}+U(\overline{\lg x_j})$$

即

$$\overline{\lg x_j}-0.084\leqslant\lg x_j\leqslant\overline{\lg x_j}+0.084$$

（8）根据每一样品 $\overline{\lg x_j}$ 的取值范围，由反对数得到每一样品微生物含量 $x_j$ 的所在区间（表 P-3 第 10 和第 11 列）。

例如：

对于第 2 个样品，$\overline{\lg x_2}$ 的取值范围为 $2.425\ 8\leqslant\lg x_2\leqslant2.592\ 9$，换算到 $x_2$ 坐标后，得微生物含量 $x_2$ 的所在区间为 $270\leqslant x_2\leqslant390$。

对于第 8 个样品，$\lg x_8$ 的取值范围为 $2.579\ 1\leqslant\lg x_8\leqslant2.746\ 2$，换算到 $x$ 坐标后，得微生物含量 $x_8$ 的所在区间为 $380\leqslant x_8\leqslant560$。

## 四、评注

（1）微生物测量的发散较大，本例中重复测量结果相差达数十倍。因此其他所有不确定度来源均可以忽略不计。

（2）由于重复测量结果相差太大，直接计算其标准偏差已不合适，故取对数后进行计算。同样情况可能会出现在增益和衰减的测量不确定度评定中。由于 $x$ 坐标和 $\lg x$ 坐标之间的非线性，因此计算得到的扩展不确定度 $U$ 不能直接换算到 $x$ 坐标，只能给出微生物含量的可能区间。例如，对第一个样品，微生物含量在 $2\ 100\sim3\ 100$ 之间；第二个样品微生物含量在 $270\sim390$ 之间。

(3) 并不是微生物测量一定要取对数后计算,当测量结果发散不大时仍可以按常规方法直接计算。

# 实例 Q   金属试件拉伸强度测量

## (根据 NAMAS 提供的实例改写)

### 一、测量原理

金属试件的横截面为圆形。拉伸强度以试验过程中试件断裂时的最大作用力除以试件截面积来表示。忽略温度和应变率对测量结果的影响。试件直径用千分尺测量。

### 二、测量模型

在温度和其他条件不变时,拉伸强度可以表示为

$$R_{\mathrm{m}} = \frac{F}{A} = \frac{4F}{\pi d^2} \tag{Q-1}$$

式中:$R_{\mathrm{m}}$——拉伸强度;

$A$——试件截面积;

$d$——试件直径;

$F$——试件断裂时的拉力。

由于测量模型中仅包含输入量的积和商,根据式(7-6),被测量 $R_{\mathrm{m}}$ 的合成方差为

$$u_{\mathrm{crel}}^2(R_{\mathrm{m}}) = u_{\mathrm{rel}}^2(F) + 2^2 u_{\mathrm{rel}}^2(d) \tag{Q-2}$$

### 三、测量不确定度分量

(1) 直径测量,$u_{\mathrm{rel}}(d)$

被测试件标称直径 10 mm。直径测量的不确定度由两部分组成:千分尺的示值误差导致的不确定度和操作者所引入的测量不确定度。

a) 千分尺示值误差导致的不确定度,$u_1(d)$

若千分尺的最大允许误差为 $\pm 3\ \mu\mathrm{m}$,以均匀分布估计,则

$$u_1(d) = \frac{3\ \mu\mathrm{m}}{\sqrt{3}} = 1.73\ \mu\mathrm{m}$$

b) 由操作者所引入的测量不确定度,$u_2(d)$

根据经验估计,由操作者引入的测量误差在 $\pm 10\ \mu\mathrm{m}$ 范围内,以均匀分布估计,则

$$u_2(d) = \frac{10\ \mu\mathrm{m}}{\sqrt{3}} = 5.77\ \mu\mathrm{m}$$

两者合成后,得直径测量的标准不确定度为

$$u(d) = \sqrt{1.73^2 + 5.77^2}\ \mu\mathrm{m} = 6.02\ \mu\mathrm{m}$$

若以相对不确定度表示,则为

$$u_{rel}(d)=\frac{6.02\times10^{-3}}{10}=0.06\%$$

(2)拉力测量,$u_{rel}(F)$

拉力 $F$ 的测量不确定度来源于仪器校准的不确定度、仪器的测量不确定度和读数不确定度三方面。

a)仪器校准的不确定度,$u_{1\,rel}(F)$

若仪器校准的扩展不确定度为 $U_{95}=0.2\%$,以正态分布估计,于是标准不确定度为

$$u_{1\,rel}(F)=\frac{0.2\%}{2}=0.1\%$$

b)仪器的测量不确定度,$u_{2\,rel}(F)$

若仪器的测量不确定度为 $U_{95}=1.0\%$,同样以正态分布估计,于是标准不确定度为

$$u_{2\,rel}(F)=\frac{1\%}{2}=0.5\%$$

c)读数不确定度,$u_{3\,rel}(F)$

采用满刻度为 200 kN,分度值为 0.5 kN 的指针式拉力测量仪器,若读数引入的最大误差为五分之一分度,即 $\pm0.1$ kN,依相对值估计即为 $\pm0.05\%$。

由于被测件不一定在满刻度处断裂,并且在选择仪器的测量范围时通常使断裂时指针的位置不小于满刻度的五分之一。假设测量时断裂即发生在该处,即测得试件断裂时的拉力为 40 kN,则 $\pm0.1$ kN 即相当于 $\pm0.25\%$。假定其为均匀分布,故标准不确定度为

$$u_{3\,rel}(F)=\frac{0.25\%}{\sqrt{3}}=0.144\%$$

于是拉力测量的不确定度为

$$u_{rel}(F)=\sqrt{u_{1\,rel}^2(F)+u_{2\,rel}^2(F)+u_{3\,rel}^2(F)}$$
$$=\sqrt{(0.1\%)^2+(0.5\%)^2+(0.144\%)^2}$$
$$=0.53\%$$

## 四、不确定度概算

表 Q-1 给出各测量不确定度分量的汇总表。

表 Q-1 拉伸强度测量不确定度分量汇总表

| | 测量不确定度来源 | 误差限 | 分布 | $u(x)/\mu m$ | $u_{rel}(x)/\%$ | $c_i$ | $u_{irel}(y)/\%$ |
|---|---|---|---|---|---|---|---|
| 1 | 直径 $d$ 测量 | | | 6.02 | 0.06 | 2 | 0.12 |
| | 示值误差 | 3 $\mu m$ | 均匀 | 1.73 | | | |
| | 读数误差 | 10 $\mu m$ | 均匀 | 5.77 | | | |

| 测量不确定度来源 | 误差限 | 分布 | $u(x)/\mu m$ | $u_{rel}(x)/\%$ | $c_i$ | $u_{irel}(y)/\%$ |
|---|---|---|---|---|---|---|
| 2　拉力 $F$ 测量 | | | | 0.53 | 1 | 0.53 |
| 　仪器校准 | 0.2% | 正态 | | 0.1 | | |
| 　仪器测量 | 1.0% | 正态 | | 0.50 | | |
| 　读数 | 0.25% | 均匀 | | 0.14 | | |

合成标准不确定度:$u_{c\,rel}(R_m)=0.543\%$

$u_c(R_m)=2.8\ N/mm^2$

## 五、合成标准不确定度

$$u_{c\,rel}(R_m)=\sqrt{u_{rel}^2(F)+2^2 u_{rel}^2(d)}=\sqrt{(0.53\%)^2+(0.12\%)^2}=0.543\%$$

## 六、测量结果

$$R_m=\frac{4F}{\pi d^2}=\frac{4\times40\times10^3}{\pi\times10^2}\ N/mm^2=509.3\ N/mm^2$$

于是合成标准不确定度 $u_c(R_m)$ 为

$$u_c(R_m)=R_m\cdot u_{c\,rel}(R_m)=509.3\ N/mm^2\times0.543\%=2.8\ N/mm^2$$

## 七、扩展不确定度,$U(R_m)$

取包含因子 $k=2$,于是

$$U(R_m)=2\ u_c(R_m)=5.6\ N/mm^2$$

## 八、测量不确定度报告

拉伸强度 $R_m=(509.3\pm5.6)\ N/mm^2$。其中扩展不确定度 $U=5.6\ N/mm^2$ 是由标准不确定度 $u_c=2.8\ N/mm^2$ 乘以包含因子 $k=2$ 得到。

## 九、评注

(1) 本例的测量不确定度评定过程比较简单,占优势分量为正态分布,故被测量应接近正态分布,但不计算自由度。得到合成标准不确定度后,取 $k=2$ 即得到扩展不确定度。对于具体的材料性能检测来说,其不确定度来源一般不可能考虑得像校准那样十分仔细,通常考虑几项较大的不确定度分量即可。本例直接将计算公式作为测量模型。

(2) 本例是各输入量相乘的测量模型,故要用相对不确定度来进行计算。而在各不确定度分量的评定中,直径 $d$ 用绝对不确定度表示,因而必须将其换算到相对不确定度。而在得到拉伸强度的相对不确定度后,再换算到绝对不确定度,其原因是拉力测量读数所引入的不确定度与断裂时拉力的大小无关,故即使用相对不确定度表示,其数值也还与拉力大小有关。

（3）本例给出的是某一特定试件拉伸强度的测量不确定度评定。如果被测量不是某一特定试件的拉伸强度，而是某种材料的拉伸强度，则通常要置备若干个试件进行重复测量，最后给出各试件测量结果的平均值。这时的测量不确定度评定，应将各试件测量结果的发散（实验标准差）作为一个测量不确定度分量加入。也就是说，要考虑试件之间性能的差异对测量结果的影响。

（4）材料拉伸强度测量不确定度的评定与水泥抗压强度的测量不确定度的测量原理几乎相同，测量模型也完全一样，只需要将拉力改为压力即可。两者的差别仅是水泥试件的横截面一般为矩形，而不是圆形。

（5）对于检测来说，其检测对象一般是具体的材料、样品或工件。与检定或校准不一样，其检测结果一般不会继续往下传递。因此对检测结果的不确定度评定通常可以简单一些。例如：将计算公式作为测量模型，对被测量的分布不再进行估计，也不考虑自由度，而直接取包含因子 $k=2$。

# 第十三章

## 关于用蒙特卡洛法评定测量不确定度

我国在发布计量技术规范 JJF 1059.1—2012《测量不确定度评定与表示》的几乎同时，还发布了 JJF 1059.2—2012《用蒙特卡洛法评定测量不确定度》。该规范的引言中指出 JJF 1059.2—2012《用蒙特卡洛法评定测量不确定度》是 JJF 1059.1—2012《测量不确定度评定与表示》的补充文件。于是，现在有两种评定测量不确定度的方法：对应于 JJF 1059.1 的 GUM 法和对应于 JJF 1059.2 的蒙特卡洛法。

蒙特卡洛法（Monte Carlo Methode），简称 MCM，或称为计算机随机模拟方法，是一种基于"随机数"的数值计算方法。该方法的命名源于第二次世界大战期间美国为研制原子弹而制订的"曼哈顿计划"。该计划用世界著名的赌城——摩纳哥的蒙特卡洛来命名这一方法。

实际上，蒙特卡洛法的基本思想早就被数学家所熟知并加以利用。早在 300 多年前，数学家就知道通过某随机事件发生的"频率"来作为该随机事件出现的概率的估计值。18 世纪法国数学家布丰通过投针试验来得到圆周率 $\pi$ 通常被认为是蒙特卡洛法的起源。蒙特卡洛法的基本思想是当所求解的问题是某种随机事件出现的概率，或是某个随机变量的期望时，通过实验抽样的方法，以该事件出现的"频率"来估计该随机事件出现的概率，或得到该随机变量的某些数字特征，并将其作为问题的解。

近代高速计算机技术的发展，使在测量不确定度评定中采用蒙特卡洛法成为可能。通过对各影响量进行大量的离散抽样，并通过对大量的抽样值进行数值计算来解决不确定度评定的问题。采用蒙特卡洛法可以得到被测量的估计值，该估计值的标准不确定度，以及对应于给定包含概率的被测量的包含区间。

JJF 1059.2—2012 的发布为用 GUM 法评定测量不确定度提供了一种旁证。如果用蒙特卡洛法得到的测量不确定度和 GUM 法的结果基本一致，说明 GUM 法明显适用，此时 GUM 法依然是测量不确定度评定的主要方法，毕竟 GUM 法仍是绝大多数基层测量人员更为熟悉的方法。

蒙特卡洛法通过数值计算的方法来实现概率分布的传播。通过对每一个输入量 $X_1$，$X_2, \cdots, X_n$ 按其各自假定的概率密度函数（PDF）进行一次抽样，若抽样值分别为 $x_1, x_2, \cdots,$

$x_n$,则通过数值计算可以得到被测量 $Y$ 的一个离散抽样值。多次重复这一过程可以得到大量的被测量 $Y$ 的离散抽样值。最后由大量的被测量 $Y$ 的离散抽样值计算得到被测量 $Y$ 的最佳估计值、该估计值的标准不确定度,以及对应于给定包含概率的包含区间。所得到的被测量 $Y$ 的最佳估计值、标准不确定度和包含区间的可信程度将随抽样数的增加而提高。

# 第一节　蒙特卡洛法评定测量不确定度的步骤

用蒙特卡洛法评定测量不确定度的步骤简述如下:

(1) 定义输出量 $Y$,也称被测量,即需要测量的量;

(2) 寻找测量不确定度来源,即确定能影响输出量 $Y$ 的所有值得考虑的输入量,也称为影响量,$X_1$,$X_2$,$\cdots$,$X_n$;

(3) 建立测量模型,即写出输出量 $Y$ 随各输入量 $X_1$,$X_2$,$\cdots$,$X_n$ 变化的具体函数关系
$$Y = f(X_1, X_2, \cdots, X_n)$$

(4) 利用各种可获得的信息,确定各输入量 $X_i$ 的概率密度函数(PDF),即确定各影响量 $X_i$ 的分布,如正态分布、三角分布、矩形分布等;

注:到此为止的评定步骤,蒙特卡洛法与 GUM 法是相同的。

(5) 选择蒙特卡洛试验的样本量大小 $M$,即确定需要进行离散抽样的次数;

(6) 对每一个输入量 $X_1$,$X_2$,$\cdots$,$X_n$ 在各自设定的 PDF 中依次进行离散抽样,每个输入量抽取 $M$ 个抽样值,用符号 $x_{i,r}$ 表示第 $i$ 个输入量的第 $r$ 个抽样值;

(7) 根据每个影响量的第 $r$ 个抽样值 $x_{1,r}$,$x_{2,r}$,$\cdots$,$x_{n,r}$ 可以由测量模型计算得到被测量 $Y$ 的第 $r$ 个对应模型值 $y_r$,其中下标 $r=1,2,\cdots,M$。于是可以得到 $M$ 个被测量 $Y$ 模型值 $y_1$,$y_2$,$\cdots$,$y_M$;

(8) 由被测量 $Y$ 的 $M$ 个模型值可以计算出被测量 $Y$ 的估计值 $y$,估计值的标准不确定度 $u(y)$,以及对应于给定包含概率 $p$ 的包含区间 $[y_{\text{low}}, y_{\text{high}}]$。

# 第二节　有关蒙特卡洛法的若干具体问题

## 一、寻找测量不确定度来源和建立测量模型

寻找测量不确定度来源就是要求找出对测量结果以及测量结果的不确定度有值得考虑影响的所有输入量 $X_1$,$X_2$,$\cdots$,$X_n$。建立测量模型即是要写出输出量 $Y$ 随各输入量 $X_1$,$X_2$,$\cdots$,$X_n$ 变化的具体函数关系
$$Y = f(X_1, X_2, \cdots, X_n)$$

具体方法和要求基本上与 GUM 法相同,读者可以参阅本书第五章的第一节和第二节

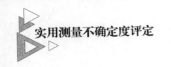

的有关内容。总之,要找出所有的影响量,并将它们全部写入测量模型。

若各输入量 $X_i$ 的估计值为 $x_i$,输出量 $Y$ 的估计值为 $y$ 时,测量模型可以写为

$$y = f(x_1, x_2, \cdots, x_n) \tag{13-1}$$

## 二、输入量 PDF 的确定

输入量 PDF 的确定可以参阅本书第六章第三节的内容以及 JJF 1059.2—2012 中的附录 A。这一步也是 GUM 法所必需的。

## 三、输入量的离散抽样及模型值的计算

当各 $X_i$ 相互独立时,对每个输入量 $X_i$ 在其设定的 PDF 中离散抽取 $M$ 个样本值。若每个输入量的第 $r$ 个抽样值为 $x_{1,r}, x_{2,r}, \cdots, x_{n,r}$,则通过测量模型式(13-1)可以计算得到输出量 $Y$ 的第 $r$ 个模型值 $y_r$:

$$y_r = f(x_{1,r}, x_{2,r}, \cdots x_{n,r}) \tag{13-2}$$

重复计算 $M$ 次,可以得到 $M$ 个输出量 $Y$ 的模型值 $y_1, y_2, \cdots, y_r, \cdots, y_M$。

## 四、输出量估计值及其标准不确定度

输出量 $Y$ 的估计值 $y$ 即是其 $M$ 个模型值的平均值,故

$$y = \overline{y} = \frac{1}{M} \sum_{i=1}^{M} y_i \tag{13-3}$$

而该估计值的标准不确定度为

$$u(y) = u(\overline{y}) = \sqrt{\frac{\sum_{r=1}^{M} (y_r - \overline{y})^2}{M-1}} \tag{13-4}$$

## 五、输出量的包含区间

将 $M$ 个模型值 $y_r (r=1, 2, \cdots, M)$ 按非递减次序排序。排序后的模型值记为 $y_{(r)} (r=1, 2, \cdots, M)$。使用"非递减"而不是"递增"是因为有可能出现相同的模型值。如有必要可以对所有重复的模型值进行微小数值扰动,使 $y_{(r)}$ 的集合构成严格的递增序列。

由于有 $M$ 个模型值,若给定的包含概率为 $p$,则包含区间内应该包含的模型值个数为 $q = pM$。$q$ 应取整数,若 $q$ 为非整数,则按数据修约规则修约到整数位。

若包含区间内的最小值和最大值,即包含区间的左、右端点分别用 $y_{low}$ 和 $y_{high}$ 表示,则包含区间可以写成 $[y_{low}, y_{high}]$ 的形式,而 $y_{high} - y_{low}$ 称为**包含区间长度**。由于包含区间内包含 $q$ 个模型值,故若 $y_{low} = y_{(r)}$,则 $y_{high} = y_{(r+q)}$。

当输出量的 PDF 是对称分布,则取 low$=r=(M-q)/2$,于是 high$=r+q=(M+q)/2$。若 $(M-q)/2$ 不是整数,则按数据修约规则修约到整数位。实际上由于 $q$ 已修约成整数,故通过适当的选择 $M$,可以确保 $(M-q)/2$ 是整数。于是可得**概率对称包含区间** $[y_{(r)}, y_{(r+q)}]$。

当输出量的 PDF 是不对称分布,则应采用**最短包含区间**。即在众多满足包含概率为 $p$ 的包含区间$[y_{(1)},y_{(1+q)}]$,$[y_{(2)},y_{(2+q)}]$,$\cdots$,$[y_{(M-q)},y_{(M)}]$中的最短者。若最短包含区间表示为$[y_{(r')},y_{(r'+q)}]$,则其左端点 $r'$ 应满足条件

$$y_{(r'+q)}-y_{(r')}\leqslant y_{(r+q)}-y_{(r)},r=1,2,\cdots,M-q$$

当输出量的 PDF 是对称分布时,其概率对称包含区间等于最短包含区间。

## 六、蒙特卡洛法的试验次数

需要合理地选择蒙特卡洛法的试验次数,即对各输入量进行离散抽样时的样本大小 $M$,也就是测量模型的计算次数。$M$ 太小会降低所得结果的可信程度,$M$ 太大则会大大增加计算量。蒙特卡洛法所需的试验次数与被测量 $y$ 的概率密度函数(即被测量的分布)、给定的包含概率以及规定的数值容差有关。在通常情况下当设定的包含概率 $p=95\%$,包含区间修约到 1 位或 2 位有效数字时,$M\approx10^6$。

$M$ 的取值应当远远大于 $1/(1-p)$,通常应至少大于 $1/(1-p)$ 的 $10^4$ 倍,当 $p=95\%$ 时该值高达 $2\times10^5$。即使如此,但可能仍无法保证所选的 $M$ 值是否已经足够,故通常可采用自适应蒙特卡洛法来选择 $M$。

所谓自适应蒙特卡洛法就是通过不断增加试验次数,直到所需要的计算结果(例如输出量的估计值,其标准不确定度,或包含区间等)达到统计意义上的稳定。通常,当某计算结果的两倍标准偏差小于标准不确定度 $u(y)$ 的数值容差时,则可以认为该数值是稳定的。

某数值的容差定义为:最短区间的半宽度,该区间包含能正确表达到指定位数的有效十进数的所有数。规定为其最后一位有效数字之半,例如标准不确定度 $u(y)=0.35$,表示其标准不确定度应在 $0.345\sim0.355$ 之间,故其容差为$(0.355-0.345)/2=0.005$。

## 七、自适应蒙特卡洛法的步骤

(1) 设定 $M$ 的起始值。若令 $J$ 表示不小于 $100/(1-p)$ 的最小整数,并且
$$M=\max(J,10^4)$$
即取 $M$ 为 $J$ 和 $10^4$ 两者中的较大者;

(2) 设 $h=1$,表示第一次采用蒙特卡洛法,并以此类推;

(3) 按本章第二节中所给的方法进行 $M$ 次蒙特卡洛试验,利用获得的 $M$ 个输出量 $Y$ 的模型值 $y_1,y_2,\cdots,y_M$,计算出输出量 $Y$ 的估计值 $y^{(1)}$,估计值的标准不确定度 $u(y^{(1)})$,以及包含概率为 $p$ 时的包含区间的左右端点 $y_{\text{low}}^{(1)}$,$y_{\text{high}}^{(1)}$,右上角的角标"$^{(1)}$"表示由第一次蒙特卡洛法得到的结果,并以此类推;

(4) 如果 $h\geqslant2$,则执行步骤(5);如果 $h=1$,将 $h$ 增加 1,并返回步骤(3),进行第二次蒙特卡洛法试验。同样进行 $M$ 次蒙特卡洛试验。可得到输出量 $Y$ 的估计值 $y^{(2)}$,估计值的标准不确定度 $u(y^{(2)})$,以及包含概率为 $p$ 时的包含区间的左右端点 $y_{\text{low}}^{(2)}$,$y_{\text{high}}^{(2)}$。

(5) 共进行了 $h$ 次蒙特卡洛法。用相同的方式计算得到被测量 $Y$ 的估计值 $y^{(1)}$,$y^{(2)}$,$\cdots$,$y^{(h)}$,估计值的标准不确定度 $u(y^{(1)}),u(y^{(2)}),\cdots,u(y^{(h)})$,以及包含区间的左右端点

$y_{\text{low}}^{(1)}, y_{\text{low}}^{(2)}, \cdots, y_{\text{low}}^{(h)}$，和 $y_{\text{high}}^{(1)}, y_{\text{high}}^{(2)}, \cdots, y_{\text{high}}^{(h)}$。

（6）于是，输出量 $Y$ 的估计值 $y$ 以及平均值的标准偏差为

$$y = \overline{y} = \frac{1}{h} \sum_{r=1}^{h} y^{(r)} \tag{13-5}$$

$$u(y) = u(\overline{y}) = \sqrt{\frac{\sum\limits_{r=1}^{h} (y^{(r)} - \overline{y})^2}{h(h-1)}} \tag{13-6}$$

$$y_{\text{low}} = \overline{y_{\text{low}}} = \frac{1}{h} \sum_{r=1}^{h} y_{\text{low}}^{(r)} \tag{13-7}$$

$$y_{\text{high}} = \overline{y_{\text{high}}} = \frac{1}{h} \sum_{r=1}^{h} y_{\text{high}}^{(r)} \tag{13-8}$$

（7）计算 $u(y)$ 的数值容差 $d$；

（8）得到的四个测量结果分别是 $y, u(y), y_{\text{low}}$ 和 $y_{\text{high}}$，分别计算它们的实验标准差 $s_y$，$s_{u(y)}, s_{y\,\text{low}}$ 和 $s_{y\,\text{high}}$，得到的两倍实验标准差分别为 $2s_y, 2s_{u(y)}, 2s_{y\,\text{low}}$，和 $2s_{y\,\text{high}}$；

（9）若 $2s_y, 2s_{u(y)}, 2s_{y\,\text{low}}$ 和 $2s_{y\,\text{high}}$ 中有任何一个值大于 $u(y)$ 的数值容差 $\delta$，则 $h$ 增加 1 并返回步骤（5），否则执行步骤（10）；

（10）若 $2s_y, 2s_{u(y)}, 2s_{y\,\text{low}}$ 和 $2s_{y\,\text{high}}$ 中任何一个值均小于 $\delta$，则所有的测量结果均已达到稳定。

## 八、报告结果

所报告的结果应该包括：

1）输出量 $Y$ 的估计值 $y$；

2）$y$ 的标准不确定度 $u(y)$；

3）包含概率 $p$；

4）对应于给定包含概率 $p$ 的包含区间的左、右端点 $y_{\text{low}}$ 和 $y_{\text{high}}$；

5）其他相关信息，如所给包含区间是概率对称包含区间还是最短包含区间。

所报告的 $y, y_{\text{low}}$ 和 $y_{\text{high}}$ 的有效数字末位相对于小数点的位置应与 $u(y)$ 有效数字的末位一致。$u(y)$ 取 1～2 位有效数字，当 $u(y)$ 的首位有效数字为 1 或 2 时，应该给出两位有效数字。

# 第十四章

## 合格评定与测量不确定度

在工业生产领域,经常要通过测量来判定工件或产品是否符合技术指标,例如设计图纸上所标明的**公差**要求。质检部门经常要通过测量来检验原材料或产品是否符合规定的技术要求。在计量领域,也经常要通过检定来判定量具或测量仪器是否符合技术指标的要求,即测量仪器的示值误差是否在所规定的最大允许误差范围内。这些对工件特征量的**公差限**或测量设备特征量的最大允许误差的要求,即用来判定工件或测量仪器是否合格的技术要求称为"规范"。而将工件特征量的公差限或测量设备特征量的最大允许误差称为"**规范限**"。工件特征量或测量设备特征量在规范限之间的一切变动值(包括规范限本身)称为"**规范区**"。理论上,测量结果位于规范区内就应判定合格。规范可以有单侧规范和双侧规范两类。对于双侧规范,则分别将工件特征量公差限或测量设备特征量最大允许误差的允许值上界和下界分别称为"**上规范限**"(USL)和"**下规范限**"(LSL)。

合格与否的判定是一个看似简单,其实并不容易的任务。粗看起来,似乎只要测量结果位于规范区内,就判为合格,反之就不合格。但这是没有考虑到测量结果存在不确定度的情况。如果考虑到测量结果存在不确定度,并且一旦测量结果位于规范限附近的区域内时,就可能处于既无法判定其合格,又无法判定其不合格的两难境地。而这一区域的大小直接与测量结果的扩展不确定度有关。在单侧或双侧规范限两侧,其半宽为扩展不确定度 $U$ 的区域,通常称为"不确定区"。当测量结果位于不确定区内时,无法较有把握地作出合格或不合格的判定。因此工件或测量仪器的合格或不合格的判据实际上将与测量不确定度有关。

为解决这一问题,国际标准 ISO 14253-1:1998 规定了在处理供方和用户之间关系时合格和不合格的判定规则,并将该合格和不合格判定规则作为在供方和用户之间的合同中未商定其他判定规则时的缺省规则。该规定虽然是由 ISO/TC 213"产品尺寸和几何量技术规范和检验"技术委员会起草和制订的,并规定适用于产品几何量技术规范(Geometrical Product Specifications,其缩写为 GPS)标准中规定的工件规范(通常以工件的公差形式给定)和测量设备规范(通常以最大允许误差的形式给定),但其原则应该也可以适用于其他领域。

国际标准 ISO 14253-1:1998 的文件内容现已成为我国的国家标准 GB/T 18779.1—2002。

# 第一节 测量不确定度对合格或不合格判定的影响

只有当给出测量结果的同时,还给出其测量不确定度,这种表述方式才是完整的。因此,测量结果的完整表述 $y'$ 可以表示为

$$y' = y \pm U$$

图 14-1 给出了测量结果的完整表述 $y'$ 的图示,它以扩展不确定度为半宽对称分布于测量结果 $y$ 两侧。

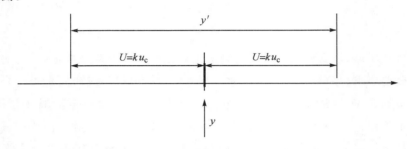

**图 14-1 测量结果 $y$ 和测量结果的完整表述 $y'$**

由于测量结果具有不确定度,当测量结果位于规范限两侧以扩展不确定度为半宽的区域内时,就将处于既无法判断其合格,又无法判断其不合格的两难境地。当测量结果位于不确定区内,即使其仍在规范区内(例如图 14-2 中 A),仍将无法判定其合格,因为此时其测量结果的完整表述并未完全处于规范区内,故仍有不合格的可能性。同样当测量结果位于规范区外的不确定区内时(图 14-2 中 B),也将无法判断其不合格,因为此时其测量结果的完整表述并未完全处于规范区外,故其仍有合格的可能性。只有当测量结果处于被扩展不确定度 $U$ 扩大了的规范区之外时,即测量结果的完整表述全部处于规范区外时(图 14-2 中 C),才能判定产品不合格。同样,只有当测量结果处于被扩展不确定度 $U$ 缩小了的规范区之内时,即测量结果的完整表述全部处于规范区内时(图 14-2 中 D),才能判定产品合格。因此,由于测量不确定度的存在,使**合格区**和**不合格区**同时缩小。

图 14-2 给出的是双侧规范的情况,对于单侧规范原则上也相同。

在处理供方和用户之间关系的问题时,测量不确定度往往是双方矛盾的焦点所在。当产品由供方进行测量检验,并同时由供方提供测量不确定度时,供方往往会提供较小的测量不确定度,其目的是希望将合格区放大,以便提高产品的合格率。而当产品由用户进行测量检验,并同时由用户提供测量不确定度时,用户往往也会提供较小的测量不确定度,而其目的是希望将不合格区放大,以便从供方获得性能更好的产品。因此提供一个较小的测量不确定度,无疑会对进行测量检验的一方有利。于是在处理供方和用户之间关系时,测量检验方提供一个能为另一方所接受的测量不确定度是十分重要的。为对解决这一问题提供指导性的意见,除了在合格或不合格判定规则上对测量检验一方有所规定以外,ISO 还制订了另外两个与之配套的文件:ISO/ TS 14253-2《计量器具校准和产品测量检验中 GPS 测量的不

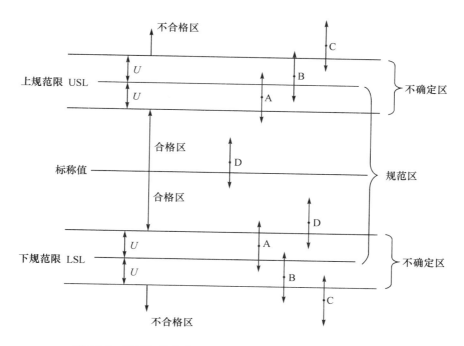

**图 14-2 双侧规范的合格区、不合格区、规范区和不确定区**

确定度评定指南》和 ISO/TS 14253-3《达成关于测量不确定度报告协议的导则》。上述文件名中的 GPS 是产品几何量规范(Geometrical Product Specifications)的英文缩写。

在系列文件 ISO 14253 中,ISO 14253-1 的要点是说明合格或不合格的判定与测量不确定度有关。ISO/TS 14253-2 则给出在 GPS 测量领域如何评定测量不确定度。虽然任何领域的测量不确定度评定都应该按照 GUM 给出的方法进行,但对于一些具体的比较基层的测量(量值传递链的中、下游)GUM 方法有时毕竟显得比较麻烦。因此该文件给出了一种简化的近似方法。当用该近似方法评定得到的测量不确定度能满足要求时,可按该近似方法评定,否则仍应采用 GUM 给出的方法。但测量不确定度是由进行测量检验一方评定的,测量一方提供的测量不确定度有可能不被对方所接受,因此文件 ISO/TS 14253-3 规定了当供方或用户对对方给出的测量不确定度不认可时,也就是说,双方对测量不确定度无法取得一致意见时的处理程序。

## 第二节 按规范检验合格和不合格的判据

由于合格或不合格的判定与测量不确定度有关,因此无论由供方或用户进行检验并提供不确定度,双方应先对所给的测量不确定度达成一致意见。因此最好由供方或用户共同商定不确定度估计值。在双方无法对测量不确定度达成一致意见时的处理程序将在第三节中介绍。

## 一、概述

下述规则是按规范检验合格与不合格的缺省规则,即当供方和用户之间未商定其他规则时,该规则有效。当供方和用户之间已商定其他规则时,则双方应签订专门的协议并列入有关文件。

对于影响工件和测量设备功能的比较重要的规范,建议始终采用下述判定规则。对不太重要的要求,也可按双方的专门协议,采用限制性较小的其他规则。

工件或测量设备的规范,是在假定它们应该得到严格满足的情况下给定的,因此没有任何工件或测量设备可以不满足规范的要求。

合格区和不合格区的大小与估计的测量结果的扩展不确定度 $U$ 有关,$U=ku_c$。包含因子 $k$ 的缺省值为 2。如果有必要的话,也可以根据用户和供方的协议选用不同数值的包含因子。

## 二、按规范检验合格的规则

(1)当测量结果的完整表述 $y'$ 位于工件特征量的**公差区**内,或测量设备特征量的最大允许误差内时(见图 14-3),则表明按规范(规定的公差或 MPE)检验合格。即同时满足

$$\text{LSL}< y-U \quad \text{和} \quad y+U< \text{USL}$$

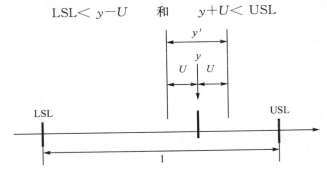

1—规范区

**图 14-3 按规范检验合格之一**

(2)当测量结果 $y$ 位于被扩展不确定度缩小的工件特征量的公差区或测量设备特征量的最大允许误差内时(见图 14-4),则同样表明检验合格。即满足

$$\text{LSL} +U< y< \text{USL}-U$$

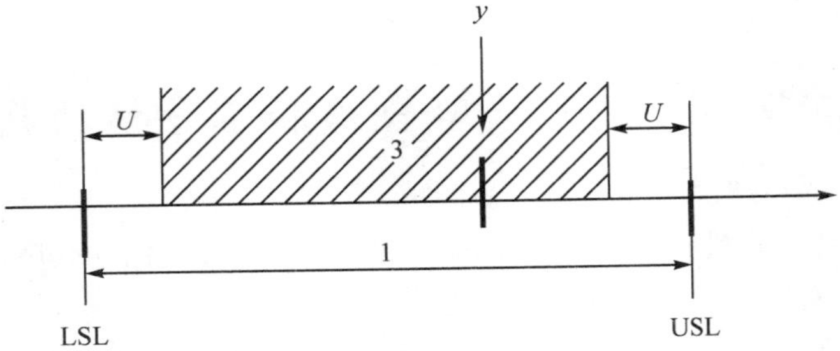

1—规范区;3—合格区

**图 14-4 按规范检验合格之二**

合格区的大小直接与给定的规范限(LSL 和 USL)以及实际的扩展不确定度 $U$ 有关。

在应用上述规则按规范检验合格时,工件或测量设备应被接收。

对于生产商来说,较大的测量不确定度缩小了合格区,将使部分产品变得不合格而降低了产品合格率。但要减小测量不确定度则要求改进测量设备和测量条件,也就是说要进行投资。故生产商应从经济角度考虑在两者之间进行协调。

### 三、按规范检验不合格的规则

(1)当测量结果的完整表述 $y'$ 位于工件特征量的公差区外,或在测量设备特征量的最大允许误差外时(见图 14-5),则表明按规范(规定的公差或 MPE)检验不合格。即满足

$$y+U < LSL \quad 或 \quad USL < y-U$$

(2)当测量结果 $y$ 位于被扩展不确定度扩大了的工件特征量的公差区或测量设备特征量的最大允许误差外时(见图 14-6),则同样表明检验不合格。即满足

$$y < LSL-U \quad 或 \quad USL+U < y$$

不合格区的大小直接与给定的规范限(LSL 和 USL)以及实际的扩展不确定度 $U$ 有关。

在应用上述规则按规范检验不合格时,工件或测量设备应被拒收。

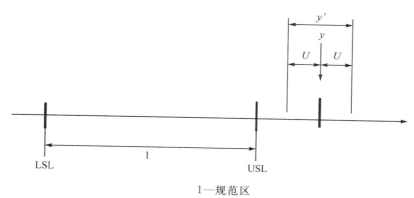

1—规范区

**图 14-5　按规范检验不合格之一**

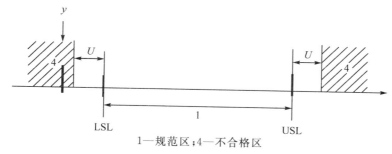

1—规范区;4—不合格区

**图 14-6　按规范检验不合格之二**

### 四、不确定区

(1)当测量结果的完整表述 $y'$ 包容工件特征量公差限或测量设备特征量的最大允许误差的上规范限 USL 或下规范限 LSL 时(见图 14-7),则表明按规范检验既不合格也不不合

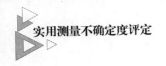

格。即满足

$$y-U< \text{LSL}<y+U \quad 或 \quad y-U<\text{USL}<y+U$$

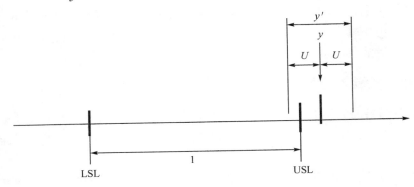

1—规范区

**图 14-7　按规范检验既不能判定合格也不能判定不合格之一**

（2）同样情况也出现在当测量结果 $y$ 位于任何一个不确定区内时（见图 14-8），即满足

$$\text{LSL}-U<y<\text{LSL}+U \quad 或 \quad \text{USL}-U<y<\text{USL}+U$$

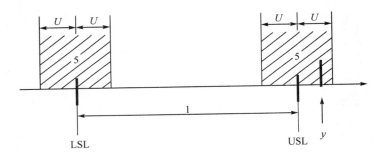

1—规范区；5—不确定区

**图 14-8　按规范检验既不能判定合格也不能判定不合格之二**

不确定区域直接与实际的扩展不确定度 $U$ 有关。

在图 14-7 或图 14-8 两种情况下，工件或测量设备不能自动地被接收或拒收。

## 五、在供方和用户关系中的应用

在供方和用户预先已签订有关合格判定方法的协议时，按有关协议执行。若双方没有签订协议，则合格判定的原则是测量不确定度将总是不利于进行测量并提供合格与不合格证明的一方。因此改进测量不确定度将对提供检验结果证明的一方有利。

无论提供证明的一方在其内部进行测量，或委托第三方实验室进行测量，上述原则都适用。也就是说，当供方委托第三方实验室进行测量时，则第三方代表供方；当用户委托第三方实验室进行测量时，则第三方代表用户。

### 1. 供方检验合格

供方应根据其所评估的测量不确定度，并按"按规范检验合格"的规则证明合格。按惯例供方应对其所交付的所有工件和测量设备提供按规范检验合格的证明。

**2. 用户检验不合格**

用户应根据其所评估的测量不确定度,并按"按规范检验不合格"的规则证明不合格。

**3. 再卖方**

再卖方先是用户,然后再是相同工件或测量设备的供方。当再卖方的测量不确定度大于其供方的测量不确定度时,再卖方可能会处于这样一种两难的境地:他既无法向其用户证明工件或测量设备合格,同时又无法向其供方证明工件或测量设备不合格。为避免这种情况的发生,此时再卖方应使用原供方向他提供的合格证明给其用户。

# 第三节 双方对测量不确定度无法达成协议时的处理程序

国际标准 ISO/ TS 14253-3 给出了在双方无法就测量不确定度达成协议时的处理程序。

## 一、测量不确定度的早期协议

当对用户或供方所提供的不确定度报告有疑问时,就可能必须通过不确定度概算来为不确定度报告提供证据。对不确定度概算中每一个不确定度分量以及评估得到的扩展不确定度进行论证,是进行不确定度概算一方责任。

在理想的情况下,签订合同之前,在用户或供方提出工件产品规范的同时,就提出在合格或不合格判定中如何处理测量不确定度的问题。在签订合同之前就对测量不确定度以及不确定度的应用规则达成协议,将会避免因以后在产品接收或拒收方面的争端而不得不应用ISO 14253-1的缺省规则。一般说来,事前达成协议要比出现问题后的协商容易得多。

在大多数情况下,工件可能会有若干个需要测量的特征量。每一个特征量都需要有一个测量任务以及相应的不确定度报告。

进行测量不确定度评定的人员,由于知识、经验以及所作假设的不同,可能会得到不同的不确定度报告。在签订合同之前就解决这些差别的问题,引起的争论将要比在生产和发货阶段在产品的接收和拒收问题上的争论小得多,同时成本也较低。因此在签订合同的同时,双方就测量不确定度以及不确定度的应用规则达成早期协议,是一种较好的选择。

## 二、对测量不确定度有异议时达成协议的可能性

就测量不确定度达成协议的最基本的方法是在双方所提出的两个测量不确定度报告中选择一个,或在两者之外另选择一个不确定度报告来作为协议。如果这一方式不合适,另一种解决办法就是采用图 14-9 中所给的更详细的程序和(或)通过第三方来评议和考察。

若将进行测量并提供测量不确定度的一方称为"甲方",另一方称为"乙方",也就是说,如果供方提供按规范检验合格的证明,则供方是"甲方",用户是"乙方",并由他提供规范。如果用户提供按规范检验不合格的证明,则用户是"甲方",也是提供规范的一方,而供方是"乙方"。"乙方"多半是对所给测量不确定度有疑问或不同意的一方。

当甲方给出的不确定度被乙方所质疑时,有许多种协调程序可以采用。图14-9给出一种最常用的协调程序:

(1) 甲方给出测量不确定度报告(框a)。

测量不确定度报告可以简单到就是一个所声称的不确定度数值。可以没有任何文件论证或根据不确定度概算并最后得到扩展不确定度。

(2) 乙方有两种选择(框b):

a) 如果乙方同意该不确定度报告(框b-是),则双方结论相同。于是双方达成关于不确定度的协议,问题得到解决(框z)。

b) 如果乙方不同意该不确定度报告(框b-否),则双方继续执行本程序。

(3) 双方可以通过第三方来解决他们之间的分歧。

a) 如果双方同意通过第三方来解决分歧(框c-是),则由第三方评估不确定度(框v),于是问题解决(框z)。

b) 如果有任何一方不同意通过第三方解决(框c-否),则双方继续进行本程序(框d)。

(4) 甲方是否有详细的不确定度概算(框d)。

a) 如果甲方没有不确定度概算(框d-否),则有两种选择:

ⅰ) 如果双方在没有进一步的关于不确定度的文件论证的情况下,同意一个"新"的不确定度报告(框e-是)。在此情况下,甲方根据协议更改不确定度报告(框f),于是问题解决(框z)。

ⅱ) 乙方要求甲方提供不确定度概算(框e-否),于是甲方又有两种选择:

Ⅰ) 通过第三方(框g-是)。由第三方进行不确定度概算(框z)。于是问题解决(框z)。

Ⅱ) 不通过第三方(框g-否)。则甲方应该根据GUM给出的方法,作详细的不确定度概算(框j)。当不确定度概算准备好后,程序重新从起点开始(框a)。

b) 如果甲方有不确定度概算(框d-是),则继续进行下一项选择。

(5) 这时,甲方准备好的不确定度概算或许已经,或许还没有提交给乙方(框k)。

a) 如果甲方有不确定度概算,但仅将测量不确定度报告给了乙方(框k-否),则甲方将不确定度概算和内部论证文件提交给乙方(框m)。程序重新从起点开始(框a)。

b) 如果甲方已经将不确定度概算提交给乙方(框k-是),则继续进行本程序。

(6) 根据所提交的不确定度概算,在进行进一步的详细研究之前,双方也许能,也许不能立即达成协议(框n)。

a) 在不需要进一步文件论证的情况下,双方就能对所提交的不确定度报告或新的测量不确定度报告达成协议(框n-是)。如果双方同意新的测量不确定度报告,则甲方应根据协议更改其不确定度概算和不确定度报告(框o)。于是问题解决(框z)。

b) 如果双方不能对所提交的不确定度概算立即达成协议(框n-否),则解决办法将与双方对不确定度概算意见不一致的程度有关。

(7) 双方关于不确定度概算和(或)不确定度报告的争执,可能仅在于不确定度概算中某一特定的分量,也可能是全局性的问题。

a) 如果争执仅在于不确定度概算中某一特定的或是可以辨认的分量及其先决条件,则有可能重新评估,直接对程序的有关部分进行工作(框q)。甲方将根据双方共同的协议更改

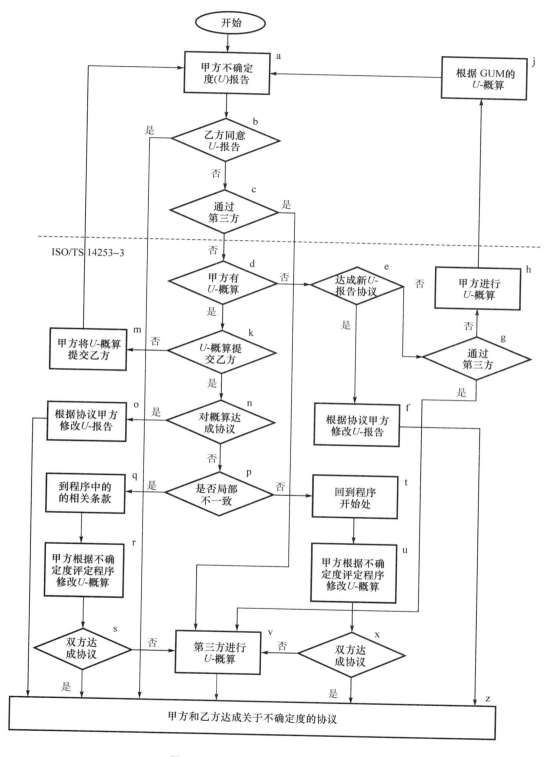

**图 14-9    如何对不确定度报告达成协议**

不确定度概算和(或)先决条件,以及最后的不确定度报告(框 r)。

ⅰ) 结果也许不能被其中的一方所接受(框 s—否)。仍存在友好解决问题的可能性:通过第三方来评估(框 v)。于是问题解决(框 z)。

ⅱ) 如果更改不确定度概算的结果双方都能接受(框 s—是)。于是问题解决(框 z)。

b) 如果关于不确定度概算及其先决条件的矛盾是全局性的特征,则解决办法是转到程序的起点(框 t)。甲方将更改不确定度概算和(或)先决条件,以及最后的不确定度报告(框 u)。

ⅰ) 结果也许不能被其中的一方所接受(框 x—否)。则通过第三方来进行不确定度概算(框 v)。于是问题解决(框 z)。

ⅱ) 如果变更测量不确定度概算的结果双方都能接受(框 x—是)。于是问题解决(框 z)。

# 第四节 检定与测量不确定度

本章第二节中所述的合格和不合格的判定规则适用于当供方和用户之间在产品的合格与否存在争议的情况。但在不少其他场合往往也需要作出合格或不合格的判定:计量部门经常要对仪器或量具进行检定,最后必须给出合格或不合格的结论;质检部门经常要对市场上的商品进行检验,并根据检验结果进行合格判定;环保部门经常要对各种排放物进行监测,以确定是否符合环保要求。由于测量不确定度的存在,严格地说,这类合格判定的判据不仅与各种标准和规程所规定规范有关,也应该与测量不确定度有关。

根据本章第二节的规定,合格判定的判据应该是

$$LSL+U(y)\leqslant y\leqslant USL-U(y) \tag{14-1}$$

对于测量仪器,若被评定仪器的最大允许误差的绝对值为 MPEV,则式(14-1)的合格判据将成为

$$|E_x|\leqslant MPEV-U(E_x) \tag{14-2}$$

也就是说,其要求已不再是测得的示值误差 $E_x$ 的绝对值不大于其最大允许误差的绝对值 MPEV,而应该是测得的示值误差 $E_x$ 的绝对值不大于其最大允许误差的绝对值 MPEV 与测得的示值误差 $E_x$ 的扩展不确定度 $U(E_x)$ 之差。因此对测量仪器的要求将大大提高。

问题是仪器的最大允许误差 MPE 的数值是由各种标准、规程、仪器说明书等技术文件所规定的,当初在确定测量仪器的 MPE 数值时,往往并没有考虑到不确定度的问题。如果以式(14-2)作为仪器是否合格的判据,将会使大量的原本认为合格的仪器变成不合格。

《中华人民共和国计量法》规定:检定必须依据检定规程进行。几乎所有的检定规程都明确规定,当示值误差位于图 14-2 的规范区内和外时分别判为合格和不合格。于是,一旦测得的示值误差位于不确定区内时,就有可能出现误判的风险。当仪器示值误差的测量不确定度越大,误判的风险也越大。

国家计量技术规范 JJF 1094—2002《测量仪器特性评定》对此作了详细的规定:

(1) 对测量仪器特性进行符合性评定时,若被测仪器示值误差的测量不确定度 $U_{95}$ 小于

被评定仪器最大允许误差的绝对值 MPEV 的三分之一，即满足 $U_{95} \leqslant \frac{1}{3}$ MPEV，则可以不考虑示值误差的测量不确定度对符合性评定的影响①。即此时的合格性判据为

$$|E_x| \leqslant \text{MPEV}$$

而当被测仪器示值误差的绝对值 $|E_x|$ 超出其最大允许误差的绝对值 MPEV 时，即 $|E_x| >$ MPEV 时判为不合格。

注：

1 对于型式评价和仲裁检定，必要时 $U_{95}$ 和 MPEV 之比也可以取小于或等于 $1:5$。

2 在一定情况下，示值误差的测量不确定度 $U_{95}$ 也可用包含因子 $k=2$ 的扩展不确定度 $U$ 代替，下同。

（2）若依据计量检定规程对测量仪器的合格性进行评定，由于在制订计量检定规程时已对计量标准、测量方法、环境条件等能影响测量不确定度的因素作了详细的规定，并能满足检定系统表对量值传递的要求，只要被检定的仪器处于正常的工作状态，其示值误差的测量不确定度将处于一个合理的范围内。所以当规程要求的各检定点的示值误差不超过该被检仪器的最大允许误差时，就可以认为其符合该准确度级别的要求，而不需要考虑示值误差的测量不确定度对合格评定的影响。

（3）依据计量检定规程以外的技术规范对测量仪器的示值误差进行测量，并且需要对示值误差是否符合某一最大允许误差进行符合性评定时，必须采用合适计量标准、测量方法和环境条件，并选取有效覆盖被测仪器测量范围的足够多的点，如果测得各个点的示值误差均不超出最大允许误差的要求，并且满足条件 $U_{95} \leqslant \frac{1}{3}$ MPEV，判为合格。如果测得各个点的示值误差均不超出最大允许误差的要求，但 $U_{95} > \frac{1}{3}$ MPEV，则必须考虑下述判据。

a）合格判据

当被测仪器的示值误差的绝对值小于或等于其最大允许误差的绝对值 MPEV 与示值误差的扩展不确定度 $U_{95}$ 之差时，即 $|E_x| \leqslant \text{MPEV} - U_{95}$，可判为合格。

b）不合格判据

当被测仪器的示值误差的绝对值大于或等于其最大允许误差的绝对值 MPEV 与示值误差的扩展不确定度 $U_{95}$ 之和时，即 $|E_x| \geqslant \text{MPEV} + U_{95}$，可判为不合格。

c）待定区

当被测仪器的示值误差的绝对值既不符合合格判据，又不符合不合格判据时，即满足 $\text{MPEV} - U_{95} < |E_x| < \text{MPEV} + U_{95}$ 时，不能给出合格或不合格的结论，此区域即为待定区。

鉴于合格判定与测量不确定度有关，因此今后在制订各种规程和标准时，应明确规定在合格判定中如何处理不确定度问题。

---

① 也就是说，被测仪器示值误差的测量不确定 $U_{95}$ 和规定的最大允许误差的绝对值 MPEV 之比应小于或等于 $1:3$。这一要求实际上并不高，有不少国家和国际组织要求至少 $1:4$。

# 第十五章

# 两个或多个测量结果的比较

在测量工作中经常能遇到需要对两个或多个测量结果进行比较的情况。在实验室内进行常规的检定或校准时，经常需要对同一个被测量由相同或不同的人员做两次（或更多次）的重复测量，其目的是为了通过观察两次测量结果之差是否在合理范围内，来判断其中是否存在含有粗差的异常值（也称离群值）。异常值的存在会歪曲测量结果。

有时还需要对由两个或多个不同的实验室得到的准确度相近的测量结果进行比较，以判断各实验室得到的结果是否在它们的不确定度范围内准确一致，即要验证两个不同测量结果之间的计量兼容性。例如，在检测实验室或校准实验室的认可工作中就要求进行能力验证。能力验证的基本方法就是进行多个实验室之间的比对。所谓多个实验室之间的比对，就是将每个参加比对的实验室所得到的测量结果与参考实验室所得的结果进行比较，或与所有参加实验室所得结果的平均值进行比较。因此多个实验室之间的比对实际上还是两个测量结果之间的比较。

JJF 1033—2016《计量标准考核规范》中规定，对新建立的计量标准，要求对检定或校准的结果进行验证，其基本方法就是将用该计量标准得到的测量结果与从上级机构得到的更为准确的测量结果相比较，以判断两者的计量兼容性。当发现两个测量结果不兼容，既可能是测量不正确（如测得值的误差太大，或评定的不确定度太小），也可能是测量期间被测量发生了变化。

## 第一节　同一实验室内两次测量结果之间的允差

在测量工作中，为提高测量准确度，以及防止测量结果中可能存在异常值，通常会对同一个被测量进行多次测量并取平均值。在测量次数较多时，异常值的判断和剔除原则参见本书第十一章。常见的另一种情况是仅测量两次，于是就必须确定两次测量之间的允差，即两次测量结果之差应控制在多大的范围内才是合理的。允差规定得过大，可能会将异常值混于其中，从而影响测量结果的可靠性。允差规定得过小，也就是控制过严，会将原本是正常的测量结果误认为异常值舍去而重新进行测量。这样不仅使工作量增加，提高了测量成本,并且可能会出现虚假的分散性很小的情况。因此如何适当地确定两次测量结果之间的允差是测量中经常会遇到的问题。

若被测量为 $Y$,在相同的条件下对其进行两次重复测量,得到的测量结果分别为 $y_1$ 和 $y_2$,两次测量结果之差为:$\Delta y = y_1 - y_2$。显然,$\Delta y$ 的数学期望应为零。

如果将问题转化一下,将 $\Delta y$ 视为需要测量的被测量。由于 $\Delta y$ 的数学期望为零,显然测得的 $\Delta y$ 之值应在其不确定度 $U(\Delta y)$ 范围内才是合理的。超出此范围即认为是小概率事件而不可能出现。因此合理地估计两次测量结果之间允差的问题,就成为评定被测量 $\Delta y$ 的测量不确定度问题。

由于是在同一个实验室内用同一种方法进行测量,因此两次测量的所有不确定度分量及其大小均相同。当评定 $\Delta y$ 的不确定度时,原先的每一个分量将两次起作用。两个相同分量最终对被测量 $\Delta y$ 是否有影响取决于它们之间的相关性。而这一相关性又取决于该分量是由随机效应引起的,还是由系统效应引起的。由随机效应引起的不确定度分量,在两次测量中不可能相关,即相关系数为零。即该分量对 $\Delta y$ 来说起两次作用。而由系统效应引起的不确定度分量,在两次测量中是完全相关的,且相关系数为 $-1$。即它们对测量结果 $\Delta y$ 及其不确定度 $U(\Delta y)$ 没有贡献。

假定每次测量有 $n$ 个不确定度分量,且它们之间均不相关,于是测量结果 $y_1$ 和 $y_2$ 的合成方差可以分别写为

$$u_c^2(y_1) = u_{11}^2 + u_{12}^2 + u_{13}^2 + \cdots + u_{1n}^2$$
$$u_c^2(y_2) = u_{21}^2 + u_{22}^2 + u_{23}^2 + \cdots + u_{2n}^2$$

故两次测量结果之差 $\Delta y$ 的合成方差应为

$$u_c^2(\Delta y) = u_c^2(y_1 - y_2)$$
$$= (u_{11}^2 + u_{12}^2 + u_{13}^2 + \cdots + u_{1n}^2) + (u_{21}^2 + u_{22}^2 + u_{23}^2 + \cdots + u_{2n}^2) +$$
$$2\sum_{i=1}^{n}\sum_{j=1}^{n} r(u_{1i}, u_{2j}) u_{1j} u_{2j}$$

在目前情况下,两次测量中相对应的不确定度分量是相等的,即 $u_{1i} = u_{2i}$。式中 $r(u_{1i}, u_{2j})$ 为 $u_{1i}$ 和 $u_{2j}$ 之间的相关系数。当 $i \neq j$ 时,$u_{1i}$ 和 $u_{2j}$ 之间不可能存在相关性,即此时 $r(u_{1i}, u_{2j}) = 0$,于是上式成为

$$u_c^2(\Delta y) = (u_{11}^2 + u_{12}^2 + u_{13}^2 + \cdots + u_{1n}^2) + (u_{21}^2 + u_{22}^2 + u_{23}^2 + \cdots + u_{2n}^2) +$$
$$2\sum_{i=1}^{n} r(u_{1i}, u_{2i}) u_{1i} u_{2i}$$

若在 $n$ 个不确定度分量中,有 $k$ 个分量是由系统效应引起的,它们在两次测量中是相关的。若将与此对应的不确定度分量定为 $u_{n-k+1}, u_{n-k+2}, \cdots, u_n$,并设 $u_{1i} = u_{2i} = u_i$,于是 $\Delta y$ 的合成方差就成为

$$u_c^2(\Delta y) = (u_{11}^2 + u_{12}^2 + u_{13}^2 + \cdots + u_{1n}^2) + (u_{21}^2 + u_{22}^2 + u_{23}^2 + \cdots + u_{2n}^2) +$$
$$2\sum_{i=n-k+1}^{n} r(u_{1i}, u_{2i}) u_{1i} u_{2i}$$
$$= 2(u_1^2 + u_2^2 + u_3^2 + \cdots + u_{n-k}^2) + 2(u_{n-k+1}^2 + u_{n-k+2}^2 + u_{n-k+3}^2 +$$

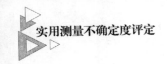

$$\cdots + u_n^2) + 2 \sum_{i=n-k+1}^{n} r(u_{1i}, u_{2i}) u_i^2 \qquad (15\text{-}1)$$

现就下述几种情况分别进行讨论：

(1) 若所有的不确定度分量均是由随机效应引起的,则它们在两次测量中均不相关,此时式(15-1)中全部相关系数全为零,于是

$$u_c^2(\Delta y) = 2(u_1^2 + u_2^2 + u_3^2 + \cdots + u_n^2)$$

或

$$u_c(\Delta y) = \sqrt{2} u_c(y)$$

即两次测量结果之差 $\Delta y$ 的标准不确定度为测量结果 $y_1$ 或 $y_2$ 的标准不确定度的 $\sqrt{2}$ 倍。为简单起见,若包含因子均取 $k=2$,于是两次测量结果之差的允差,即两次测量结果之差 $\Delta y$ 的扩展不确定度为

$$U(\Delta y) = \sqrt{2} U(y)$$

由于测量得到的两次测量结果之差应在其不确定度范围内,故由上式可得

$$|y_1 - y_2| \leqslant \sqrt{2} U(y) \qquad (15\text{-}2)$$

(2) 若全部 $n$ 个不确定度分量中,有 $k$ 个不确定度分量(假设为第 $n-k+1$ 个至第 $n$ 个)是由系统效应引起的,则它们在两次测量中完全相关,且相关系数均为 $-1$。也就是说,这 $k$ 个不确定度分量对测量结果 $\Delta y$ 的不确定度没有贡献,于是式(15-1)成为

$$u_c^2(\Delta y) = 2(u_1^2 + u_2^2 + u_3^2 + \cdots + u_{n-k}^2) + 2(u_{n-k+1}^2 + u_{n-k+2}^2 + u_{n-k+3}^2 + \cdots + u_n^2) +$$

$$2 \sum_{i=n-k+1}^{n} r(u_{1i}, u_{2i}) u_i^2$$

$$= 2(u_1^2 + u_2^2 + u_3^2 + \cdots + u_{n-k}^2) + 2(u_{n-k+1}^2 + u_{n-k+2}^2 + u_{n-k+3}^2 + \cdots + u_n^2) -$$

$$2 \sum_{i=n-k+1}^{n} u_i^2$$

$$= 2(u_1^2 + u_2^2 + u_3^2 + \cdots + u_{n-k}^2)$$

上式可以写为

$$u_c(\Delta y) = \sqrt{2} u_c{}'(y)$$

或

$$U(\Delta y) = \sqrt{2} U'(y) \qquad (15\text{-}3)$$

式中 $u_c{}'(y)$ 和 $U'(y)$ 分别为不考虑由系统效应引起的不确定度分量时所得到的测量结果 $y$ 的合成标准不确定度和扩展不确定度。即

$$u_c{}'(y) = \sqrt{u_1^2 + u_2^2 + u_3^2 + \cdots + u_{n-k}^2}$$

$$U'(y) = 2 \sqrt{u_1^2 + u_2^2 + u_3^2 + \cdots + u_{n-k}^2}$$

两次测量结果之差 $\Delta y$ 的允差,即为 $\Delta y$ 的扩展不确定度。于是得

$$|y_1 - y_2| \leqslant \sqrt{2} U'(y) \qquad (15\text{-}4)$$

【例 15-1】 评估量块比较测量两次测量结果的允差

量块比较测量的不确定度分量汇总见表 15-1。由表可知,共有 7 个不确定度分量。其中标准量块长度 $L_S$,标准量块长度自上次校准以来的漂移 $\delta l_D$,以及比较仪的偏置和非线性对测量结果的影响 $\delta l_C$ 属于系统效应引入的不确定度分量,故它们对两次测量结果之差不

起作用。于是根据式(15-3)和式(15-4)可得两次测量结果之差 $\Delta y$ 的标准不确定度 $u_c(\Delta y)$ 应为

$$
\begin{aligned}
u_c(\Delta y) &= \sqrt{2}\, u_c{}'(y) \\
&= \sqrt{2}\,\sqrt{7.2^2 + 5.8^2 + 16.6^2 + 11.8^2}\ \text{nm} \\
&= 31\ \text{nm}
\end{aligned}
$$

取包含因子 $k=2$，于是得两次测量结果之允差为

$$|y_1 - y_2| \leqslant U(\Delta y) = 62\ \text{nm}$$

**表 15-1  量块比较测量不确定度分量汇总表**

| 输入量 $X_i$ | 估计值 $x_i$ | 标准不确定度 $u(x_i)$ | 概率分布 | 灵敏系数 $c_i$ | 不确定度分量 $u_i(y)/\text{nm}$ |
|---|---|---|---|---|---|
| $L_S$ | 50.000 020 mm | 17.4 nm | 正态 | 1 | 17.4 |
| $\delta l_D$ | 0 | 17.3 nm | 矩形 | 1 | 17.3 |
| $\Delta l$ | $-0.000\,092$ mm | 7.2 nm | 正态 | 1 | 7.2 |
| $\delta l_C$ | 0 | 18.5 nm | 矩形 | 1 | 18.5 |
| $\delta l_V$ | 0 | 5.8 nm | 矩形 | $-1$ | 5.8 |
| $\delta\theta$ | 0 | 0.028 9 ℃ | 矩形 | $-575\ \text{nm}\ ℃^{-1}$ | 16.6 |
| $\delta\alpha \times \overline{\theta}$ | 0 | $0.236 \times 10^{-6}$ | | 50 mm | 11.8 |
| $L_X = 49.999\,928$ mm，$u_c(\Delta y) = 38.0$ nm |||||||

# 第二节  两个不同实验室测量结果之间的允差

若两个被比较的测量结果是由两个不同实验室得到的，则两次测量中所有的测量不确定度分量一般均不可能相关。唯一可能存在相关性的是两个实验室所用的参考标准或测量仪器可能是从同一个标准溯源的，但这时一般其相关性很小而可以忽略不计。

若两个实验室得到的测量结果为 $y_1$ 和 $y_2$，它们的扩展不确定度分别为 $U_1$ 和 $U_2$，由于均取包含因子 $k=2$，于是根据上面的分析可得

$$|y_1 - y_2| \leqslant U(\Delta y) = \sqrt{U_1^2(y_1) + U_2^2(y_2)} \tag{15-5}$$

(1) 若两个实验室的测量不确定度近似相等，即 $U_1(y_1) = U_2(y_2) = U(y)$，于是得

$$|y_1 - y_2| \leqslant \sqrt{2}\,U(y) \tag{15-6}$$

在某些情况下，对于某一规定的测量方法，若已知各实验室之间测量结果之差的极限值，则也可以根据式(15-6)直接求出该测量方法所得结果的不确定度。若已知不同实验室所得的测量结果的最大差为 $R$，即 $|y_1 - y_2| \leqslant R$。与式(15-6)相比较，可得

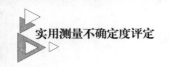

$$R=\sqrt{2}U(y)=2\sqrt{2}u(y)=2.83u(y)$$

$$u(y)=\frac{R}{2.83} \tag{15-7}$$

若 $R$ 是规定的不同实验室间所得结果的最大差值,称为复现性限;若是规定的同一实验室内各次测量结果的最大差值,则称为重复性限,并经常用 $r$ 表示。在规定实验方法的国家标准或类似技术文件中,按规定的测量条件,当明确指出两次测量结果之差的复现性限 $r$ 或重复性限 $R$ 时,如无特殊说明,则测量结果的标准不确定度为 $u(x)=\frac{r}{2.83}$ 或 $u(x)=\frac{R}{2.83}$。

(2) 若两个实验室的测量不确定度相差较大,且 $U_2 \geqslant 3U_1$ 成立,则式(15-5)中的 $U_1$ 可以忽略,于是得

$$|y_1-y_2| \leqslant U_2(y) \tag{15-8}$$

例如,在 JJF 1033—2016《计量标准考核规范》中规定,对于新建的计量标准必须进行检定或校准结果的验证。其最主要的方法就是采用传递比较法,将用该计量标准得到的测量结果与上级部门得到的测量结果相比较(同一测量对象),此时上级部门的测量不确定度一般较小。也就是说,可以将上级部门得到的测量结果看作为标准值,实验室得到的测量结果与标准值之差应小于实验室的扩展不确定度。

## 第三节  多个实验室之间的比对

对于有多个实验室参加的比对,要求各实验室测量相同的测量对象,并提供测量结果及其不确定度。若被测对象已由测量的权威机构进行过测量,并给出了测量对象的参考值 $y_{ref}$ 及其扩展不确定度 $U_{ref}$,则每个实验室的比对结论可以通过与参考值的比较而给出。这种情况就等于是两个实验室(每个参加实验室和参考实验室)之间的比对。由式(15-5)可得,每个实验室得到的测量结果 $y_{lab}$ 与参考实验室提供的参考值 $y_{ref}$ 之差不应超过两者的扩展不确定度的合成,即

$$|y_{lab}-y_{ref}| \leqslant \sqrt{U_{lab}^2+U_{ref}^2} \tag{15-9}$$

式中,$U_{lab}$ 为参加比对的实验室所提供的扩展不确定度;而 $U_{ref}$ 则是作为参考实验室的权威部门所提供的扩展不确定度。若参考实验室所提供的扩展不确定度 $U_{ref}$ 远小于参加比对的实验室所提供的测量不确定度 $U_{lab}$,此时式(15-9)成为

$$|y_{lab}-y_{ref}| \leqslant U_{lab} \tag{15-10}$$

式(15-9)或式(15-10)就是判断每一个参加比对的实验室所得到的测量结果是否满意的依据。由此可见,比对的结论将与实验室所声称的扩展不确定度有关。虽然声称一个较大的扩展不确定度似乎有利于得到"满意"的比对结论,但实际上同时也在间接地宣称:本实验室的测量水平甚低。因此在参加比对时给出一个什么样水平的测量不确定度是一个比较困难的选择。组织实验室比对的主导实验室往往会规定一个测量不确定度的"及格线",即参加比对的实验室所声称的扩展不确定度不能低于此值。

若被测对象并未经过权威部门的测量,也就是说组织比对的部门没有提供被测对象的

参考值,这时只能用参加比对的各实验室所提供的测量结果的平均值 $\overline{y}$ 来作为参考值。这种情况往往出现在检测实验室之间的比对或国际上各国家计量院之间的比对。

若所有参加比对的各实验室所提供的测量不确定度均为 $U_{lab}$,并假定各实验室得到的测量结果分别为 $y_1,y_2,y_3,\cdots,y_n$,于是每一个实验室(例如第一个实验室)的测量结果与平均值之差为

$$y_1-\overline{y}=y_1-\frac{y_1+y_2+y_3+\cdots+y_n}{n}$$

$$=\frac{n-1}{n}\cdot y_1-\frac{1}{n}\cdot y_2-\frac{1}{n}\cdot y_3-\cdots-\frac{1}{n}\cdot y_n$$

等式两边求方差,故得

$$u^2(y_1-\overline{y})=\left(\frac{n-1}{n}\right)^2 u^2(y)+(n-1)\left(\frac{1}{n}\right)^2 u^2(y)$$

$$=\left[\frac{(n-1)^2}{n^2}+\frac{n-1}{n^2}\right]u^2(y)$$

$$=\left[\frac{n^2-2n+1+n-1}{n^2}\right]u^2(y)$$

$$=\left[\frac{n-1}{n}\right]u^2(y)$$

于是

$$u(y_1-\overline{y})=\sqrt{\frac{n-1}{n}}\cdot u(y)$$

或

$$U(y_1-\overline{y})=\sqrt{\frac{n-1}{n}}\cdot U_{lab}$$

因此,每个参加实验室的测量结果与平均值之差应满足

$$|y_1-\overline{y}|\leqslant\sqrt{\frac{n-1}{n}}\cdot U_{lab} \tag{15-11}$$

比较式(15-10)和式(15-11),可以发现两者之间相差一因子 $\sqrt{\frac{n-1}{n}}$。这是由于当 $y_1$ 改变时,会引起平均值 $\overline{y}$ 的改变,这一因子是由式(15-11)中 $y_1$ 与 $\overline{y}$ 之间的相关性引起的。因 $\sqrt{\frac{n-1}{n}}<1$,即由于相关性的存在,式(15-11)的要求比式(15-10)稍高。

## 第四节 校准实验室的能力验证试验

在实验室认可工作中,校准实验室的能力验证试验可以通过校准实验室间的比对来实现。在这类比对中,被测对象是按事先编制好的顺序依次从一个实验室传送到下一个实验室。被测物品的量值,通常称为指定值或参考值一般由该次比对的主导实验室提供。主导实验室一般由国家级的最高权威机构承担。主导实验室除给出被测对象的测量结果外,同时还给出测量结果的不确定度。各参加实验室也同样要给出被测对象的测量结果及其不确定度。将各参加实验室给出的测量结果与参考值相比较,最后给出对各参加实验室的测量

能力的评价。

在将各实验室的测量结果与参考值相比较时，除了应考虑两者之差值外，还应考虑各参加实验室所声称的测量不确定度以及参考值的不确定度。当参加实验室所声称的测量不确定度较小时，理应得到较小的差值。因此国际上一般采用一个与测量不确定度有关的标准化误差指标 $E_n$ 值来评价每一个实验室所给出的测量结果。$E_n$ 值的定义为

$$E_n = \frac{y_{lab} - y_{ref}}{\sqrt{U_{lab}^2 + U_{ref}^2}} \tag{15-12}$$

式中，$y_{lab}$ 是参加实验室所给出的测量结果；$y_{ref}$ 是参考实验室所给出的测量结果；而 $U_{lab}$ 和 $U_{ref}$ 则分别是参加实验室和参考实验室所声明的测量不确定度。

式(15-9)为

$$|y_{lab} - y_{ref}| \leqslant \sqrt{U_{lab}^2 + U_{ref}^2}$$

将式(15-9)代入式(15-12)，可得

$$|E_n| \leqslant 1$$

也就是说，对于每一个实验室所提供的测量结果，可以接受的 $E_n$ 值应在 $-1$ 到 $+1$ 之间。一般其绝对值应越小越好。当得到的 $E_n$ 的绝对值大于 1 时，表明该测量结果有问题，也就是说，该实验室参加本次能力验证失败。

虽然 $E_n$ 的绝对值越小越好，但由于 $E_n$ 值不仅与测量结果和参考值之间的差值有关，而且还与参加实验室所提供的测量不确定度有关。而测量不确定度是由参加实验室自己提供的，因此一般不对不同实验室的 $E_n$ 值进行比较或依 $E_n$ 值的大小排次序。也就是说，不能仅根据 $E_n$ 值的大小来比较不同实验室所得到的测量结果的好坏，一旦实验室给出一个十分大的测量不确定度，就有可能使 $E_n$ 值变小。

由于测量不确定度是由参加比对的实验室自己评定和申报的，而给出的不确定度大小直接会影响到比对结果。因此，对于实验室之间的比对来说，评定并给出一个适当大小的测量不确定度，与给出一个准确的测量结果同等地重要。申报的测量不确定度不宜过大，过大的不确定度虽然会使 $E_n$ 值变小，但同时又表示实验室的测量水平很低。但同样也不能过小，过小的测量不确定度可能会使自己处于十分困难的境地。它可能会使一个原本不错的测量结果由于 $E_n$ 值的绝对值大于 1 而变得不合格。笔者认为最好的无疑是恰如其分地进行不确定度评定，但为安全起见，也可适当保守一些。

# 第五节　检测实验室的能力验证试验

在实验室之间的比对中，通过 $E_n$ 值来评价每一个参加实验室所给出的测量结果的优点是对每一个实验室的测量结果的评价与其他实验室的测量结果无关。其前提是组织并负责进行该比对的主导实验室必须先提供一个测量准确度较高的参考值。而在有些情况下，由于主导实验室的测量水平可能与参加实验室相差无几，也就是说主导实验室可能无法提供一个准确度较高的可以作为参考值的测量结果。此时只能用各参加实验室所提供的测量结果的平均值来作为参考值。但用平均值作为参考值的缺点在于平均值要受到所有参加实验

室的测量结果的影响,特别是当出现若干特别大(或特别小)的离群值时,其影响更为严重。这时离群值对平均值的影响远大于正常值,而平均值的改变可能会影响其他参加实验室的比对结果。理论上虽然可以按规则将离群值剔除,但在实际操作上往往是很困难的。要将一个参加实验室的测量结果剔除必然会遭到该实验室的强烈反对,而且反对的理由也同样充分:"真理往往在少数人手中"。况且可能也确实没有其他证据表明该测量结果是不可靠的。

这种现象在校准实验室的比对中尚不多见,但在检测实验室的比对中却是屡见不鲜的。因为不少检测项目的检测结果对环境条件或仪器设备的依赖性很大,它们对检测结果的影响一般也不像校准项目那么清楚。为了避免过大或过小的离群测量结果对参考值的影响,在检测实验室的比对中往往采用一些比较稳健的受离群值影响较小的统计量来代替诸如平均值、标准偏差等易受离群值影响的统计量。常用的综合性统计量有:结果数量(即参加比对的实验室数量),中位值(用来代替平均值),标准四分位数间距(用来代替标准偏差),稳健的变异系数(CV,标准四分位数间距与中位值之比),最大值,最小值,以及变化范围(即最大值和最小值之差)等。

在检测实验室的比对中,一般用中位值代替平均值作为参考值。所谓中位值是指处于中间位置的值。若有 $n$ 个检测实验室参加比对,将所有 $n$ 个测量结果按其大小次序排队。当 $n$ 为奇数时,第 $(n+1)/2$ 个测量结果即为中位值;而当 $n$ 为偶数时,则最中间的两个测量结果,即第 $n/2$ 个和第 $(n+2)/2$ 个结果的平均值就是中位值。因此在全部各实验室的测量结果中有一半的测量结果大于中位值,一半的测量结果小于中位值。中位值的特点是不容易受过大、或过小的离群值的影响。

各实验室之间测量结果的发散,即其标准偏差也会受到离群值的影响,因此也不能直接用第十一章中所介绍的方法来剔除离群值。在这种情况下通常用四分位数间距 IQR 来代替标准偏差。四分位数定义为四分之一位置处的数值,一般可通过四分之一位置两侧最近的两个测量结果通过内插得到。在高端和低端各有一个四分位数值,分别称为高四分位数值和低四分位数值。四分位数间距 IQR 定义为高四分位数值和低四分位数值之差。但四分位数间距 IQR 还不能直接用来代替标准偏差,通常它比标准偏差大。通过对标准化正态分布(标准偏差等于 1 的正态分布)进行计算可得正态分布的四分位数间距与标准偏差的比值为 1.349 0。于是定义标准四分位数间距为

$$标准\ IQR = \frac{IQR}{1.349\ 0} = 0.741\ 3 \times IQR$$

定义 $Z$ 比分数为

$$Z = \frac{y_{lab} - 中位值}{标准\ IQR} \tag{15-13}$$

由于中位值相当于平均值,在比对中就作为参考值。而标准 IQR 相当于标准偏差,于是可知 $Z$ 比分数的最大允许值相当于包含因子 $k$。因此对各参加实验室所得到的 $Z$ 比分数的要求为:

当 $|Z| \leqslant 2$,由于该结果在 95% 包含区间内,因此该结果为满意。

当 $2 < |Z| < 3$,由于测量结果出现在该区间的概率较小,仅为 4.28%。因此该结果为可疑结果,或称为有问题结果。当实验室给出的测量结果在该区间内时,应该仔细地检查他

们的测量结果是否存在什么问题。

当$|Z|\geqslant 3$，该结果出现的概率不到$0.3\%$，为小概率事件，一般不会发生，故认为该结果为不满意结果，或称为离群结果。

$Z$比分数的符号表明测量结果偏离的方向，$Z>0$表示测量结果大于中位值，$Z<0$表示测量结果小于中位值。

当用上述方法进行检测实验室的能力时，若$|Z|\geqslant 3$，则表明该结果为离群结果，但无法得知产生该离群结果的原因，即究竟是由于实验室内的偶然原因引起的，还是与外部实验室之间的系统差别引起的。因此对于检测实验室之间的比对，经常要对两个样品进行测量。每个实验室得到两个测量结果，称为结果对。两个样品可以相同（称为均匀对），也可以不同（称为分散对）。这时需要计算两个$Z$比分数：实验室间的$Z$比分数（$ZB$）和实验室内的$Z$比分数（$ZW$）。

若两个样品分别称为样品$A$和样品$B$。并用$A$和$B$分别表示实验室对两个样品的测量结果，称为结果对。定义结果对的标准化总和$S$以及标准化差值$D$分别为

$$S=\frac{A+B}{\sqrt{2}}$$

$$D=\frac{A-B}{\sqrt{2}} \text{ 或 } D=\frac{|A-B|}{\sqrt{2}}$$

分别将标准化总和$S$和标准化差值$D$作为测量结果，并计算每个实验室$Z$比分数，于是可得

$$ZB=\frac{S-\text{中位值}(S)}{\text{标准 IQR}(S)}$$

$$ZW=\frac{D-\text{中位值}(D)}{\text{标准 IQR}(D)}$$

主导实验室提供的样品$A$和$B$，可以是两个不同的样品，但它们的量值是相近的。也可以是两个相同的样品，即它们的量值是相同的。此时因可以明确分清哪个测量结果是$A$，哪个是$B$，故在计算标准化差值$D$时应保留符号。但有些情况下主导实验室无法提供两个样品，而是只提供一个样品，但要求对其测量两次分别作为$A$和$B$，此时在计算标准化差值$D$时因无法分清$A$和$B$，故应取两个测量结果之差的绝对值而不保留符号。

由于$ZB$是各由实验室的标准化总和$S$得到的，两个测量结果之和在一定程度上会消除一部分随机误差的影响，因此称为实验室间的$Z$比分数。而$ZW$是由各实验室的标准化差值$D$得到的，两个测量结果之差可以消除实验室的系统误差的影响，因此称为实验室内的$Z$比分数。

当实验室间的$Z$比分数$|ZB|\geqslant 3$，则表示该实验室的测量结果与其他实验室相比有一较大的系统差。而当实验室内的$Z$比分数$|ZW|\geqslant 3$，则表明该实验室所提供的测量结果的重复性较差。

# 第十六章

## 测量过程的统计控制
## ——常规控制图及其应用

## 第一节　常规控制图

### 一、常规控制图及其功能

任何一个过程,包括生产过程和测量过程,都会受到各种因素的影响。这些影响可能源于过程固有的随机波动,也可能来源于异常原因所引起的波动。测量过程中固有的随机波动是始终存在的,是不可能完全消除的,属于正常现象。而来源于异常原因所引起的波动则属于非正常现象,是必须避免的。常规控制图(又称休哈特控制图)就是用来判断测量过程或生产过程是否处于正常状态的一种统计工具。最初常用于生产过程的统计控制中,而近期也常将其用于测量过程的统计控制。

由于测量结果既可能受测量过程的影响,也可能受测量对象的影响。因此如果能确保测量过程处于正常工作状态,通过不断更换测量对象就可以将控制图用于生产过程的统计控制,即产品质量控制;如果能找到一个很稳定的核查标准,即存在一个很稳定的测量对象,通过对核查标准进行定期测量,就可以将控制图用于测量过程的统计控制。测量过程的统计控制与产品质量的统计控制相比,两者在控制图的建立和判断准则上没有任何本质的区别,只是用途不同而已。但两者的差别也是显而易见的,产品质量的差别通常要比测量系统的变化大得多,因此测量过程控制对控制图的要求也相对较高。于是当将常规控制图方法从生产过程统计控制移植到测量过程的统计控制中时,有时可能需要对控制图的制作方法作适当的变更。对于有些测量过程可能根本无法采用统计控制的方法。本章主要介绍测量过程的统计控制。

在测量过程的统计控制中,控制图的主要功能是:

(1) 诊断:对已有的测量过程进行诊断,以评估该测量过程是否已经达到稳定状态;

(2) 控制:对正在进行中的测量过程进行控制,以确定测量过程是否需要保持原有状

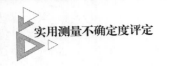

态,或是否需要调整或改进;

(3) 确认:确认某一测量过程的改进效果。

## 二、控制图的分类

根据控制对象的数据性质,即所采用的统计控制量(也称为过程参数)来分类,测量过程控制中常用的控制图有:

(1) 平均值－标准偏差控制图($\bar{x}-s$ 图);

(2) 平均值－极差控制图($\bar{x}-R$ 图);

(3) 中位值－极差控制图($\tilde{x}-R$ 图)。

控制图必须成对地使用。由于平均值 $\bar{x}$ 和中位值 $\tilde{x}$ 受随机因素的影响较小,因此平均值控制图和中位值控制图主要用于判断测量过程是否受到某种不受控的系统效应的影响。而标准偏差 $s$ 和极差 $R$ 受系统效应的影响较小,因此标准偏差控制图和极差控制图主要用于判断测量过程是否受到不受控的随机效应的影响。

比较而言,在 $s$ 和 $R$ 控制图中,$s$ 图对于测量过程异常的检出能力较强,其控制能力也较高,但由于要求每个子组的样本大小不小于 12 而限制了其应用。在 $\bar{x}$ 和 $\tilde{x}$ 控制图中,$\bar{x}$ 图的检出能力优于 $\tilde{x}$ 图。因此虽然最佳组合是 $\bar{x}-s$ 图控制图,但在测量过程的统计控制中通常首选 $\bar{x}-R$ 控制图,如果比较容易得到较多的重复测量次数,则首选 $\bar{x}-s$ 控制图,$\tilde{x}-R$ 控制图则较少采用。在采用 $\bar{x}-R$ 控制图时,由于在计算 $\bar{x}$ 控制图中的控制限时要用到极差 $R$,故 $R$ 控制图的失控也会影响到 $\bar{x}$ 图,因此应首先对 $R$ 图进行分析。

按控制图的用途,可以将它们分为分析用控制图和控制用控制图两类。

(1) 分析用控制图:用于对已经完成的测量过程或测量阶段进行分析,以评估测量过程是否稳定或处于受控状态。

(2) 控制用控制图:对于正在进行中的测量过程,可以在进行测量的同时进行过程控制,以确保测量过程处于稳定受控状态。

在建立控制图时,首先应建立分析用控制图,确认测量过程处于稳定受控状态后,将分析用控制图的时间界限延长,于是分析用控制图就转化为控制用控制图。

## 三、控制图的设计原理

在大多数情况下,只要影响测量结果的因素比较多,测量结果的分布往往服从正态分布。根据中心极限定理,即使测量结果不服从正态分布,只要取若干次测量结果的平均值,该平均值仍接近于正态分布。控制图的设计基础就是假定所选统计控制量满足正态分布。

对于正态分布而言,测量结果位于分布中心 $\mu$ 附近 $\mu\pm3\sigma$ 区间内的概率高达 99.73%,因此就将该区域作为需要控制的区域。当测量结果出现在 $\pm3\sigma$ 区域之外时,就可以认为测量过程出现了异常(参见图 16-1)。

在 $\pm2\sigma$ 区域之外并在 $\pm3\sigma$ 之内的区域称为警戒区,当测量结果位于警戒区内时,其出现的概率仅为 99.73%－95.45%＝4.28%,这一概率如偶尔出现也应属正常,但不应频繁出现在这一区域内。此时应对控制图的后续发展予以密切关注,以确定测量过程是否有异常情况出现。

将图 16-1 的正态分布曲线旋转 90°,得到如图 16-2 所示的控制图。控制图由一直角坐标系构成,其纵坐标为所采用的统计控制量,例如平均值 $\bar{x}$,中位值 $\tilde{x}$,实验标准偏差 $s$ 和极差 $R$ 等。横坐标为时间坐标,在进行测量过程控制时必须按近似相等的时间间隔取样。控制图中设有三条界限,它以所采用的统计控制量的分布中心 $\mu$ 作为控制的中心线(CL);以 $\mu+3\sigma$ 作为控制上限(UCL);而以 $\mu-3\sigma$ 作为控制下限(LCL)。此处的 $\sigma$ 为所采用的统计控制量的标准偏差,例如对于极差控制图它应是所测得的极差值 $R$ 的标准偏差,以 $\mu_R$ 表示。

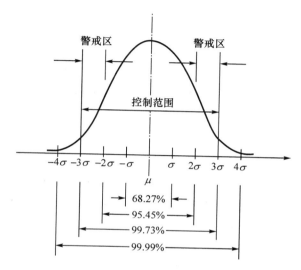

图 16-1 正态分布时的包含概率

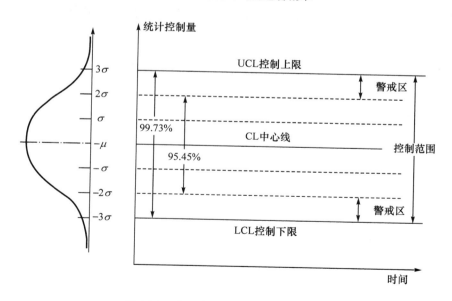

图 16-2 由正态分布曲线得到控制图

## 四、控制图的建立

控制图必须成对使用。首先确定所采用的控制图类型,在测量过程控制中通常采用平均值控制图－极差控制图,或平均值控制图－标准偏差控制图。较少采用中位值控制图－极差控制图。

**1. 预备数据的取得**

预备数据是用来建立分析用控制图的基本取样数据,目的是用来诊断已有的测量过程或测量阶段是否处于统计控制状态。

(1) 在重复性条件下,对选择好的核查标准作 $n$ 次独立重复测量。当采用标准偏差控制图时,要求测量次数 $n \geqslant 12$;当采用极差控制图时,测量次数不得少于 5 次。

(2) 在检定规程或技术规范规定的测量条件下,按一定的时间间隔重复上面的测量过程,共测量 $k$ 组(子组)。相邻两个子组的测量应相隔足够的时间。要求子组数 $k \geqslant 20$,在实际工作中最好取 25 组,以备当个别子组的数据因出现可以查明原因的异常而被剔除时,仍可保持多于 20 组的数据。

**2. 计算统计控制量**

当采用平均值－标准偏差控制图($\bar{x}-s$ 图)时,应计算的统计量为:每个子组的平均值 $\bar{x}$,每个子组的实验标准差 $s$,各子组间的平均值 $\bar{\bar{x}}$ 和实验标准差的平均值 $\bar{s}$。

当采用平均值－极差控制图($\bar{x}-R$ 图)时,应计算的统计量为:每个子组的平均值 $\bar{x}$,每个子组的极差 $R$,各子组间的平均值 $\bar{\bar{x}}$ 和平均极差 $\bar{R}$。

当采用中位值－极差控制图($\tilde{x}-R$ 图)时,应计算的统计量为:每个子组的中位值 $\tilde{x}$,每个子组的极差 $R$,各子组间的平均中位值 $\bar{\tilde{x}}$ 和平均极差 $\bar{R}$。

**3. 计算控制界限**

若随机变量 $X$ 服从分布中心为 $\mu$、标准偏差为 $\sigma$ 的正态分布,并记为

$$X \sim N(\mu, \sigma)$$

则其样本分布的特征值 $\bar{x}$、$s$、$\tilde{x}$、$R$ 也服从正态分布,并可分别记为

$$\bar{x} \sim N(\mu, \sigma/\sqrt{n})$$
$$s \sim N(C_4\sigma, C_5\sigma)$$
$$\tilde{x} \sim N(\mu, m_3\sigma/\sqrt{n})$$
$$R \sim N(d_2\sigma, d_3\sigma)$$

于是,对于平均值 $\bar{x}$,其分布中心 $\bar{\bar{x}}$ 和标准偏差 $\sigma_{\bar{x}}$ 可表示为

$$\bar{\bar{x}} = \mu, \quad \sigma_{\bar{x}} = \sigma/\sqrt{n} \tag{16-1}$$

对于标准偏差 $s$,其分布中心 $\bar{s}$ 和标准偏差 $\sigma_s$ 可表示为

$$\bar{s} = C_4\sigma, \quad \sigma_s = C_5\sigma \tag{16-2}$$

对于中位值 $\tilde{x}$,其分布中心 $\bar{\tilde{x}}$ 和标准偏差 $\sigma_{\tilde{x}}$ 可表示为

$$\bar{\tilde{x}} = \mu, \quad \sigma_{\tilde{x}} = m_3\sigma/\sqrt{n} \tag{16-3}$$

对于极差 $R$,其分布中心 $\bar{R}$ 和标准偏差 $\sigma_R$ 可表示为

$$\bar{R} = d_2\sigma, \quad \sigma_R = d_3\sigma \tag{16-4}$$

对于不同的控制图,其控制界限的计算公式是不同的,但均要计算控制图的中心线 CL,

控制上限 UCL 和控制下限 LCL。在下述计算公式中，$\bar{x}$ 表示每一子组的测量结果的平均值；$\bar{\bar{x}}$表示全部 $k$ 组测量的组间平均值；$s$ 表示每一组的标准偏差；$\bar{s}$ 表示组间的标准偏差平均值；$R$ 表示每一子组的极差；$\bar{R}$ 表示组间的平均极差。

（1）平均值控制图（指与 $R$ 图联用的 $\bar{x}$ 图）

平均值控制图的中心线应为全部 $k$ 个子组间的平均值，于是得

$$CL = \bar{\bar{x}}$$

控制上限 UCL 为

$$UCL = \bar{\bar{x}} + 3\sigma_{\bar{x}}$$

由式（16-1）可知，$\bar{x}$ 的标准偏差 $\sigma_{\bar{x}}$ 为

$$\sigma_{\bar{x}} = \frac{\sigma}{\sqrt{n}}$$

由于此时的 $\bar{x}$ 图与 $R$ 图联用，故 $\sigma$ 可以由平均极差 $\bar{R}$ 得到。由式（16-4）得两者的关系为[①]

$$\sigma = \frac{\bar{R}}{d_2}$$

于是

$$UCL = \bar{\bar{x}} + 3\sigma_{\bar{x}} = \bar{\bar{x}} + 3\frac{\bar{R}}{d_2\sqrt{n}}$$

假设 $A_2 = \dfrac{3}{d_2\sqrt{n}}$，于是

同理

$$UCL = \bar{\bar{x}} + A_2\bar{R}$$
$$LCL = \bar{\bar{x}} - A_2\bar{R}$$

（2）极差控制图（$R$ 图）

极差控制图的中心线应为各组的平均极差，于是得

$$CL = \bar{R}$$

控制上限 UCL 为

$$UCL = \bar{R} + 3\sigma_R$$

由式（16-4）得

$$\sigma_R = d_3\sigma$$

由于

$$\sigma = \frac{\bar{R}}{d_2}$$

于是

$$UCL = \bar{R} + 3d_3\sigma = \bar{R} + 3\frac{d_3}{d_2}\bar{R}$$

同理

$$UCL = \bar{R} - 3\frac{d_3}{d_2}\bar{R}$$

假设 $D_3 = 1 - 3\dfrac{d_3}{d_2}$ 和 $D_4 = 1 + 3\dfrac{d_3}{d_2}$，于是有

$$UCL = D_4\bar{R}$$

---

① 极差 $R$ 和标准偏差 $\sigma$ 之比称为极差系数。在本章中采用国家标准 GB/T 4091—2001 中的符号 $d_2$ 表示，而在本书第六章中则采用 JJF 1059.1—2012 中的符号 $C$。

和
$$\text{LCL} = D_3 \bar{R}$$

当 $n \leqslant 6$ 时系数 $D_3 \leqslant 0$，由于极差 $R$ 不可能为负数，这表示此时的极差控制图可以不考虑控制下限。

（3）标准偏差控制图（$s$ 图）

标准偏差控制图的中心线应为各子组实验标准差的平均值，于是
$$\text{CL} = \bar{s}$$

控制上限 UCL 为
$$\text{UCL} = \bar{s} + 3\sigma_s$$

由式（16-2）可得 $\bar{s} = C_4 \sigma$ 和 $\sigma_s = C_5 \sigma$，于是
$$\text{UCL} = \bar{s} + 3\frac{C_5}{C_4} \cdot \bar{s}$$

同理
$$\text{LCL} = \bar{s} - 3\frac{C_5}{C_4} \cdot \bar{s}$$

假设 $B_3 = 1 - 3\frac{C_5}{C_4}$ 和 $B_4 = 1 + 3\frac{C_5}{C_4}$，于是得
$$\text{UCL} = B_4 \bar{s}$$
$$\text{LCL} = B_3 \bar{s}$$

当 $n \leqslant 5$ 时系数 $B_3 \leqslant 0$，由于实验标准差 $s$ 不可能为负数，这表示此时的标准偏差控制图可以不考虑控制下限。

（4）平均值控制图（指与 $s$ 图联用的 $\bar{x}$ 图）

平均值控制图的中心线应为全部 $k$ 个子组间的平均值，于是得
$$\text{CL} = \bar{\bar{x}}$$

控制上限 UCL 为
$$\text{UCL} = \bar{\bar{x}} + 3\sigma_{\bar{x}}$$

由于此时的 $\bar{x}$ 图与 $s$ 图联用，故必须由 $\bar{s}$ 计算控制界限。由式（16-2）可得 $\bar{s} = C_4 \sigma$，于是
$$\sigma_{\bar{x}} = \frac{\sigma}{\sqrt{n}} = \frac{\bar{s}}{C_4 \sqrt{n}}$$

$$\text{UCL} = \bar{\bar{x}} + 3\sigma_{\bar{x}} = \bar{\bar{x}} + 3\frac{\bar{s}}{C_4 \sqrt{n}}$$

同理
$$\text{LCL} = \bar{\bar{x}} - 3\sigma_{\bar{x}} = \bar{\bar{x}} - 3\frac{\bar{s}}{C_4 \sqrt{n}}$$

假设 $A_3 = \dfrac{3}{C_4 \sqrt{n}}$，于是
$$\text{UCL} = \bar{\bar{x}} + A_3 \bar{s}$$
$$\text{LCL} = \bar{\bar{x}} - A_3 \bar{s}$$

（5）中位值控制图（$\tilde{x}$ 图）

中位值控制图的中心线应为各子组中位值 $\tilde{x}$ 的平均值，于是得
$$\text{CL} = \bar{\tilde{x}}$$

控制上限 UCL 为

$$UCL = \bar{\bar{x}} + 3\sigma_{\bar{x}}$$

由式(16-3)和式(16-4)得

$$\sigma_{\bar{x}} = m_3 \frac{\sigma}{\sqrt{n}} = m_3 \frac{\bar{R}}{d_2 \sqrt{n}}$$

于是

$$UCL = \bar{\bar{x}} + 3 \frac{m_3 \bar{R}}{d_2 \sqrt{n}}$$

设 $A_4 = \dfrac{3m_3}{d_2\sqrt{n}} = A_2 m_3$,则

$$UCL = \bar{\bar{x}} + A_4 \bar{R}$$

同理

$$LCL = \bar{\bar{x}} - A_4 \bar{R}$$

控制图中各系数 $A_2, A_3, A_4, B_3, B_4, C_4, d_2, d_3, D_3, D_4$ 和 $m_3$ 之值见表 16-1。

**表 16-1 各种控制图中控制限的系数表**

| 样本大小 | 平均值控制图 | | 标准偏差控制图 | | | 极差控制图 | | | | 中位值控制图 | |
|---|---|---|---|---|---|---|---|---|---|---|---|
| $n$ | $A_2$ | $A_3$ | $C_4$ | $B_3$ | $B_4$ | $d_2$ | $d_3$ | $D_3$ | $D_4$ | $m_3$ | $A_4$ |
| 2 | 1.880 | 2.659 | 0.797 9 | 0 | 3.267 | 1.128 | 0.853 | 0 | 3.267 | 1.000 | 1.880 |
| 3 | 1.023 | 1.954 | 0.886 2 | 0 | 2.568 | 1.693 | 0.888 | 0 | 2.574 | 1.160 | 1.187 |
| 4 | 0.729 | 1.628 | 0.921 3 | 0 | 2.266 | 2.059 | 0.880 | 0 | 2.282 | 1.092 | 0.796 |
| 5 | 0.577 | 1.427 | 0.940 0 | 0 | 2.089 | 2.326 | 0.864 | 0 | 2.114 | 1.198 | 0.691 |
| 6 | 0.483 | 1.287 | 0.951 5 | 0.030 | 1.970 | 2.534 | 0.848 | 0 | 2.004 | 1.135 | 0.549 |
| 7 | 0.419 | 1.182 | 0.959 4 | 0.118 | 1.882 | 2.704 | 0.833 | 0.076 | 1.924 | 1.214 | 0.509 |
| 8 | 0.373 | 1.099 | 0.965 0 | 0.185 | 1.815 | 2.847 | 0.820 | 0.136 | 1.864 | 1.160 | 0.432 |
| 9 | 0.337 | 1.032 | 0.969 3 | 0.239 | 1.761 | 2.970 | 0.808 | 0.184 | 1.816 | 1.223 | 0.412 |
| 10 | 0.308 | 0.975 | 0.972 7 | 0.284 | 1.716 | 3.078 | 0.797 | 0.223 | 1.777 | 1.176 | 0.363 |
| 11 | 0.285 | 0.927 | 0.975 4 | 0.321 | 1.679 | 3.173 | 0.787 | 0.256 | 1.744 | | |
| 12 | 0.266 | 0.886 | 0.977 6 | 0.354 | 1.646 | 3.258 | 0.778 | 0.283 | 1.717 | | |
| 13 | 0.249 | 0.850 | 0.979 4 | 0.382 | 1.618 | 3.336 | 0.770 | 0.307 | 1.693 | | |
| 14 | 0.235 | 0.817 | 0.981 0 | 0.406 | 1.594 | 3.407 | 0.763 | 0.328 | 1.672 | | |
| 15 | 0.223 | 0.789 | 0.982 3 | 0.428 | 1.572 | 3.472 | 0.756 | 0.347 | 1.653 | | |
| 16 | 0.212 | 0.763 | 0.983 5 | 0.448 | 1.552 | 3.532 | 0.750 | 0.363 | 1.637 | | |
| 17 | 0.203 | 0.739 | 0.984 5 | 0.466 | 1.534 | 3.588 | 0.744 | 0.378 | 1.622 | | |
| 18 | 0.194 | 0.718 | 0.985 4 | 0.482 | 1.518 | 3.640 | 0.739 | 0.391 | 1.608 | | |
| 19 | 0.187 | 0.698 | 0.986 2 | 0.497 | 1.503 | 3.689 | 0.734 | 0.403 | 1.597 | | |
| 20 | 0.180 | 0.680 | 0.986 9 | 0.510 | 1.490 | 3.735 | 0.729 | 0.415 | 1.585 | | |

续表

| 样本大小 | 平均值控制图 | | 标准偏差控制图 | | | 极差控制图 | | | | 中位值控制图 | |
|---|---|---|---|---|---|---|---|---|---|---|---|
| $n$ | $A_2$ | $A_3$ | $C_4$ | $B_3$ | $B_4$ | $d_2$ | $d_3$ | $D_3$ | $D_4$ | $m_3$ | $A_4$ |
| 21 | 0.173 | 0.663 | 0.987 6 | 0.523 | 1.477 | 3.778 | 0.724 | 0.425 | 1.575 | | |
| 22 | 0.167 | 0.647 | 0.988 2 | 0.534 | 1.466 | 3.819 | 0.720 | 0.434 | 1.566 | | |
| 23 | 0.162 | 0.633 | 0.988 7 | 0.545 | 1.455 | 3.858 | 0.716 | 0.443 | 1.557 | | |
| 24 | 0.157 | 0.619 | 0.989 2 | 0.555 | 1.445 | 3.895 | 0.712 | 0.451 | 1.548 | | |
| 25 | 0.153 | 0.606 | 0.989 6 | 0.565 | 1.435 | 3.931 | 0.708 | 0.459 | 1.541 | | |

**4. 建立分析用控制图并在图上标出测量点**

控制图的纵坐标为所采用的统计控制量,横坐标为时间坐标,并在图上画出 CL,UCL 和 LCL 三条控制界限。在图上标出测量点后将相邻的测量点连成折线,即完成分析用的控制图。

**5. 控制图异常判断**

按照控制图对异常判断的各项准则,对分析用控制图中各测量点的分布状况进行判断。若测量点的分布状况没有任何异常,即表明测量过程处于统计控制状态。如果发现各测量点的分布异常,则应立即寻找原因并加以消除,使测量点的分布回到正常的随机状态。控制图异常的判断准则见本章第二节。

**6. 将分析用的控制图转化为控制用控制图**

将分析用控制图的时间坐标延长,每隔一规定的时间间隔,再作一组测量,并将连接测量点的折线逐次延长,就成为可以对测量过程进行日常监控的控制图。

图 16-3 给出常规控制图的式样,纵坐标为所选择的统计控制量,例如平均值、标准偏差或极差等。UCL,CL 和 LCL 分别为控制上限,中心线和控制下限。测量点位于±3σ 之外的区域,表示测量过程出现异常。2σ 和 3σ 之间的区域为警戒区,当测量点出现在警戒区内时应开始对测量过程予以注意,并关注其后续变化。图中折线的实线部分为分析用控制图,经横坐标延长后加上折线的虚线部分,就成为控制用的控制图。

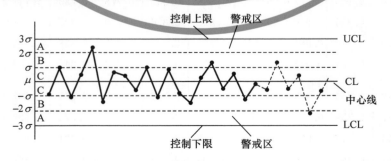

**图 16-3 常规控制图式样**

# 第二节　控制图异常的判断准则

## 一、控制图异常判断的理论基础

建立控制图异常判断准则的理论基础为小概率事件原理,它可以叙述为:若事件 A 发生的概率很小,例如 1‰或更小,但仅经过一次(或少数几次)试验,事件 A 居然发生了,这就有理由认为事件 A 的发生属于异常事件。

在统计技术应用中,首先应设置允许判断错误的概率 $\alpha$,也称为风险度或显著水平。与风险度相对应的是置信水平 $1-\alpha$。$\alpha$ 数值大小的选择取决于被判断事物的重要程度。GB 4091—1983(已废止)对于测量点超出控制界限这一异常判据时采用显著水平 $\alpha=0.0027$(即置信水平为 0.9973),而对于其他异常判据有时又采用 $\alpha=0.01$(即置信水平为 0.99)。而根据现行 ISO 8258:1991 和 GB/T 4091—2001 的规定,一般均采用显著水平 $\alpha=0.0027$。

应用控制图时可能发生两种类型的错误。第一类错误是当所涉及的测量过程仍然处于受控状态,但由于偶然的原因某个测量点落在控制范围之外,从而得出测量过程失控的错误结论。第一类错误的出现将会导致无谓地寻找本不存在的问题而增加费用。第二类错误是当所涉及的测量过程失控,但由于偶然的原因测量点仍落在控制范围之内,从而得出测量过程仍处于受控状态的错误结论。常规控制图仅考虑了第一类错误,发生这种错误的可能性为 0.27%。而产生第二类错误的风险决定于控制限的宽度、过程失控的程度以及子组的大小等因素,因此很难对其风险作出有意义的估计。因此常规控制图强调的是用来识别测量过程偏离受控状态的经验有效性,而不是强调其概率意义。

## 二、测量过程异常的判断准则

由于常规控制图采用 $3\sigma$ 原则设计控制界限,上控制限和下控制限分别位于中心线之上和之下的 $3\sigma$ 距离处。为方便起见,可将控制图等分为 6 个区,每个区的宽度均为 $1\sigma$。如图 16-3 所示,自上而下分别标记为 A,B,C,C,B 和 A。计算控制图中每一种测量点分布情况的概率可以得到控制图的异常判断准则。现行的 ISO 8258:1991 和 GB/T 4091—2001 总结了常见的测量过程异常的 8 种分布模式,从而给出了对应的 8 种异常判据。

**判据一:测量点出现在 A 区之外**

本判据与旧标准所给的判据完全相同。当所计算的统计控制量接近于正态分布时,测量点出现在 A 区之外(旧标准中称为测量点超出控制界限)的概率为 0.0027。并据此规定显著水平 $\alpha=0.0027$,所以只要有任何测量点超出控制界限,就表明测量过程出现异常。图 16-4 给出测量点出现在 A 区之外的示意图,图中 X 点表明出现了异常。测量点超出上界,表明统计控制量的均值增大;而当测量点超出下界,表明其均值减小。

**判据二:连续 9 个测量点出现在中心线的同一侧**

测量点连续出现在控制图中心线的同一侧的现象称为"链"。链的出现表明统计控制量分布的均值向出现链的一侧偏移。

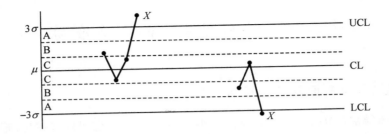

**图 16-4　测量点出现在 A 区之外**

每个测量点出现在控制范围内的概率为 0.997 3,因此连续 $n$ 个测量点出现在中心线同一侧的概率为

$$p = 2 \times \left( \frac{0.997\ 3}{2} \right)^n$$

对于不同的 $n$,计算得到的概率见表 16-2。

**表 16-2　不同链长的出现概率**

| 链长 $n$ | 2 | 3 | 4 | 5 | 6 | 7 | 8 | 9 | 10 |
|---|---|---|---|---|---|---|---|---|---|
| 概率 $p$ | 0.497 3 | 0.248 0 | 0.123 7 | 0.061 7 | 0.030 7 | 0.015 3 | 0.007 6 | **0.003 8** | 0.001 9 |

由于 9 点链出现的概率与规定的显著水平 $\alpha = 0.002\ 7$ 最接近,故规定出现 9 点链就应该判为异常。图 16-5 给出连续 9 个点出现在中心线同一侧的示意图。

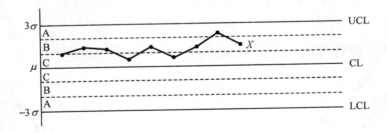

**图 16-5　连续 9 个点出现在中心线同一侧**

旧标准规定的是"7 点链",即当链长 $\geqslant 7$ 时,判为异常。据表 16-2,7 点链出现的概率为 0.015 3,与之相对应,旧标准规定的显著水平为 0.01。

旧标准同时还规定了:

(1) 连续 11 个测量点中至少有 10 个测量点出现在中心线的同一侧;

(2) 连续 14 个测量点中至少有 12 个测量点出现在中心线的同一侧;

(3) 连续 17 个测量点中至少有 14 个测量点出现在中心线的同一侧;

(4) 连续 20 个测量点中至少有 16 个测量点出现在中心线的同一侧。

新标准中没有类似的规定。由于现行标准采用显著水平 $\alpha = 0.002\ 7$,如果仿照上述方式给出异常判据的话,上述判据将改为:

（1）连续 13 个测量点中至少有 12 个测量点出现在中心线的同一侧；

（2）连续 16 个测量点中至少有 14 个测量点出现在中心线的同一侧；

（3）连续 19 个测量点中至少有 16 个测量点出现在中心线的同一侧；

（4）连续 22 个测量点中至少有 18 个测量点出现在中心线的同一侧。

**判据三：连续 6 个测量点出现单调递增或递减的趋势**

控制图上测量点的排列出现单调递增或递减的状态称为"趋势"，趋势的出现表明统计控制量的均值随时间增大或减小。连续 $n$ 个测量点出现上升或下降趋势的概率为

$$p = \frac{2}{n!} \cdot (0.997\ 3)^n$$

对于不同的 $n$，表 16-3 给出计算得到的出现趋势的概率。

表 16-3 出现 $n$ 点趋势的概率

| $n$ | 3 | 4 | 5 | 6 | 7 | 8 |
|---|---|---|---|---|---|---|
| 概率 $p$ | 0.330 6 | 0.082 4 | 0.016 4 | **0.002 7** | 0.000 4 | $4.9 \times 10^{-5}$ |

由表 16-3 可见，出现 6 点趋势的概率最接近于规定的显著水平 $\alpha = 0.002\ 7$。

图 16-6 给出连续 6 个测量点单调递增和递减（6 点趋势）的示意图。

本判据在旧标准中规定为 7 点趋势，即连续 7 个测量点呈现单调递增和递减才判为异常。现根据概率计算改为 6 点趋势。

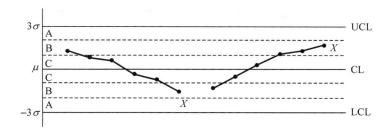

图 16-6 连续 6 个测量点呈现单调递增和递减

**判据四：连续 14 个测量点出现上下交替排列**

连续 $n$ 个测量点出现上下交替排列的概率为

$$p = \frac{2^{n-3}}{3^{n-2}!} \cdot (0.997\ 3)^n$$

对于不同的 $n$，表 16-4 给出计算得到的发生概率。结果表明连续 14 个测量点出现上下交替排列的概率为 0.003 7，最接近于规定的显著水平 $\alpha = 0.002\ 7$。图 16-7 给出连续 14 个测量点出现上下交替排列的示意图。

本判据相当于旧标准中的"测量点排列呈周期状"。"周期状"的说法应比"上下交替排列"包含范围更广一些，但只能对此作定性的说明。新标准仅指上下交替排列这一特定情况，故可以通过概率计算而给出定量的判据。

表 16-4　出现连续 $n$ 点上下交替排列的概率

| $n$ | 8 | 9 | 10 | 11 | 12 | 13 | 14 | 15 |
|---|---|---|---|---|---|---|---|---|
| 概率 $p$ | 0.043 0 | 0.028 6 | 0.019 0 | 0.012 6 | 0.008 4 | 0.005 6 | **0.003 7** | 0.002 5 |

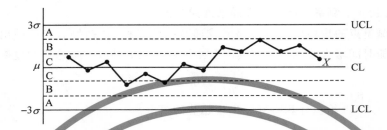

图 16-7　连续 14 个测量点上下交替排列

**判据五：连续 3 个测量点中有两点出现在中心线同一侧 A 区中**[①]

测量点出现在某一侧 A 区内的概率为 0.021 4,而出现在 B 区、C 区以及另一侧 A 区内的概率为 0.975 9,故连续 3 个测量点中有两点出现在中心线同一侧 A 区中的概率为

$$p = 2C_3^2 \cdot (0.021\ 4)^2 \cdot 0.975\ 9 = 0.002\ 7$$

与规定的 $\alpha = 0.002\ 7$ 相一致。图 16-8 给出连续 3 个测量点中有 2 点出现在中心线同一侧 A 区中的示意图。

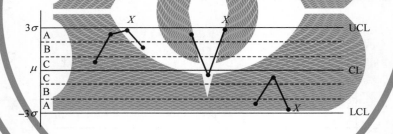

图 16-8　连续 3 个测量点中有 2 点出现在中心线同一侧 A 区中

旧标准给出的判断准则为：

(1) 连续 3 个测量点中至少有 2 个测量点出现在 A 区；

(2) 连续 7 个测量点中至少有 3 个测量点出现在 A 区；

(3) 连续 10 个测量点中至少有 4 个测量点出现在 A 区。

另一个与新标准不同之处是旧标准并没有规定一定要出现在同一侧的 A 区。

若连续 $N$ 个测量点中,至少有 $n$ 个测量点出现在中心线同一侧 A 区中,其出现的概率 $p$ 的计算公式为

---

[①]　这里与国标 GB/T 4091—2001 中的说法稍有不同。国标中的说法是"连续 3 点中有 2 点落在中心线同一侧的 B 区之外"。"B 区之外"的意思是指 A 区和 A 区之外。而根据判据一,只要有任何一个测量点出现在 A 区之外,即可判为异常。故在其他判据中可以将 A 区之外的情况排除。

$$p = 2 \cdot \sum_{k=n}^{N} C_N^k \cdot (0.021\ 4)^k \cdot 0.975\ 9^{N-k}$$

**判据六:连续 5 个测量点中有 4 点出现在中心线同一侧的 B 区或 A 区中**[①]

测量点出现在中心线同一侧的 A 区和 B 区的概率分别为 0.021 4 和 0.135 9,因此测量点出现在中心线同一侧的 A 区或 B 区的概率为 0.157 3。于是连续 5 个测量点中有 4 点出现在中心线同一侧的 B 区或 A 区中的概率为

$$p = 2C_5^4 \cdot (0.157\ 3)^4 \cdot (0.997\ 3-0.157\ 3) = 0.005\ 1$$

比较接近于规定的 $\alpha = 0.002\ 7$。图 16-9 给出连续 5 个测量点中有 4 点出现在中心线同一侧的 A 区或 B 区中的示意图。

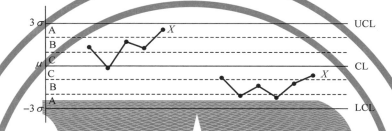

**图 16-9** 连续 5 个测量点中有 4 点出现在中心线同一侧的 B 区或 A 区中

**判据七:连续 15 个测量点出现在中心线两侧的 C 区中**

测量点出现在中心线两侧 C 区中的概率为 0.682 7,故连续 $n$ 点出现在中心线两侧 C 区中的概率为

$$p = (0.682\ 7)^n$$

对于不同的 $n$,表 16-5 给出计算得到的发生概率。结果表明连续 15 个测量点出现在中心线两侧 C 区中的概率为 0.003 3,最接近于规定的显著水平 $\alpha = 0.002\ 7$。在旧标准中规定连续 12 个测量点出现在 C 区中判为异常。

图 16-10 给出连续 15 个测量点出现在中心线两侧的 C 区中的示意图。

**表 16-5** 连续 $n$ 点出现在中心线两侧 C 区中的概率

| $n$ | 10 | 11 | 12 | 13 | 14 | 15 | 16 | 17 |
|---|---|---|---|---|---|---|---|---|
| 概率 $p$ | 0.022 0 | 0.015 0 | 0.010 3 | 0.007 0 | 0.004 8 | **0.003 3** | 0.002 2 | 0.001 5 |

对于这种分布异常,对于初学者而言往往会认为这是测量过程改进的结果。但实际上还应仔细地进行分析,因为这也可能是由于控制图设计中的错误而导致控制界限过宽而造成的。

出现这种情况的另一种可能是当初在进行预备测量以计算控制限时,测量系统还没有稳定,导致计算得到的控制限过大。经过一段时间使用后,系统慢慢趋于稳定,导致测量点往 C 区集中。而解决的方法也很简单,因为现在的情况应是测量系统的正常情况,故只要取近期的 20 个测量点重新计算控制图的中心线和上、下限。控制图就会恢复正常。

---

① 同样,国家标准中的说法是"C 区之外",这里改成"B 区或 A 区中"。前者还应包括 A 区以外的区域。

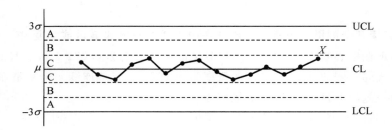

**图 16-10　连续 15 个测量点出现在中心线两侧的 C 区中**

**判据八:连续 8 个测量点出现在中心线两侧并且全部不在 C 区内**

测量点出现在 A 区或 B 区的概率为 $0.9973-0.6827=0.3146$,因此连续 $n$ 个测量点均不出现在 C 区内的概率为

$$p=(0.3146)^n$$

计算得到连续 8 个测量点出现在中心线两侧并且全部不在 C 区内的概率为 0.000 1,似乎比规定的显著水平小得多。但实际上如果假设被测统计控制量的分布,是两种不同分布的混合,且其中一个分布均值与另一个分布的均值有明显的差异,而在测量过程中两种分布交替地出现,就出现本判据所出现的情况。而本判据就是专门为了检测是否存在这种情况而设计的。图 16-11 给出连续 8 个测量点出现在中心线两侧并且全部不在 C 区内的示意图。

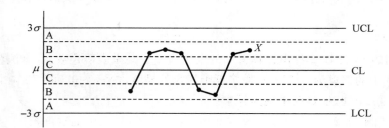

**图 16-11　连续 8 个测量点出现在中心线两侧并且全部不在 C 区内**

# 参 考 文 献

[1] JJF 1001—2011　通用计量术语及定义[S].

[2] JJF 1059.1—2012　测量不确定度评定与表示[S].

[3] JJF 1033—2016　计量标准考核规范[S].

[4] 国家质量技术监督局计量司.测量不确定度评定与表示指南[M].北京：中国计量出版社,2000.

[5] 国家质量技术监督局计量司.通用计量术语及定义解释[M].北京：中国计量出版社,2001.

[6] 中国实验室国家认可委员会.化学分析中不确定度的评估指南[M].北京：中国计量出版社,2002.

[7] 刘智敏.不确定度原理[M].北京：中国计量出版社,1993.

[8] 刘智敏.不确定度及其实践[M].北京：中国标准出版社,2000.

[9] 李慎安.测量不确定度表达 10 讲[M].北京：中国计量出版社,1999.

[10] 沙定国.误差分析与测量不确定度评定[M].北京：中国计量出版社,2003.

[11] ISO/IEC GUIDE 99：2007 International vocabulary of metrology—Basic and general concepts and associated terms(VIM)

[12] ISO/IEC GUIDE 98-3：2008 Uncertainty of measurement—Part 3：Guide to the expression of uncertainty in measurements (GUM)

[13] ISO/IEC GUIDE 98-3：2008 Uncertainty of measurement—Part 3：Guide to the expression of uncertainty in measurements (GUM)) Supplement 1：Propagation of distributions using a Monte Carlo methode

[14] ISO 14253-1：1998 Geometrical Product Specifications(GPS)— Inspection by mea-surement of workpieces and measuring equipment—Part 1：Decision rules for proving conformance or non-conformance with specifications.

[15] ISO/TS 14253-2：1999 Geometrical Product Specifications(GPS)— Inspection by measurement of workpieces and measuring equipment—Part 2：Guide to the estimation of uncertainty in GPS measurement，in calibration of measuring equipment and in product verification.

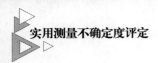

[16] ISO/TS 14253-3:2002 Geometrical Product Specifications(GPS)— Inspection by measurement of workpieces and measuring equipment—Part 3: Guidelines for achieving agreements on measurement uncertainty statements.

[17] GB/T 4091—2001 常规控制图[S].